应用型本科院校“十三五”规划教材/石油工程类

主　编　张天春
副主编　马英宸　张学伟
郭春来　蒋巍巍

钻井采油仪表

第3版

Drilling oil meter

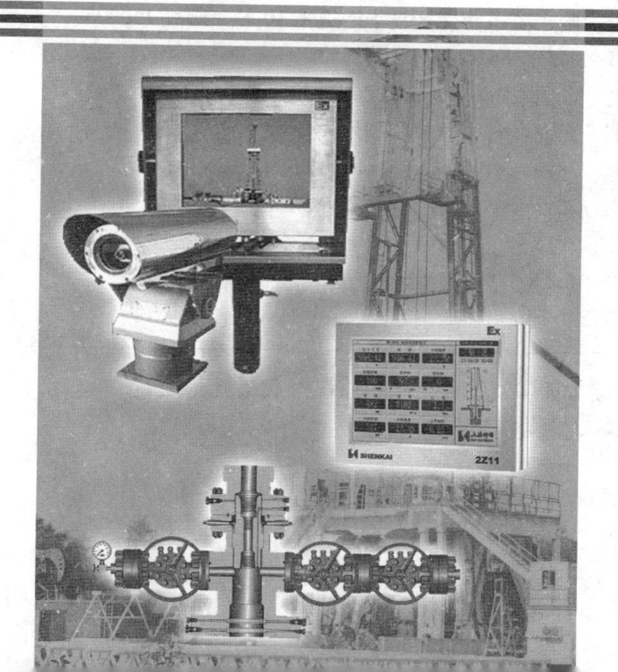

哈爾濱工業大學出版社

内 容 简 介

本书为满足培养"应用型、技能型"人才的需要，适应油田生产管理现代化的要求，力求理论联系实际、突出重点、注重实用、反映新型仪表。本书主要对基础理论、基本概念的分析和基型仪表进行介绍，也兼顾了前瞻性、先进性和创新性的特点；突出国产钻井、采油仪器仪表的新发展，即出现的普通型、集散型和总线型；紧密结合生产实际，努力做到能为生产、建设服务、管理一线直接应用。

本书可供石油工程专业、油气开采及钻井技术专业本科学使用，也可作为研究生的参考书，对于从事钻井采油作业的技术人员等也有一定的参考价值。

图书在版编目(CIP)数据

钻井采油仪表/张天春主编. —3 版. —哈尔滨：哈尔滨工业大学出版社，2018.1
ISBN 978-7-5603-7068-2

Ⅰ. ①钻… Ⅱ. ①张… Ⅲ. ①油气钻井-仪表装置-高等学校-教材 Ⅳ. ①TE937

中国版本图书馆 CIP 数据核字(2017)第 294438 号

策划编辑 杜 燕 赵文斌
责任编辑 刘 瑶
出版发行 哈尔滨工业大学出版社
社 址 哈尔滨市南岗区复华四道街 10 号 邮编 150006
传 真 0451-86414749
网 址 http://hitpress.hit.edu.cn
印 刷 黑龙江省委党校印刷厂
开 本 787mm×1092mm 1/16 印张 22.25 字数 520 千字
版 次 2013 年 3 月第 1 版 2018 年 1 月第 3 版
2018 年 1 月第 1 次印刷
书 号 ISBN 978-7-5603-7068-2
定 价 46.80 元

《应用型本科院校“十三五”规划教材》编委会

序

哈尔滨工业大学出版社策划的《应用型本科院校"十三五"规划教材》即将付梓,诚可贺也。

该系列教材卷帙浩繁,凡百余种,涉及众多学科门类,定位准确,内容新颖,体系完整,实用性强,突出实践能力培养。不仅便于教师教学和学生学习,而且满足就业市场对应用型人才的迫切需求。

应用型本科院校的人才培养目标是面对现代社会生产、建设、管理、服务等一线岗位,培养能直接从事实际工作、解决具体问题、维持工作有效运行的高等应用型人才。应用型本科与研究型本科和高职高专院校在人才培养上有着明显的区别,其培养的人才特征是:①就业导向与社会需求高度吻合;②扎实的理论基础和过硬的实践能力紧密结合;③具备良好的人文素质和科学技术素质;④富于面对职业应用的创新精神。因此,应用型本科院校只有着力培养"进入角色快、业务水平高、动手能力强、综合素质好"的人才,才能在激烈的就业市场竞争中站稳脚跟。

目前国内应用型本科院校所采用的教材往往只是对理论性较强的本科院校教材的简单删减,针对性、应用性不够突出,因材施教的目的难以达到。因此亟须既有一定的理论深度又注重实践能力培养的系列教材,以满足应用型本科院校教学目标、培养方向和办学特色的需要。

哈尔滨工业大学出版社出版的《应用型本科院校"十三五"规划教材》,在选题设计思路上认真贯彻教育部关于培养适应地方、区域经济和社会发展需要的"本科应用型高级专门人才"精神,根据前黑龙江省委书记吉炳轩同志提出的关于加强应用型本科院校建设的意见,在应用型本科试点院校成功经验总结的基础上,特邀请黑龙江省9所知名的应用型本科院校的专家、学者联合编写。

本系列教材突出与办学定位、教学目标的一致性和适应性,既严格遵照学科体系的知识构成和教材编写的一般规律,又针对应用型本科人才培养目标及与之相适应的教学特点，精心设计写作体例，科学安排知识内容，围绕应用讲授理论，做到“基础知识够用、实践技能实用、专业理论管用”，同时注意适当融入新理论、新技术、新工艺、新成果，并且制作了与本书配套的PPT多媒体教学课件，形成立体化教材，供教师参考使用。

《应用型本科院校“十三五”规划教材》的编辑出版，是适应“科教兴国”战略对复合型、应用型人才的需求，是推动相对滞后的应用型本科院校教材建设的一种有益尝试，在应用型创新人才培养方面是一件具有开创意义的工作，为应用型人才的培养提供了及时、可靠、坚实的保证。

希望本系列教材在使用过程中，通过编者、作者和读者的共同努力，厚积薄发、推陈出新、细上加细、精益求精，不断丰富、不断完善、不断创新，力争成为同类教材中的精品。

第3版前言

随着石油工业的迅速发展，自动化技术从石油开发的初期阶段，即钻井、开采、集输、储运过程直到石油加工的高级阶段，即石油炼制、石油化工等过程，涵盖了整个石油工业的全过程。各种井场参数的自动测量、记录和处理日益重要。钻井参数的优化、井下生产测量和井站自动化技术日新月异。

本书为了适应石油工程专业学生对自动化技术的需要，根据培养“应用型、技能型”人才和油田生产管理现代化的要求编写而成。

本书旨在使学生用较少的学时，简单明了地了解油田自动化技术的概貌，对现场安装使用的大部分仪器仪表具有基本的认识及使用的本领。掌握检测、控制的基本原理，为进一步深化学习取得初步知识。本书的编写力求简明，以钻井采油典型仪表为主线，需要哪方面的知识，就讲哪方面的知识，改变了以学科内容为主线，追求知识的系统性、完整性的传统编写思路。

本书分三编，共19章，其中第1~3章由蒋巍巍编写，第4~5章由张学伟编写，第6~8章由马英宸编写，第9~12章由郭春来编写，第13~19章由张天春编写。全书由张天春负责统稿。

本书在编写过程中参考了兄弟院校近年来出版的教学用书，也参考了国内同行在有关刊物上和会议上发表的成果，另外，大庆采油一厂、大庆钻井一公司、大庆钻井研究所、上海神开科技工程公司等为本书的编写提供了许多宝贵资料，并给予了大力支持，特在此表示致谢。

鉴于编写时间紧，不妥之处在所难免，恳请读者批评指正。

编　者

2017年10月

目　录

第一篇　检测技术基础

第二篇 钻井参数仪表

第三篇 采油仪表

第0章 绪 论

0.1 钻井采油仪表在石油工业中的地位和作用

钻井和采油工程所用的仪器仪表在钻井和采油开发中起着重要的作用，钻井采油仪表的水平在某种意义上代表了一个国家钻井采油工程技术的水平。

钻井是石油勘探开发必不可少的重要手段，是油田建设的基础部分，是油田建设投资最大的专项工程，是参与世界石油天然气开发市场的主要竞争手段。我国现有钻机约1 000 台，在用钻机 700 台以上，占世界第三位。

钻井仪表是一种专门用于石油钻井工程中测量各种数据、监测钻进情况、预防工程事故发生的仪表。钻井仪表的产生，使石油钻井由凭经验操作逐步发展到应用仪表实时监控的时代，为石油工业向前发展，实现最优化钻进提供一种必不可少的科学仪器。钻井工程是个复杂的动态系统，主要由地层、钻具、钻井液及地面装备四个子系统组成。其中，后三个子系统都安装了不同类型的传感器。钻井仪器仪表是钻井工程的眼睛，使用钻井仪器仪表能及时测量并显示井架或提升系统是否超载，随时指示在钻进过程中加于钻头上的压力大小。在喷射钻进中能及时指示泵压、钻井液排量、黏度、密度及上返速度。在正常钻进中还可以指示转盘扭矩及转速的变化，预防钻具设备和井下事故的发生。

在钻井过程中，为了使钻头沿着设计轨迹钻达靶区并保持井眼的稳定性，为了优选钻井参数以提高钻进速度和钻井质量，都离不开现代检测技术的支持。为各类钻机及其配套设备配置参数检测仪表，实施钻探过程的连续监测，识别并预报孔内异常工况，是由凭经验打钻走向科学施工的必由之路，是降低井内事故率、实现高效、低成本钻探生产的关键技术措施之一，也是历代钻探工作者追求的战略目标。

采油仪器仪表是认识油气藏、进行油气藏评价、生产井动态监测及评价完井效率的重要设备。采油仪器仪表所录取的资料是各种录取资料方法中唯一在油气藏处于流动状态下所获得的信息。资料分析结果最能代表油气藏的运态特性。采油仪器仪表所测资料在勘探评价、油藏描述及编制油气田开发方案等工作中都起着举足轻重的作用。据不完全统计，在全国近 800 个试井队和测井队中，采油仪器仪表的用量是相当巨大的，每年用于这方面的投资高达几亿元。同样，采油仪器仪表的水平也代表了采油试井、生产测井的水平。

0.2 钻井采油仪器仪表的分类

0.2.1 钻井仪器仪表的分类

钻井参数仪器仪表主要用于同时检测、显示和记录钻井过程中的各工程参数及其变化。如同时检测、显示及记录大钩的悬重、钻压、钻时、井深、转盘扭矩、转盘转速、立管压力、泵冲次、钻井液入出口流量、吊钳扭矩、大钩位置、泥浆密度、泥浆体积等参数。这类仪器仪表主要有四参数钻井仪、八参数钻井仪、十二参数钻井仪、钻井工程监测系统等。这类仪器一般都在计算机的管理下工作,除可直接测取需要的工程参数外,通过软件计算可显示更多的数据,对实现钻井的自动化、科学化可起到重要的作用。钻井仪器仪表分类方式很多,以下就是常用的分类方法。

1. 按仪器仪表结构分类

(1)机械式钻井仪器仪表。

(2)电子式多参数钻井仪器仪表。

2. 按仪器仪表用途分类

(1)用来检测和指导钻井技术措施的执行情况的仪表,如指重表、泵压表、泵冲次表、转盘转数表等。

(2)用来决断井下工况的仪器仪表,如钻井液进出口流量计、钻液总体积和补偿体积检测仪、转盘扭矩仪、吊钳扭矩仪等。

(3)用来检测井深、钻井质量及预防处理事故的仪表,如单、多点测斜仪、随钻测井仪、水泥胶结仪、钻具探伤仪等。

3. 按检测参数与钻机配套分类

(1)单参数指重表。

(2)四参数钻井仪。

(3)六参数钻井仪。

(4)八参数钻井仪。

(5)钻井工程监测系统等。

0.2.2 采油仪器仪表的分类

采油仪器仪表主要是指试井仪器仪表,试井仪器仪表分为高压试井仪器仪表和低压试井仪器仪表。但随着科学技术的不断发展,特别是试井技术和计算机的发展,现已把油水井生产过程的测试仪器,即生产测井仪也归为采油仪器仪表的范畴。

高压试井仪器仪表主要是用于测试生产井井下的压力、温度、流量、含水率、密度等参数和获取井下产液样品的仪器仪表,一般分为机械式和电子式两种。

低压试井仪器仪表主要是指围绕各种抽油机井,对其抽油机、抽油泵、抽油杆的工作状况和液面深度检测、诊断的地面测试仪器仪表,如示功仪、回声测深仪、计算机诊断仪等产品。

生产测井仪器仪表是在油水井生产过程中使用的测井仪器仪表。生产测井主要包括以下内容：

(1)产出剖面测井，即油井在生产过程中录取分层产量、含水率、密度、温度、压力等分层动态资料。

(2)注入剖面测井，也称为油水井的分层注入量和分层注入厚度。

(3)工程测井，也称为油水井井下技术状况测井，如检测套管损坏、腐蚀及变形等。

0.3　钻井采油仪器仪表的发展趋势

钻井采油仪表的发展与钻井工艺、采油工艺相适应，作为一类仪表，又和整个仪表的科学技术的发展密切相关。它同样经历了从简单到复杂、从单一参数到多参数、从机械式向电子式、从单机到网络化的发展过程。

1968年以后是世界上应用科学发展的高峰时期，各行各业操作自动化相继出现和使用，钻井采油仪表的发展也不例外，它从科学化阶段到自动化阶段只用了十年的时间。

现代的钻井采油仪表，已可对几十种钻井参数实现连续测量、自动记录、数字转换，并用电子计算机进行数据处理。它的出现能对大量历史的和现实的井场资料按照一定的数学模型及时地进行处理，并及时向操作人员发出各种命令。这些资料分析、处理工作十分复杂，靠人工是无法及时完成的。这样便促进了新型微机控制的井台仪表或计算机控制的遥测遥控系统的发展。这类仪表不仅具有常规仪表的一般监测功能，而且具有很强的运算、判断能力。此外，数据显示记录的格式和方法也更加多样化，而且便于使用。我们把这个阶段称为自动化阶段。

为了解决钻井指挥部门与边远地区或分散钻机的通信问题，美国利用空间技术建立了卫星通信系统(DISK)，用以监视钻机的工作情况。这种系统由钻机站、卫星通信装置、地面站、钻井监视中心等组成。

钻机站的数据来自各传感器送来的信息，测定钻机的工作情况，并把数据传输到卫星，然后经卫星传输到地面站。这样工作人员就可以在办公室了解到钻机实时工作情况，并可根据现场情况随时采取必要的措施指挥生产。

长期以来，司钻们就希望能在钻井过程中及时掌握井下发生的情况，要做到这一点就需要一种能够把井下数据及时送到地面的随钻测量装置。20世纪70年代末80年代初，井下随钻测量系统MWD经长期研究后终于投入使用，从而使钻井工艺进入一个新阶段——随钻测量阶段。这是测量技术的一个重大突破，由此可提供比过去更多、更及时、更准确的井下测量数据。

随着电子计算机的迅速发展，计算技术也应用到钻井工程上来了。大量完整的资料收集是最优化钻井的实践基础，而计算数学则是最优化的理论基础。一口井的最优化措施涉及：泥浆性质、水力参数、钻压、钻速的配合等诸多因素，而这些因素又互相影响、互相制约，并且对这些优选参数的大量繁琐的计算又要求时间短、准确性高。

随着当代高科技的发展，必将有更先进的钻井采油仪器仪表用于钻井工程、采油工程。

0.4 本书的主要内容及要求

钻井采油仪表是石油工程专业本科的专业课之一，它是一门与物理学、电工及电子学、钻井工程、采油工程、油田开发等课程有密切联系的综合性技术学科。

本书共分三方面的内容，第一篇为检测技术基础，作为钻井仪表、采油仪表的基础部分，讲述压力、流量、液位、温度的基础测量理论及方法；第二篇为钻井仪表，讲述大钩悬重与钻压测量，进尺、进深、钻速的测量，转盘扭矩、大钳扭矩的测量，转盘转速、泵速和泵冲次的测量，泥浆流量、液位和体积的测量，定向钻井仪表以及国内外典型钻井仪表等方面的内容；第三篇为采油仪表，讲述井下压力计、温度计、流量计、取样器、找水仪、抽油井井下探测与示功图测试等方面的内容。

本书实践性强，在学习的过程中要求学生重视理论课学习的同时利用一切实践的机会，多接触实际，向现场学习，向工人师傅学习，向现场的工程技术人员学习，同时不怕吃苦、不怕艰难、不怕脏、不怕累。通过本书的学习，可以使学生掌握油田常用钻井仪表、采油仪表的结构、原理和使用方法，并且具有一定的判断和排除故障的能力，以便在实际生产中能正确选择、使用常用仪表，适应油田现代化生产的需要。

第一篇 检测技术基础

第一篇

检测技术基础

第 1 章　测量仪表的基础知识

在石油生产过程中,为了正确地指导生产操作、保证安全生产、保证产品质量和实现生产过程自动化,需要对石油钻井开采工艺生产中的压力、液位、流量、温度等参数进行自动检测。用来检测这些参数的仪表称为测量仪表。它的任务就是要检测出生产过程中各个有关参数,通过对这些参数准确而及时地检测,分析生产的状态,从而正确指导生产操作,保证生产安全,保证产品质量,实现生产自动化。测量代表所实现的这种检测,被称为现代技术的起点。

在生产过程中,尽管所使用的测量仪表品种繁多,它们所测的参数和仪表的结构原理也各不相同,然而从仪表测量过程的实质讲,却都有相同之处。

在检测工作中还经常遇到传感器和变送器等仪表。一般传感器是指借助于检测元件接受物理量形式的信息,并按一定规律将它转换成同种或别种物理量形式信息的仪表,变送器是输出为国际统一标准信号(如 4 ~ 20 mA 电流)的传感器。而检测仪表是指能够确定所感受的被测量大小的仪表,它或者是变送器,或者是传感器,或者是兼有检测元件和显示仪表的仪表总称。

1.1　测量的基本概念

1.1.1　测量及测量过程

1. 测量

测量是人们用以获得数据信息的过程,是定量观察、分析、研究事物发展过程的重要方式。因此,测量就是借助于专用技术工具将研究对象的被测变量与同性质的标准量进行比较并确定出测量结果准确程度的过程,该过程的数学描述为

$$A_X = \frac{X}{X_0} \tag{1.1}$$

式中　X—— 被测量;

X_0—— 标准量(基准单位);

A_X—— 被测量所包含的基准单位数。

式(1.1)称为测量的基本方程。

显然,基准单位确定后,被测变量 X 在数值上约等于对比时包含的基准单位数 A_X。其结果可表示为

$$X = A_X \cdot X_0$$

因此,测量结果由 A_X 数值(大小及符号)和相应的单位 X_0 两部分组成。

2. 测量过程

测量过程在实质上都是将被测量与其相应的测量单位(法定计量单位)进行比较的过程,而测量仪表就是实现这种比较的专门技术工具。各种测量仪表,不论采用哪一种原理,它们的共性在于都要将被测参数经过一次或多次的信号能量形式的转换,最后获得一种便于测量的信号能量形式,以指针位移或数字形式(或以光柱、CRT 上的图形、数字等)显示出来。

测量过程通常包括两个过程(图 1.1):

(1)能量形式的一次或多次转换;

(2)将被测参数与其相应的测量单位进行比较。

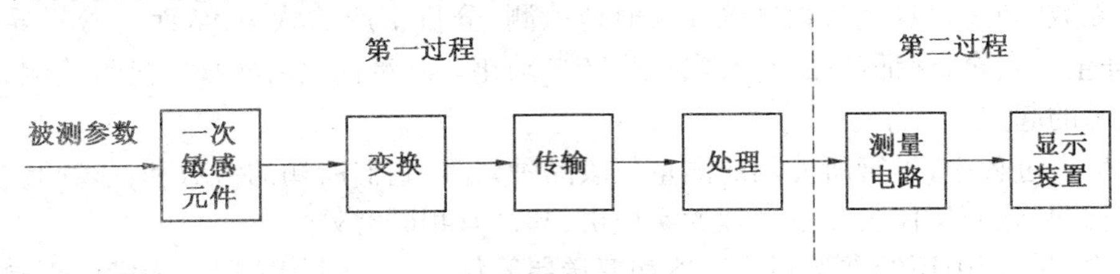

图 1.1　测量过程

简化的一般检测系统由三部分组成,即以一次敏感元件为主的检测环节、传送放大环节及显示环节。

(1)检测环节。直接感受和响应被测量,并将它变换成便于传输或处理的另一物理量(最好为电信号)。检测环节在有些场合称为传感器,它是非电量电测技术中的关键器件,是现代测控系统中不可缺少的器件,也是连接被测对象和检测系统的接口。

(2)传送放大环节。将传感器的输出信号进行远距离传送、放大、线性化或转变成标准统一信号,供给显示装置,需要用变送器来对传感器的输出做必要的加工处理和传送。

(3)显示环节。以指针在标尺上的位移(角位移或线位移)、数字显示或屏幕显示被测参数的量值,其中包括远距离传送,利用有线方式或无线方式直接上网,进入现场总线系统(FCS)或集中分散控制系统(DCS)。

1.1.2　测量方法及分类

对于测量方法,从不同的角度出发有不同的分类方法。按被测变量变化速度分为静态测量和动态测量;按测量敏感元件是否与被测介质接触,可分为接触式测量和非接触式测量;按比较方式分为直接测量和间接测量;按测量原理分为偏差法、零位法和微差法等。下面对后两种分类方式进行介绍。

1. 按比较方式分类

(1)直接测量。

直接测量是指用事先标定好的测量仪表对某被测变量直接进行比较，从而得到测量结果的过程，如弹簧秤、游标卡尺等。

(2)间接测量。

间接测量是指采用由多个仪表(或称环节)所组成的一个测量系统进行测量。它包含被测变量的测量、变换、传输、显示、记录和数据处理等过程。这种测量方法在工程中应用广泛。如通过死绳上的拉力测量大钩负荷，可通过拉力传感器测出检测点处钢丝绳拉力 T，当游动滑车上钢丝绳有效股数 n 一定时，经信息处理单元对 $W=T\times n$ 进行合成处理后送入显示单元，显示瞬时大钩负荷。

一般来说，间接测量比直接测量要复杂一些。但随着计算机的应用，仪表功能加强，间接测量方法的应用也正在扩大，测量过程中的数据处理完全可以由计算机快速而准确地完成，使间接测量方法变得比较直观、简单。

2. 按测量原理分类

(1)偏差法。

偏差法指用测量仪表的指针相对刻度初始点的位移(偏差)来直接表示被测量的大小。指针式仪表是最为常用的一种类型。

在用此种方法测量的仪表中，分度是预先用标准仪器标定的，如弹簧秤用砝码标定。这种方法的优点是直观、简便，相应的仪表结构比较简单；缺点是精度较低、量程窄。

(2)零位法。

将被测量与标准量进行比较，二者的差值为零时，标准量的读数就是被测量的大小。这就要有一灵敏度很高的指零机构。如天平称物体质量及电位差计测量电势就是用这一原理。

(3)微差法。

微差法是将偏差法和零位法组合起来的一种测量方法。测量过程中将被测变量的大部分用标准信号去平衡，而剩余部分采用偏差法测量。

微差法的特点：准确度高，不需要微进程的可变标准量，测量速度快，指零机构用一个有刻度可指示偏差量的指示机构所代替。

利用不平衡电桥测量电阻的变化量，是检测仪表中使用最多的微差法测量的典型例子。桥路中被测电阻的基本部分(静态电阻)使电桥处于平衡，而变化的电阻将使电桥失去平衡，产生相应的输出电压。这样，桥路输出电压的变化只反应电阻的变化，被测电阻将是基本部分及输出电压决定的电阻变化部分之和。

这种方法可以使测量精度大大提高。这是因为电阻的主要部分采用了零位法测量，具有很高的测量精度，尽管偏差法测量剩余部分时造成了一定的误差，但这部分误差相对于整个被测量而言，是非常微小的。

1.2 测量误差

1.2.1 误差的概念

进行测量的目的是希望能正确地反映客观实际，也就是要得到测量参数的真实值。但是，无论如何努力（包括从测量原理、测量方法、仪表制造精度方面的努力），在测量过程中始终存在着各种各样的影响因素，使得测量结果不可能绝对准确，而只能尽量接近真实值。测量值与真实值之间始终存在着一定的差值，这个差值就是测量误差，表示为

$$\Delta X = X - X_0$$

式中 ΔX—— 绝对误差；

X—— 测量值，即被测变量的仪表示值；

X_0—— 真实值，在一定条件下，被测变量实际应有的数值。

真实值是一个理想的概念，因为任何可以得到的数据都是通过测量得到的，它受到测量条件、人员素质、流量方法和测量仪表的限制。

一个测量结果，只有当知道它的测量误差的大小及误差的范围时，这种结果才有意义，因此必须确定真实值。在实际应用中，常把以下几种情况下的数值定为真实值。

1. 计量学约定真值

计量学约定真值即测量过程中所选定的国际上公认的某些基准量。例如，1982 年国际计量局米定义咨询委员会提出新的米定义为："米等于光在真空中 1/299 792 458 秒时间间隔内所经路径的长度"。这个米基准就当作计量长度的约定真值。

2. 标准仪器的相对真值

可以用高一级标准仪器的测量值作为低一级仪表测量值的相对真值，在这种情况下，真实值 X_0 又称为实际值或标准值。例如，对同一个被测压力，标准压力表示值为 16 MPa，普通压力表的示值为 16.01 MPa，则该被测压力表测量值 X 是 16.01 MPa，相对真值 X_0（实际值）为 16 MPa，用普通压力表测量后产生的误差为

$$\Delta X/\text{MPa} = X - X_0 = 16.01 - 16 = 0.01$$

3. 理论真值

如平面三角形的内角和恒为 180°。

1.2.2 误差分类

1. 根据误差的表示方式分类

为了定量地反映测量误差的大小，求取测量值接近真实值的程度，一般可采取以下几种表达方式。

(1) 绝对误差。

绝对误差是指仪表的测量值与真实值之间的代数差。用公式表示为

$$\Delta X = X - X_0 \tag{1.2}$$

在工程上，真实值是用精确度较高的标准表上的读数来代替的。即用标准表（精度

较高）和被校表（精度较低）同时对同一参数测量时，以标准仪表的指示作为被测量的真实值，被校表的指示作为被测量的指示值。

（2）相对误差。

相对误差是指某一测量值的绝对误差与其真实值的比值，通常用百分数表示，即

$$\delta = \frac{\Delta X}{X_0} \times 100\% \tag{1.3}$$

式中　δ——相对误差。

（3）相对百分误差（引用误差、折合百分误差）。

衡量一台仪表的准确度，单凭绝对误差或相对误差是不够的。因为仪表的准确度不仅与绝对误差有关，而且还与仪表的量程范围有关。仪表的标尺上限值与下限值之差，一般称为仪表的量程。两台不同量程的仪表，尽管它们的绝对误差相同，但其准确度是不同的。显然，具有相同绝对误差的两台仪表，量程大的仪表准确度较量程小的高。因此，工业上经常将绝对误差折合成仪表量程的百分数表示，称为相对百分误差，即

$$\delta_y = \frac{\Delta X}{X_m} \times 100\% = \frac{X - X_0}{X_m} \times 100\% \tag{1.4}$$

式中　δ_y——相对百分误差，引用误差；

X_m——量程，等于标尺上限值与标尺下限值之差。

2. 根据误差的测试条件分类

（1）基本误差。

在规定的工作条件下（如温度、湿度、电源电压、频率等一定），仪器本身具有的误差称为基本误差。可用最大引用误差的计算方法来表示基本误差的大小。

（2）附加误差。

当仪器的工作条件偏离正常范围时所引起的误差就是附加误差。附加误差一般都明确指出产生误差的因素，如温度附加误差、频率附加误差、电源电压变化所产生的附加误差等。

3. 根据误差产生的规律分类

（1）系统误差。

系统误差是在同一条件下，多次测量同一被测参数时，测量结果的误差大小和符号保持不变或按一定规律变化的误差称为系统误差。误差的大小和符号已确定的系统误差称为已定系统误差；误差的大小和符号按一定规律变化的系统误差称为未定系统误差，根据它的变化规律，有线性变化的、周期变化的以及按复杂规律变化的，等等。

系统误差主要是由于测量装置本身在使用中变形、未调到理想状态或电源电压波动等原因产生的。这种误差可以通过修正的方法进行消除。

系统误差的大小体现了测量结果偏离真实值的程度。

（2）随机误差（偶然误差）。

随机误差是指在相同条件下，对某一参数进行重复测量时，测量结果的误差大小和符号以不可预知的方式变化，其值时大时小，其符号时正时负，而且没有一定的规律，称为随机误差。每次测量结果的误差都具有随机性，故称为随机误差。随机误差是由于许多偶

然的因素所引起的综合结果。它既不能用实验方法消去,也不能简单加以修正。单次测量的随机误差没有规律,但在多次测量时,总体上服从统计规律,通过统计学的数学分析来研究和估计测量结果的准确可信程度,并通过统计处理减少影响。

随机误差的大小表明对同一测量值多次重复测量的结果的分散程度。

(3)疏忽误差(粗大误差)。

疏忽误差是由于在测量时明显地歪曲测量结果的误差,也称为疏失误差。其产生的原因有测量方法不当、工作条件不符合要求等,但更多的是人为因素。带有粗大误差的测量结果称为坏值或异常值,应予以删除。

1.2.3 误差的分析与数据处理

1. 系统误差分析

系统误差是一种恒定不变或按一定规律变化的误差。它具有确定性、重现性和修正性。通过实验对比,用高精度的测量仪表校验普通仪表时,可以发现已定系统误差;通过对误差大小及符号变化的分析来判断未定系统误差。但是未定系统误差常常不容易从测量结果中发现并认识它的规律,因此,只能是具体问题具体分析,这在很大程度上取决于测量者的知识水平、经验和技巧。

为使测量结果正确,常采用以下几种方法尽可能消除系统误差:

(1)消除系统误差产生的根源。

合理选择测量方法、测量仪表,保证测量的环境条件。

(2)在测量结果中加修正值以消除误差。

通过机械调零、应用修正公式(或图表)、在系统中增加自动补偿环节等来消除误差,修正测量结果。

应当明确,系统误差是不可能完全消除的,只能减弱到对测量结果的影响可忽略不计的程度。此时可认为已消除了系统误差。

2. 随机误差分析

在测量中,当系统误差被减小到可以忽略的程度,且剔除了粗大误差后,对同一被测量进行多次测量时,如果仍然会出现读数不稳定现象,这就说明存在着随机误差。随机误差的分布可用正态分布曲线描述,如图1.2所示。

图1.2中,横坐标为随机误差,用 $\delta = X - X_0$ 表示,纵坐标为随机误差出现的概率 $P(\delta)$。对于随机误差 δ 来说,它对测量结果的影响可用均方根误差来表示。

均方根误差 σ 又称为标准误差,即

$$\sigma = \sqrt{\frac{\sum_{i=1}^{n} \delta_i^2}{n}} = \sqrt{\frac{\sum_{i=1}^{n} (X_i - X_0)^2}{n}} \tag{1.5}$$

式中 n—— 测量某值的次数(趋于无穷);

δ_i——$\delta_i = X_i - X_0$,第 i 次测量所产生的误差;

X_i—— 第 i 次测量所得到的数值;

X_0—— 真实值。

由前述可知,实际操作时,测量次数是有限的,且被测变量的真实值又无法获得,因而实际分析随机误差对测量结果的影响时,σ 表示为

$$\sigma = \sqrt{\frac{\sum_{i=1}^{n}(X_i - \bar{X})^2}{n-1}} \tag{1.6}$$

式中　n——有限的测量次数,一般 $n = 10$ 次以上;

$\bar{X}$——用算术平均值表示的真实值,即

$$\bar{X} = \frac{X_1 + X_2 + \cdots + X_n}{n} = \frac{\sum_{i=1}^{n} X_i}{n} \tag{1.7}$$

随机误差的大小反映测量结果的分散程度,均方根误差是理想的特征量。它对测量危害大的误差充分反映,对小误差影响也很敏感。

需明确的是,σ 值并不是某次测量中的具体误差值,在一系列等精度测量中(无系统误差且测量条件相同),随机误差 δ 出现的概率密度分布情况如图 1.3 所示。σ 小的分布曲线尖锐,小误差值出现的概率大,而 σ 大的分布曲线平坦,大误差和小误差出现的概率相差不大。

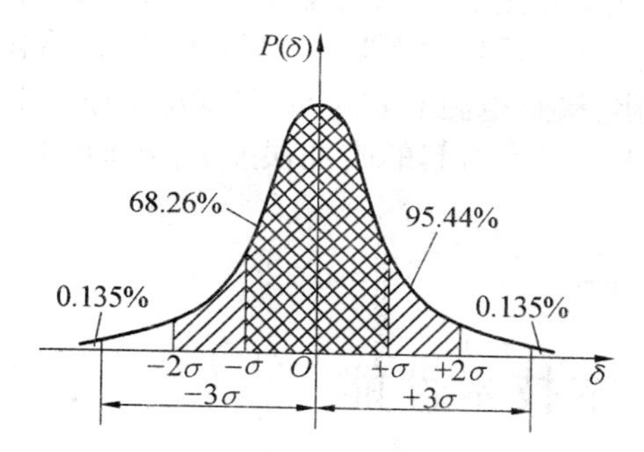

图 1.2　正态分布曲线

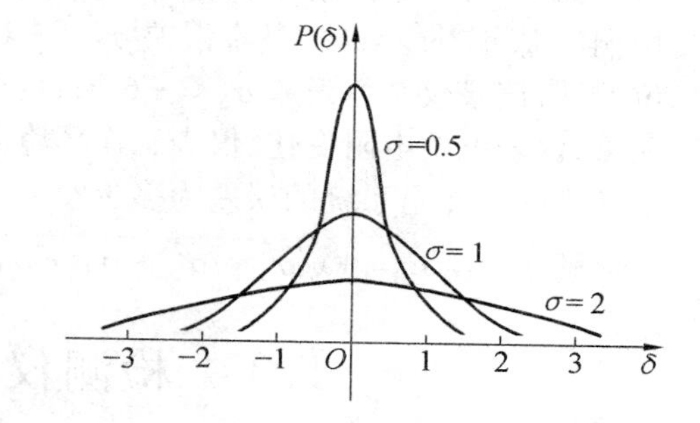

图 1.3　不同 σ 值的正态分布

图 1.2 中画斜线部分,表示误差在该区间出现的次数与总次数的比值,即概率值。当随机误差 δ 在某一区间内(如 $-A_X\sigma \sim +A_X\sigma$)的概率足够大时,该测量误差 δ 的估计值 $\pm A_X\sigma$ 就具有一定的可信程度,此时测量结果 X 落在该区间的可信程度也大。

对测量值来说,$[-A_X\sigma, +A_X\sigma]$ 区间就称为置信区间,相应的概率值称为置信概率,结合起来就表明测量结果的可信程度。测量结果表示为

$$X = \bar{X} \pm A_X\sigma \tag{1.8}$$

当取 $\pm 3\sigma$ 为置信区间时,此时的置信概率为 99.7%,说明测量结果的可信程度达到 99.7%。即对某一被测量进行同等精度的 100 次测量,可信真实的测量结果将达 99.7 次,相对于每一次测量,不可信的大误差几乎不出现。3σ 称为单次测量的极限误差。

当取 $\pm 2\sigma$ 为置信区间时,置信概率则达 95.45%,说明测量结果的可信程度达到 95.45%。即对某一被测量进行同等精度的 100 次测量,可信真实的测量结果将达 95.45 次,不可信的大误差仅出现 4.55 次。

然而,要达到 99.7% 的置信概率,对采用的测试方法、测量仪表、测量条件均要求很

高,只在计量工作中才可达到。在一般的工程测量中,只要有95%的可信程度就可满足要求,置信区间在 $\pm 2\sigma$ 即可。例如,我们日常测量温度、长度等被测变量时,仅测1~2次就可确定测量结果,而不需要进行反复测量就是基于上述原理。

3. 粗大误差的处理

粗大误差会显著歪曲测量结果,因此必须加以剔除。

目前常用的方法是统计判别法之一的莱伊特准则。它以 $\pm 3\sigma$ 为置信区间,凡超过此值的剩余误差均作粗大误差处理,予以消除。该准则的表达式为

$$|X_i - \bar{X}| > 3\sigma \tag{1.9}$$

满足式(1.9)的 X_i 值就是坏值,相应产生的误差为粗大误差,必须删除。

4. 自动检测系统的误差确定

无论是单变量的检测系统还是多变量、多环节的检测系统,其整个系统误差是系统中各环节误差的叠加,因为各环节误差不可能同时按相同的符号出现最大值,有时会互相抵消。因此必须按照概率统计的方法求取,即按各项误差的均方根求得的误差来估计系统的误差,其计算公式为

$$\sigma = \pm\sqrt{\sum \sigma_i^2} \tag{1.10}$$

例1 有一测温点,采用WREV-210型镍铬-镍硅热电偶,基本误差 $\sigma_1 = \pm 4$ ℃;采用铜-康铜补偿导线,基本误差 $\sigma_2 = \pm 4$ ℃;采用温度记录仪为XWC-300型,K电子电位差计,记录仪基本误差 $\sigma_3 = \pm 6$ ℃,由于线路老化、接触电阻和热电偶冷端温度补偿不完善、仪表电桥电阻变化、仪表工作环境电磁场干扰等原因引起的附加误差 $\sigma_4 = \pm 6$ ℃,试计算这一测温系统的误差为多少?

解 $E_X/℃ = \pm\sqrt{\sigma_1^2 + \sigma_2^2 + \sigma_3^2 + \sigma_4^2} = \pm\sqrt{4^2 + 4^2 + 6^2 + 6^2} = 10.2$

1.3 检测仪表的基本技术性能

一台仪表的品质好坏是由它的基本技术指标来衡量。常用的指标如下。

1.3.1 量程

量程是指仪表能接受的输入信号范围。它用测量的上限值与下限值的差值来表示。例如,测量范围为-50~150℃,则上限值为150℃,下限值为-50℃,量程为200℃。

量程的选择是仪表使用中的重要问题之一。一般规定:正常测量值占满刻度的50%~70%。若为方根刻度,正常测量值占满刻度的70%~85%。

1.3.2 仪表的基本误差(仪表的允许误差)

仪表的基本误差是表示仪表性能的主要指标,是指仪表在正常工作条件(环境温度、湿度、振动、电源电压和频率)下,将仪表的示值与标准表的示值相比较,取仪表全量程范围内各个示值中相对百分误差的最大者,即为仪表的基本误差,即

$$\delta_j = \frac{\Delta X_{max}}{X_m} \times 100\% \tag{1.11}$$

式中　δ_j—— 仪表的基本误差；

ΔX_{max}—— 最大绝对误差。

如果仪表不在规定的正常条件下工作，则由于外界条件变动的影响将引起额外误差，即附加误差。例如，当仪表的工作温度越过规定的范围时，将引起温度附加误差。

1.3.3　精确度

仪表精确度是描述仪表测量结果的准确程度的一项综合性指标。精确度的高低主要由系统误差和随机误差的大小决定。因此，精确度包含正确度、精密度和精确度三个方面的内容。

1. 正确度

正确度表示测量结果中系统误差大小的程度，即测量结果与被测量真实值偏离的程度。系统误差越小，测量结果越正确。

2. 精密度

精密度表示测量结果中随机误差大小的程度，它指在一定条件下，多次重复的测量结果彼此间的分散程度。随机误差越小，测量结果越精密。

在实际测量过程中，系统误差和随机误差通常是同时发生的，并且可以在一定条件下相互转化，单从某次测量结果判断具有系统误差还是随机误差是不可能的。

3. 精确度

精确度是精密度和正确度的综合反映，所以用精确度来反应系统误差和随机误差的综合情况。精确度高，说明系统误差和随机误差都小，即具有一个既“精密”又“正确”的测量过程，精密度和正确度两者中有某一个高而另一个低都不能说精确度高。正确度与精密度的关系如图 1.4 所示。

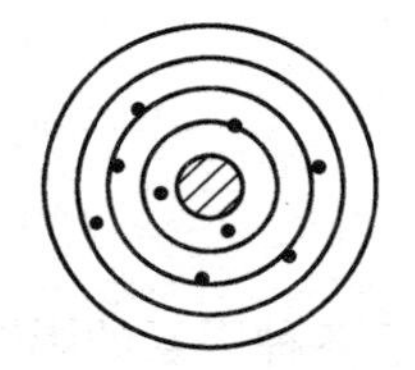

(a) 低正确度低精密度

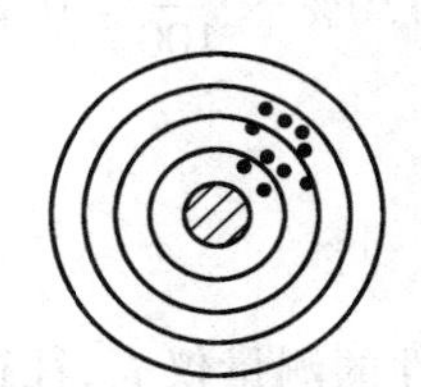

(b) 低正确度高精密度

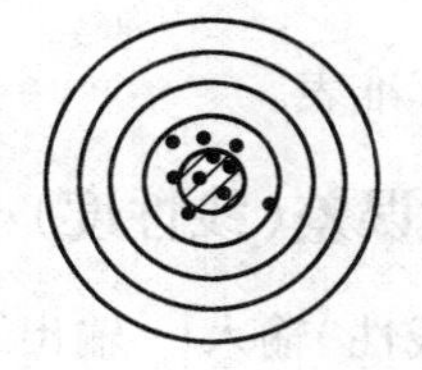

(c) 高正确度低精密度

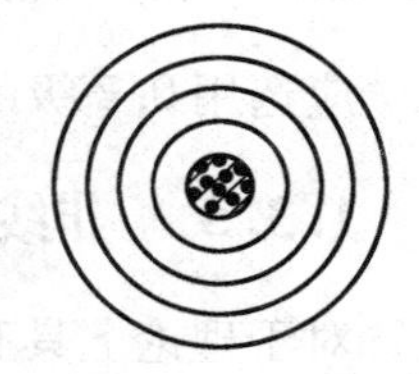

(d) 高正确度高精密度

图 1.4　正确度与精密度的关系

1.3.4　精度等级

仪表的精度等级是按国家统一规定的基本误差（允许误差）划分成的若干等级，因此，仪表的精度等级与仪表的基本误差有关。根据仪表的基本误差，去掉“±”号及“%”号的数值，可以确定仪表的精度等级。

目前，我国生产的仪表常用的精度等级有：

Ⅰ 级标准表：0.005、0.02、0.05。

Ⅱ 级标准表：0.1、0.2、0.4。

工业用表:0.5、1.0、1.5、2.5、4.0 等。

仪表的精度等级常以圆圈内的数字标注在仪表的面板上,例如,0.5 级就用 0.5。

一台合格的仪表,其基本误差应小于或等于允许误差。

注意:

① 基本误差:是在仪表的正常工作条件(温度、湿度、振动、电源电压和频率)下的仪表固有的误差。它不是系列值。基本误差小于等于允许误差。

② 允许误差:是在规定的正常情况下允许的百分误差的最大值,它是国家规定的系列值。

③ 附加误差:是外界条件偏离正常工作条件时的误差。

例 2 若仪表的基本误差为 0.67%,它的精度等级应为 1.0 级,此时 0.67% < 1.0%。

例 3 若已知仪表精度为 0.5 级,量程范围为 0 ~ 600 ℃,可计算出仪表允许的最大绝对误差。

此时该仪表的允许误差为 0.5%。

$$\Delta X_{max}/℃ = \gamma \times 100\%(600-0) \times 0.5\% = \pm 3$$

④ 在标准传递时,只能用 Ⅰ 级标准表作为 Ⅱ 级标准表的标准表,Ⅱ 级标准表作为工业用表的标准表,绝对不能用 Ⅰ 级标准表来校验工业用表。

⑤ 在校验工作中,标准表允许误差一般应为被校表的1/3到1/20,但不能越级。标准表与被校表的量程最好是一致的,不一致时,要换算。

例 4 工业用表 0 ~ 60 kPa,1.0 级,当标准表的量程为 0 ~ 100 kPa 时,标准表的量程为多少?

解 标准表精度小于等于 0.2%($\frac{1}{3} \times 1.0\% \times \frac{60}{100} = 0.2\%$)。

应选用 0.2 级的标准表。

1.3.5 非线性误差(线性度)

对于理论上具有线性“输入 - 输出”特性的测量仪表,往往会由于各种因素的影响,使仪表的实际特性曲线偏离其理论上的线性关系,这种误差称为非线性误差,如图 1.5 所示。它用校验曲线与相应的直线之间的最大偏差与仪表量程之比的百分数表示,即

$$\delta_L = \frac{\Delta'_{max}}{X_m} \times 100\% \tag{1.12}$$

式中 δ_L—— 线性度;

Δ'_{max}—— 实际值与理论值的绝对误差最大值。

1.3.6 变差

在外界条件不变的情况下,使用同一仪表对同一参数进行正反行程(即逐渐由小到大和逐渐由大到小)测量时,仪表正反行程指示值之间存在一差值,此差值即为变差,如图 1.6 所示。

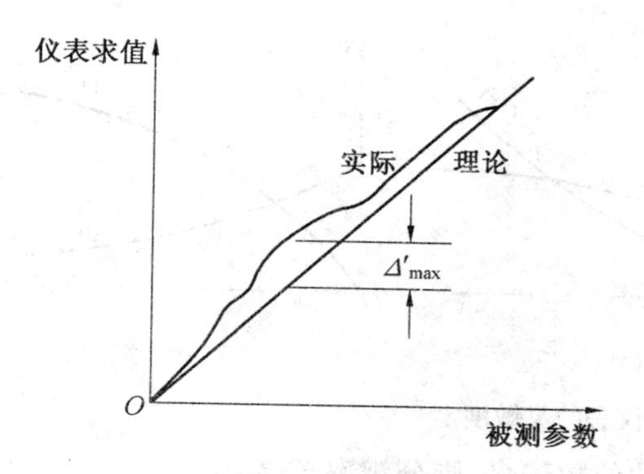

图 1.5　非线性误差

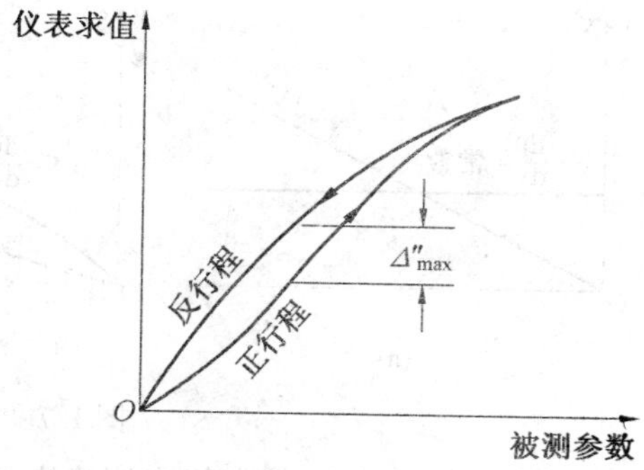

图 1.6　变差

造成变差的原因很多，如传动机构的间隙、运动件的摩擦、弹性元件的弹性滞后的影响等。变差的大小，取在同一被测参数值下正反行程时仪表指示值的绝对误差的最大值与仪表量程之比的百分数表示，即

$$\delta_H = \frac{\Delta''_{max}}{X_m} \times 100\% \tag{1.13}$$

式中　δ_H——变差、回差、迟滞误差；

Δ''_{max}——正反行程时，仪表指示值的绝对误差最大值。

一台合格的仪表，其变差应小于仪表的基本误差。

1.3.7　灵敏度和灵敏限

仪表指针的线位移或角位移，与引起这个位移的被测参数变化量之比值称为仪表的灵敏度，用公式表示为

$$S = \frac{\Delta\alpha}{\Delta X} \tag{1.14}$$

式中　S——仪表的灵敏度；

$\Delta\alpha$——指针的线位移或角位移；

ΔX——引起位移所需的被测参数变化量。

所以仪表的灵敏度在数值上就等于单位被测参数变化量所引起的仪表指针移动的距离或角度。

所谓仪表的灵敏限，是指能引起仪表指针发生动作的被测参数的最小变化量。通常仪表灵敏限的数值应不大于仪表允许误差（基本误差）的一半。

图 1.7 表示检测仪表灵敏度的三种情况：图 1.7(a)，灵敏度 S 保持常数，即灵敏度 S 不随被测量变化；图 1.7(b)，灵敏度 S 随被测输入量增加而增加；图 1.7(c)，灵敏度 S 随被测输入量增加而减小。

从灵敏度的定义可知，灵敏度是刻度特性的导数，因此它是一个有单位的量。当我们讨论某一传感器或检测仪表的灵敏度时，必须确切地说明它的单位。

值得注意的是，上述指标仅适合于指针式仪表。在数字式仪表中，往往用分辨率来表示仪表的灵敏度（或灵敏限）的大小。数字式仪表的分辨率就是在仪表的最低量程上最末一位改变一个数所表示的量。以七位数字仪表为例，在最低量程满度值为 1 V 时，它的

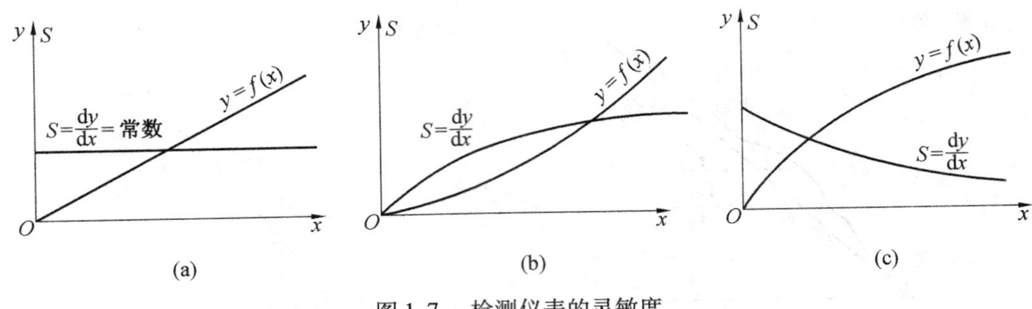

图 1.7　检测仪表的灵敏度

分辨率则为 0.1 μV。数字仪表能稳定显示的位数越多,则分辨率越高。

1.3.8　反应时间

当用仪表对被测参数进行测量时,由于被测参数的信号(能量)形式的转换和传输,都会遇到各种运动惯性和时间上的滞后,使得参数的测量需要一段时间,这个时间称为仪表的反应时间。一台仪表能不能尽快地反映出参数变化的情况,也是很重要的品质指标。如果仪表需要较长的时间才能得到准确的指示,那就不宜用来测量参数变化频繁的工况,因为当仪表尚未准确显示出被测值,而参数本身早已改变时,使仪表始终指示不出参数瞬时值的真实情况,将会导致显著的动态误差。所以根据实际需要来选择仪表的反应时间也很重要。阶跃信号下的反应时间曲线如图 1.8 所示。

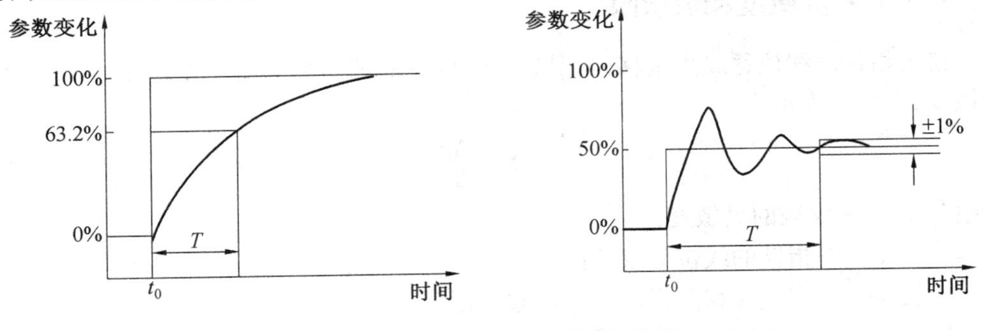

图 1.8　阶跃信号下的反应时间曲线

1.4　仪表精度与测量精度

1.4.1　仪表精度

仪表精度反映的是仪表在全量程范围内测量时可能产生的最大误差,即测量结果的可信程度。仪表精度用基本误差决定。

例如,仪表精度为 0.5 级,则表明该仪表在测量时,测量结果产生的最大误差不会超过 ±0.5%。若使用一段时间后进行检验,发现测量结果产生的最大引用误差为 ±0.8%,超过原定的 0.5 级,但不超过 1.0 级,这时该仪表的实际精度应改变为 1.0 级。

1.4.2　测量精度

测量精度反映的是仪表在对某个具体的被测变量进行测量时，测量结果的准确可信的程度。所以测量精度应该用相对误差来决定，有时也可直接用绝对误差来说明。

如何利用仪表的精度等级获得较高的测量精度，以及如何根据测量精度的要求确定适当的仪表精度等级，是仪表使用中经常碰到的实际问题。

如量程为400 ℃的测温表，精度为0.5级，因此得到

$$\Delta X/℃ = (400 - 0) \times 0.5\% = 2$$

这说明无论指示在刻度的哪一点，其最大绝对误差不超过2 ℃。但各点的相对误差是不同的，指示值在靠近下限方向的相对误差大，而越接近量程上限，相对误差越小。

在选用仪表时，一般使仪表经常工作在量程的2/3附近，这样既保证了测量的精确度，又保证了仪表的安全操作。

第2章 压力检测

压力在工业自动化生产过程中是重要的工艺参数之一。因此,正确地测量和控制压力是保证生产过程良好地运行,达到优质高产、低消耗和安全生产的重要环节。特别是在钻井、采油生产过程中,经常会遇到液体压力、气体压力和真空度的测量,其中包括比大气压力高很多的高压、超高压和比大气压力低很多的真空度的测量。

检测压力的仪表称为压力表或压力计。依生产工艺的不同要求,分为指示型、记录型、远传变送器、指示报警型和指示调节型等。本章在简单介绍压力的概念及单位的基础上,重点介绍弹性式压力表、应变式压力计、压电式压力传感器、电容式压力传感器、压磁式压力传感器和霍尔式压力计的测压原理及测压方法,为钻井采油仪表的学习做准备。

2.1 压力的基本概念

2.1.1 压力单位

压力是指均匀垂直作用在单位面积上的力,故表示为

$$P = \frac{F}{S} \tag{2.1}$$

式中 P—— 压力,Pa;

F—— 垂直作用力,N;

S—— 受力面积,m^2。

根据国际单位制(SI)规定,压力的单位为帕斯卡,简称帕(Pa)。1 帕为 1 牛每平方米,即

$$1\ \mathrm{Pa} = 1\ \mathrm{N/m^2} \tag{2.2}$$

帕所表示的压力单位较小,工程上经常使用千帕(kPa)、兆帕(MPa)。帕与千帕、兆帕之间的关系为

$$1\ \mathrm{kPa} = 1 \times 10^3\ \mathrm{Pa} \tag{2.3}$$

$$1\ \mathrm{MPa} = 1 \times 10^6\ \mathrm{Pa} \tag{2.4}$$

表 2.1 给出各种压力单位之间的换算关系。

表 2.1　各种压力单位之间的换算关系

压力单位	帕 /Pa	巴 /Bar	毫米水柱 /mmH_2O	标准大气压 /atm	工程大气压 /$(kg \cdot cm^{-2})$	汞柱 /mmHg	磅/英寸² /$(bf \cdot in^{-2})$
帕 /Pa	1	1×10^{-5}	$1.019\ 716 \times 10^{-1}$	$0.986\ 923\ 6 \times 10^{-5}$	$1.019\ 716 \times 10^{-5}$	$0.750\ 06 \times 10^{-2}$	$1.450\ 442 \times 10^{-4}$
巴 /Bar	1×10^{5}	1	$1.019\ 716 \times 10^{4}$	0.986 923 6	1.019 716	$0.750\ 06 \times 10^{3}$	$1.450\ 442 \times 10$
毫米水柱 /mmH_2O	$0.980\ 665 \times 10$	$0.980\ 665 \times 10^{-4}$	1	$0.967\ 8 \times 10^{-4}$	1×10^{-4}	$0.735\ 56 \times 10^{-1}$	$1.422\ 3 \times 10^{-3}$
标准大气压 /atm	$1.013\ 25 \times 10^{5}$	1.013 25	$1.033\ 227 \times 10^{4}$	1	1.033 2	0.76×10^{3}	$1.469\ 6 \times 10$
工程大气压 /$(kg \cdot cm^{-2})$	$0.980\ 665 \times 10^{5}$	0.980 665	1×10^{4}	0.967 8	1	$0.735\ 56 \times 10^{3}$	$1.422\ 398 \times 10$
汞柱 /mmHg	$1.333\ 224 \times 10^{2}$	$1.333\ 224 \times 10^{-3}$	$1.359\ 51 \times 10$	1.316×10^{-3}	$1.359\ 51 \times 10^{-3}$	1	1.934×10^{-2}
磅/英寸² /$(bf \cdot in^{-2})$	$0.680\ 49 \times 10^{4}$	$0.680\ 49 \times 10^{-1}$	$0.703\ 07 \times 10^{3}$	$0.680\ 5 \times 10^{-1}$	$0.703\ 07 \times 10^{-1}$	$0.517\ 15 \times 10^{2}$	1

2.1.2　大气压、绝对压力、表压力及负压力(真空度)

在压力测量中，常有表压、绝对压力、负压力或真空度之分，其关系如图 2.1 所示。

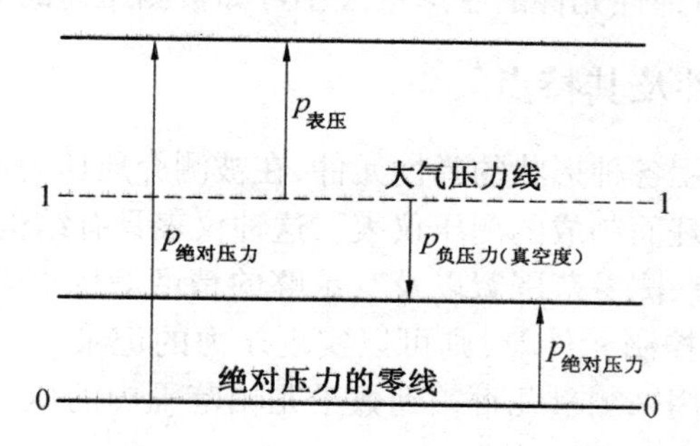

图 2.1　表压、绝对压力、负压的关系

工程上所用的压力指示值大多为表压(绝对压力计的指示除外)。表压是绝对压力和大气压力之差，即

$$P_{表压} = P_{绝对压力} - P_{大气压力} \tag{2.5}$$

当被测压力低于大气压力时，一般用负压力或真空度来表示，它是大气压力与绝对压力之差，即

$$P_{真空度} = P_{大气压力} - P_{绝对压力} \tag{2.6}$$

因为各种工艺设备和测量仪表通常是处于大气之中，本身就承受着大气压力，所以工程上经常用表压或真空度来表示压力的大小。在科技文章中，除特别说明外，均指表压或真空度。

2.1.3 测压仪表

测量压力或真空度的仪表很多，按照其转换原理的不同，大致可分为三类。

1. 液柱式压力计

它是根据流体静力学原理，将被测压力转换成液柱高度进行测量的。按其结构形式的不同，有U形管压力计、单管压力计等。这类压力计结构简单、使用方便，但其精度受工作液的毛细管作用、密度及视差等因素的影响，测量范围较窄，一般用来测量较低压力、真空度或压力差。

2. 弹性式压力计

它是将被测压力转换成弹性元件变形的位移进行测量的。例如，弹簧管式压力计、波纹管式压力计及薄膜式压力计等。

3. 电气式压力计

它是通过机械和电气元件将被测压力转换成电量（如电压、电流、频率等）来进行测量的仪表。例如，各种压力传感器和压力变送器。

2.2 弹性式压力计

弹性式压力计的基本原理是依据弹性元件受压变形后产生的弹性反作用力与被测压力相平衡，然后通过测量弹性元件的变形量大小可知被测压力的大小。

2.2.1 弹性元件及其特点

弹性式压力计是利用各种形状的弹性元件，在被测介质压力的作用下，使弹性元件受压后产生弹性变形的原理而制成的测压仪表。这种仪表具有结构简单、使用可靠、读数清晰、牢固、可靠、价格低廉、测量范围宽以及有足够的精度等优点。若增加附加装置，如记录机构、电气变换装置、控制元件等，则可以实现压力的记录、远传、信号报警、自动控制等。弹性式压力计可以用来测量几百帕到数千兆帕范围内的压力，因此在工业上是应用最为广泛的一种测压仪表。

1. 弹性元件

弹性元件是气动、液动仪表的重要元件。经常采用的弹性元件有：非金属膜片、金属膜片、波纹管、弹簧管及弹簧等。这些不同形状、结构和材质的弹性元件用来作为感测元件和转换元件，将气体、液体的压力或差压信号转换成位移或力。常用的几种弹性元件的结构如图2.2所示。

（1）弹簧管式弹性元件。

弹簧管式弹性元件的测压范围较宽，可测量高达1 000 MPa压力。单圈弹簧管是弯成圆弧形的金属管子，它的截面做成扁圆形或椭圆形，如图2.2(a)所示。当通入压力后，它的自由端就会产生位移。这种单圈弹簧管自由端位移较小，因此能测量较高的压力。为了增加自由端的位移，可以制成多圈弹簧管，如图2.2(b)所示。

（2）薄膜式弹性元件。

薄膜式弹性元件根据其结构不同还可以分为膜片与膜盒等。它的测压范围较弹簧管式的低。图2.2(c)为膜片式弹性元件，它是由金属或非金属材料做成的具有弹性的一张膜片（有平膜片与波纹膜片两种形式），在压力作用下能产生变形。有时也可以由两张金属膜片沿周口对焊起来，成一薄壁盒子，内充液体（硅油），称为膜盒，如图2.2(d)所示。

（3）波纹管式弹性元件。

波纹管式弹性元件是一个周围为波纹状的薄壁金属筒体，如图2.2(e)所示。这种弹性元件易于变形，而且位移很大，常用于微压与低压的测量（一般不超过1 MPa）。

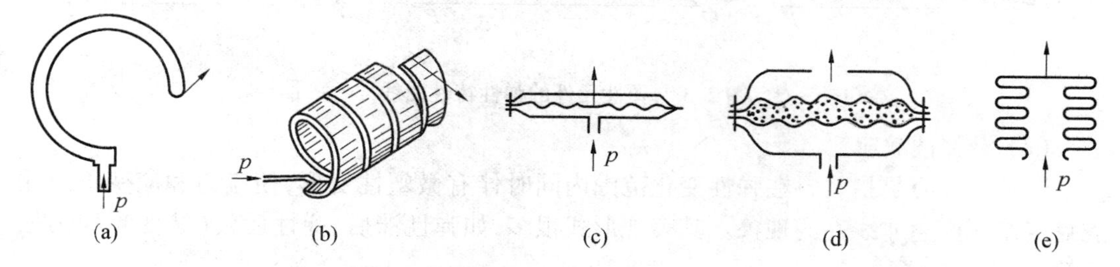

图2.2　弹性元件示意图

2. 弹性元件的特性

弹性元件在工作中具有两种基本效应：弹性效应和非弹性效应。所谓弹性效应，是指弹性元件的变形仅仅是由于受载荷的影响所表现出来的性质，其具体参数为体现载荷和变形的刚度和灵敏度；而非弹性效应是指弹性元件的变形受其他因素（如时间、温度、材料性质等）的影响所表现出来的性质，如弹性滞后、弹性后效和松弛等；温度变化能使弹性元件的弹性模量和几何尺寸产生变化。

弹性元件在工作中体现的弹性效应称为使用特性；非弹性效应则使弹性元件产生工作误差，称为弹性误差。弹性误差影响工作精度和工作可靠性，是力求限制的有害性质。

（1）弹性特性。

弹性特性是指弹性元件的输入量（如力、力矩、压力、温度等）与由它引起的输出量（应变、位移或转角）之间的关系。

特性曲线与理想直线的最大偏差$\Delta\lambda_{max}$和弹性元件的最大变形λ_{max}的百分比称为弹性元件特性的非线性度，如图2.3(b)、(c)所示，即

$$\Delta\lambda_X = \frac{\Delta\lambda_{max}}{\lambda_{max}} \times 100\% \tag{2.7}$$

弹性特性主要有刚度和灵敏度。

① 刚度。刚度是弹性元件产生单位变形所需要的外加作用力，即作用在弹性元件上的载荷增量与其产生变形增量的比值在变形增量趋于零时的极限。其公式为

$$K = \lim_{\Delta\lambda \to 0} \frac{\Delta F}{\Delta\lambda} = \frac{dF}{d\lambda} \tag{2.8}$$

② 灵敏度。灵敏度是刚度的倒数，定义为单位输入量所引起的输出量，即

$$S = \frac{d\lambda}{dF} = \frac{1}{K}$$

弹性特性为线性时，特性曲线上各点相应的刚度或灵敏度均相同，且为一常数；弹性特性为非线性时，各点相应的刚度或灵敏度是不相同的，如图 2.3 所示。

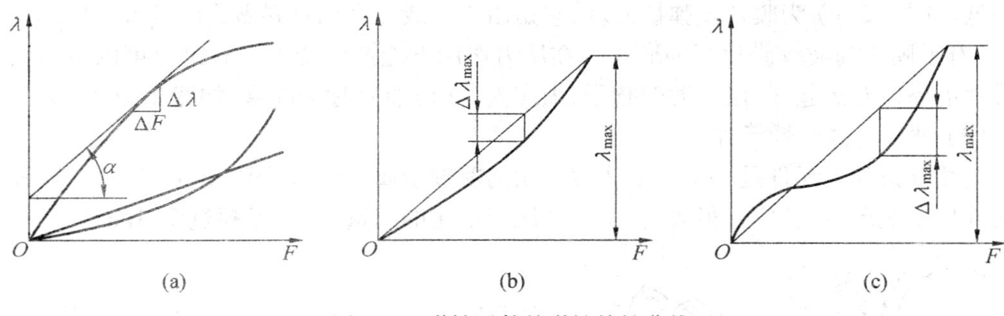

图 2.3　弹性元件的弹性特性曲线

（2）滞弹性效应。

滞弹性效应是指材料在弹性变化范围内同时伴有微塑性变形，使应力和应变不遵循虎克定律而产生非线性的现象。其表现形式很多，如弹性滞后、弹性后效（蠕变）、应力松弛等。

① 弹性滞后。弹性滞后是指在弹性范围内，加载与去载时特性曲线不相重合的现象，如图 2.4 所示。由特性曲线可以看出，当载荷 F 不同时，弹性滞后是不同的。一般用最大相对滞后的百分数来表示，即

$$r = \frac{\Delta\lambda_{T1}}{\lambda_{\max}} \times 100\% \tag{2.9}$$

② 弹性后效。弹性后效是指载荷改变后，不是立刻完成相应的变形，而是在一定时间间隔内逐渐完成的，如图 2.5 所示。当载荷（压力、力或力矩）停止变化或完成卸载后（$F_0 = 0$），弹性元件不是立刻完成相应的变形，而是在一段时间内继续变形，这种现象称为弹性后效。

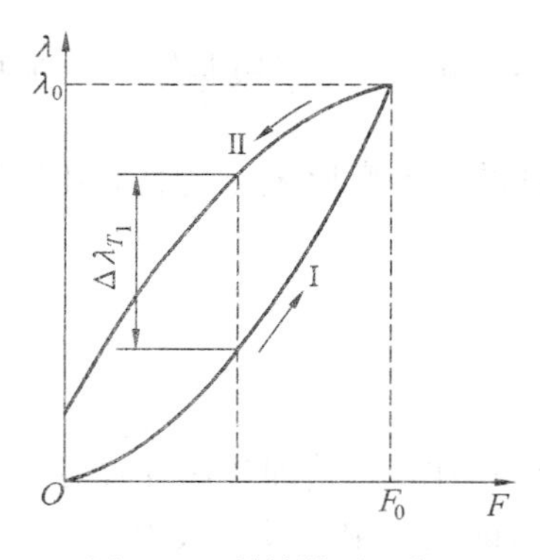

图 2.4　弹性滞后现象

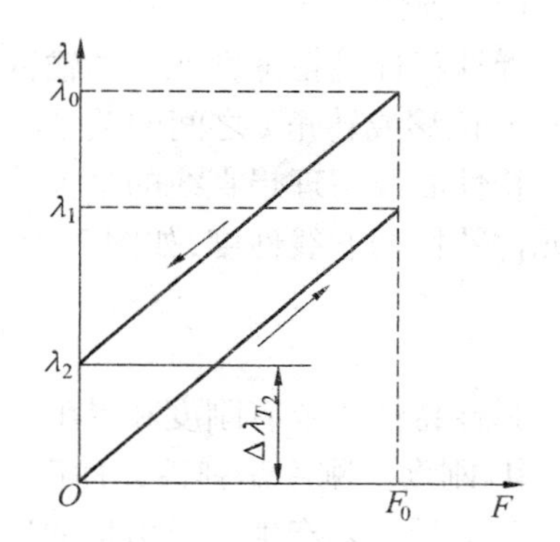

图 2.5　弹性后效现象

弹性元件的弹性滞后和弹性后效现象在工作过程中是同时产生的，它是造成仪表指示误差（变差和零位误差）的主要因素。弹性滞后及弹性后效与材料的极限强度、弹性元件的结构设计、载荷大小、特性以及工作温度等因素有关。使用压力越接近材料的比例极限或强度系数越低，弹性后效就越大。为了减小弹性滞后和弹性后效值，在设计时应选用

较大的强度系数,合理选择材料,采取适当的加工和热处理方法等。

2.2.2　弹簧管式压力表

弹簧管式压力表是工业上普遍应用的一种测压仪表,测量范围极广,品种规格众多。根据用途不同,除了普通弹簧管压力表之外,还有耐腐蚀氨用压力表、禁油的氧用压力表、钻机用的指重表等。它们的外形与结构、工作原理基本上是相同的,只是所用的材料有所不同。其中单圈弹簧管的测压范围比较广,并且结构简单,使用方便,价格便宜。

1. 弹簧管式压力表的结构

单圈弹簧管式压力表的结构如图 2.6 所示,主要由弹簧管、齿轮传动放大机构、指针和面板以及外壳四大部分组成。

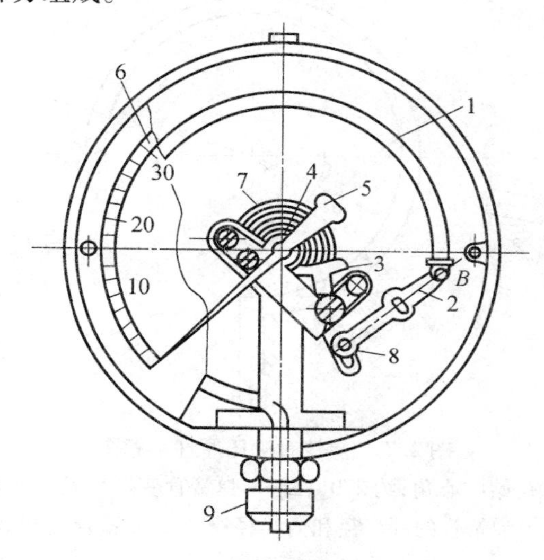

图 2.6　单圈弹簧管式压力表的结构图

1— 弹簧管;2— 拉杆;3— 扇形齿轮;4— 中心齿轮;5— 指针;6— 面板;7— 游丝;8— 调整螺钉;9— 接头;*B*— 弹簧管自由端

① 弹簧管。它是一根弯成 270° 圆弧的截面呈扁圆形或椭圆形的空心金属管。弹簧管 1 的自由端 *B*(即位移输出端)是封闭的,另一端固定在仪表的壳体上,即为被测压力的输入端,通过接头 9 与被测压力相通。

② 传动放大机构。传动放大机构包括拉杆 2、扇形齿轮 3、中心齿轮 4、调整螺钉 8 及游丝 7 组成。在传动放大机构中,拉杆与扇形齿轮形成一级杠杆放大,扇形齿轮与中心齿轮又形成一级齿轮放大。第一级杠杆放大倍数等于扇形齿轮半径与拉杆到齿轮轴长度之比,是可调的。第二级齿轮放大倍数等于两齿轮节圆半径之比,是固定的。传动放大机构的作用是将弹簧管自由端的变形(线位移)加以放大,并将其变为指针 5 的角位移。为了消除齿轮之间的间隙,减少仪表的变差,在中心齿轮的转轴上安装了螺旋形的游丝 7。

③ 指示机构。指示机构包括指针 5、面板 6 等,其作用是指示被测压力的数值。

④ 表壳。表壳包括壳座、盖圈、表玻璃等,其作用主要是固定和保护上述三部分及其

他零部件。

2. 工作原理

当被测压力由接头9通入后，弹簧管的截面有由扁圆向趋于圆形变化的变形。中心角γ变小，迫使弹簧管的自由端向右上方扩张，产生一定的位移。自由端的弹性变形位移由拉杆2使扇形齿轮3做逆时针偏转，进而带动中心齿轮4做顺时针转动。与中心齿轮同轴的指针也做相应的顺时针转动，从而在面板6的刻度标尺上显示出被测压力P的数值。

为什么在被测压力作用下弹簧管会产生相应的变形呢？

弹簧管测压原理示意图，如图2.7所示。

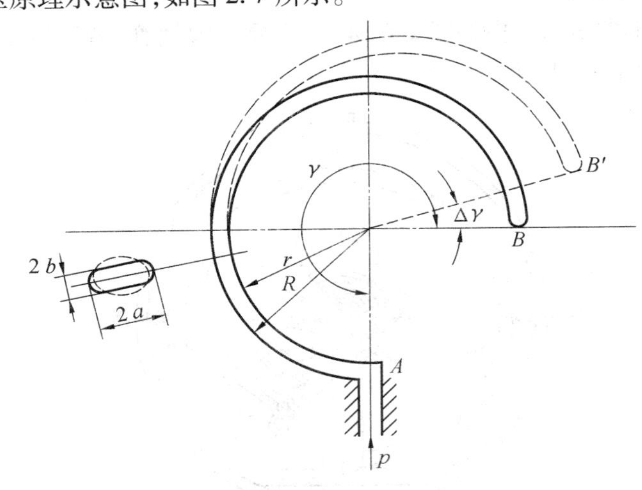

图2.7　弹簧管测压原理示意图

γ— 弹簧管初始中心角，约270°；$\Delta\gamma$— 弹簧管变形后其中心角变化量；R、r— 圆弧形弹簧管的外半径和内半径；a、b— 弹簧管扁圆截面的长半轴和短半轴。

当被测压力p由A端通入弹簧管内腔时，弹簧管的扁圆截面有变圆的趋势，即短轴变长，$b' = b + \Delta b$，长轴变短，$a' = a - \Delta a$。但是，由于弹簧管封闭端截面积很小，弹簧管长度方向的拉伸变形可以忽略不计，其长度在受压前后基本不变。假设γ'，R'，r'分别代表弹簧管变形后的几何参数，根据弹簧管弧长度基本不变的分析，可以得到

$$R\gamma = R'\gamma' \tag{2.10}$$

$$r\gamma = r'\gamma' \tag{2.11}$$

两式相减可得

$$(R - r)\gamma = (R' - \gamma')\gamma'$$

即

$$b\gamma = b'\gamma' \tag{2.12}$$

因为弹簧管受压后变圆，$b < b'$，所以$\gamma' < \gamma$，即中心角变小，弹簧管将产生向外挺直、伸张的变形。弹簧管自由端由B移到B'，如图2.7中虚线所示。当然，压力p越大，弹簧管越圆，其自由端的位移量也越大。反之，如果被测压力小于外界大气压，弹簧管的截面会变得更扁，即$b' < b$，$\gamma' < \gamma$，弹簧管向内弯曲变形。所以利用弹簧管不仅可以测量正压

力,还可以测量负压力。

理论和实践证明:弹簧管自由端的位移量与被测压力之间成正比。因此,弹簧管压力表的标尺刻度是线性均匀的。另外,根据式(2.12)可以分析弹簧管的变形量与中心角 γ 的关系。

由于

$$b' = b + \Delta b \tag{2.13}$$

$$\gamma' = \gamma - \Delta\gamma \tag{2.14}$$

代入式(2.12)可得

$$b\gamma = (b + \Delta b)(\gamma - \Delta\gamma)$$

$$\Delta\gamma = \frac{\Delta b}{b + \Delta b}\gamma \tag{2.15}$$

由式(2.15)可知,弹簧管初始中心角 γ 越大(如将弹簧管制成多圈的),$\Delta\gamma$ 也越大,灵敏度越高;如果短半轴 b 越小,即弹簧管截面越扁,$\Delta\gamma$ 也越大,灵敏度越高。

在单圈弹簧管压力表中,中心齿轮4下边装有盘形螺旋游丝7。游丝一头固定在中心齿轮轴上,另一头固定在上下夹板的支柱上。利用游丝产生的微小力矩使中心齿轮始终跟随扇形齿轮转动,以便克服中心齿轮与扇形齿轮啮合时的齿间间隙,消除由此带来的变差。

改变调整螺钉 8 的位置(即改变机械传动的放大系数),可以实现压力表量程的调整。

3. 弹簧管的材料

弹簧管的截面形状、尺寸和材料,决定了压力表的测压范围及其被测介质的物理化学性质。一般被测压力小于 20 MPa 时,采用磷铜;压力大于 20 MPa 时,则采用不锈钢。但是在使用压力表时,必须注意被测介质的化学性质。例如,测量氨气压力必须用不锈钢弹簧管,而不能用铜质材料;测量氧气时,禁止沾有油脂。

弹簧管压力表可测几十千帕到 1 000 MPa 的压力。精度等级为:0.5、1.0、1.5、2.5 级。表壳直径为:60 mm、100 mm、150 mm、200 mm、250 mm 等。

2.2.3 电接点压力表

在石油钻采生产过程中,常常需要把压力控制在某一范围内,即当压力低于或高于给定值范围时,就会破坏正常工艺条件,甚至可能发生危险。这时就应采用带有报警或控制触点的压力表。在普通弹簧管压力表上加装辅助触点,便可成为电接点信号压力表,它能在压力偏离给定范围时,及时发出信号,以提醒操作人员注意或通过中间继电器实现压力的自动控制。

图2.8是电接点信号压力表的结构和工作原理示意图。压力表指针上有动触点2,表盘上另有两根可调节的指针,上面分别有静触点 1 和 4。当压力超过上限给定数值(此数值由静触点 4 的指针位置确定)时,动触点 2 和静触点 4 接触,红色信号灯 5 的电路被接通,使红信号灯发亮。若压力低于下限给定数值时,动触点2与静触点1接触,接通了绿色信号灯 3 的电路。静触点 1、4 的位置可根据需要灵活调节。

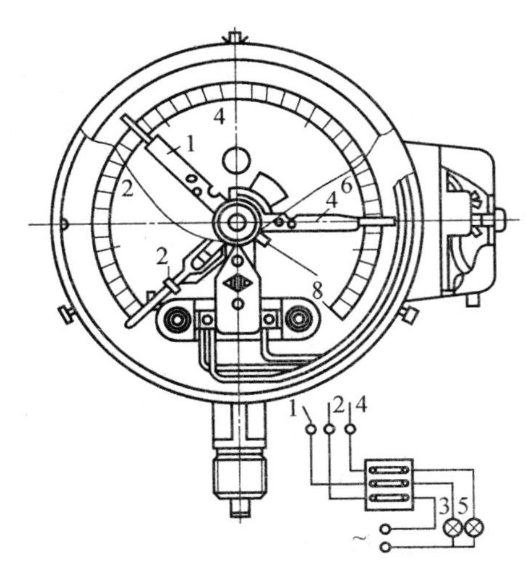

图 2.8　电接点信号压力表的结构和工作原理示意图
1、4— 静触点；2— 动触点；3— 绿色信号灯；5— 红色信号灯

2.3　压力传感器与变送器

压力传感器是把压力信号转变为电信号，压力变送器也完成把压力信号转变为电信号的任务，它们的区别仅仅在于变送器变换后的信号是国际统一标准信号。例如，4 ~ 20 mA 电流信号，传感器的输出根据配套仪表的情况设计，不一定为标准信号。石油工程上常用的压力传感器、变送器从原理上来讲，主要有应变式、扩散硅式、压磁式、电容式以及霍尔式。

2.3.1　应变片式压力传感器

1. 膜片式应变压力传感器

由于膜片式应变压力传感器体积小、质量轻、线性度好、精度高，故常用于检测钻井（探）机械的油压和泵压。它的不足之处是超载能力差，不能用于测高温流体介质的压力。

图 2.9（a）所示为该传感器的结构，它的弹性敏感元件为边缘固定的平面膜片，平面膜片受压后产生变形。应变片贴在膜片的内表面上，膜片受压后产生应变，使应变片产生电阻变化。

对于边缘固定的圆形平膜片，当压力作用于其一面时，会引起膜片中央凹或凸的弹性变形。膜片上任意一点的应变可分为径向应变 ε_r 和切向应变 ε_t，这两个值既和压力的大小有关，又和该点距膜片中心的远近有关。设所讨论的某点距中心为 r，则可有：

径向应变

$$\varepsilon_r = \frac{3p}{8h^2E}(1-\mu^2)(r_0^2-3r^2)\times 10^{-4} \tag{2.16}$$

切向应变

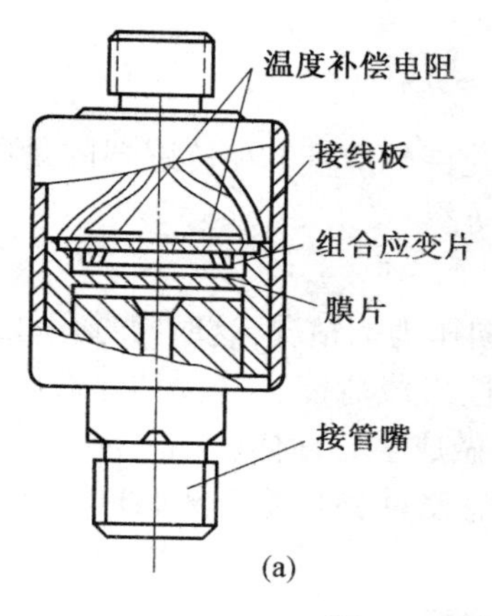

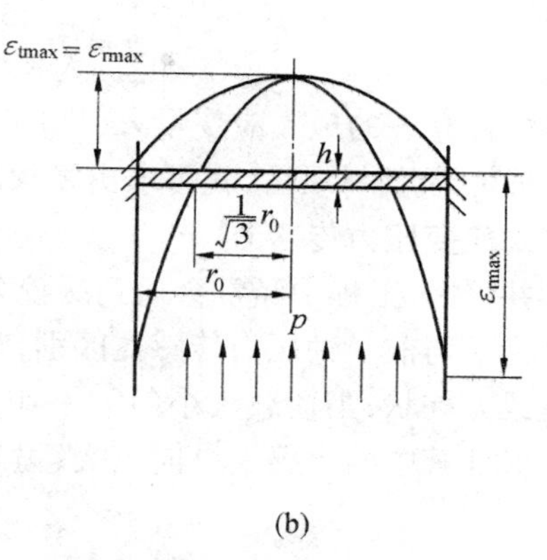

图 2.9　膜片式应变压力传感器

$$\varepsilon_t = \frac{3p}{8h^2E}(1-\mu^2)(r_0^2-r^2)\times 10^{-4} \tag{2.17}$$

式中　p—— 被测压力；

μ—— 平面膜片材料的泊松系数；

E—— 平面膜片材料的弹性模量；

h—— 平面膜片的厚度；

r_0—— 平面膜片的半径；

r—— 平面膜片中心至计算点的半径。

当 $r=0$(膜片中心处) 时,以上两式都达到最大值,即

$$\varepsilon_{rmax} = \varepsilon_{tmax} = \frac{3pr_0^2}{8h^2E}(1-\mu^2)\times 10^{-4} \tag{2.18}$$

当 $r=r_0$(膜片边缘处) 时,切向应变 $\varepsilon_t=0$,径向应变 ε_r 达到负的最大值,即

$$\varepsilon_{rmax} = -\frac{3pr_0^2}{4h^2E}(1-\mu^2)\times 10^{-4} \tag{2.19}$$

当 $r=\frac{r_0}{\sqrt{3}}$ 时,径向应变 $\varepsilon_r=0$；

当 $r<\frac{r_0}{\sqrt{3}}$ 时,径向应变 ε_r 为正应变(拉伸应变)；

当 $r>\frac{r_0}{\sqrt{3}}$ 时,径向应变 ε_r 为负应变(压缩应变)。

根据以上分析,膜片的径向与切向应变分布曲线如图2.9(b) 所示。该传感器使用箔式组合应变片(图2.10),使位于膜片中心的两电阻 R_1,R_3 感受正的切向应变 ε_t,则按圆周方向排列的丝栅被拉伸而电阻增大,而位于膜片边缘的两个电阻 R_2 和 R_4 感受负的径向应变 ε_r,则按径向排列的丝栅被压缩而电阻减小,利用直流电桥的和差特性,把这四个电阻组成全桥,可得到最大的测量灵敏度,并有温度自补偿作用。

膜片的厚度的计算可根据式(2.19) 得

$$h = \sqrt{\frac{3pr_0^2}{4E\varepsilon_{rmin}}(1-\mu^2)} \tag{2.20}$$

根据膜片允许的最大应变量 ε_r(即应变片所允许的应变)和传感器的量程 p,并选定膜片的半径 r_0 及其材质后,就可求出膜片的厚度 h。

2. 柱式应变压力传感器

在钻井(探)工程中经常会遇到测较大的轴向压力的情况,这时常选用柱式应变压力传感器。为了与前一种压力传感器区别,常称为柱式载荷传感器。其弹性敏感元件通常做成圆柱或方柱状,当荷载较小(10^3 ~ 10^5)时,做成空心柱体。四个应变片粘贴的位置和方向应保证其中两个感受纵向应变,另外两个感受横向应变(图 2.11),应变片接成全桥电路。

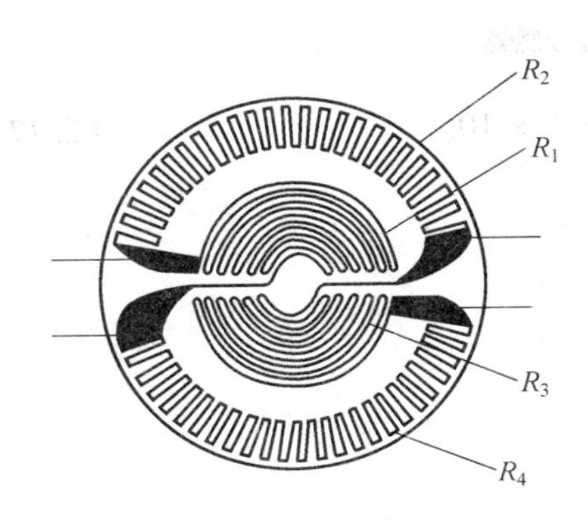

图 2.10　箔式组合应变片

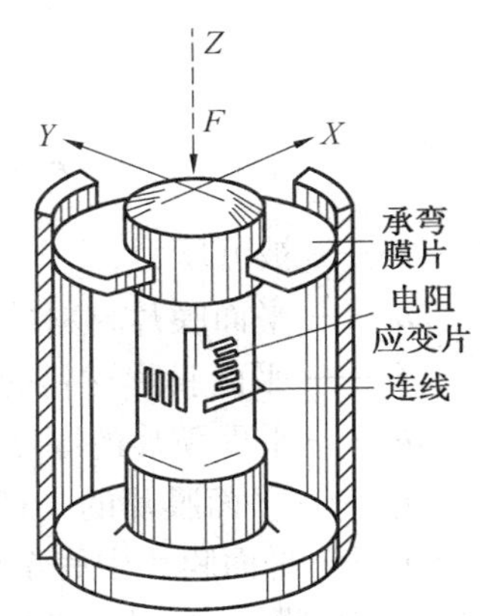

图 2.11　柱式应变压力传感器

在实际测量中,力不可能正好沿着柱体的轴线作用,而总是与轴线之间成一微小的角度或微小的偏心,这就使弹性柱体除受纵向力作用外,还受到横向力和弯矩的作用,从而影响测量精度。为了消除横向力的影响,常采用承弯膜片结构。它是在传感器刚性外壳上端加一片或两片极薄的膜片(图 2.11)。由于膜片在平面方向上的刚度很大,所以作用在其平面内的横向力就经膜片传至外壳和底座。在垂直于膜片平面方向上,其刚度很小,沿柱体轴向的变形下正比于被测力。这样,膜片承受了绝大部分的横向力和弯曲,消除它们对测量精度的影响。灵敏度虽稍有下降,但影响通常小于 5%。

2.3.2　扩散硅压力传感器

固体受到压力后,它的电阻率发生一定的变化,所有的固体材料都有这个特点,其中以半导体材料最为显著。当半导体材料在一方向上承受应力时,它的电阻率发生显著变化,这种现象称为半导体压阻效应。用这种效应制成的电阻称为固态压敏电阻,也称为力敏电阻。用压敏电阻制成的器件有两种类型:一种是利用半导体材料制成粘贴式的应变片;另一种是在半导体材料的基片上用集成电路的工艺制成扩散型压敏电阻。用它作传感元件制成的传感器称为固态压阻式传感器,也称为扩散硅压力传感器。

1. 半导体压阻效应

金属电阻受应力后,电阻的变化主要是由几何尺寸的变化引起的;而半导体电阻受应力后，电阻的变化主要是由电阻率发生变化引起的。

半导体受应力作用后，其中载流子的数目和平均迁移率发生变化，引起电阻率的变化。可以证明，半导体电阻率与载流子数目和载流子平均迁移率的乘积成反比。电阻率变化的大小和符号（增或减）取决于半导体的类型、载流子浓度以及作用应力相对于半导体晶体晶向的方向。

对于简单的拉伸和压缩来说，当作用应力 σ 方向与电流方向一致时，半导体电阻率的相对变化与作用应力 σ 成正比，即

$$\frac{\Delta\rho}{\rho} \approx \pi e\sigma = \pi eE\varepsilon \tag{2.21}$$

式中　πe——半导体纵向压阻系数；

E——半导体材料弹性模量；

ε——电阻长度方向的应变。

当忽略由半导体几何尺寸的变化引起电阻的变化时，即忽略

$$\frac{\Delta R}{R} = \frac{\Delta\rho}{\rho} = \pi eE\varepsilon = K\varepsilon \tag{2.22}$$

式中　$\pi eE = K$——在单位应变下，电阻的相对变化率称为半导体材料的灵敏系数。

半导体材料的 πe 值与其晶体的晶向有关。例如，硅晶体，有些晶向的 πe 值几乎为零，而另一些晶向，πe 值可达 100×10^{-11} m/N。硅的弹性模量 E 约为 1.7×10^{11} N/m，则硅半导体电阻的灵敏系数可达100以上，比金属的灵敏系数高出两个数量级。

扩散型压敏电阻的基片是半导体单晶硅，它是各向异性的材料，取向不同，特性也不同。取向是用晶向表示的。所谓晶向就是晶面的法线方向。要区别这些不同的晶面或晶向，就要对它们进行标记。

2. 晶面和晶向的表示方法

结晶体是固体，由称为质点的分子、原子或离子有规则地排列而成。它的外形是具有一定几何形状的多面体，且有不同程度的对称性，这种多面体的表面由称为晶面的许多平面合围而成。晶面相交的直线称为晶棱，晶棱的交点称为晶体的顶点。晶体中质点在空间的对称排列称晶体点阵或晶体格子（简称晶格）。晶格的最小单元称为晶胞。

三维空间中晶胞的几何特征可以用晶胞三条相邻棱线长 a,b,c 和三条棱线间的夹角 α,β,γ 六个参数来描述。a,b,c 称为晶格常数，三条棱线称为晶轴，用 X,Y,Z 表示。单晶硅是立方体结构，它的三个晶轴恰与三维正交坐标系重合，如图2.12所示。

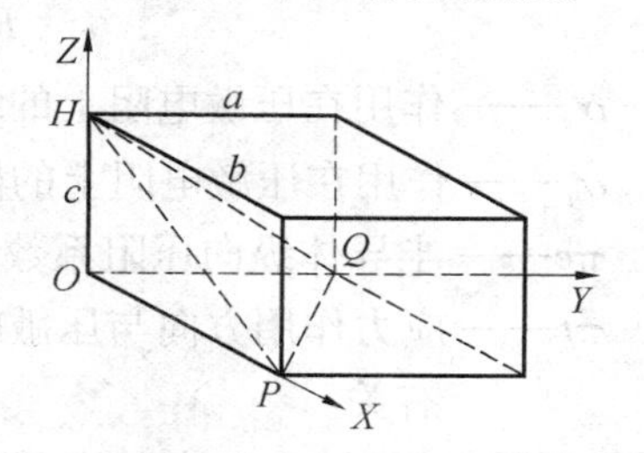

图2.12　晶体晶面的截距表示法

若取立方晶体晶胞的每条棱线长为单位1，即 $a=b=c=1$，则图2.12中晶胞内部任一个平面的标记均可用该平面与坐标轴相交的截距来表示。例如，图2.12中立方体底面对角线与上平面角顶确定的 HPQ 三角平面（晶面），它与坐标轴截距均为单位1，则用晶面符号（111）表示该晶面在晶格中的位置。该晶面的法线方向，即该晶面的晶向，用晶向符

号 < 111 > 表示，如图2.13(a)所示。若晶面平行于某一晶轴，则晶面符号中对应轴的数字为零。例如，图2.13(b)、(c)中的晶面符号和晶向符号为(100)和 < 100 >、(110)和 < 110 >。图2.13(d)是硅立方晶体内几个晶向的符号标记。

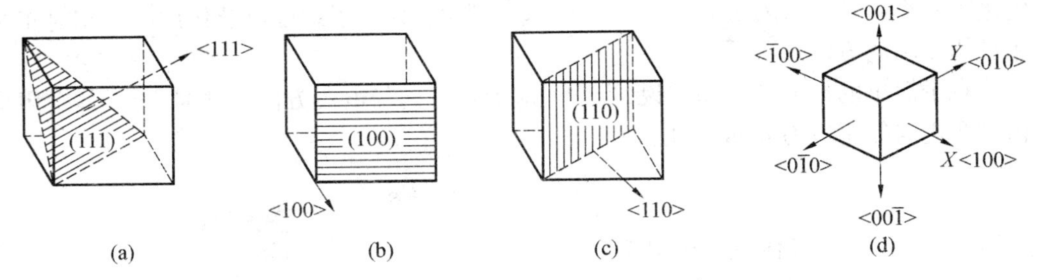

图 2.13　立方晶体内几种晶面与晶向的标记

同一个晶胞内，不同的晶面上原子的分布不同，例如单晶硅中，(111)晶面上的原子密度最大，(100)晶面上的原子密度最小。晶面上的原子密度不同，它们的各项物理性质有的就不同，其中压阻效应就不同。硅压阻器件就是选择压阻效应最大的晶向布置电阻条的。

3. 扩散硅压阻器件

半导体压敏电阻的灵敏系数虽然比金属高很多，但还觉得不够高。例如，图2.14是一个沿晶向 < 100 > 的N型硅电阻条，截面积为1 mm^2，承受纵向1 N的拉力时，该电阻条电阻值才变化了约1%。相当于在100个大气压下，电阻率才变化了1%。为了增大灵敏度，压敏电阻常常扩散(安装)在薄的硅膜上。压力的作用先引起硅膜的形变，形变使压敏电阻承受应力，该应力比压力直接作用在压敏电阻上产生的应力要大得多。好像硅膜起了放大作用。

当承受压力的硅膜比较薄(数十微米)时，可以略去沿硅膜厚度方向上的应力，只剩下纵向和横向应力，三维问题就简化成两维问题。这时，在应力作用下，任一膜片上电阻的变化可写成

$$\frac{\Delta R}{R} = \pi e \sigma_e + \pi t \sigma_t \tag{2.23}$$

式中　σ_e——作用在压敏电阻上的纵向应力；

σ_t——作用在压敏电阻上的横向应力；

πe——半导体纵向压阻系数；

πt——应力作用方向与压敏电阻中电流方向垂直时的压阻系数，其大小与晶向有关。

制作压敏电阻时，先选定基底(即硅膜片)，如用N型硅片作基底。该硅片表面就是某晶向的晶面，如(100)晶面。在此晶面上任选两个相互垂直的晶向作为坐标轴 X，Y，如选择晶向 < 011 > 和 < 01̄1 >。在硅片某一特定区域沿 X 轴或 Y 轴方向，采用集成电路工艺的扩散技术，制成P型扩散电阻(压敏电阻)，如图2.15所示。其中P型扩散电阻与N型基片间由PN结作绝缘隔离，A，B 是P型电阻的两条引线。

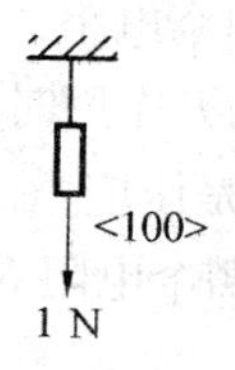

图 2.14　硅电阻条受力

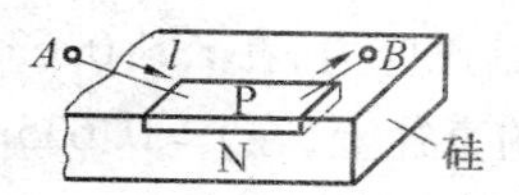

图 2.15　扩散电阻结构

实际的硅膜片和扩散电阻尺寸都很小。例如，硅膜片的直径为 2 mm、厚为 20 μm。扩散电阻条宽 5 ~ 10 μm、扩散厚度 1 ~ 3 μm、端部引线方孔 15 μm × 15 μm、阻值为 500 ~4 000 Ω。

扩散型硅压阻器件有两种结构：一种是圆形硅膜片，它的围边用硅杯支撑固定，实际上硅杯支撑与膜片合在一体，称为圆形硅杯膜片结构，如图 2.16 所示。另一种也是支撑的硅杯与膜片合为一体，区别是方形或矩形，称为方形或矩形硅杯膜片结构。在膜片上适当位置扩散出四个阻值相等的压敏电阻后，将它们连接成如图 2.17 所示的电桥就构成了扩散硅压阻器件。

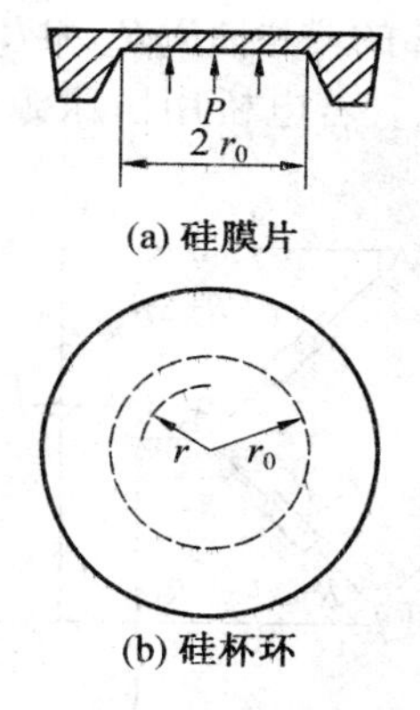

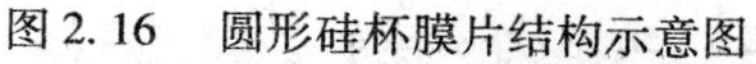

图 2.16　圆形硅杯膜片结构示意图

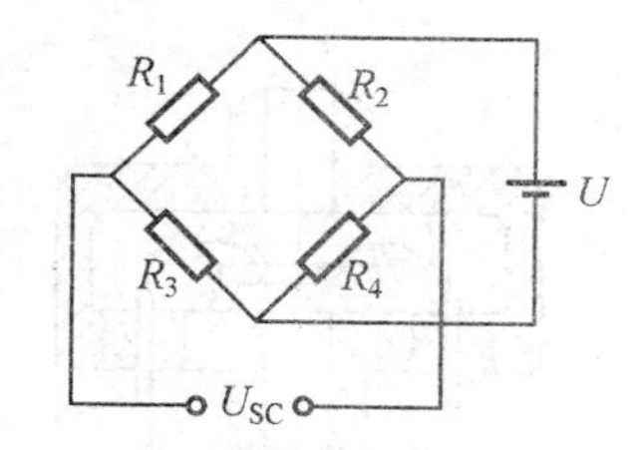

图 2.17　直流电桥

理想电桥应该是电桥相邻两臂电阻（R_1 或 R_4 与 R_2 或 R_3）的压敏效应大小相等、符号相反，且四个桥臂电阻的温度系数相同。为此，四个压敏电阻在硅膜片上的排列必须按要求进行。图 2.18 给出了几种膜片上压敏电阻的晶向排列。

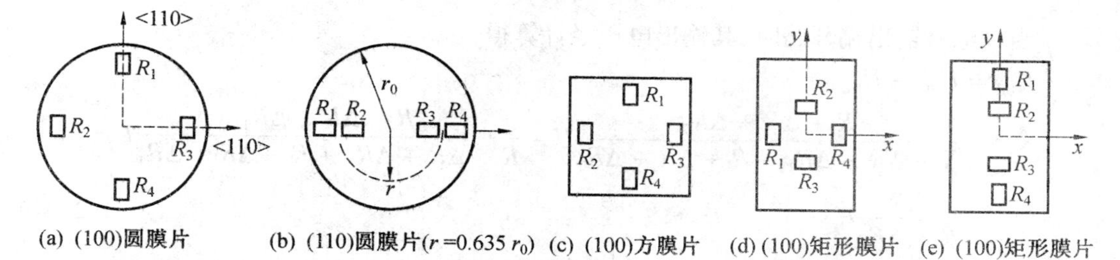

图 2.18　几种硅膜片上扩散电阻的排列

图 2.18(a) 是在晶面(100) 硅圆膜片边缘附近扩散四个压敏电阻，它们虽然是平行的，但对膜片的半径来讲，R_1 或 R_4 主要受径向应力，R_2 或 R_3 主要受切向应力。再适当选

择它们所在位置的晶面，就会得到符合理想电桥条件的四个电阻。

图 2.18(b) 也是一个硅圆膜片，当该膜片受均匀压力 P 作用时，在 $r < 0.635r_0$ 的半径内，径向应力是拉应力，在 $r > 0.635r_0$ 的地方，径向应力是压应力。所以在该膜片所选晶向 < 110 > 的直径上，在 $r = 0.635r_0$ 点的两边分别扩散四个电阻 R_1，R_2，R_3，R_4，该四个电阻也会符合理想电桥的条件。

图 2.18(c)、(d)、(e) 方形和矩形膜片中，四个扩散电阻的排列方式和设计思路与上述两个圆膜片相同。它们受力后的应力分布，除四个直角区附近外，基本与圆膜片相似。之所以用方形或矩形膜片，是因为采用各向异性腐蚀方法，容易加工出精度高、厚度薄而且均匀的膜片。

4. 固态压阻式压力传感器

固态压阻式压力传感器主要由外壳、硅杯膜片和引线组成，如图 2.19 所示。图中硅杯膜片两边是两个压力腔，一边是与被测压力相通的高压腔，另一边是低压腔，通常与大气相通。膜片上有接成电桥的四个扩散电阻。当膜片两边存在压力差时，膜片上各点存在应力，使四个电阻阻值发生变化。

四个电阻的起始值均为 R，在应力作用下，R_1 和 R_4 的增量 ΔR，R_2 和 R_3 的减少量也为 ΔR。另外，考虑温度的变化使每个电阻有 ΔR_T 的变化。若电桥用恒压源供电，则电桥电路变成图 2.20 所示的电路。

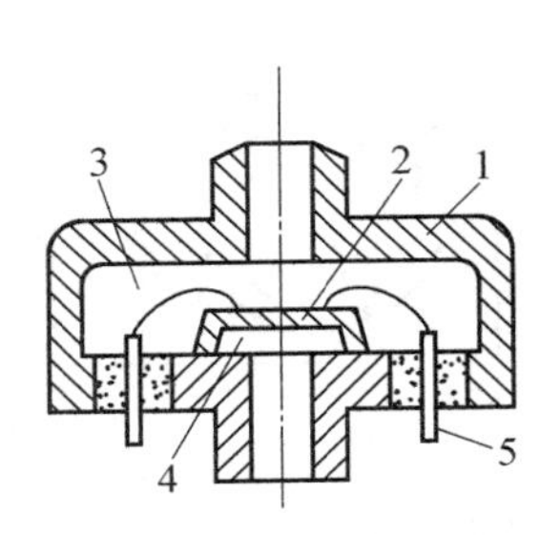

图 2.19　固态压阻式压力传感器

1— 外壳；2— 硅杯膜片；3— 低压腔；4— 高压腔；5— 引线

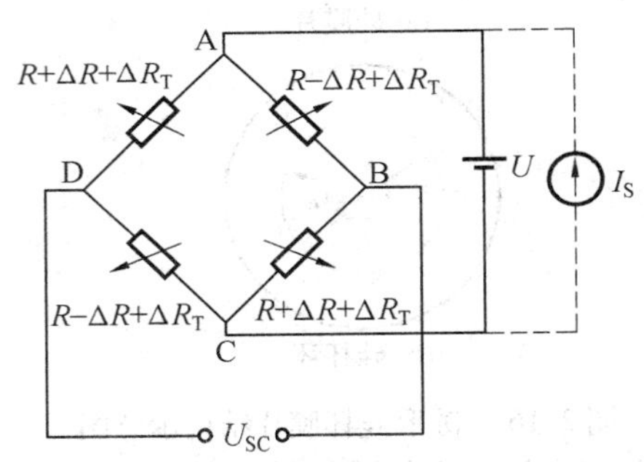

图 2.20　恒压源或恒流源供电的直流电桥

当该电桥输出端开路时，其输出电压经计算得

$$U_{BD} = U_{BC} - U_{DC} = \frac{R + \Delta R + \Delta R_T}{R - \Delta R + \Delta R_T + R + \Delta R + \Delta R_T}U - \frac{R - \Delta R + \Delta R_T}{R - \Delta R + \Delta R_T + R + \Delta R + \Delta R_T}U = \frac{\Delta R}{R + \Delta R_T}U \tag{2.24}$$

当采用一些措施使温度的变化对电桥的输出无影响时，即 $\Delta R_T = 0$，则式(2.24) 变成

$$U_{SC} = \frac{\Delta R}{R}U \tag{2.25}$$

由式(2.25) 看出，电桥的输出与电阻的变化率成正比，即与被测压力差成正比，同时

又与恒压源的电压成正比，表明电桥的输出与电源电压的大小和稳压精度有关。由式(2.24)看出，电桥输出电压与温度有关，而且是非线性关系。因为实际中不可能使 ΔR_T 为零，所以用恒压源供电时，不能完全消除温度的影响。

若改为恒流源供电，如图 2.20 中虚线所示，则电桥输出为

$$U_{BD} = U_{BC} - U_{DC} = \frac{1}{2}I_S(R + \Delta R + \Delta R_T) - \frac{1}{2}I_S(R - \Delta R + \Delta R_T) = I_S\Delta R \quad (2.26)$$

式(2.26)表明，电桥的输出与被测量成正比，也与恒流源电流成正比，即输出与恒流源电流的大小和精度有关，但与温度 ΔR_T 无关。这是恒流源供电的一个优点。使用时最好一个传感器配备一个恒流源。

国产的 CYG40 型压阻式高频压力传感器适用于静、动态压力测量、爆炸冲击波超压测量以及其他瞬变压力和脉动压力的测量。在钻井工程中可用于对大钩悬重和钻压的测量。

2.3.3　压磁式压力传感器

由于压磁式传感器的压磁力敏元件在受力时变形非常小，故这种传感器十分牢固，超载能力强，不均匀载荷对测量精度影响小，能用于野外和井下等恶劣的环境。同时，它还具有输出功率大、输出信号强、抗干扰性能好、结构简单、制造方便等优点。但是，这种传感器线性度稍差，响应速度较慢。不过这两个缺点对精度要求不是很高的野外作业而言，并不是主要矛盾。因此，压磁式压力传感器在国内外钻井(探)工程界得到广泛的应用。

1. 压磁效应

压磁式传感器的工作原理是基于铁磁材料的压磁效应。所谓压磁效应是指某些铁磁材料在机械力 F(如拉、压、扭等)的作用下，其铁磁材料的磁导率 μ 发生变化，磁导率的变化致使铁磁材料的磁阻 R_m 改变，从而引起铁芯线圈的电感 L、阻抗 Z 或感应电势产生相应的变化。因此，压磁型传感器完成非电量转换成电量的变换链是：$F \rightarrow \sigma \rightarrow \mu \rightarrow R_m \rightarrow L \rightarrow Z \rightarrow E$(或 i)。

铁磁材料产生压磁效应时，如果承受的是拉力，则在作用力方向上的导磁率 μ 提高，而在作用力垂直的方向上，磁导率略有降低。反之，铁磁材料上承受压力时，压磁效应的结果恰好相反。

另外，铁磁材料的压磁效应还受外磁场的影响，因此为了使磁感应强度与应力之间只有单值函数关系，必须使外磁场强度保持一定。在满足这种单值函数关系的条件下，铁磁材料的磁导率 μ 的相对变化与其内应力 σ 之间的函数关系为

$$\frac{\Delta\mu}{\mu} = \frac{2\varepsilon_m}{B_m^2}\sigma\mu \quad (2.27)$$

式中　σ—— 压磁材料承力后内部应变产生的应力；

μ—— 压磁材料的磁导率；

ε_m—— 压磁材料在磁饱和时的应变；

B_m—— 压磁材料的饱和磁感应强度。

显然，由式(2.27)可知，压磁元件选用的铁磁材料要求承力后有大的应变量，并且还

要求其磁导率大而饱和磁感应强度小。满足这些要求的铁磁材料，目前主要是硅钢片、坡莫合金等。因为坡莫合金的性能尚不稳定，且价格较贵，所以大多采用硅钢片作为压磁型传感器的铁磁材料。把同样形状的硅钢片叠合组装即构成一个压磁元件，这种压磁元件的应变与磁导率的相对变化呈近似线性关系，其相对灵敏度 k 近似为

$$k=\frac{\Delta\mu/\mu}{\Delta l/l}\approx 200 \tag{2.28}$$

2. 工作原理

压磁元件是压磁式传感器的外部作用力的敏感元件，它是压磁式传感器的核心部分。其工作原理如图 2.21 所示。

压磁元件是由硅钢片冲压成形，经热处理后黏合而成。硅钢片上冲有四个对称的圆孔 1、2 和 3、4 孔。孔 1、2 间绕有激磁绕组（初级绕组）n_{12}，孔 3、4 间绕有测量绕组（次级绕组）n_{34}，n_{12} 与 n_{34} 之间成正交。当激磁绕组 n_{12} 通过一定的交变电流时，铁芯中就产生一定大小的磁场。设把孔间分成 A、B、C、D 四部分，在不受外力时，A、B、C、D 四部分的磁导率是相同的。这时磁力线呈轴对称分布，合成磁场强度 H 平行于测量绕组 n_{34} 的平面，磁力线不与测量绕组 n_{34} 交链，故不会产生感应电势，如图 2.21(b) 所示。

在压力 F 的作用下，A、B 区域将受到很大的应力 σ，而 C、D 区域基本上仍处于自由状态，于是 A、B 区域的磁导率 μ 下降，磁阻增大，而 C、D 区域的 μ 基本不变，这样铁芯中的磁导率不再是均匀的，激磁线圈 n_{12} 所产生的磁力线按照不同磁导率的情况重新分布，磁力线的图形改变了，如图 2.21(c) 所示。合成磁场强度 H 不再与测量绕组 n_{34} 平面平行，一部分磁力线与 n_{34} 相交链而产生感应电势 e，F 值越大，交链的磁通越多，e 值也越大。感应电势 e 经过变换处理后，就可以用电流或电压来表示被测力 F 的大小。

压磁式传感器的输出电势可以很大，因此一般不必放大，只要经过滤波整流就可以直接进行测量，但要求有一个稳定激励电源。

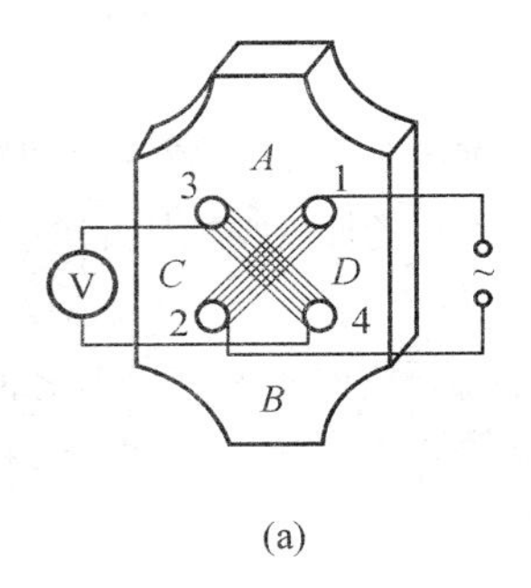

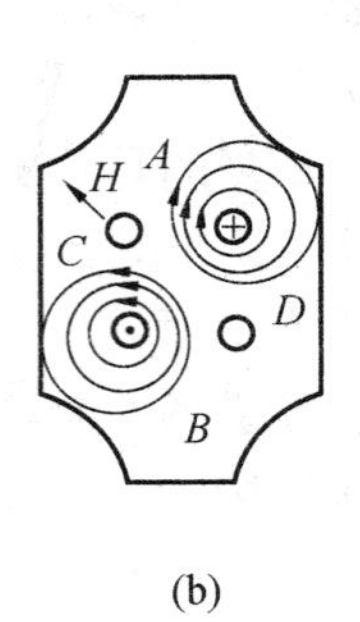

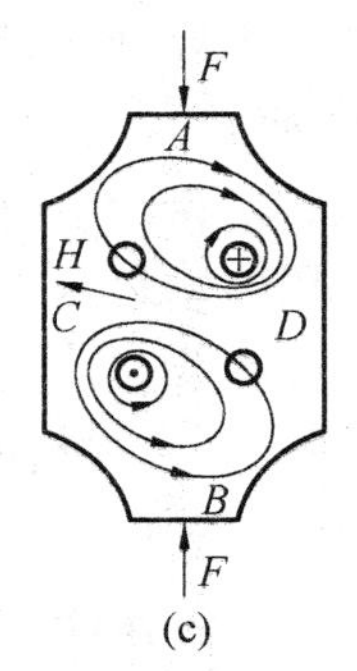

图 2.21　压磁元件的工作原理

3. 压磁式压力传感器的结构

(1) EY 型压磁式钻压与泵压传感器。

该传感器由中国有色金属工业总公司矿产地质研究院研制而成。该传感器的结构如图 2.22 所示，它主要由 12 个零件组成，工作时液体压力经接头 1 引入由密封垫 12 密封的压力腔内，再由定位垫圈 10 中的加力垫 11 将压力传递给压磁力敏元件 9。由固定在

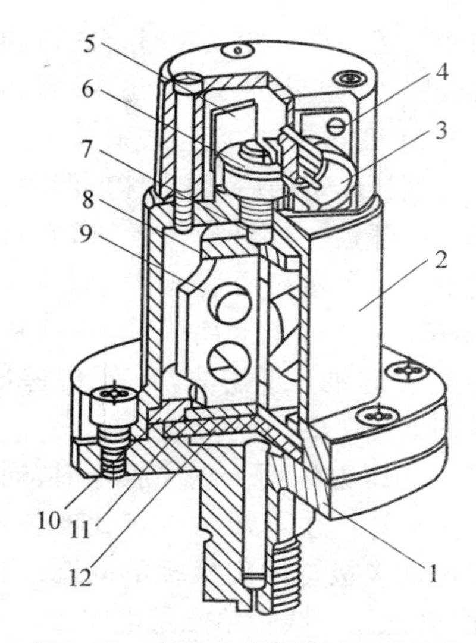

图 2.22　压磁式压力传感器结构图

1—下接头；2—外壳；3—电缆插座；4—上盖；5—电路板；6—预紧螺母；7—钢球；8—承力垫；9—压磁力敏元件；10—定位垫圈；11—加力垫；12—密封垫

外壳 2 上的预紧螺母 6 和钢球 7 及承力垫 8 构成可以消除剪力干扰的预紧力调节装置，使压磁力敏元件在传感器各种位置下都只受到纯压力的作用，以减小位置误差。压磁力敏元件 9 上的信号绕组给出的电信号经零位补偿电路板 5 送到固定在 4 上的电缆插座 3 将信号引出。当然，传感器的电源也由同一插座引入。

（2）俄罗斯的 ДДС 型差压传感器。

该传感器的结构如图 2.23 所示，其工作原理仍是利用压磁效应把油缸压力转换为成正比的电压信号输出。该传感器左、右两端的油管接头分别连通钻机的液压油缸上、下腔，从而可以测出上、下腔的压力差，即为加在钻具上的轴向载荷值。该传感器配在 ЗИФ-650М 和ЗИФ-1200МР 型钻机上，在俄罗斯的钻探队野外现场应用非常普遍。

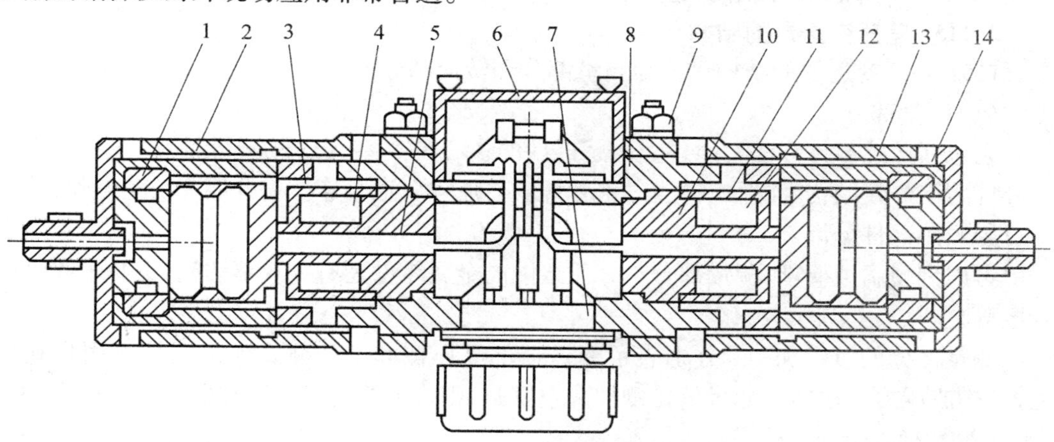

图 2.23　ДДС 型差压传感器结构图

1、14—杯体；2、13—压套；3、12—磁导体；4—线圈；5、10—传感元件；6—盖；7—插头；8—壳体；9—螺母；11—线圈

2.3.4　电容式压力(差压)变送器

1. 电容式压力(差压)变送器的工作原理

电容式压力(差压)变送器是将压力的变化转换成电容量的变化，然后进行测量的。改变极板间距的电容式变换元件是高灵敏度的敏感元件。对于平行板或类似平行板的电容器的电容有

$$电容量=\frac{介电常数\times极板面积}{极板间距} \tag{2.29}$$

当测量压力使间距变化时，会引起电容量改变；交变激励电压加于电容器，产生的交变电流经整流、控制、放大，输出 4 ~ 20 mA 直流电流。

在 1151 变送器中，电容式敏感元件又称为 δ 室。δ 室为对称结构，有完全相同的左右两室。玻璃杯体烧结后，磨出球形凹面，然后在玻璃表面蒸镀一层金属薄膜，构成固定极板。测量膜片焊接在两个杯体之间成为活动极板。杯体外侧焊上隔离膜片，在两室内的空腔中充满硅油（或氟油）以便传递压力。其原理图如图 2.24 所示。

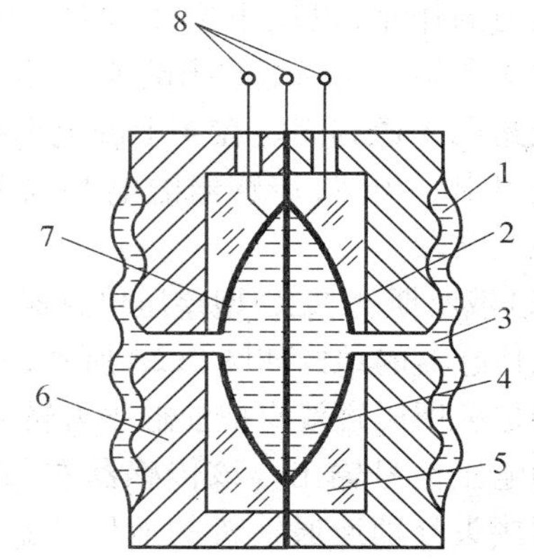

图 2.24　电容式差压变送器原理图

1—隔离膜片；2、7—金属膜；3—硅油；4—测量膜片；5—玻璃层；6—不锈钢基座；8—电容量输出接线

当被测压力作用于隔离膜片时，通过硅油使测量膜片产生与压力成正比的位移，从而改变可动极板与固定极板的间距，引起电容变化，并通过引线传给测量电路。

δ 室受到过载压力时，测量膜片紧贴在球形凹面上，受到极为可靠的支承保护。不同品种的变送器（如高、中、低差压）测量膜片厚度不同，但整体尺寸相同，通用性高。

2. 1151 差压变送器的结构

1151 差压变送器的结构可分为测量部分和转换部分。

（1）测量部分。

它包括敏感部件和法兰组件。敏感部件的核心是 δ 室，此外还包括检测线路板。整个部件为全焊接结构，法兰组件通过锥管螺纹与流程管道相连。松开四个法兰螺丝，法兰即可与敏感部件分离。

考虑到耐腐蚀要求，测量部分与介质接触的金属零件还有 316 不锈钢、蒙乃尔或哈氏合金等材料。

测量部分的“H”和“L”分别表示变送器的高压侧和低压侧。如果低压侧用盲孔法兰，则构成压力变送器。如果低压侧抽真空密封，则构成绝对压力变送器。

（2）转换部分。

它由测量电路和壳体组成。

测量电路的功能是把 δ 室电容量的变化转换为 4 ~ 20 mA 电流信号。测量电路采用插接式印刷线路板结构，其中放大板、校验板在壳体左室，易于更换。接线端子在壳体右室。左、右两室相互隔离，所以变送器现场接线时，线路板可以不暴露在大气中。

在壳体铭牌的后面，有零点和量程调整螺丝钉。从外部进行调整，迅速简便。根据用户要求，可带现场指示表。

此变送器在结构上组件化、插件化，互换性能好，便于维修，基型品种外形尺寸相同，通用化程度高。

综上所述，1151 的特点如下：

①精度高，稳定性好；

②小型、坚固、质量轻；

③品种规格齐全；

④维修简便，调校容易。

1151 的膜片位移量仅为 0.1 mm，必然导致零件加工精度要求很高。由于开环，各环节的误差均按 1∶1 关系传递到后级，膜片的微小蠕变，测量电路的误差，对整机性能均有不可忽视的影响。另外，为使测量电路稳定、可靠、灵敏度高，必须采用精密的、温度系数小的分立式电子元件，以及低功耗、高灵敏度的线性集成电路。

正迁移量为 500%，负迁移量为 600%。

2.3.5　霍尔式传感器

霍尔式传感器是利用霍尔效应实现磁电转换的一种传感器。霍尔效应自 1879 年被发现，直到 20 世纪 50 年代，由于微电子学的发展，才被人们所重视和利用，开发了多种霍尔元件。我国目前能生产各种性能的霍尔元件，如普通型、高灵敏度型、低温度系数型、测温测磁型和开关式的霍尔元件。

由于霍尔传感器具有灵敏度高、线性度和稳定性好、体积小、耐高温等特性，它已被广泛用于非电量测量、自动控制、计算机装置和现代军事技术等领域。

1. 霍尔效应和霍尔元件的工作原理

（1）霍尔效应。

一块半导体薄片被置于磁感应强度为 B 的磁场中，如果在它相对的两边通以控制电流 I，且磁场方向与电流方向正交，则在半导体另外两边将产生一个大小与控制电流 I 和磁感应强度 B 乘积成正比的电势 U_H。这一现象称为霍尔效应，其表达式为

$$U_H = K_H IB \tag{2.30}$$

式中　U_H—— 霍尔电势；

K_H—— 霍尔元件的灵敏度；

I—— 控制电流；

B—— 磁感应强度。

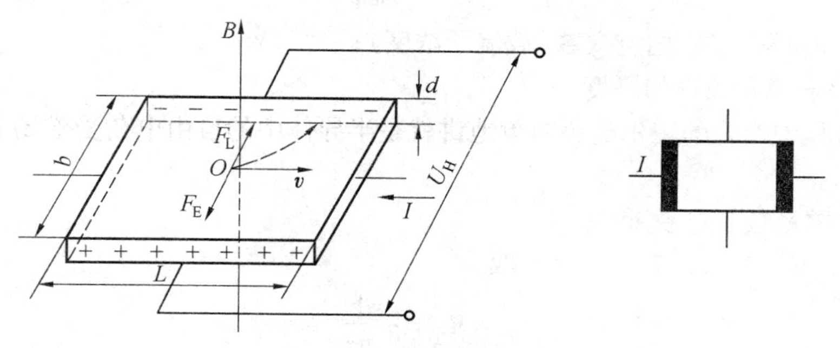

图 2.25　霍尔效应原理图

（2）工作原理。

设霍尔元件为 N 型半导体，当它通以电流 I 时，半导体中的自由电荷即载流子（电子）受到磁场中洛伦兹力 F_L 的作用，其大小为

$$F_L = -evB \tag{2.31}$$

式中　v——电子速度；

B——垂直于霍尔元件表面的磁感应强度。

使电子向垂直于 B 和自由电子运动方向偏移，其方向符合右手定律，即电子有向某一端积累的现象，使半导体一端面产生负电荷积聚，另一端面为正电荷积聚，产生静电场。正电场对电子的作用力 F_E 与洛伦兹力 F_L 方向相反，将阻止电子继续偏转，其大小为

$$F_E = -eE_H = -e\frac{U_H}{b} \tag{2.32}$$

式中　E_H——霍尔电场；

e——电子电量；

b——霍尔元件的宽度。

当静电场作用于运动电子上的 F_E 与洛伦兹力 F_L 相等时，电子积累达到动态平衡，即

$$-evB = -e\frac{U_H}{b} \tag{2.33}$$

所以

$$U_H = bvB \tag{2.34}$$

流过霍尔元件的电流 I 为

$$I = \frac{\mathrm{d}Q}{\mathrm{d}t} = bdvn(-e) \tag{2.35}$$

式中　bd——与电流方向垂直的截面积；

n——单位体积内自由电子数（载流子浓度）。

将式（2.35）代入式（2.34）得

$$U_H = -\frac{IB}{ned} \tag{2.36}$$

若霍尔元件为P型半导体，则霍尔电势为

$$U_H = \frac{IB}{ped} \tag{2.37}$$

式中　p——单位体积内空穴数（载流子浓度）；

d——霍尔元件的厚度。

上述过程中产生的霍尔电势简单地讲就是半导体中的自由电荷受磁场中洛伦兹力作用而产生的。

（3）霍尔系数及灵敏度。

在式（2.36）和（2.37）中，分别取

$$R_H = -\frac{1}{ne} \tag{2.38}$$

或

$$R_H = \frac{1}{pe} \tag{2.39}$$

则

$$U_H = R_H \frac{IB}{d} \tag{2.40}$$

式中　R_H—— 霍尔传感器的霍尔系数，很明显，R_H 由半导体材料的性质决定，且它决定霍尔电势的强弱。

设

$$K_H = \frac{R_H}{d} \tag{2.41}$$

式中　K_H—— 霍尔元件的灵敏度。

式(2.36)和式(2.37)可写为

$$U_H = K_H IB \tag{2.42}$$

所谓霍尔元件的灵敏度 K_H，就是指在单位磁感应强度和单位控制电流作用时，所能输出的霍尔电势的大小。

当霍尔元件的宽度 b 或$\frac{L}{b}$（L 为霍尔元件的长度）减小时，载流子在偏转过程中的损失将加大，将会使霍尔电势 U_H 下降。通常要加以形状效应修正

$$U_H = R_H \frac{1}{d} IBf\left(\frac{L}{b}\right) \tag{2.43}$$

式中　$f\left(\frac{L}{b}\right)$—— 形状效应系数，其修正值可通过查表 2.2 得到。

表 2.2　形状效应系数

L/b	0.5	1.0	1.5	2.0	2.5	3.0	4.0
$f(L/b)$	0.370	0.675	0.841	0.923	0.967	0.984	0.996

2. 霍尔元件的主要技术参数

(1) 额定功耗 P_0。额定功耗指环境温度为 25 ℃ 时，电流与电压的乘积。它分最小、典型、最大三档，单位为 mW。

(2) 输入电阻 R_i 和输出电阻 R_0。R_i 为控制电极之间的电阻值；R_0 为霍尔元件电极间的电阻，单位为 Ω。

(3) 不平衡电势 U_0。不平衡电势指在额定控制电流 I 下且不加磁场时，霍尔电极间的空载霍尔电势，单位为 mV。

(4) 霍尔电势温度系数 α。霍尔电势温度系数指在一定的磁感应强度和控制电流下，温度每变化 1 ℃ 时，霍尔电势变化的百分率，单位为 1/℃。

(5) 内阻温度系数 β。内阻温度系数指霍尔元件在无磁场及工作温度范围内，温度每变化 1 ℃ 时，输入电阻 R_i 与输出电阻 R_0 变化的百分数率，单位为 1/℃。

(6) 灵敏度 K_H。灵敏度又称霍尔乘积灵敏度，指单位磁感应强度和单位控制电流作用时，所输出的霍尔电势大小。

3. 霍尔元件连接方式和输出电路

(1) 基本测量电路。

霍尔元件的基本测量电路如图 2.26 所示。控制电流 I 由电源 E 供给，电位器 W 调节

控制电流 I 的大小。霍尔元件输出接负载电阻 R_L,R_L 可以是放大器的输入电阻或测量仪表的内阻。由于霍尔元件必须在磁场与控制电流作用下才会产生霍尔电势 U_H,所以在测量中,可以把 I 和 B 的乘积,或者 I 或者 B 作为输入信号,则霍尔元件的输出电势分别正比于 IB 或 I 或 B。

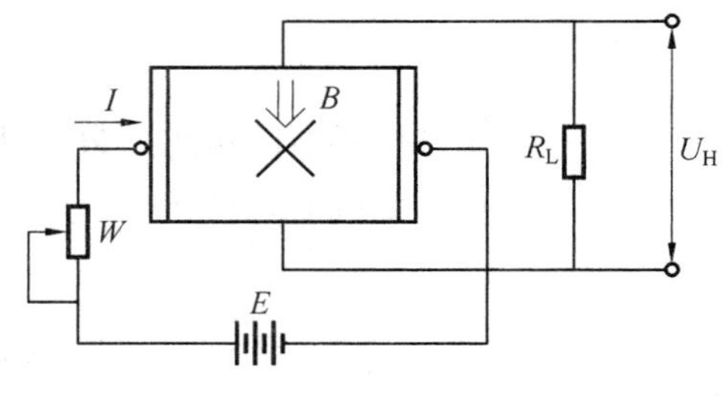

图 2. 26　霍尔元件的基本测量电路

(2) 连接方式。

如果为了获得较大的霍尔输出电势,可以采用几片叠加的连接方式,如图 2. 27 所示。

图 2. 27(a) 为直流供电情况。控制电流端并联,由 W_1,W_2 调节两个元件的输出霍尔电势,A,B 为输出端,则它的输出电势为单块的两倍。

图 2. 27(b) 为交流供电情况。控制电流端串联,各元件输出端接输出变压器 B 的初级绕组,变压器的次级便有霍尔电势信号叠加值输出。

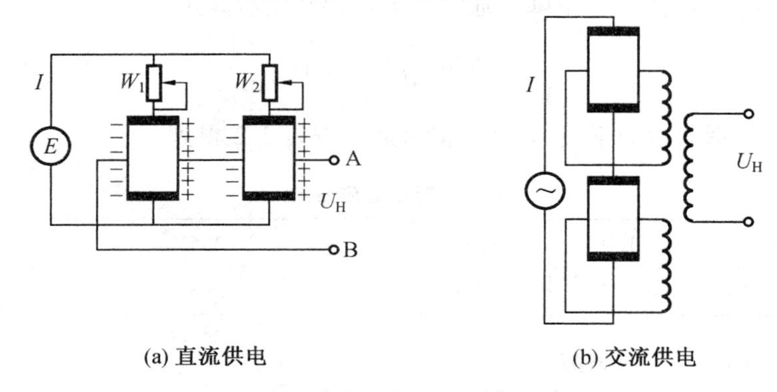

(a) 直流供电　　(b) 交流供电

图 2. 27　霍尔元件输出叠加连接方式

(3) 霍尔电势的输出电路。

霍尔元件分为线性测量和开关状态两种使用方式,因此输出电路有如图 2. 28 所示两种结构。

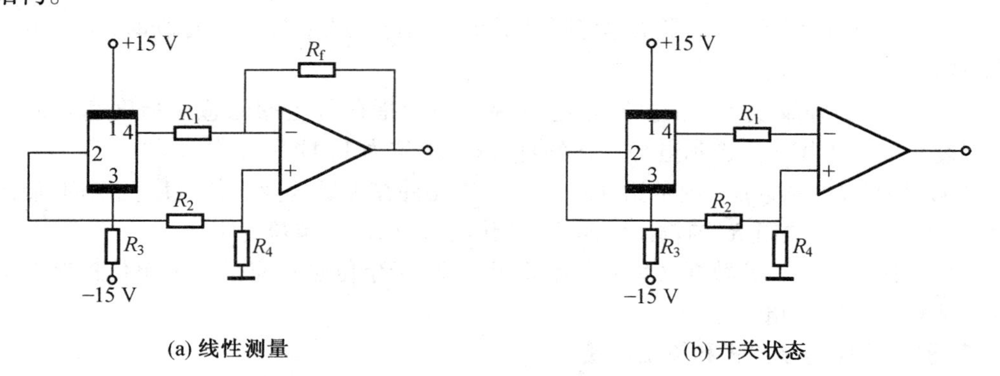

(a) 线性测量　　(b) 开关状态

图 2. 28　霍尔元件的输出电路

4. 霍尔元件的测量误差和补偿

霍尔元件在加控制电流但不加外磁场时出现的霍尔电势称为零位误差。由制造霍尔元件的工艺问题造成的不等位电势是主要的零位误差。因为在工艺上难以保证霍尔元件两侧的电极焊接在同一等电位面上,如图 2. 29 所示,当控制电流 I 流过时,即使未加外磁场,A,B 两电极仍存在电位差,此电位差称为不等位电势 U_0。

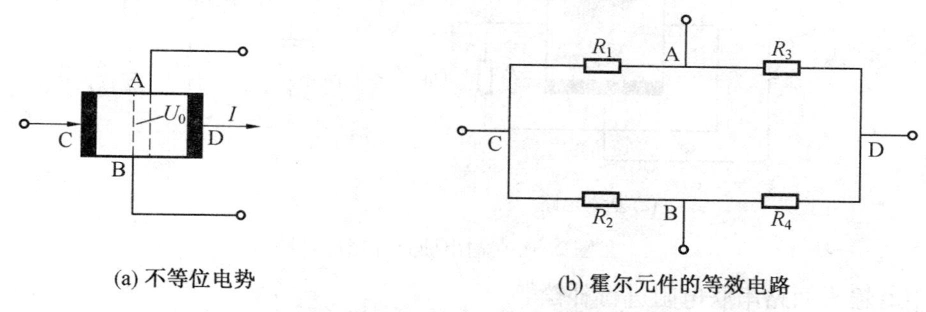

图 2. 29　霍尔元件的不等位电势和等效电路

(1) 零位误差及补偿方法。

为了减小或消除不等位电势,可以采用电桥平衡原理补偿,如图 2. 30 所示。

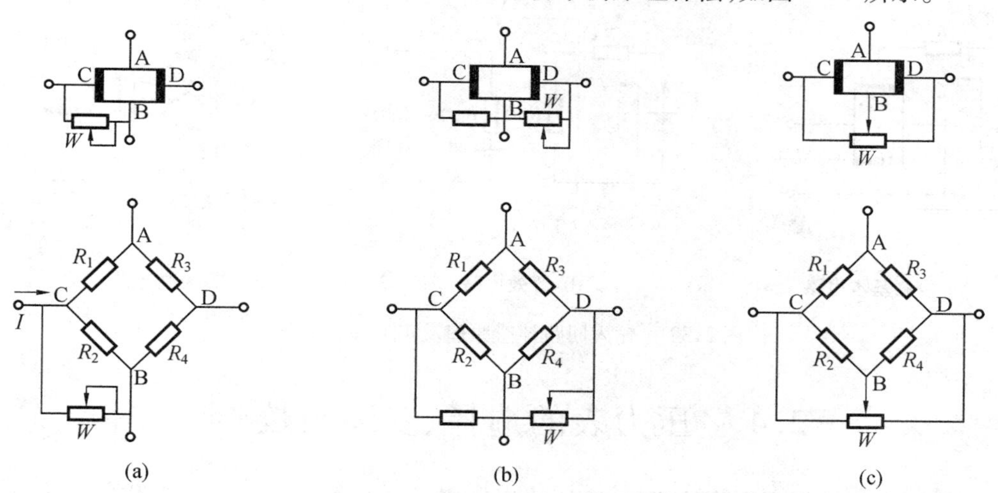

图 2. 30　不等位电势补偿电路原理图

(2) 温度误差及其补偿。

由于半导体材料的电阻率、迁移率和载流子浓度等都随温度变化而变化,因此会导致霍尔元件的内阻、霍尔电势等也随温度而变化,这种变化的程度随不同半导体材料有所不同。而且温度高到一定程度,产生的变化会相当大。温度误差是霍尔元件测量中不可忽视的误差。针对温度变化导致内阻(输入、输出电阻)的变化,可以采用对输入或输出电路的电阻进行补偿的方法。

① 输出回路并联电阻进行补偿。

在输入控制电流恒定的情况下,如果输出电阻随温度增加而增大,引起霍尔电势增加,可以在输出端并联一个补偿电阻 R_L,则可使通过霍尔元件的电流减小,而使通过 R_L 的电流增大。只要补偿电阻 R_L 选择适当，就可达到温度补偿的目的。其原理如图 2.31 所示。

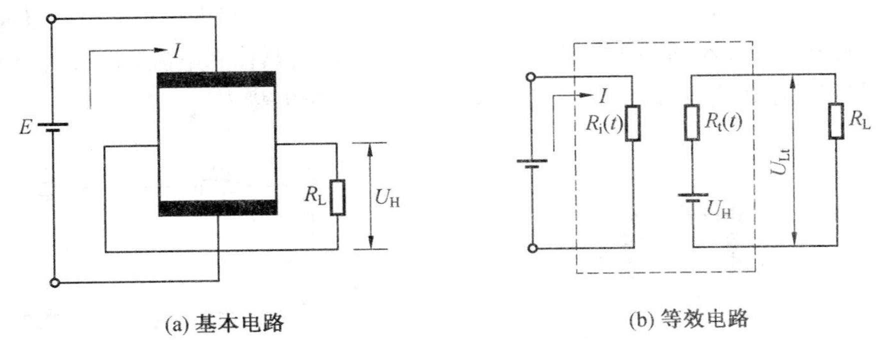

图 2.31　输出回路补偿原理图

② 输入回路串联电阻进行补偿。

霍尔元件的控制回路用稳压电源 E 供电，其输出端处于开路工作状态，如图 2.32 示。当输入回路串联适当的电阻 R 时，霍尔电势随温度的变化可得到补偿。

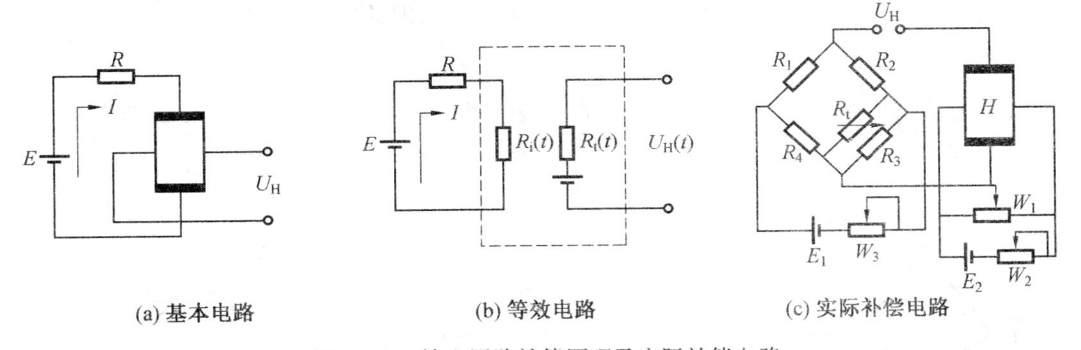

图 2.32　输入回路补偿原理及实际补偿电路

2.4　压力表的选择、安装与校验

为使压力测量得到准确的测量结果，达到经济、合理，正确地选择和安装压力表是一个重要的环节。

2.4.1　压力表的选择

压力表的选择应根据工艺过程对压力测量的要求、被测介质的性质、现场环境条件等来考虑仪表的种类、型号、量程和精度，并确定是否需要带有远传、报警等附加装置。压力表的选择主要考虑以下三方面问题。

1. 仪表量程的确定

根据被测压力的大小，确定仪表量程。对于弹性式压力表，为保证弹性元件能在弹性变形的安全范围内可靠地工作，在选择压力表量程时，必须根据被测压力的性质（压力变化的速度）留有足够的余地。例如，测量静压时，最高不得超过满刻度的3/4；测量稳定压力时，最大工作压力不应超过量程 2/3；测量压力波动较大时，最大工作压力不应超过量程的 1/2；测量高压时，最大工作压力不应超过量程的 3/5。为了保证测量的准确度，测量最小工作压力时，不应低于量程的 1/3。按此计算以后，实际取稍大的相邻系列值。

2. 仪表的精度确定

应根据生产允许的最大测量误差确定仪表的精度。使用时，所选择的仪表精度能满足生产测量要求即可，不要单纯追求高精度仪表，高精度仪表不仅造价贵，而且由于影响测量精度的因素很多，若不考虑实际使用条件，也难以达到高精度测量的目的。

3. 仪表种类和型号的选择

根据工艺要求、被测介质及现场环境等因素来确定仪表的种类和型号。如仅需现场指示还是远传，考虑被测介质的性质（如温度、黏度、脏污程度、腐蚀性能、是否易燃易爆等）及现场环境条件（如温度、腐蚀、振动、潮湿等）。对于特殊介质，应选用专用压力表，如氧气表、氨用表、乙炔表、船耐振表等。

2.4.2　压力表的安装

1. 测压点的选择

（1）测压点要选在被测介质做直线流动的直管段上，不要选在管路拐弯、分岔、死角或其他易形成漩涡的地方。

（2）测量流动介质的压力时，取压管应与介质流动方向垂直，管口与器壁应平齐，且不能有毛刺。

（3）测量液体压力时，取压点应在管道下部，使导压管内不能积存气体；测量气体压力时，取压点应在管道上方，使导压管内不积存液体。

2. 导压管的敷设

（1）导压管的粗细、长短均应选取合适，一般内径为 6 ~ 10 mm，长度为 3 ~ 50 m。

（2）水平安装的引压管应保持有 1 : 10 ~ 1 : 20 的倾斜度，以利于积存于其中的液体（或气体）排出。

（3）如果被测介质易冷凝或冻结，则必须加装伴热管，并进行保温。

（4）当测量液体压力时，在引压系统最高处应装设集气器；当测量气体压力时，在引压系统最低处应装设气液分离器；当被测介质有可能产生沉淀物析出时，在仪表前应加沉降器。

3. 压力表的安装

（1）压力表应安装在能满足规定的使用条件和易于观察检修的地方。

（2）应尽量避免温度变化对仪表的影响，当测高温气体或蒸气压力时，应加装 U 形管或回转冷凝器，如图 2. 33 所示。

（3）测量有腐蚀性或黏度较大、有结晶、沉淀等介质压力时，对压力表应采取相应的措施，以防腐蚀、堵塞等现象发生。

（4）仪表安装在有振动的场所时，应加装减振器。

（5）当被测压力波动频繁和剧烈（如泵、压缩机的出口压力）时，应装缓冲或阻尼器。

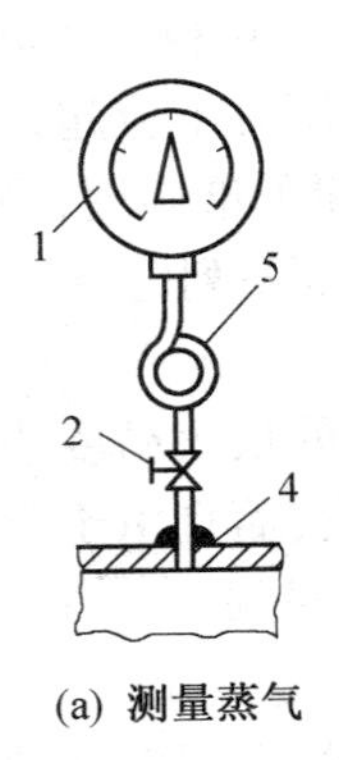

(a) 测量蒸气

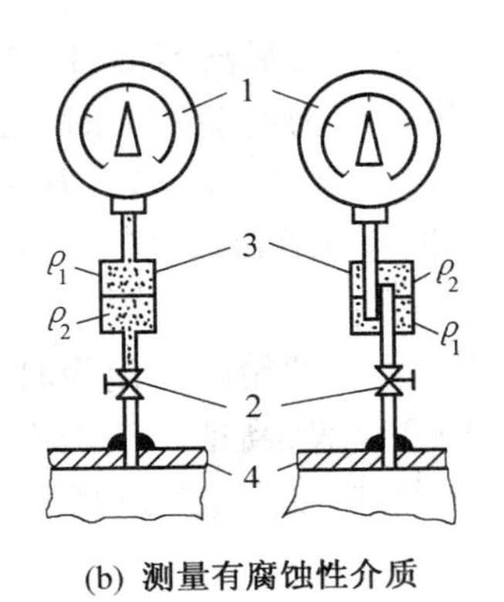

(b) 测量有腐蚀性介质

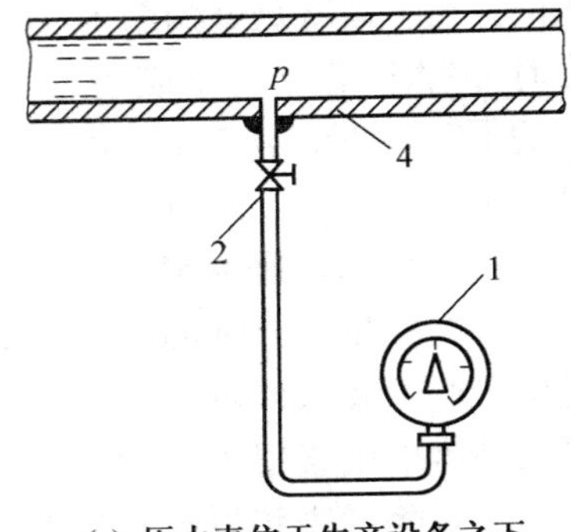

(c) 压力表位于生产设备之下

图 2.33 压力表安装示意图

1— 压力表;2— 切断阀门;3— 隔离罐;4— 生产设备;5— 凝液管;ρ_1,ρ_2— 被测介质和隔离液的密度

(6) 压力表的连接处,应根据被测压力的高低和介质性质,加装适当的密封垫片。一般低于 80 ℃ 及 2 MPa 时,用牛皮或橡皮垫片;350 ~ 450 ℃ 及 5 MPa 以下时,用石棉或铅垫片;温度及压力更高时(50 MPa 以下),用退火紫铜或铝垫片。但是还要考虑介质的影响。例如,测氧气的压力时,不能使用浸油垫片或有机化合物垫片,测量乙炔压力时,不得使用铜垫片,因它们均有发生爆炸的危险。氨用压力表也是禁铜的,因为铜与氨在氧气存在下反应生成氢氧化四氨合铜,含铜的管道会严重腐蚀。

(7) 取压口与压力表之间,在靠近取压口处应装有切断阀。

当被测压力不高,而压力表与取压口又不在同一高度,对由此高度而引起的测量误差应进行修正。

2.4.3 压力表的校验

校验是指将被校压力表和标准压力表通以相同的压力,比较它们的指示数值。所选择的标准表其绝对误差一般应小于被校表绝对误差的 1/3,所以它的误差可以忽略,认为标准表的读数就是真实压力的数值。如果被校表对于标准表的读数误差不大于被校仪表的规定误差,则认为被校仪表合格。

常用的校验仪器是活塞式压力计,其结构原理图如图 2.34 所示。它由压力发生部分和测量部分组成。

压力发生部分有螺旋压力发生器4,其工作过程是通过手轮8旋转丝杠7,推动工作活塞6 挤压工作液 5,经工作液传压给测量活塞 2。工作液一般采用洁净的变压器油或蓖麻油等。

测量部分的测量活塞上端的托盘内放有荷重砝码 1,测量活塞 2 插在活塞柱 3 内,下端承受螺旋压力发生器 4 向左挤压工作液所产生的压力 p 作用。当测量活塞 2 下端面因受压力 p 作用产生向上的力与活塞本身及托盘和砝码的重力相等时,测量活塞2 将被顶起并稳定在活塞柱 3 内的任一平衡位置上。这时力平衡关系为

$$pA = (m + m_0)g$$

$$p = \frac{1}{A}(m + m_0)g \tag{2.44}$$

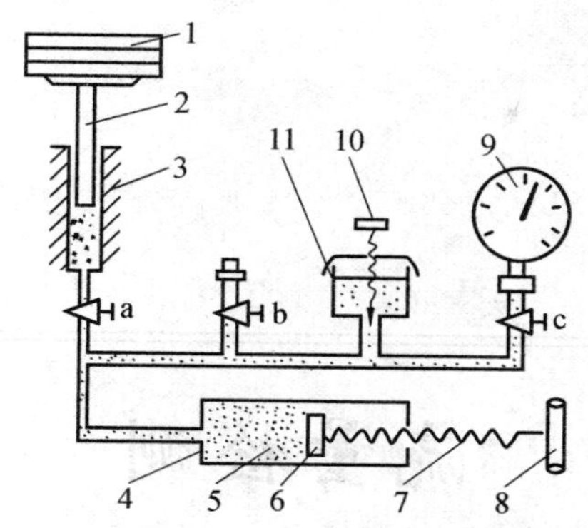

图 2.34　活塞式压力计结构原理图

1— 砝码;2— 测量活塞;3— 活塞柱;4— 螺旋压力发生器;5— 工作液;6— 工作活塞;7— 丝杠;8— 手轮;9— 被校压力表;10— 进油阀;11— 油杯;a,b,c— 切断阀

式中　A—— 测量活塞 2 的截面积,m^2;

m—— 砝码的质量,kg;

m_0—— 活塞的质量,kg;

p—— 被测压力,Pa。

一般取 $A = 1 \times 10^{-4}m^2$ 或 $1 \times 10^{-5}m^2$,因此可以准确地由平衡时所加砝码和活塞本身的质量知道被测压力 p 的数值。把被校压力表 9 上的指示值 p' 与这一准确的标准压力值 p 相比较,便可知道被校压力表的误差大小。也可以在 b 阀上接上精度为 0.35 级以上的标准压力表,由压力发生器改变工作压力,比较被校表和标准表上的指示值进行校验;当然,这时 a 阀要关掉。

活塞式压力计主要适用于校验标准压力表或 0.25 级以上的精密压力表,也可用于校验各种工业用压力表或各类压力测量仪器。国产活塞式压力计有 YU - 6、YU - 60、YU - 600 三种,它们的测量范围分别为 0.6 MPa、6 MPa、60 MPa,前两种传压工作液用变压器油,最后一种用蓖麻油。

用标准表比较法校验压力表时,一般校验零点、满量程和 25%、50%、75% 处三点。

第 3 章 流量检测

在油田生产过程中，油、气、水的流量测量和控制是一项非常重要的工作，它是合理开发油田、保证油田正常生产，指导油井钻探、油气开采、油气集输和加工外运的重要依据。正确测量生产过程中各种介质的流量对于搞好经济核算、提高经济效益、节能降耗具有重大的意义。

石油工业的高度发展，要求流量测量的精度也更高。测量的流体也日趋多样化，如测量对象有气体、液体、混合气体（天然气等）、混合流体（多相流）；测量条件从高温到极低温的温度范围；从高压到低压的压力范围。另外，既有低黏度的液体，也有黏度高的液体；从微小流量到大流量。层流、紊流、脉动流、混相流等各种流动状态下的流量都成为流量测量领域的一道道难题。目前的流量测量极其复杂，用传统的测量方法根本不可能完成所有流量测量的任务，为此，要根据测量目的、被测流体的种类和流动状态综合现场条件，研究各种新的测量方法，不断推出新型流量计。

3.1 流量测量的基本概念

流量的精确测量是一个比较复杂的问题，这是由流量测量的性质决定的。流体的特性参数多样性决定了对它测量方法的多样性。这里主要明确一些流量测量的基本概念，加深对流量测量复杂性的理解。

3.1.1 流量的概念

一般所说的流量，通常是指瞬时流量，就是单位时间内流经管道某一截面的流体的数量，而在一段时间内流经管道或设备流体数量的总和称为总量或累积流量。

1. 体积流量

设流体流经管道某截面的一个微小面积 dA，其流速为 v，则流体通过该截面积的流量 dq_v 为

$$dq_v = v dA \tag{3.1}$$

根据式(3.1)可求出流过横截面的体积流量为

$$q_v = \int_0^A v dA \tag{3.2}$$

仅当整个截面上流速分布均匀时才可认为

$$q_v = vA \tag{3.3}$$

式中　q_v—— 平均体积流量，m^3/s 或 m^3/h；

v—— 平均流速，m/s 或 m/h；

A—— 管道截面积，m^2。

2. 质量流量

质量流量为体积流量和流体密度的乘积，即

$$q_m = q_v\rho \tag{3.4}$$

式中　ρ—— 流体密度，kg/m^3。

流体的密度是流体的重要参数之一，它表示单位体积内流体的质量，用 ρ 表示。各种流体的密度都随流体的状态(T,P) 而变化，但在低压和常温下，压力对液体的密度影响很小，所以工程上可以将液体视为不可压缩流体。对于气体，温度 T、压力 P 对其密度的影响很大，因此在测量气体体积流量时，必须同时测量气体的温度和压力，并将不同工况下的体积流量换算成标准体积流量 q_vN(单位为Nm^3/h)。

3. 总量

总量又称为累积流量，是指某一时间间隔 t 内流过管道截面流体的总和。

(1) 体积累积流量。

$$Q_v = \int_t q_v \mathrm{d}t \tag{3.5}$$

$$Q_v = q_v t \tag{3.6}$$

(2) 质量累积流量。

$$Q_m = \int_t q_m \mathrm{d}t \tag{3.7}$$

$$Q_m = q_m t \tag{3.8}$$

3.1.2　流量测量仪表的分类

按测量原理的不同，流量仪表可分为容积式、速度式和直接质量式。

容积式流量计是利用机械测量元件把流体连续不断地分隔成单位体积并进行累加而计量流体总量的仪表。如腰轮流量计、椭圆齿轮流量计、刮板流量计、活塞流量计和标准体积管流量计等。

速度式流量计是以测量管道内或明渠中流体的平均速度来求得流量的仪表。如涡轮流量计、涡街流量计、电磁流量计、超声波流量计、差压式流量计和旋进旋涡流量计等。

直接质量流量计是直接测得质量流量的仪表，不用推导。目前以科里奥利质量流量计为主。

3.2　容积式流量计

容积式流量计又称为正排量流量计，其工作过程是：流体不断地充满具有一定容积的

计量室，然后再连续地将这部分流体送到出口流出，在一次测量中，将这些计量室被流体充满的次数不断累加，乘以计量室的体积，就可以得到通过流量计的流体总量。

容积式流量计比较适合于油田油水介质累积流量的测量。并且可以利用流量计表头的远传装置，与数字仪表或计算机连接实现对累计流量、净油量等指标的自动测试与控制，从而提高计量、管理水平。因此，腰轮式、刮板式流量计和标准体积管流量计在油田各级计量站、转油站、联合站和油库等处得到广泛的应用。油品的贸易计量已有国际统一的测量标准。

3.2.1 容积式流量计的测量原理

为了在密闭管道中连续检测流体的流量，采用容积分界的方法，流量计内部的转子在流体的压力作用下转动，随着转子的转动，使流体从入口流向出口，在转子转动中，转子和流量计壳体形成一定的容积空间，即标准计量室 V_0，流体不断充满标准计量室，并随着转子的转动，流体被一份一份从计量室送出。在已知计量容积 V_0 的情况下，测量出转子的转动次数，就可计算出这段时间流体通过仪表的体积量，从而确定流体的流量。其公式为

$$Q_v = V_0 \cdot N \tag{3.9}$$

式中 Q_v—— 流量计测得的体积流量；

V_0—— 流量计内所具有的标准计量室的空间，不同类型的容积式流量计，计量室的空间形状是不同的，而且数量也不同，有一个、两个、四个标准计量室之分；

N—— 流量计内转子转动的次数。

如果转子的转数 N 是在单位时间内测定的，则可获得瞬时流量的大小。如果转子的转数 N 是在一段时间内测定的，则可以得到在这段时间通过流量表的流体总量。因此又称该流量表为计量表。

3.2.2 容积式流量计的种类及工作过程

油田上常用的容积式流量以腰轮流量计和刮板流量计为主。

1. 腰轮流量计

(1) 液体腰轮流量计。

腰轮流量计的转子是一对不带齿的腰轮，两个腰轮在转动过程中不直接接触，而是依靠套在壳体外的腰轮引出轴上的两个啮合齿轮来驱动，如图 3.1 所示。腰轮由于靠附加驱动齿轮发生联动，并不直接接触，故能保持流量计的长期稳定性。

体积流量公式为

$$Q_v = 4V_0N \tag{3.10}$$

一对腰轮的流量计，当外侧的齿轮完整地转一圈后，排出四个标准计量室的体积流量。

腰轮流量计的结构按照它的工作状态可分为立式和卧式两种；按照转子的结构又可分为单转子和双转子两种。通常大口径流量计均采用立式或卧式双转子结构，以减小或消除在计量流量的过程中引起的管道振动。

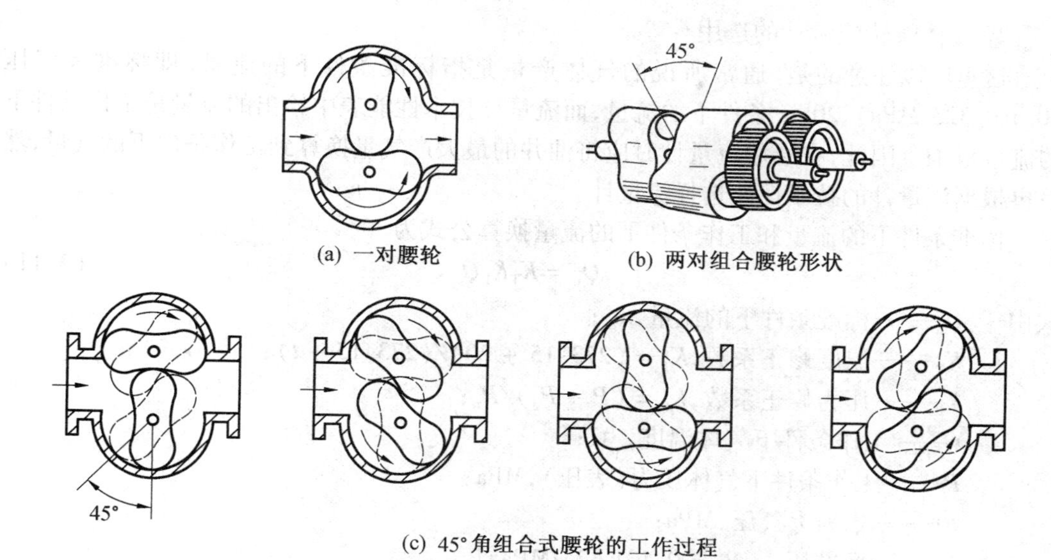

图 3.1　腰轮流量计

双转子组合腰轮流量计的测量原理与单转子腰轮流量计的工作原理相同，其区别是双转子组合式流量计在同一根主轴上固定了两个转子，两个转子之间的夹角为45°，如图3.1(b)所示，故相当于两台流量计并联运行。由于采用了双转子组合式这种结构，使得腰轮流量计运行平稳，管道内压力波动大大减小。如转子外廓曲线制成摆线型，从理论上消除了转子的不等速旋转和管道内压力波动等问题，从而使腰轮流量计可制成大口径高排量、高准确度的流量仪表。

(2) 气体腰轮流量计。

① 结构及原理。

气体腰轮流量计由测量与传动显示两部分组成。其测量部分由壳体、腰轮转子、前后隔板构成计量腔，在后隔板与后端盖之间有一对驱动齿轮，在前隔板与前端盖之间装有磁性联轴节。转子轴由前、后隔板上的滚动轴承支承。在前后端盖的底部有润滑油，驱动齿轮上的甩油片及体外磁性钢上的甩油杆在转动过程中将底部润滑油带出，以满足齿轮与轴承的润滑需要。流量计的传动显示部分由磁性联轴器、减速齿轮系、校正齿轮组、积算计数器、发讯器等组成。

互为共轭形线的腰轮转子与壳体之间形成计量腔，当气体进入计量腔后，在压差的作用下使转子转动，两转子通过一对与之相连的高精度齿轮互为驱动。两个转子各转一圈，便输出四个计量腔容积的气体。腰轮转子的转动通过磁性联轴器、减速齿轮系传递到积算计数器，以显示气体工况条件下的流量，同时通过发讯器将信号传至二次仪表，可以实现压力、温度自动补偿，直接显示气体在标准条件下的体积量。

气体腰轮流量计与液体腰轮流量计在原理上相同。从结构上来说，由于气体计量要求有较小的启动压差，轴承应有较小的摩擦系数，所以采用滚动轴承。因为气体介质无润滑性，所以气体腰轮流量计应保证润滑。气体腰轮转子的形线与液体腰轮流量计转子的形线也有区别，气体腰轮转子的形线上有沟槽。

② 气体腰轮流量计的选用。

这里应该注意的是，通常所说的气体产量是指标准条件下的流量，即标准大气压(0. 101 325 MPa)、20 ℃ 条件下的流量，而流量计技术性能表中给出的流量是工作条件下的流量范围。因此，在选用流量计时应将油井的最大产气量换算到工作条件下的气量，然后再根据流量计的技术性能选择流量计。

标准条件下的流量和工作条件下的流量换算公式为

$$Q_n = K_T K_P Q \tag{3.11}$$

式中 Q_n—— 标准条件下的流量，m^3；

K_T—— 温度修正系数，$K_T = (273.15 + 20)/(273.15 + t)$；

K_P—— 压力修正系数，$K_P = (P + P_a)/P_n$；

t—— 工作条件下气体温度，℃；

P—— 工作条件下气体压力(表压)，MPa；

P_a—— 当地大气压，MPa；

P_n—— 标准压力，$P_n = 0.101\ 325$ MPa。

2. 刮板流量计

(1) 一般刮板流量计的结构与原理。

刮板流量计按其结构的不同，分为凸轮和凹线两种形式。不论哪种形式的刮板流量计一般都由测量本体、传动机构和显示器三部分组成。而测量本体由壳体、转子和刮板组成，传动机构采用机械齿轮变速器将测量本体的流量信号(转数) 传至表头进行流量显示。

图 3. 2 是凸轮式三对刮板流量计的结构原理图。凸轮式的壳体内腔是圆形空筒，在腔体内有一固定的凸轮和回转的转子，在转子上有两对等长刮板。转子是一个空心圆筒，筒边开有六个槽，相互成60°，可让刮板在槽内伸出或缩进。六个(三对) 刮板由两根连杆连接也互成 60°，在空间交叉，互不干扰。

在每个刮板的一端装有一小滚柱，六个滚柱分别在凸轮上滚动，从而使刮板时而伸出，时而缩进。在两个刮板都伸到转子的外边时，与壳体内腔形成一个固定体积的计量室。

当被测流体由流量计入口流入流量计时，在流体差压作用下，刮板和转子旋转，刮板循着凸轮轨迹呈放射状的伸出或缩回。这样，由转子、圆形腔体内壁和一对刮板的外轮廓线所构成的计量室内充满了被测流体，随着刮板的旋转，把流体不断地排向出口，转子每转一圈，就排出六份固定体积的流体量。只要测得转子的转数，就可以求得被测流体的总量，即

$$Q_v = 6V_0 N \tag{3.12}$$

凹线式刮板流量计的结构原理如图 3. 3 所示。它的工作原理与凸轮式刮板流量计的根本区别在于在凸轮式刮板流量计中，刮板的滑动是靠凸轮控制的，而凹线式刮板流量计刮板的滑动是靠壳体凹线来实现的。

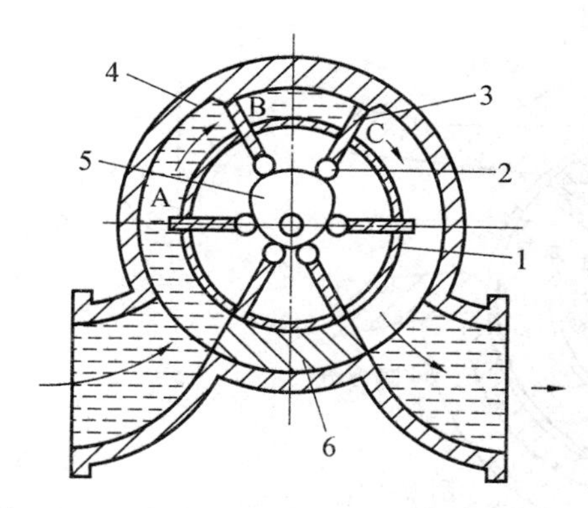

图 3.2　凸轮式三对刮板流量计的结构原理图

1— 转子；2— 中心轴；3— 刮板；4— 壳体；5— 凸轮；6— 链轮

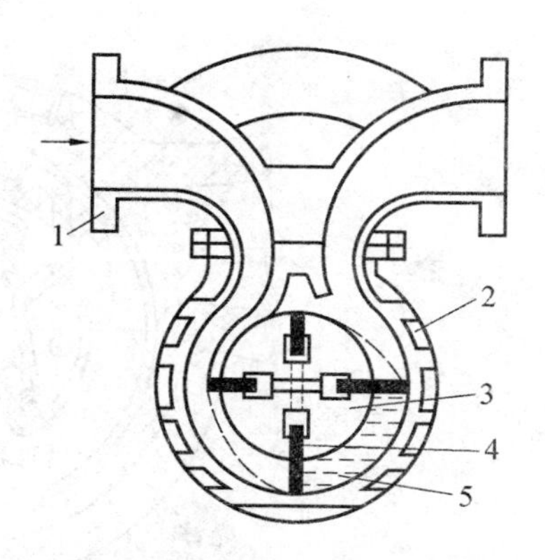

图 3.3　凹线式刮板流量计的结构原理图

1— 导管；2— 壳体；3— 转轮；4— 刮板；5— 计量室

在腔体内有一可旋转的转子，转子上有两对定长的刮板，刮板在弹簧力的作用下可在转子槽内伸缩，并始终压向腔体内壁。当刮板转过流体入口处时，在流体动能的作用下，刮板循着特定曲线的腔体内壁带动转子一起旋转，这样由转子、腔体内壁和刮板的外轮廓线所构成的计量室内充满了被测流体，随着刮板的旋转，把流体不断地排向出口。只要测得转子的转数，就可以求得被测流体的累计体积流量。

由于刮板流量计的特殊结构形式，使得刮板流量计与其他容积式流量计相比较具有以下特点。

① 计量准确度高，性能稳定、可靠。计量准确度为 ±0.2%，甚至可达 ±0.1%。

② 适应性强。对于不同黏度以及带有细粒杂质的液体，仍能保证测量准确度。

③ 结构设计合理，机械摩擦小，所以压力损失小，最大流量下的压力损失一般在 0.03 MPa 以下。

④ 对流场无特殊要求，安装简便，维护方便，振动和噪声小。

但是，刮板流量计结构复杂，制造技术要求高，价格也高。

（2）弹性刮板流量计的结构。

弹性刮板流量计的结构简图如图 3.4 所示，其转子呈三叶状，并与轴成一体，刮板叶片通过扭矩弹簧与转子连接。

当被测液体介质经入口进入流量计时，液体遇挡块后，倾斜向下流动，推动第一片刮板使转子转动，转子带动第二片刮板同时转动，当越过挡块时，刮板在弹簧作用下弹出，在继续旋转中，使刮板与壳体间形成计量室，被计量过的液体由出口排出。当刮板遇到挡块时，刮板上缘沿着挡块滑动，转子与挡块间有橡胶条密封，所以滑动时无漏失。由于刮板与壳体间是弹性密封，所以允许介质中有少量的颗粒或污物，且流量计不易被损坏。

3.2.3　容积式流量计的特性及使用要求

1. 容积式流量计的特性

应用容积分界法检测流量的原理，实质上是精密检测体积的方法。因此，与其他流量检测方法相比，它的流量大小以及流体密度、黏度等物理条件对精度影响较小，因而可以

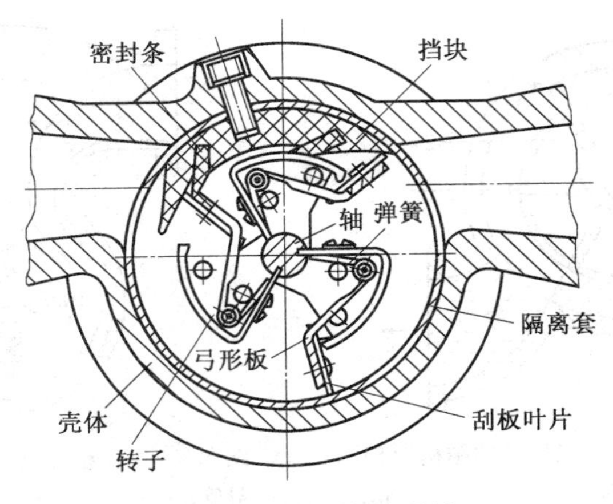

图 3.4　弹性刮板流量计

得到较高的测量精度。

图 3.5 是容积式流量计的两组误差和压力损失特性曲线，从图中曲线可以看出，测量误差随流体的黏度、密度和润滑性能而变化，特别是黏度的影响起主要作用。

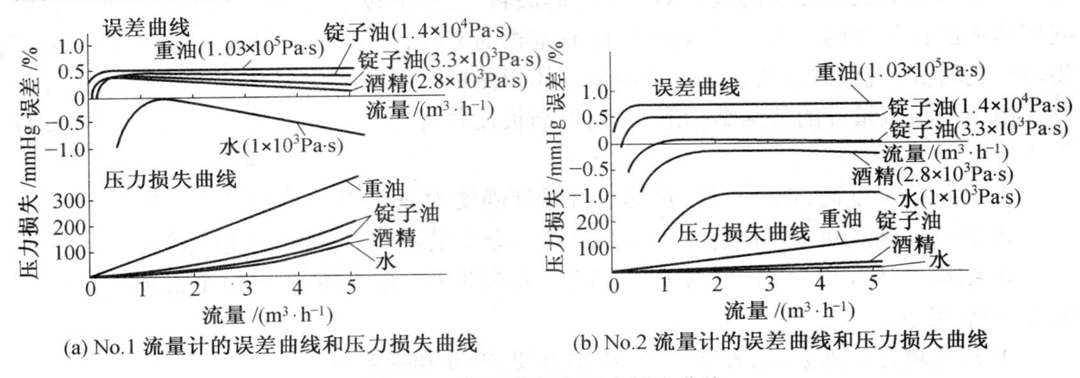

图 3.5　误差曲线和压力损失曲线

这是由于仪表存在着运动部件，运动部件与器壁间的间隙产生泄漏，此泄漏量是随流体物理条件的变化而变化。从图 3.5 中可见，流体黏度对误差的影响曲线是向负方向倾斜的，这是由于随着流量的增大，仪表入、出口间的压力降也增大，使间隙处泄漏量增大。对于低黏度液体（如水），泄漏量特别严重。对于高黏度液体（如重油），由于泄漏相对较小，因此误差变化不大。

黏度变化对压力损失的影响要明显一些，当黏度增大时，压力损失也增大。

2. 容积式流量计的优缺点

其优点如下：

（1）测量精度高，积算精确度可达 ±0.2% ～0.5%。

（2）量程比可达 10∶1 以上。

（3）适宜测量高黏度的液体，仪表示值几乎不受测流体黏度变化的影响。

（4）仪表对前后直管段无要求，安装较方便。

其缺点如下：

(1) 容积式流量计制造配套精度要求较高,流体流量较大时,流量计体积庞大。

(2) 流量计对被测液体的清洁度要求严格,当有固体颗粒进入仪表时,将影响仪表的正常运行。

3. 容积式流量计的安装、使用与维护

(1) 安装。

在正确选用流量计并确保各项技术性能达到测量要求的前提下,容积式流量计可按下述步骤安装。

① 流量计的安装地点应选在符合技术性能规定的室内进行。需要安装在室外时,应加保护箱,以免仪表受环境影响,降低测量准确度和加速仪表的损坏。管线应安装牢固,不应有摆晃现象。在流量计运行中,在任何流量时均应使流体充满管道。

② 流量计安装前必须首先清洗上管线。在流量计上游应加装过滤器,以免杂质污物进入流量计内卡死或损坏测量元件,影响测量精度。过滤器结构如图 3.6 所示,小型流量计过滤器的金属网为 200 ~ 50 目,大型流量计为 50 ~ 20 目,有效过滤面积应为连接管线面积的 4 ~ 20 倍。

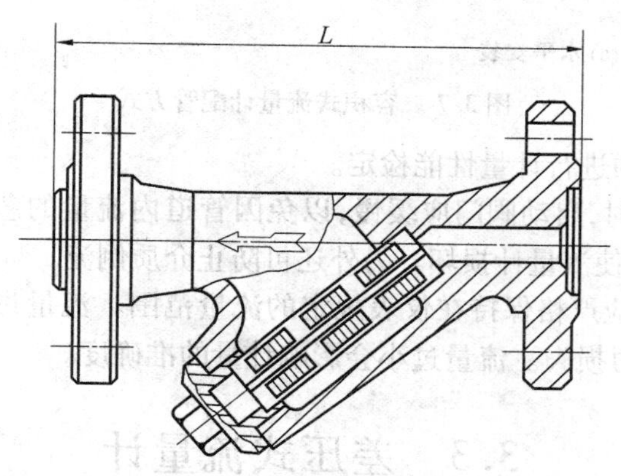

图 3.6 过滤器结构示意图

③ 多数流量计既可水平安装,也可垂直安装,它不受流体上、下、左、右流向的影响。容积流量计均属单向流向仪表,安装时必须使得流体的流动方向与流量计的流向标志一致。

④ 当流量计用于测量含气液体或易汽化的液体时,应考虑在过滤器进口端管路中加装消气器,并在流量计的下游应有足够的背压,以保证流经流量计的介质全部为液体状态。

⑤ 调节流量的阀门应位于流量计的下游,以便使被测介质总充满流量计内部腔体。

⑥ 在长期连续工作的管道中安装仪表时,为了保证检修维护方便,应在流量计处配置旁通管路。配管方式如图 3.7 所示。

(2) 使用与维护。

① 应按被测介质的物性参数(如黏度、密度等)、工作状态参数(如压力、温度、流量等)正确选择流量计的型号和规格。对容积式流量计的选择虽不像差压式流量计那样有雷诺数的限制,但应该注意所选流量计的测量范围,不能简单按连接管道的口径去确定流

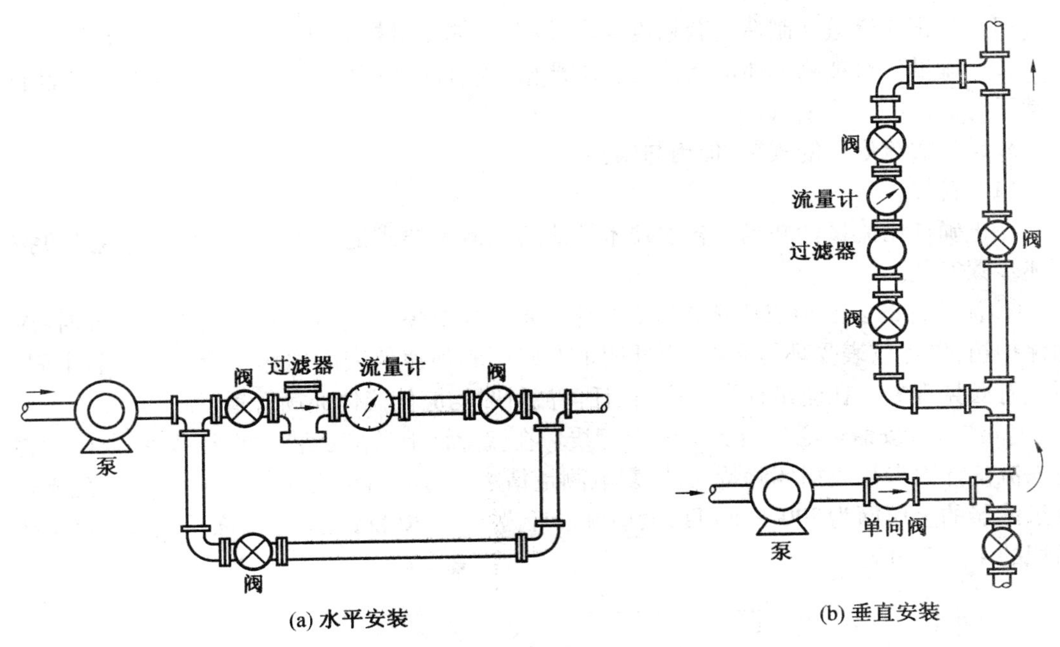

图 3.7　容积式流量计配管方式

量计规格。安装前必须进行计量性能检定。

② 仪表投入使用时，启动阀门应缓慢，以免因管道内流量的急剧增减而造成管道振动，极强的水击现象会使流量计损坏。另外还可防止介质倒流。

③ 管道内的流量应严格保持在仪表规定的流量范围。流量过大会加剧测量元件的磨损并产生较大的压力损失。流量过小会影响计量的准确度。

3.3　差压式流量计

流体在流动过程中，在一定条件下流体的动能和静压能可以互相转换，并可以利用这种转换关系来测量流体的流量。差压式流量计（节流式流量计）是基于流体流动的节流原理，利用流体流经节流装置时产生的压力差而实现流量测量。

差压式流量计应用广泛，油田、炼油及化工企业所使用的流量计中，一般有 70% 左右是差压式流量计，尤其在油田注水和天然气计量中应用最多。差压式流量计的历史悠久，积累了丰富的经验和大量的可靠数据。一些国家进行了不断的研究和制定标准，力求使某些节流装置用于流量测量时能够标准化，以方便应用。我国现在执行的是 2006 年制定的国家标准 GB/T2624—2006，它与国际标准 ISO5167—1（2003）直接接轨。

差压式流量计的突出优点是：

①结构简单，安装方便，工作可靠，成本低，适应的介质种类多，又具有一定的准确度，基本能满足工程测量的需要。

②研究设计和使用历史悠久，有丰富、可靠的实验数据，设计加工已经标准化。只要按标准设计加工的节流式流量计，不需进行单独标定，在已知的不确定度范围内测量流量。

差压式流量计由节流装置、压力信号管路、差压计(或差压变送器)和流量显示器组成,如图3.8所示。

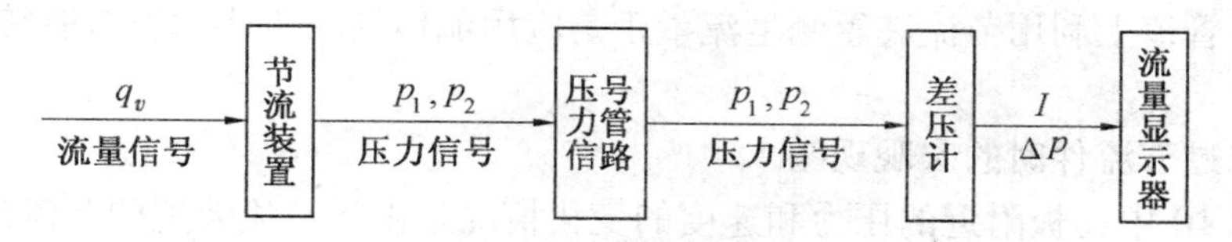

图3.8　差压式流量计的结构方框图

使用标准节流装置时,流体的性质和状态必须满足下列条件:

①满管流。流体充满管道和节流装置,并连续流经管道。

②单相流。流体必须是牛顿流体,即在物理上和热力学上是均匀的、单相的,或可以认为是单相的,包括混合气体、溶液和分散性粒子小于0.1 μm的胶体。在气体中有不大于2%的均匀分散的固体微粒,或液体中有不大于5%的均匀分散的气泡,也可以认为是单相流体。

③定常流。流体流量不随时间变化或变化非常缓慢。

④无相变。流体流经节流件时不发生相变。

⑤无旋流。流体在流经节流件前,流束是平行管道轴线的无旋流动。

标准节流装置不适用于脉动流和临界流的流量测量。

3.3.1　节流装置及节流原理

1. 节流装置

所谓节流装置就是设置在管道中能使流体产生局部收缩的节流元件和取压装置的总称。节流件的类型较多,严格来说,在管道中装入任意节流件都能产生节流作用,并且节流件前后两侧的差压与流过流体的流量值都会有相应的关系。但是,它们并不都是可以找到差压与流量之间存在适合需要的关系,只有差压与流量之间存在稳定的关系,并且重复性好,适于应用的节流件才有实用价值。目前已经应用的节流件种类有同心圆孔板、偏心孔板、圆缺孔板、锥形入口孔板、1/4圆孔板、文丘里管、喷嘴、文丘里喷嘴、道尔管和楔形节流件等。常用的标准节流件有孔板、喷嘴和文丘里管,如图3.9所示。它们的结构形式虽然有些不同,但流体经过它们时的节流现象和测量原理都是一样的。

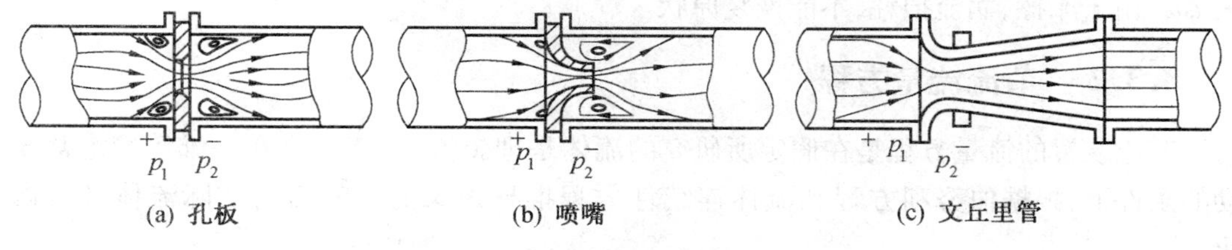

图3.9　常用节流件示意图

2. 节流原理

流体所以能够在管道内形成流动状态,是由于它具有能量,这种能量有两种形式,即动能和位能。比如,流体由于具有压力(因液位差或泵、压气机等动力源的作用)而具有位能,又由于流体有流动速度而具有动能。这两种能量在一定条件下可以互相转换,但是总能量始终是不变的。即流体所具有的位能、动能和克服流动阻力的能量损失之和为一常数。在水平管道上利用节流装置测量流量正是应用流体的动压能和静压能转换原理工作的。

3. 流体流过节流件时的宏观现象

根据图 3.10 中孔板附近的压力和速度的变化情况来说明节流装置的节流过程。

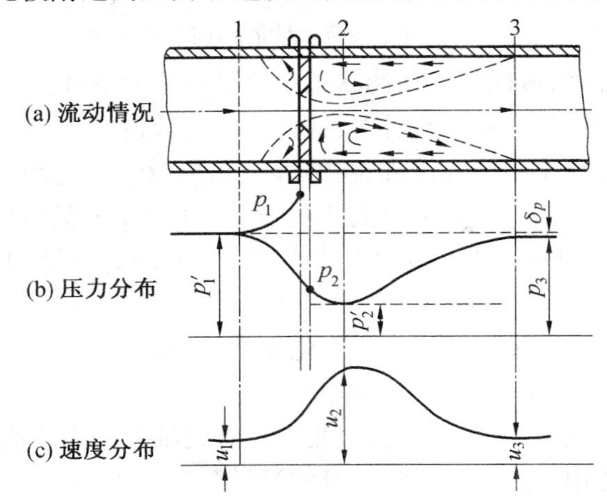

图 3.10　孔板附近流体的压力和速度的变化

(1)在节流孔处,流通面积缩小,流束收缩,流速加快。

(2)缩脉处,收缩面积最小处,在节流孔的下游处,速度最快。

(3)流过缩脉,流束展开,恢复正常状态。

(4)缩孔前后,流束外围与管壁间形成涡流。

4. 静压力的变化情况

(1) 在孔板前流体受阻(死区) 静压力上升到 P_1,$P_1 > P_1'$。

(2) 孔板缩孔后,速度增大,动能增加,静压力减小,$P_2 < P_1'$。

(3) 在缩脉下收缩面积最小,静压力 P_2' 最小。

(4) 随后流速降低,静压力增大,重新稳定后的压力为 P_3,$P_3 < P_1'$。产生永久压力损失 $\Delta\omega$,由于摩擦,涡流损耗,不能恢复原状。

3.3.2　节流流量方程

节流装置的流量方程是在假定所研究的流体是理想流体,流动是在一维等熵定常流动的条件下,根据伯努利方程和流体连续性方程推导出来的。然后对实际流体进行修正。

伯努利方程

$$\frac{P_1}{\rho_1} + \frac{V_1^2}{2} = \frac{P_2}{\rho_2} + \frac{V_2^2}{2} \tag{3.13}$$

连续性方程

$$AV_1\rho_1 = aV_2\rho_2 \tag{3.14}$$

式中　A——管道截面积；

a——缩孔截面积。

当流体为不可压缩流体时，$\rho_1 = \rho_2 = \rho$，管道内径为 $D\left(A = \frac{\pi}{4}D^2\right)$，节流件开孔 $d\left(a = \frac{\pi}{4}d^2\right)$，并令 $\beta = \frac{d}{D}$。

由式(3.14)得 $V_1 = \frac{aV_2\rho_2}{A\rho_1}$，代入式(3.13)得

$$\frac{P_1}{\rho_1} + \frac{\left(\frac{aV_2\rho_2}{A\rho_1}\right)^2}{2} = \frac{P_2}{\rho_2} + \frac{V_2^2}{2}$$

$$\frac{\left(\frac{\pi}{4}d^2\right)^2 V_2^2}{2\left(\frac{\pi}{4}D^2\right)^2} - \frac{V_2^2}{2} = \frac{P_2 - P_1}{\rho}$$

$$\frac{V_2^2 - V_2^2\beta^4}{2} = \frac{P_1 - P_2}{\rho}$$

$$V_2^2 = \frac{1}{1-\beta^4}\cdot 2\cdot\frac{P_1 - P_2}{\rho}$$

$$V_2 = \frac{1}{\sqrt{1-\beta^4}}\cdot\sqrt{\frac{2}{\rho}(P_1 - P_2)}$$

令 $E = \frac{1}{\sqrt{1-\beta^4}}$，为渐近速度系数，有

$$q_m = aV_2\rho = \frac{a}{\sqrt{1-\beta^4}}\sqrt{2\rho(P_1 - P_2)} = aE\sqrt{2\rho\Delta P} \tag{3.15}$$

$$q_v = aV_2 = \frac{a}{\sqrt{1-\beta^4}}\sqrt{\frac{2}{\rho}(P_1 - P_2)} = aE\sqrt{\frac{2}{\rho}\Delta P} \tag{3.16}$$

实际流体为非理想(如黏度、压损等)的，实际流量比理想流体流量小，引入流出系数 C。式(3.16)变为

$$q_m = CaE\sqrt{2\rho\Delta P} \tag{3.17}$$

$$q_v = CaE\sqrt{2\Delta P/\rho} \tag{3.18}$$

对于可压缩流体可以认为是等熵过程，引入一个流体膨胀校正系数 ε，也称为流束膨胀系数 ε。对于不可压缩流体 $\varepsilon = 1$，并规定节流前的密度为 ρ_1，此时，再把 $a = \frac{\pi}{4}d^2$ 代入式(3.17)、(3.18)有

$$q_m = C\frac{1}{\sqrt{1-\beta^4}}\cdot\varepsilon\cdot\frac{\pi}{4}d^2\sqrt{2\rho_1\Delta P} \tag{3.19}$$

$$q_v = C\frac{1}{\sqrt{1-\beta^4}}\cdot\varepsilon\cdot\frac{\pi}{4}d^2\sqrt{\frac{2}{\rho_1}\Delta P} \tag{3.20}$$

流出系数(ISO5167—91)的定义:对不可压缩流体,流出系数 C 为通过节流装置的实际流量值与理论流量值之比。它是一个纯数。其公式为

$$C = \frac{4}{\pi}\cdot\frac{q_m}{d^2}\cdot\frac{\sqrt{1-\beta^4}}{\sqrt{2\Delta P\rho_1}} \tag{3.21}$$

在一定的安装条件下对于给定的节流装置,该值仅与雷诺数有关,对于不同节流装置,只要这些装置是几何相似,并且在相同雷诺数的条件下,C 的数值是相同的。

C 是由实验决定的,节流件的形式不同,流体的性质也不同,C 也不同。当节流件形式取压方式确定后,$C=f(\beta,Re_D)$,雷诺数大于临界雷诺数以后,C 可以认为是常数(实质上仍有变化)。

这种测量方法经过长期研究和使用,数据资料比较齐全,对几种常用的节流方式,节流件各国已制定了标准,国际 ISO 组织 1991 年颁布 ISO5167—1991,最新版本为 ISO5167—2003。这种方法的精度可达 1%,测量量程比为 3∶1,管道直径为 50 ~ 1 000 mm,应用广泛。

3.3.3 标准节流装置

差压式流量计历史悠久,对节流装置的研究比较充分,而且至今不少工业发达的国家仍在采用最现代化的试验手段对已有的节流件进行试验研究,同时也在不断设计和研制新型节流件。

1. 标准节流件(Standard Throttling Element)

(1) 标准孔板(Orifice Plate)。

标准孔板是一块具有与管道轴线同心的圆形开孔的,其直角入口边缘非常尖锐的金属薄板。用于不同管道内径的标准孔板,其结构形式基本上几何相似,如图 3.11 所示。

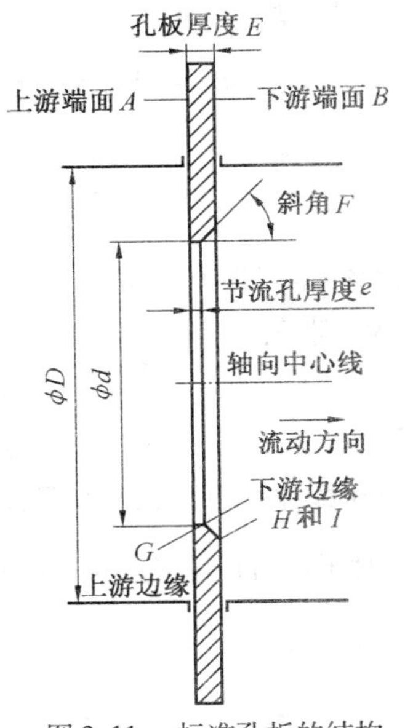

图 3.11　标准孔板的结构

如果是采用单独钻孔取压和法兰取压的孔板,其边缘还应安装手柄,将焊缝磨平,并把安装方向的符号(+、-)、位号、管径 D、孔径 d、出厂编号等刻在手柄上。采用环室取压和夹紧环单钻孔取压的孔板,则将以上技术数据刻在孔板 B 面边缘上。

(2) 标准喷嘴(Nozzle)。

GB/T2624—2006 标准规定了两种形状的喷嘴:ISA1932 喷嘴($\beta<2/3$ 和 $\beta>2/3$)、长径喷嘴(高比值和低比值)。

①ISA1932 喷嘴。

ISA1932 喷嘴的具体结构由圆弧形收缩部分和圆筒形喉部组成，如图 3. 12 所示。

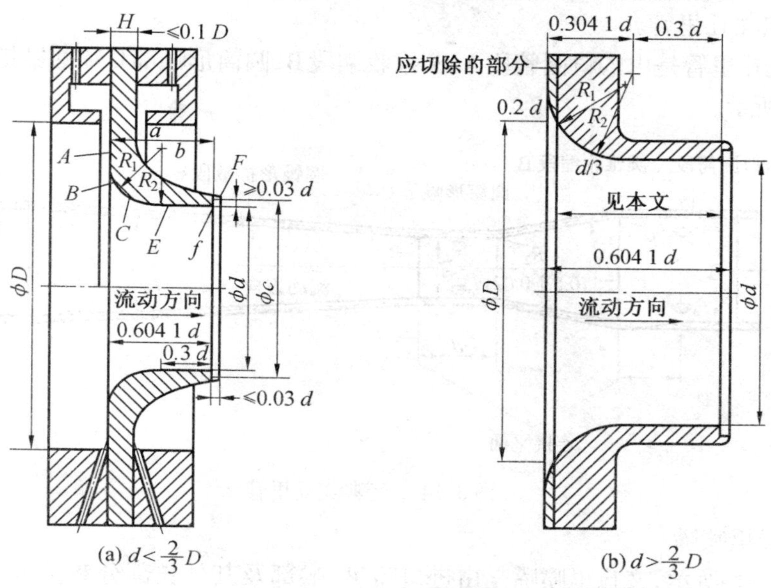

图 3. 12　ISA1932 喷嘴

② 长径喷嘴。

长径喷嘴轴向截面如图 3. 13 所示，它有高比值喷嘴（$0.25 < \beta < 0.80$）和低比值喷嘴（$0.20 < \beta < 0.50$）两种形式，当β值介于0. 25 和0. 50 之间时，可采用任意一种结构形式的喷嘴。

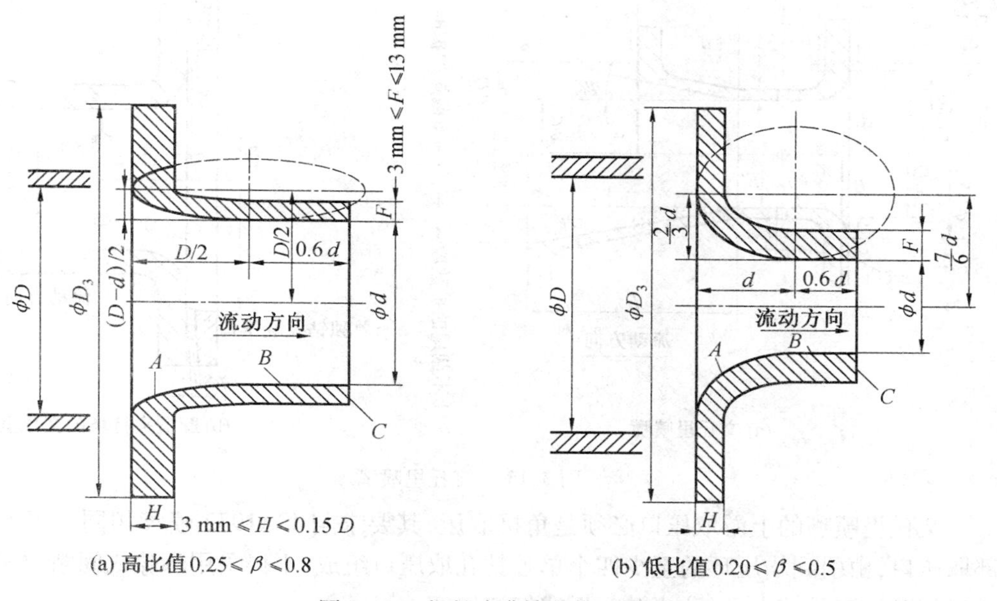

图 3. 13　长径喷嘴轴向截面图

(3) 文丘里管。

文丘里管包括经典文丘里管(焊接、粗铸、机加) 和文丘里喷嘴(截尾和不截尾)。

① 经典文丘里管。

经典文丘里管是由入口圆管段A、圆锥收缩段B、圆筒形喉部C和圆锥扩散段E组成,如图3.14所示。

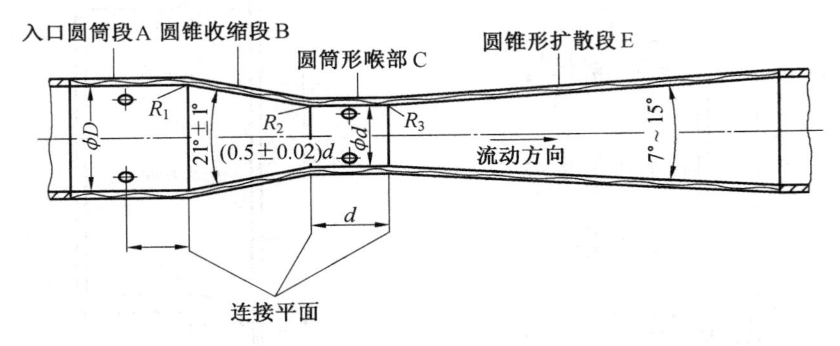

图3.14　经典文丘里管

② 文丘里喷嘴。

如图3.15所示,文丘里喷嘴是由进口喷嘴、喉部及其延长部分和扩散段组成。进口喷嘴和喉部取压口平面之间就是一个ISA1932喷嘴,其后 $0.4d$ 到 $0.5d$ 为喉部的延长部分。扩散段的扩散角应小于30°,一般为5°～15°,扩散段可截短(即截尾型文丘里喷嘴),扩散段的长度实际上不影响流出系数。

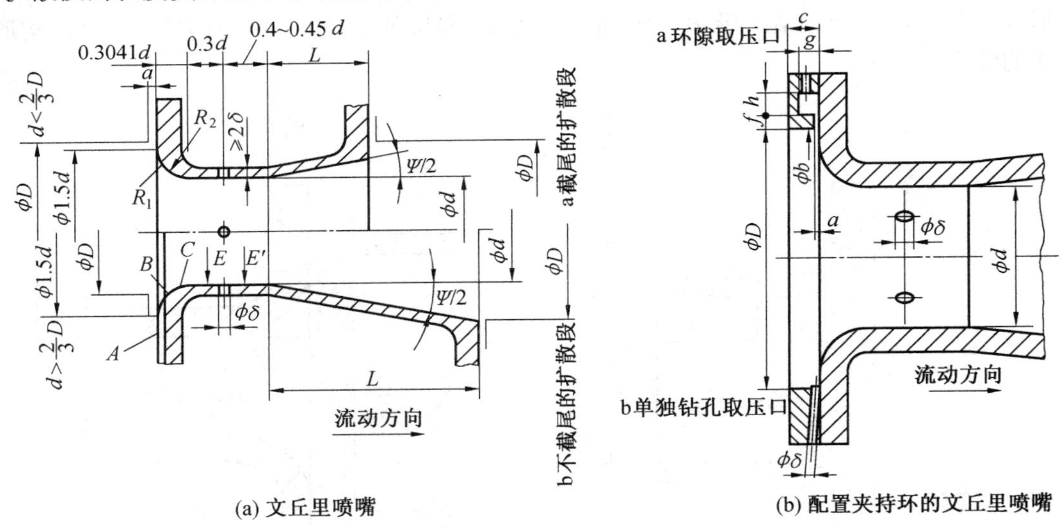

图3.15　文丘里喷嘴

文丘里喷嘴的上游取压口必须是角接取压,其要求与ISA1932喷嘴相同。下游的喉部取压口,由引到均压环的至少四个单独钻孔取压口组成,不得采用环隙或间断取压。取压口的直径应足够大,以防止被污垢或气泡堵塞。

2. 标准节流件的材料

节流件在长期的使用过程中,受到流体的冲击、摩擦和腐蚀后会产生变形,比如,孔板开孔入口边缘变钝,会引起流量系数的增大,从而产生测量误差。

因此,要求标准节流件在工作状态下应有足够的强度,并具有耐磨、抗腐蚀性。我国常用的制造节流件的材料如下:

(1) 测量水蒸气、湿空气以及石油产品等流体时,标准孔板常用 Cr17、1Cr18Ni9Ti、2Cr18Ni、Cr23NiB 以及其他型号的耐酸钢;标准喷嘴常用耐酸铸铁。

(2) 测量400 ℃以上的高压过热蒸气流量时,常用Cr6Si、Cr18NiSi、Cr25Ni20Si2 合金材料。

3. 取压方式和标准取压装置

差压式流量计的输出信号就是节流件前后取出的差压信号。不同的取压方式,即取压孔在节流件前后的位置不同,取出的差压值也不同。所以不同的取压方式,对于同一个节流件,它的流出系数 C 也将不同。

(1) 取压方式。

目前,国际上通常采用的取压方式有理论取压法、角接取压法、法兰取压法和径距取压法(也称为 $D-D/2$ 取压法) 等,如图 3. 16 所示。

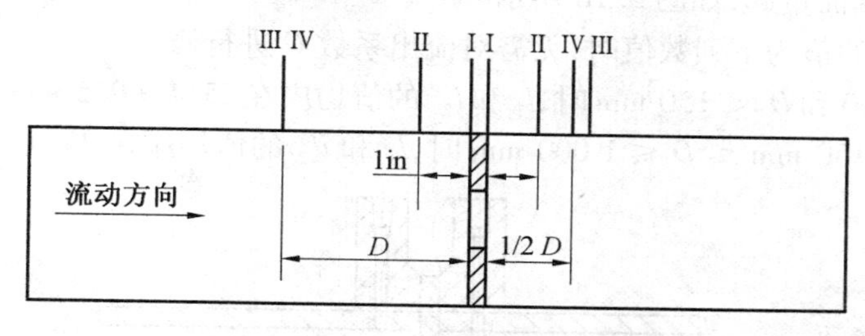

图 3. 16　各种取压方式的取压位置

(2) 标准取压装置。

在 GB/T2624—2006 中规定的取压方式如下:

标准孔板:角接取压为 Ⅰ - Ⅰ 位置;法兰取压为 Ⅱ - Ⅱ 位置;$D-D/2$ 取压为 Ⅳ - Ⅳ 位置。

标准喷嘴:ISA1932 为角接,取压为 Ⅰ - Ⅰ 位置;长径喷嘴为 $D-D/2$,取压为 Ⅳ - Ⅳ 位置。

文丘里管:经典文丘里管、文丘里喷嘴规定了特定的取压方式。

必须注意,不同的取压方式,即使是同一节流件,其使用范围、取压装置的结构和相关技术要求也是不同的。这里只详细介绍角接取压、法兰取压及径距取压。

① 角接取压。

角接取压,就是节流件上、下游的压力在节流件与管壁的夹角处取出。对取压位置的具体规定是:上、下游侧取压口轴线与孔板各相应端面之间的间距等于取压口直径之半或取压环隙宽度之半。取压口出口边缘与孔板端面平齐。角接取压装置有两种结构形式:环隙取压和夹紧环取压,如图 3. 17 所示。

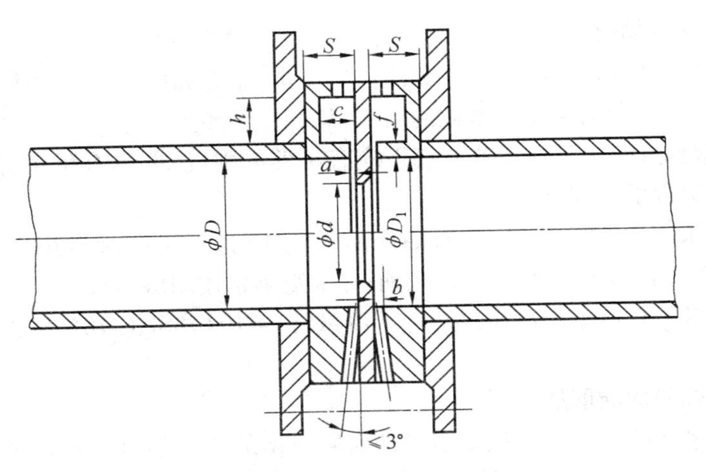

图 3.17　环隙取压或夹紧环取压

② 法兰取压。

法兰取压装置由两个带取压孔的取压法兰组成。上游取压口的间距 l_1 名义上等于 25.4 mm，且是从孔板的上游端面量起。下游取压口的间距 l'_2 名义上等于 25.4 mm，且是从孔板的下游端面量起，如图 3.18 所示。

若 l_1 和 l'_2 的值为下列数值时，无需对流出系数 C 进行修正：

当 $\beta > 0.60$ 和 $D < 150$ mm 时，l_1 和 l_2' 的值均应在 25.4 ±0.5 mm 之间；当 $\beta \leqslant 0.60$ 或 $\beta > 0.6$ 但 150 mm $\leqslant D \leqslant$ 1 000 mm 时，l_1 和 l'_2 的值均应在 25.4 ±1 mm 之间。

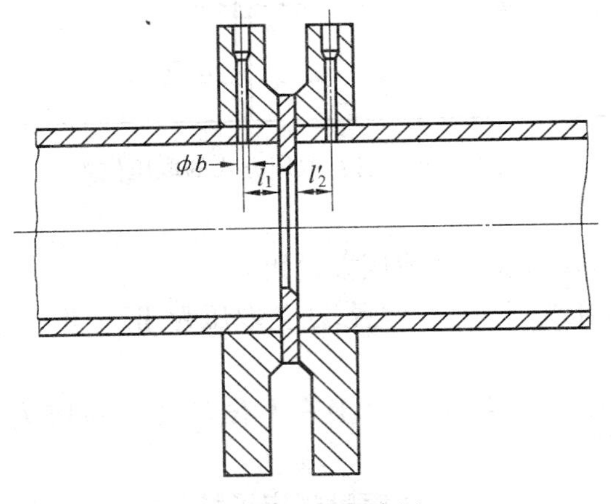

图 3.18　法兰取压

③ 径距取压（$D - D/2$ 取压）。

间距 l_1 和 l_2 均自孔板（或长径喷嘴）的上游端面量起，应考虑垫圈、密封材料的厚度。上游取压口的间距 l_1 名义上等于 D，下游取压口的间距 l_2 名义上等于 $0.5D$，如图 3.19 所示。

4. 标准节流装置的管道和使用条件

对管道和使用条件的严格规定是因为标准节流装置的流出系数 C 在一定的条件下通过试验取得的，仅对节流件、取压装置严格规定，而不对管道、安装、使用条件作出规定，会

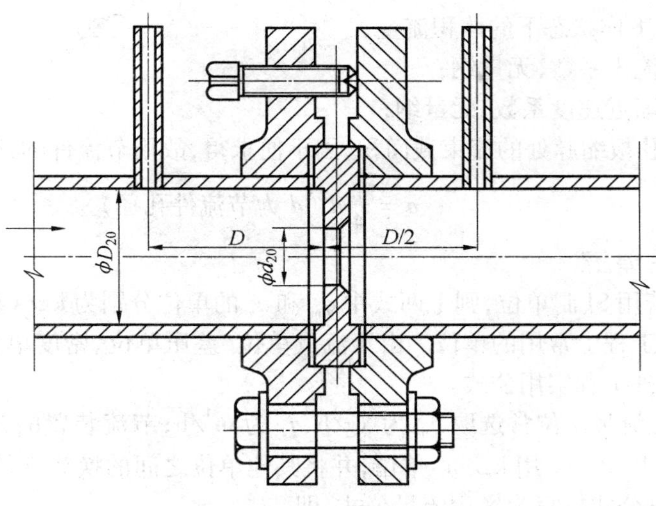

图 3.19　径距取压

引起难以估计的测量误差。

节流装置的安装和使用与下列管段和管件有关：节流件上游侧第一个局部阻流件和第二个局部阻流件，节流件下游侧第一个局部阻流件和从节流件上游侧第二个局部阻流件到节流件下游第一个局部阻流件之间的管段，如图 3.20 所示。

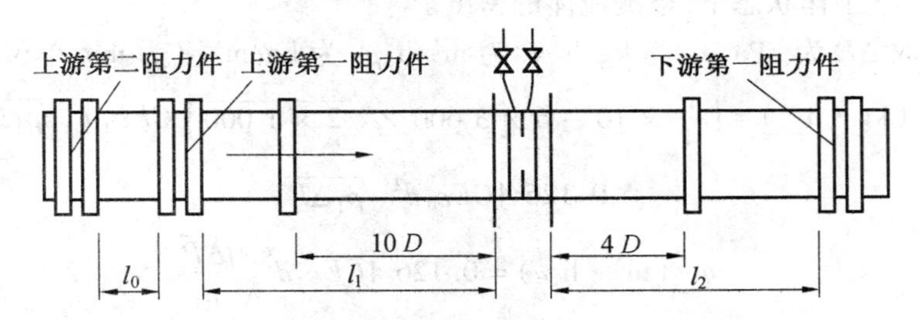

图 3.20　节流装置管段与管件

用节流装置测量流量时，为了减小测量误差，国家标准规定增加测量管作为标准节流装置的一个组成部分。它代替靠近节流件前后的管段，上游侧长 10 D，下游侧长 5D，内径等于被测管道直径。为了保证标准节流装置处于标准工作条件，故对测量管要按 GB/T2624—2006 的规定进行校验。

3.3.4　实用流量公式及有关参数的确定方法

1. 实用流量公式

流量的基本方程式是表明流量与差压之间的定量关系式，它是根据流体力学中伯努利方程和流体连续性原理为依据而推导得来的，即

$$q_m = CaE\sqrt{2\rho\Delta P}$$

$$q_v = CaE\sqrt{2\Delta P/\rho}$$

式中　q_m—— 工作状态下的质量流量；

q_v—— 工作状态下的体积流量；

C—— 流出系数，无量纲；

E—— 渐近速度系数，无量纲；

a—— 孔板缩脉处的流束截面积，因不便求得，故用节流件的开孔截面积代替，即

$$a=\frac{\pi}{4}d^2(d\text{ 为节流件孔径})$$

ΔP—— 差压。

上式参数若用SI制单位，则上两式中 q_m 和 q_v 的单位分别为kg/s和 m^3/s。在实际工作中，一般都用工程上常用的单位。由于流量单位、差压单位、密度单位和直径单位选取的不同，会有多种工程实用公式。

（1）工程上流量单位常选取 q_m 为kg/h、q_v 为 m^3/h；节流装置的开孔直径 d 和 D 用mm，此时若 ΔP 用Pa，ρ_1 用 kg/m^3 单位，并将其他单位之间的换算常数归并在一起，便可把上述基本流量公式换算为实用流量公式，即

$$q_m/(kg\cdot h^{-1})=0.003\,999CE\varepsilon_1 d^2\sqrt{\rho_1\Delta P} \tag{3.22}$$

$$q_v/(m^3\cdot h^{-1})=0.003\,999CE\varepsilon_1 d^2\sqrt{\frac{\Delta P}{\rho_1}} \tag{3.23}$$

式中　ε_1—— 工作状态下的可膨胀性系数，无量纲；

ρ_1—— 工作状态下，被测流体的密度。

（2）当取 ΔP 为kPa、q_m 为kg/h、q_v 为 m^3/h、ρ_1 为 kg/m^3、d 为mm单位时，有

$$q_m/(kg\cdot h^{-1})=\left(\frac{\pi}{4}\times 10-6\times 3\,600\times\sqrt{2\times 1\,000}\right)CE\varepsilon_1 d^2\sqrt{\rho_1\Delta P}=$$

$$0.126\,4CE\varepsilon_1 d^2\sqrt{\rho_1\Delta P} \tag{3.24}$$

$$q_v/(m^3\cdot h^{-1})=0.126\,4CE\varepsilon_1 d^2\sqrt{\frac{\Delta P}{\rho_1}} \tag{3.25}$$

（3）当取 ΔP 为MPa、q_m 为kg/h、q_v 为 m^3/h、ρ_1 为 kg/m^3、d 为mm单位时，有

$$q_m/(kg\cdot h^{-1})=\left(\frac{\pi}{4}\times 10-6\times 3\,600\times\sqrt{2\times 10^6}\right)CE\varepsilon_1 d^2\sqrt{\rho_1\Delta P}=$$

$$3.999CE\varepsilon_1 d^2\sqrt{\rho_1\Delta P} \tag{3.26}$$

$$q_v/(m^3\cdot h^{-1})=3.999CE\varepsilon_1 d^2\sqrt{\frac{\Delta P}{\rho_1}} \tag{3.27}$$

2. 流出系数(Discharge Coefficient)

在GB/T 2624—2006中，关于流出系数 C 是这样定义的："对于不可压缩流体，流出系数 C 为通过节流装置的实际流量值与理论流量值之比。它是一个纯数。在一定的安装条件下对于给定的节流装置，该值仅与雷诺数有关。对于不同节流装置，只要这些装置是几何相似，并且在相同雷诺数的条件下，则 C 在数值上是相同的。"

流出系数 C 的公式为

$$C=\frac{4}{\pi}\cdot\frac{q_m}{d^2}\cdot\frac{\sqrt{1-\beta^4}}{\sqrt{2\Delta P\rho_1}}$$

流出系数 C 与流量系数 α 的关系为

$$C = \alpha / EC \tag{3.28}$$

式中　E—— 渐近速度系数。

GB/T 2624—2006 中利用流出系数 C 来分析各种因素对流量的影响显得更加方便，在不同的直径比 β 和不同的雷诺数 Re_D 下，C 的变化范围要比 α 的变化范围小得多。尤其是对各种文丘里管，在一定条件下，C 是一个不随管径 D、直径比 β 和雷诺数 Re_D 变化的常数，使得流量方程接近一个完全解析式，简化节流装置的计算。

从流出系数 C 的计算公式可以分析得出：

① 流出系数是实验数据，$C = f(\beta, Re_D)$，与节流件形式、流体性质、取压方式、节流件开孔直径与管道内径比 β 以及流体流动形态（雷诺数 Re_D）有关。

②β 一定时，则流出系数 C 只随雷诺数 Re_D 变动。

③ 当雷诺数 Re_D 大于临界雷诺数 Re_K 以后，C 值虽然还在变化，但是趋于平稳。也只有在所测量的范围内，流出系数 C 保持常数的情况下，压差 ΔP 与流量之间 q_m 或 q_v 才有恒定的对应关系。

④ 流出系数 C 还与实验管道内壁的粗糙程度有关，必须满足相对粗糙度的 K/D 极限值。

(1) 孔板的流出系数。

流出系数 C 由 Reader - Harris/Gallagher（RG）公式给出，为

$$\begin{aligned} C = {} & 0.5961 + 0.0261\beta^2 - 0.216\beta^8 + 0.000521\left(\frac{10^6\beta}{Re_D}\right)^{0.7} + \\ & (0.0188 + 0.0063A)\beta^{3.5}\left(\frac{10^6}{Re_D}\right)^{0.3} + \\ & (0.043 + 0.080e^{-10L_1} - 0.123e^{-7L_1})(1 - 0.11A)\frac{\beta^4}{1-\beta^4} - \\ & 0.031(M'_2 - 0.8M'^{1.1}_2)\beta^{1.3} \end{aligned} \tag{3.30}$$

当 $D < 71.12$ mm 时，对式(3.30)还要再加下项

$$+ 0.011(0.75 - \beta)\left(2.8 - \frac{D}{25.4}\right) \tag{3.31}$$

式中

$$A = \left(\frac{19\,000\beta}{Re_D}\right)^{0.8}, M'_2 = \frac{2L'_2}{1-\beta}$$

L_1—— 孔板上游端面到上游取压口的距离除以管道直径得出的商，$L_1 = l_1/D$；

L_2'—— 孔板下游端面到下游取压口的距离除以管道直径得出的商，$L'_2 = l'_2/D$。

对于角接取压方式：$L_1 = L_2' = 0$。

对于 D 和 $D/2$ 取压方式：由于 L_1 总是大于 0.433 3，因此对 $\beta^4(1-\beta^4)^{-1}$ 的系数应采用 0.039 0，$L_1 = 1$；$L_2' = 0.47$（这一点与原标准不同，取消了 L_2）。

对于法兰取压方式：$L_1 = L'_2 = 25.4/D$（D 的单位为 mm）。

RG 公式发表在 1990 年 9 月出版的 AGA 3 号报告（天然气孔板计量）的第三版上，也就是说，修改后的 ISO 5167 - 1 与 AGA 3 号报告取得了一致，对孔板的适用条件（如管径、

雷诺数等）也应符合 AGA 3 号报告的规定。

（2）喷嘴的流出系数。

ISA1932 喷嘴上游角接取压；下游可以接角接取压，也可以在较远的下游处。

流出系数 C 的计算公式为

$$C = 0.990\,0 - 0.226\,2\beta^{4.1} - (0.001\,75\beta^{2} - 0.003\,3\beta^{4.15})(10^{6}/Re_{D})^{1.15}$$

3. 介质的可膨胀性系数 ε

$$\varepsilon = 1 - (0.351 + 0.256\beta^{4} + 0.93\beta^{8})\left[1 - \left(\frac{P_2}{P_1}\right)^{1/K}\right]$$

4. 压力损失 $\Delta\omega$

$$\Delta\omega = \frac{\sqrt{1 - \beta^{4}(1 - c^{2})} - c\beta^{2}}{\sqrt{1 - \beta^{4}(1 - c^{2})} + c\beta^{2}}\Delta P$$

关于其他参数的确定可参考有关文献。

3.3.5　差压式流量计的安装和使用

1. 差压式流量计的安装

采用差压式流量计进行流量测量时，正确地选用、精确地设计计算和加工制造固然重要，但如何按规定的各项技术要求，正确地安装仪表，也是十分重要的。差压式流量计的测量误差在 ±1% ~ 2% 范围内，然而在现场使用中往往由于各种条件的限制和各方面因素的影响，其实际测量误差远远超过上述数值。其中，由于安装质量不合规定而造成的测量误差，往往占很大的分量。所以，正确安装是使用差压式流量计一项不可忽视的条件。差压式流量计的安装，包括节流装置、差压信号管路和差压计（变送器）的安装，其具体操作应按《自控仪表安装图册》等国家标准、部颁标准进行。基本要求如下：

（1）必须保证节流件的开孔和管道同心，节流装置端面与管道的轴线垂直。在节流件的上、下游必须配有一定长度的直管段。

（2）导压管尽量按最短距离敷设在3 ~ 50 m之内。为了不致在此管路中积聚气体和水分，导压管应垂直安装。水平安装时，其倾斜度不应小于1∶10，导压管为直径10 ~ 12 mm的铜、铝、钢和不锈钢管。

（3）测量液体流量时，应将差压计或差压变送器安装在低于节流装置处。如一定要装在上方时，应在连接管路的最高点安装带阀门的集气器，在最低点安装带阀门的沉降器，以便排出导压管内的气体和沉积物，如图 3.21 所示。

（4）测量气体流量，最好将差压计装在高于节流装置处。如一定要安装在下面，在连接导管的最低处安装沉降器，以便排除冷凝液及污物，如图 3.22 所示。

（5）测量黏性的、腐蚀性的或易燃的流体流量时，应安装隔离器，如图 3.23 所示。

隔离器的用途是保护差压计不受被测流体的腐蚀和玷污。隔离器是两个相同的金属容器，容器内部充灌化学性质稳定并与被测介质不相互作用和溶解的液体，即差压计同量充灌隔离液。

（6）测量蒸气流量时，差压计和节流装置之间的相对配置和测量液体流量相同。为保证两导压管中的冷凝水处于同一水平面上，在靠近节流装置处安装冷凝器，如图 3.24

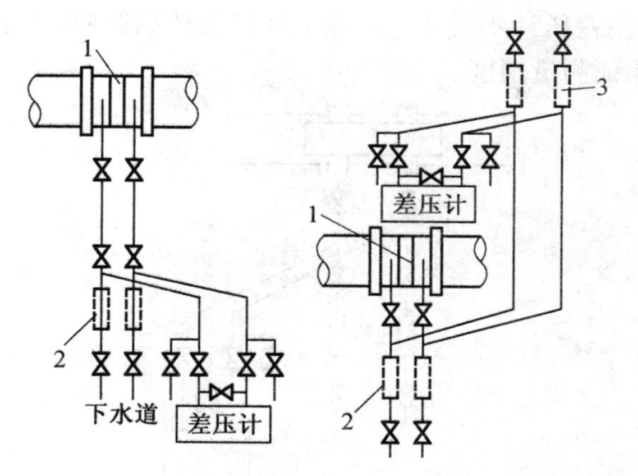

图 3.21　测量液体流量时差压计的安装

1— 节流装置;2— 沉降器;3— 集气器

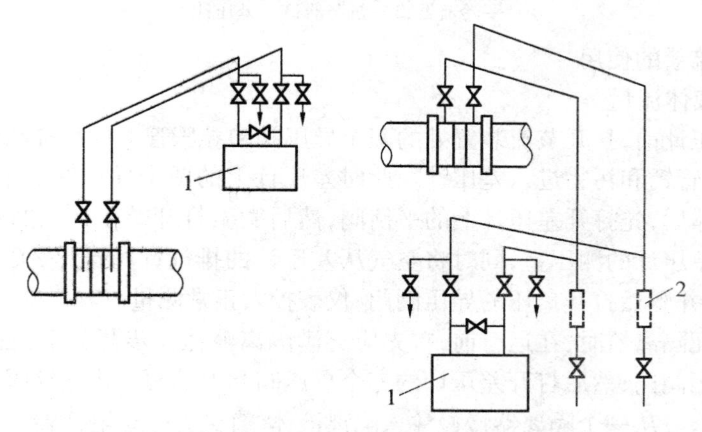

图 3.22　测量气体流量时差压计的安装

1— 差压计;2— 沉降器

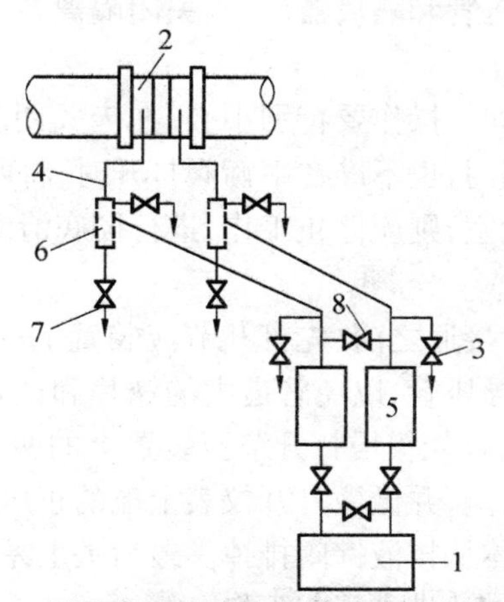

图 3.23　测量腐蚀性液体流量时差压计的安装

1— 差压计;2— 节流装置;3— 冲洗阀;4— 导压管;

5— 隔离器;6— 沉降器;7— 排水阀;8— 平衡阀

所示。冷凝器是为了使差压计不受 70 ℃ 以上高温流体的影响,并能使蒸气的冷凝液处于同一水平面上,以保证测量精度。

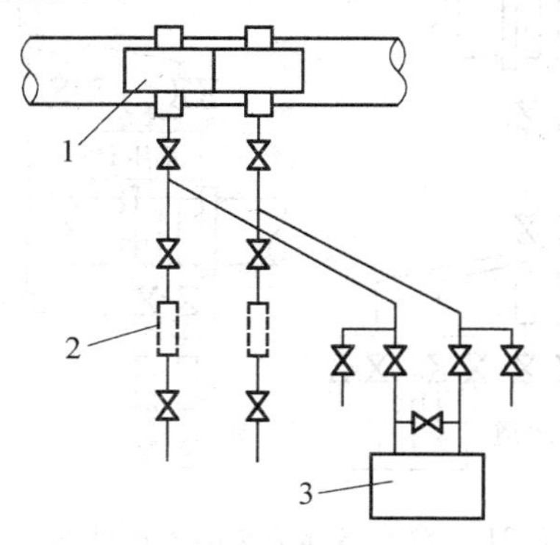

图 3.24 测量蒸气流量时差压计的安装

1— 冷凝器;2— 沉降器;3— 差压计

2. 差压式流量的使用

(1) 测量液体流量。

在连接差压计前,打开节流装置处的两个导压阀和导压管上的冲洗阀,用被测液体冲洗导压管,以免管锈和污物进入差压计。此时差压计上的两个导压阀处于关闭状态。待导压管充满液体后,先打开差压计上的平衡阀,然后微微打开差压计上的正压导压阀,使液体慢慢进入差压计的测压室,同时将空气从差压计的排气针阀排尽,关闭排气针阀,接着关上平衡阀,并骤然打开负压的导压阀门,仪表投入正常测量。

在必须装配隔离器时,在运行前,首先应充满隔离液体。步骤如下:首先关闭节流装置上的两个导压阀门,然后打开差压计的三个导压阀和上端两个排气针阀,再拧开两个隔离器的中间螺塞。从一个隔离器慢慢注入隔离液体,直到另一个隔离器溢流为止,旋紧中间螺塞,打开隔离器上端的平衡阀,关闭差压计上面的平衡阀,然后打开隔离器上端的正导压阀,待被测流体充满导压管和隔离器后,先关闭隔离器上端的平衡阀,并骤然打开负导压阀,流量计投入正常工作。

测量具有腐蚀性的流体时,操作要特别小心,在未关闭差压计的两个导压阀前,不许先打开差压计上端的平衡阀门,也不准在平衡阀打开时,将两导压阀打开。如果因某种原因发现腐蚀性流体进入测量室,则应停止工作,进行彻底清洗。

(2) 测量气体流量。

在将差压计与节流装置接通之前,先打开节流装置上的两个导压阀和导压管上的两个吹洗阀,用管道气体吹洗导压管,以免管道中的锈片和杂物进入差压计(此时差压计的两导压阀应关闭)。使用时,首先缓慢打开节流装置上的两个导压阀,使被测管道的气体流入导压管。然后打开平衡阀,并微微打开仪表上端的正压导压阀,测量室逐渐充满被测气体,同时将差压计内的液体从排液针阀排掉。最后关上差压计的平衡阀,并骤然打开差压计上面的负压导压阀,流量计进入正常工作。

(3) 测量蒸气流量。

冲洗导压管的过程同上。使用时,先关闭节流装置处的两导压阀,将冷凝器和导压管内的冷凝水从冲洗阀放掉，然后打开差压计的排气针阀和三个导压阀。向一支冷凝器内注入冷凝液，直至另一支冷凝器上有冷凝液流出为止。当排气针阀不再有气泡后关上排气针阀。为避免仪表的零点变化，必须注意冷凝器与仪表之间的导压管以及表内的测量室都充满冷凝液，两个冷凝器内的液面必须处同一水平面。最后，同时骤然打开节流装置上的两导压阀，关上差压计的平衡阀，仪表投入正常工作。

3.4　靶式流量计

靶式流量计是石油工业上广泛应用的测量管道流体流量的一种远传式流量仪表。

这种流量计适用于连续检测高黏度且带有悬浮颗粒介质的流体，且具有防爆性能，因此适合于在井场使用。

3.4.1　靶式流量计的工作原理

在流体经过的管道中，在垂直于流动方向安装一个同轴圆盘形的靶（图 3.25），流体沿靶周围的环形间隙流过时，靶受到流体的推力作用，力的大小与流体的动能和靶的圆形面积成正比。当管道雷诺数大于流量计的界限雷诺数时，流过流量计的流量与靶受到的力有确定的数值对应关系。

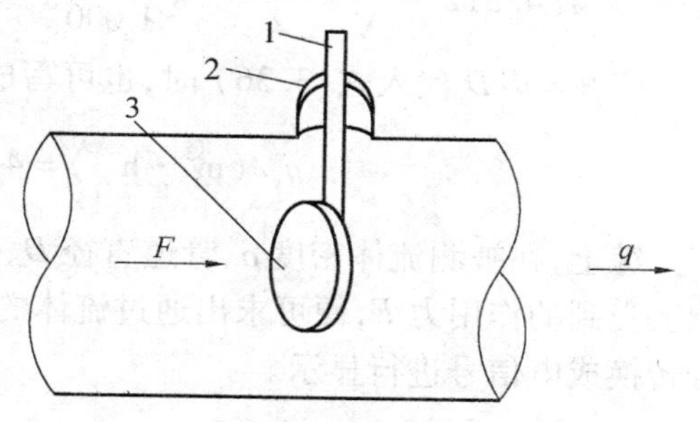

图 3.25　靶式流量计的工作原理

1— 靶；2— 出轴密封膜片；3— 靶的输出力杠杆

流体作用在靶上的力可以分为三部分：

① 流体对靶的直接冲击力，即流体的动压力。

② 由于靶对流体的节流作用，在靶的前后产生的静压力差。

③ 流体对靶的黏滞摩擦力。

当流量很大时，可以忽略流体对靶的黏滞摩擦力。此时，流体作用在靶上的力以动能形式表示时，作用在靶上的力 F 为

$$F = \zeta A_d \frac{\rho u^2}{2} \tag{3.32}$$

式中　F—— 流体作用于靶上的力；

ζ—— 阻力系数；

A_d—— 垂直于流速的靶的面积；

P—— 流体的密度；

u—— 通过环形面积的流速。

由式(3.32) 可得出环隙中的流体速度为

$$u = \sqrt{\frac{2}{\zeta A_d}} \sqrt{\frac{F}{\rho}} \tag{3.33}$$

假设管道的直径为 D，靶的直径为 d，则通过流体的环形面积为 $A_0 = \frac{\pi}{4}(D^2 - d^2)$ 。

由此得出体积流量与靶上所受力 F 的关系为

$$q_v = A_0 u = \frac{\pi}{4}(D^2 - d^2)\sqrt{\frac{1}{\zeta}}\sqrt{\frac{2}{\frac{\pi d^2}{4}}}\sqrt{\frac{F}{\rho}} \tag{3.34}$$

$$q_v = \alpha \frac{D^2 - d^2}{d}\sqrt{\frac{\pi}{2}}\sqrt{\frac{F}{\rho}} \tag{3.35}$$

式中，$\alpha = \sqrt{\frac{1}{\zeta}}$ 称为流量系数。它的数值由实验确定。

式(3.35)为应用靶测量流量的基本方程式。在工程上，一般采用的单位为：D 和 d 为 mm，q_v 为 m^3/h，ρ 为 kg/m^3，F 为 N，将常数归并，则可写出实用流量公式为

$$q_v/(m^3 \cdot h^{-1}) = 4.512\alpha \frac{D^2 - d^2}{d}\sqrt{\frac{F}{\rho}} \tag{3.36}$$

式中，常数 $4.512 \approx \sqrt{\frac{3.1415}{2}} \times \frac{3600}{1000}$。

将 $\beta = d/D$ 代入式(3.36)时，也可写成

$$q_v/(m^3 \cdot h^{-1}) = 4.512\alpha D\left(\frac{1}{\beta} - \beta\right)\sqrt{\frac{F}{\rho}} \tag{3.37}$$

综上，在被测流体密度 ρ、管道直径 D、靶径 d 和流量系数 α 已知的情况下，只要测出靶上受到的作用力 F，便可求出通过流体的流量。在工业上，一般是通过转换器将此力信号转换成电信号进行显示。

3.4.2 靶式流量计的工作过程

图3.26和图3.27分别为电动靶式流量计外观图和内部结构图。

靶式流量计由测量环节和转换部分组成。测量环节包括测量管、靶和轴封膜片等。转换部分包括力传递系统（如主、副杠杆、矢量机构、调整螺丝钉等）、磁电系统、位移检测放大器等。

流体作用于靶1上的压力 F，使主杠杆4以轴封膜片3为支点产生偏转位移，该位移经矢量机构6传递给副杠杆12，使固定在副杠杆上的检测片9产生位移。此时，差压变压器11的平衡电压产生变化，由放大器转换为4～20 mA的电流输出。同时，该电流经过处于永久磁钢内的反馈线圈13与磁场作用，产生与之成正比的反馈力 F_f。该反馈力与测量力 F 平衡时，杠杆便达到平衡状态。因为仪表的输出电流 I_0 和作用于靶上的力 F 成正比，而作用于靶上的力 F 和流量 q_v 的平方成正比，因此，输出电流 I_0 和流量 q_v 的平方成正比。输出电流 I_0 的表达式为

$$I_0 = k_0 F + 4 = K q_v^2 + 4 \tag{3.38}$$

式中　k_0——测力部分的转换系数，$k_0 = \frac{I_{max} - I_0}{F_{max}} = \frac{20 - 4}{F_{max}}$；

K——靶式流量变送器的转换系数，$K = \frac{I_{max} - I_0}{(q_{vmax})^2} = \frac{20 - 4}{(q_{vmax})^2}$。

为使输出成为线性刻度，应在靶式流量变送器后接开方器。

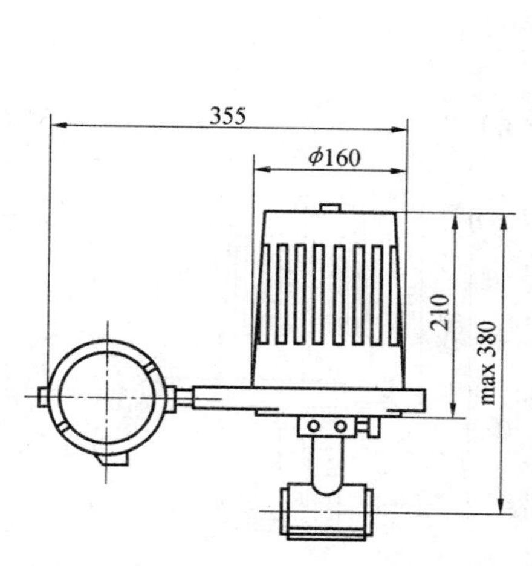

图 3.26　电动靶式流量变送器外观图

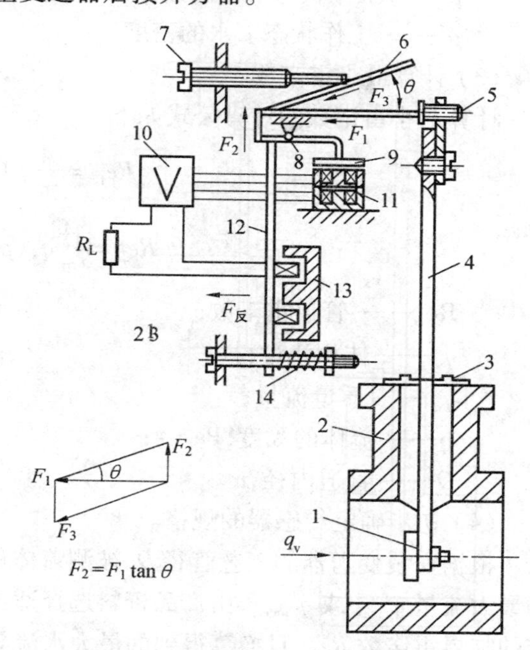

图 3.27　电动靶式流量变送器内部结构图

1— 靶；2— 基座；3— 封轴膜片；4— 主杠杆；5— 调整螺钉；6— 矢量机构；7— 丝杆；8— 支点；9— 检测片；10— 放大器；11—差压变压器；12—副杠杆；13—反馈线圈；14—调零装置

3.4.3　靶式流量变送器的造型

1. 确定变送器的类型

靶式流量变送器分为电动和气动两类。若工作场所要求必须防火防爆，则可选用防爆型电动变送器或气动变送器。

2. 确定变送器的规格

为确定变送器的具体规格，要做好如下几项工作。

(1) 了解被测流体的实际参数。

如名称(q_{max}，q_{ch}，q_{min})、工作状态、物理特性参数、管道内径、允许压损、相对湿度等。

(2) 计算相当于工作状态下的被测流体最大水流量 q'_{max} 或 q'_{max}。

因为靶式流量变送器出厂时的标定是以水介质为基准进行的，换算公式为

$$q'_{max} = q_{vmax}\sqrt{\frac{\rho'}{\rho}} \tag{3.39}$$

$$q'_{mmax} = q_{mmax}\sqrt{\frac{\rho'}{\rho}} \tag{3.40}$$

式中　q_{vmax}，q_{mmax}—— 工作状态下被测流体的体积流量和质量流量的最大值；

q'_{max}，q'_{max}—— 工作状态下水的体积流量和质量流量的最大值；

ρ—— 工作状态下被测流体的密度；

ρ'—— 工作状态下水的密度。

(3) 计算最小雷诺数。

计算最小雷诺数的计算公式如下

$$Re_{\mathrm{D}} = \frac{4}{\pi} q_{\mathrm{v}} (D \cdot \eta) \tag{3.41}$$

$$Re_{\mathrm{D}} = \frac{4}{\pi} q_{\mathrm{m}} (\rho \cdot D \cdot \eta) \tag{3.42}$$

式中 Re_D—— 管道雷诺数；

q_{v}—— 体积流量；

q_{m}—— 质量流量；

η—— 流体的黏度,Pa·s；

D—— 管道内径,m。

(4) 初步确定传感器的规格。

根据安装变送器的工艺管径 D,被测流体最小雷诺数 $Re_{\min}$,被测流体相当于水标定时的最大流量 $q'_{\max}$ 或 q'_{mmax},由产品资料选择适当的规格。计算出的 $Re_{\min}$ 应大于变送器标定的临界雷诺数 Re_{K},且换算得到的最大水流量 $q'_{\max}$ 或 q'_{mmax} 应小于变送器标定的 q_{vmax} 或 q_{mmax} 值。

同一种口径的变送器常有两种不同直径的靶。当选定口径后,尽可能选择直径较小的靶,这样可使压力损失较小。如果与管道同径的变送器不能满足要求,则可选用与管径不同的变送器,直到全部满足要求。在安装与管径不同的变送器时,其前后直管道仍与变送器的口径一致。

3. 验算

变送器的规格选定后,应进行验算。

(1) 验算最大被测流量时靶的受力值。

此力的值不得超过造型设计时所选的靶受力最大值,否则会损坏变送器。国内产品中靶的受力范围为 0 ~ 7.845 N 至 0 ~ 78.45 N 的力连续可调,一般要求所求得的 $F_{\max} = 0.7F'_{\max}$(标定上限值)。

(2) 验算最小雷诺数。

即 $Re_{\min} > Re_{\mathrm{K}}$,保证在测量范围内,变送器的流出系数 C 变化不大,系统稳定,测量准确。

(3) 验算压力损失是否符合要求。

3.4.4 应用

靶式流量计不需引压管路,但有时在某些场合下的耐腐蚀、耐摩擦等问题还需进一步解决。

靶式流量计安装图如图 3.28 所示。注意:靶中心应与管道轴线同心。

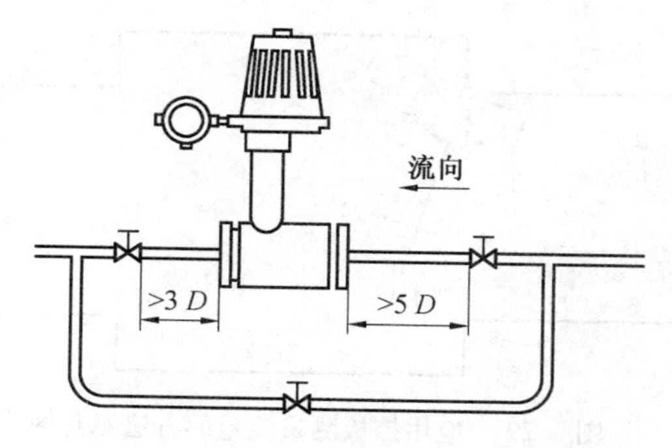

图 3.28　靶式流量变送器安装图

3.5　挡板流量计

由于泥浆在入口处于高压状态,因而充满测量管道,在这种情况下,利用上述靶式流量计和电磁流量计测出管道中流体的流速乘以管道的截面积,即可得到准确的泥浆排量。在出口处,泥浆处于常压下,难以充满被测管道,因而即使使用上述两种流量计也无法测得准确的泥浆排量。但我们已经知道,测量泥浆出口流量主要的目的是为了预测井下是否有井涌或井漏等异常现象存在,而不是作为水力参数来测量。因此,重要的是检测出口流量的相对变化量,而不是它的绝对值。目前,国内外大多采用简单的挡板流量计(又称为桨叶式流量计)来实现这一要求。

3.5.1　挡板流量计的工作原理

如果在管道中放置的阻力体是可以回转的挡板,那么在管道中没有流体时,由于挡板本身的质量或外加的弹簧使挡板垂直向下,将管道封闭。当有流体通过时,由于挡板阻碍流体的流动,因而有动压力作用在挡板上,挡板便要偏转一个角度,并且角度的大小与流速有关。因此,测出挡板的偏转角度便可以求出通过管道的流量。

如图 3.29 所示,设挡板的面积为 A_K,挡板在流体中的质量为 W,流体的密度和流速分别为 ρ 和 v,则与应用靶的情况相类似,可求出流体对挡板作用力的法线方向分力 F_a 为

$$F_a = \frac{K\rho v^2}{2} A_K \cos\theta \tag{3.43}$$

式中　K—— 系数,它与挡板的形线和挡板偏转角度(即挡板开度)有关,因与偏转角度有关,所以 K 并非常数;

θ—— 挡板与径向的夹角。

与挡板本身的重力所形成的反作用力距与流体动力的作用力距相等时,挡板便要停留于某一角度,维持平衡,而不再摆动。此时有如下平衡关系:

$$\frac{K\rho v^2}{2} A_K \cos\theta \frac{L}{2} = W \sin\theta \frac{L}{2} \tag{3.44}$$

式中,$\frac{L}{2}$ 为力臂。由式(3.44)可求得流体的流速为

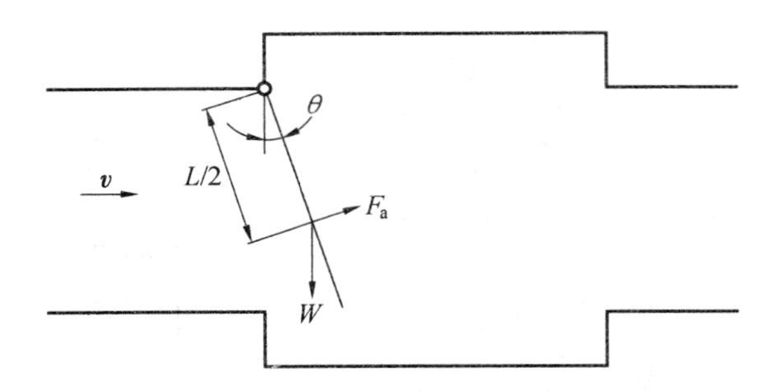

图 3.29　应用挡板测量流量的方法示意图

$$v=\sqrt{\frac{2W}{K\rho A_{K}}\tan\theta}\tag{3.45}$$

如果管道截面积为 A,可得用挡板测量时的体积流量方程式为

$$q_{v}=A\sqrt{\frac{2W}{K\rho A_{K}}\tan\theta}\tag{3.46}$$

式中的 K 要根据实验测得。由于在测量过程中,流体通过挡板时的流通面积是随流量变化的,即同时具有面积式的特点,所以这种测量方法的流量特性非常复杂,因此要单独进行刻度。

3.5.2　挡板流量的应用

图 3.30 是钻井过程中一种常用出口泥浆流量传感器。在具有一定斜度的水平泥浆槽上,开一个方孔,用来固定传感器。传感器上有一个翼状挡板,挡板连在转轴上,用弹簧拉住,使之挡住绝大部分泥浆槽截面。当泥浆流动时,冲力挡板,使其绕轴转动一定的角度,直到泥浆冲力与弹簧拉力相平衡时为止。翼状挡板的角位移,经连杆和齿条,转换成电位器轴的角位移或线位移。电位器输出与泥浆充满度成比例的电压信号。

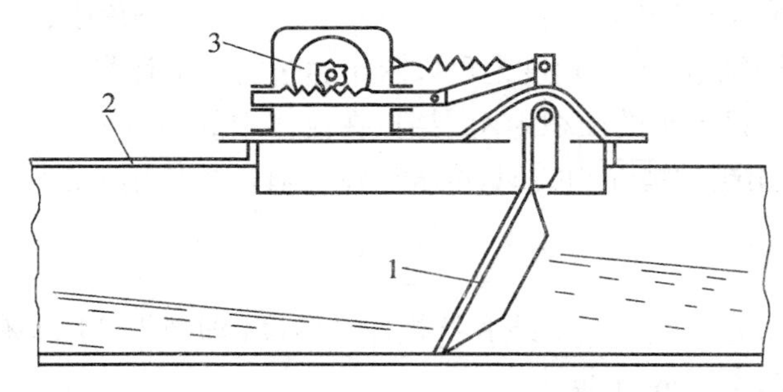

图 3.30　出口泥浆流量传感器

1— 翼状挡板;2— 泥浆槽;3— 电位器

由于泥浆并未充满管道,泥浆流对挡板的作用面积以及泥浆在挡板处的流通面积本身都是泥浆流量的函数,泥浆流对挡板的作用力的合力的大小以及作用点和转轴的距离也都是流量的函数,且都会影响挡板的转角,因而定量推导泥浆流量和挡板角位移之间的关系既复杂也无必要。

3.6 转子流量计

转子流量计又称为浮子流量计或面积流量计。转子流量计在测量过程中,始终保持节流件(浮子)前后的压降不变,而是通过改变流通面积来改变流量的仪表,所以被称为恒压降流量计。

转子流量计按其制造材料的不同,可分为玻璃转子流量计和金属管转子流量计两大类。玻璃转子流量计结构简单,浮子位置清晰可见,刻度直观,成本低廉,一般只用于常温常压下透明介质的流量测量。这种流量计只能就地指示,不能远传流量信号,多用于工业原料的配比计量。金属管转子流量计由于采用金属锥管,流量计工作时无法直接看到浮子的位置,需要用间接的方法给出浮子的位置。因此,按其传输信号的方式不同,金属管转子流量计又可分为远传和就地指示型两种。这种流量计多用于高温高压介质、不透明及腐蚀性介质的流量测量。

3.6.1 玻璃锥管转子流量计

1. 转子流量计的测量原理

玻璃转子流量计主要由一个向上扩张的锥形管和一个置于锥管中可以上下自由移动的转子组成,如图3.31所示。流量计的两端用法兰连接或螺纹连接的方式垂直地安装在测量管路上,使流体自下而上地流过流量计,推动转子。在稳定工况下,转子悬浮的高度 h 与通过流量计的体积流量之间有一定的比例关系。所以,可以根据转子的位置直接读出通过流量计的流量值,或通过远传方式将交流量信号远传给二次仪表显示和记录。

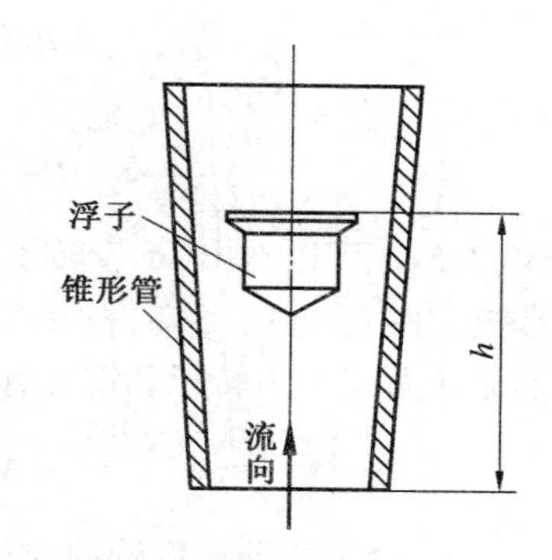

图3.31 转子流量计基本结构

为了转子在锥形管中移动时不致碰到管壁,通常采用如下两种方法:一种方法是在转子上开几条斜的槽沟,流体流经转子时,作用在斜槽上的力使转子绕流束中心旋转以保持转子工作时居中和稳定。另一种方法是在转子中心加一导向杆或使用带棱筋的玻璃锥管起导向作用,使转子只能在锥形管中心线上下运动,保持转子的稳定性。

2. 转子流量计的流量方程

转子流量计垂直地安装在测量管路中,当流体沿流量计的锥管自下而上地通过而使转子稳定地悬浮在某一高度时,如图3.32所示,转子主要受如下三个力的作用而处于平衡状态。

(1)转子迎面受差压阻力 F_1 流体流经转子时,由于节流作用,使转子上下游产生差压 ΔP,该差压的大小和流体在转子与锥形管壁间环形通道中的流速平方成正比,即

$$\Delta P = C\frac{1}{2}\rho u^2$$

所以,迎面差压阻力为

$$F_1 = C\frac{1}{2}\rho u^2 A_f \tag{3.47}$$

(2) 转子受到的浮力 F_2。

$$F_2 = V_f\rho g \tag{3.48}$$

(3) 转子的重力 W。

$$W = V_f\rho_f g \tag{3.49}$$

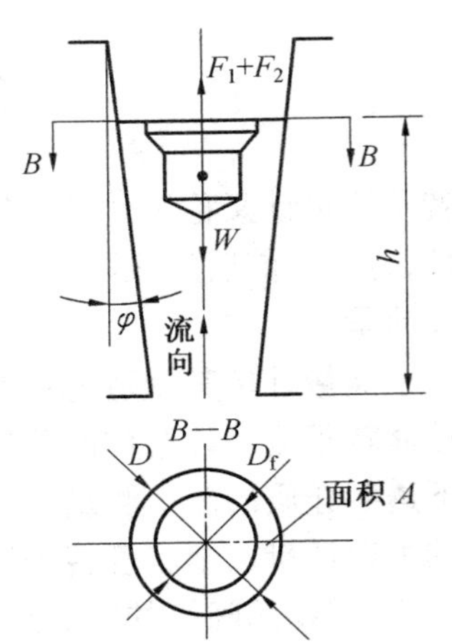

图 3.32　转子流量计测量原理

式中　A_f—— 转子的迎流面积,m^2;

V_f—— 转子的体积,m^3;

ρ_f—— 转子的密度,kg/m^3;

ρ—— 流体介质的密度,kg/m^3;

u—— 流体的速度,m/s;

C—— 阻力系数。

当转子在流体中处于平衡时,有

$$W = F_1 + F_2 \tag{3.50}$$

$$V_f\rho_f g = \frac{1}{2}C\rho u^2 A_f + V_f\rho g$$

$$u = \frac{1}{\sqrt{C}}\sqrt{\frac{2V_f(\rho_f - \rho)g}{A_f\rho}} \tag{3.51}$$

由式(3.51)可以看出,不管转子停留在什么位置,流体流过环形面积的平均流速 u 是一个常数。由 $q_v = Au$ 可知,在 u 为常数情况下,体积流量 q_v 与流通面积 A 成正比。

环形流通面积 A 由转子和锥形管尺寸确定,即

$$A = \frac{\pi}{4}(D^2 - D_f^2) \tag{3.52}$$

式中　D—— 转子所处锥形管的内径,m;

D_f—— 转子的最大直径,m。

设锥管的锥角为 φ,零刻度处锥管的内径为 D_f,在转子高度 h 处,有

$$D = D_f + 2h\tan\varphi \tag{3.53}$$

所以

$$A = \frac{\pi}{4}(D + D_f)(D - D_f) = \frac{\pi}{4}(2D_f + 2h\tan\varphi)(2h\tan\varphi)$$

如果锥管的锥角 φ 很小,使得 $2D_f \gg 2h\tan\varphi$,则可将 $(2h\tan\varphi)^2$ 一项忽略不计。这样,流通面积 A 可以近似地表示为

$$A = \pi D_f h\tan\varphi \tag{3.54}$$

所以,体积流量为

$$q_v = \alpha\pi D_f h\tan\varphi\sqrt{\frac{2gV_f(\rho_f - \rho)}{\rho A_f}} \tag{3.55}$$

式中,$\alpha = \sqrt{1/C}$ 称为流量系统,是通过实验确定的。只要保持流量系数 α 为常数,则流量

q_v 与转子高度 h 之间就会存在对应的近似线性关系。可以将这种对应关系刻度放在流量计的锥管上,根据转子的高度直接读出流量值。

显然,对于不同的流体,由于密度不同,所以 q_v 与 h 之间的对应关系也将不同,原来的流量刻度将不再适用。所以,原则上转子流量计应该用实际流体介质进行标定。通常制造厂用水或空气分别对液体和气体转子流量计进行标定。如果转子流量用来测量非标定介质时,应该对转子流量计的读数进行修正,这就是转子流量计的刻度换算。

3. 转子流量计的转子特性

转子流量计的流量系数 α 与锥形管的锥度、转子的几何形状及被测流体的雷诺数有关。不同形状的转子,它们的流量系数 α 和雷诺数 Re 之间的关系各不相同。但对于锥管及转子形状已经确定的情况下,流量系数 α 只随雷诺数 Re 变化。图 3.33 给出三种形式转子的 α 与 Re 的关系曲线。

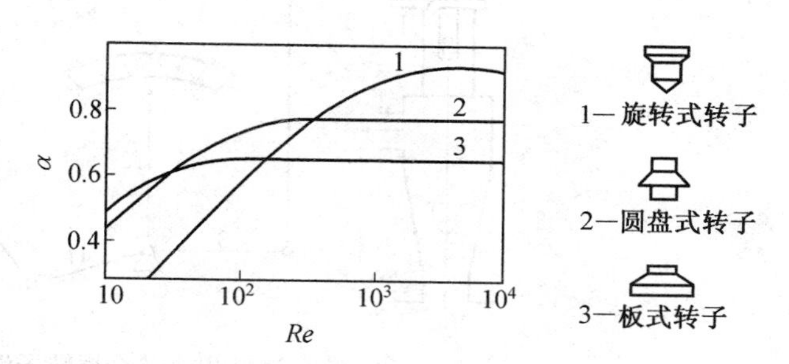

图 3.33　不同形状转子的 α 与 Re 曲线

由图3.33 可以看出,当雷诺数较小时,流量系数 α 随雷诺数 Re 的增大而增大,并且变化显著。当雷诺数大于某值 Re_K 后,α 基本保持不变,Re_K 称为临界雷诺数。这时,转子高度 h 与被测流量 q_v 之间具有确定不变的函数关系。

不同形状的转子的临界雷诺数不同,图 3.33 中三种转子的临界雷诺数分别为:旋转式转子 $Re_K = 6\ 000$;圆盘式转子 $Re_K = 300$;板式转子 $Re_K = 40$。第一种转子多用于玻璃转子流量计,后两种转子多用于金属转子流量计。

注意:对于几何形状相似的转子,它们的 α 与 Re 曲线是相同的。

转子的材料要视被测介质的性质和流量测量范围而定,如铜、铝、塑料、不锈钢等。转子可制成空心的,也可制成实心的。

玻璃转子流量一般用高硼硬质玻璃制造,所以不能用于测量温度、压力较高和不透明介质的流量。金属管转子流量计的锥形管多用不锈钢材料制造,在特殊情况下也可以在内壁衬涂耐腐蚀材料,所以可以用于高温高压场合和具有腐蚀性、不透明的介质。

3.6.2　金属锥管转子流量计

金属锥管转子流量计有指示型和指示远传型两种显示形式。远传型转子流量计(称为流量变送器)利用信号转换器把转子的高度变成信号或气压信号远传,以供远地显示和记录。远传型有气远传、电远传、报警型、带调节(记录)型、带流量积算型等多种形式。下面介绍油田常用的电远传型金属转子流量计。

电远传型金属转子流量计转换部分将转子的位移量转换成电流或电压等模拟量输出。图 3.34 所示为在就地指示的基础上,通过四连杆机构带动差动变压器,将转子的位移信号转换成差动变压器铁芯的位移,再与差动仪配套进行流量显示,或将此信号转换成 4 ~ 20 mA 电流输出,实现流量的指示和控制。也可以将这些信号送给计算机,经处理后显示瞬时流量和累积流量。

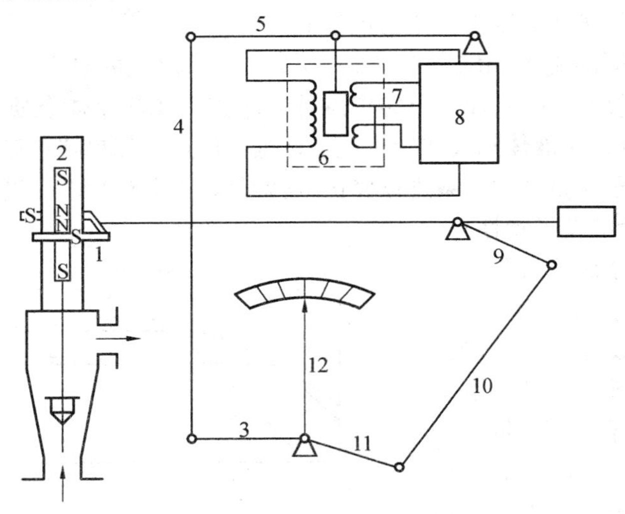

图 3.34　电远传金属转子流量计

1,2— 磁钢;3,4,5— 四连杆机构;6— 铁芯;7— 差动变压器线圈;8— 转换器;9,10,11— 四连杆机构;12— 指针

当被测流体自下而上流过锥管时,转子升起的高度通过磁钢 1、2 耦合传给四连杆机构,经四连杆机构 9、10、11 的调整,指针 12 和连杆 3 具有与流量呈线性的位移,再通过第二套四连杆机构 3、4、5 带动铁芯 6 相对差动变压器线圈 7 产生位移,所产生的差动电势经过转换器 8 转换为标准电流信号输出。

3.6.3　转子流量计的使用

1. 转子流量计的使用特点

转子流量计的有效测量范围大,量程比 $q_{max}:\Delta q_{min}$ 可达 10∶1。尤其适用于小流量的测量。它的测量精度为 2.0 级。使用时流体的压力损失较小,为 50 ~ 500 Pa。转子位移随流量的变化反应较快,流量计对上游直管段要求不严。转子流量计结构简单,读数直观,使用方便可靠,故应用比较广泛。

在使用中,转子流量计应垂直安装,不允许倾斜,被测介质应由下而上流过流量计,流向不能相反。必须提出:转子流量计对转子的玷污比较敏感。转子粘附污垢后,转子质量、环形流通面积的变化会影响流量计的特性,并会影响转子沿锥管轴线的垂直浮动,使转子与管壁产生摩擦,可能产生较大的测量误差。

2. 流量指示值的修正

转子流量计在大多数情况下宜单独地按照实际被测介质进行标定后再使用。转子流量计可以用来测量多种气体、液体和蒸气的流量,但仪表制造厂一般是在标准状态下(293.15 K,101.325 kPa),对于液体用水,对于气体用空气进行标定的。在实际应用时,如果被测介质不是标定介质(水或空气)或者实际工作状态不是标准状态,转子流量计的指示值就不是被测介质的实际流量值。因此,就必须对流量指示值按照被测介质的密度、温度、压力等参数的不同进行修正。

（1）测量液体介质时的示值修正。

对于各种液体介质，工作状态下的密度与标定时水的密度不同，会引起流态和流量系数的变化。在这种情况下，可按式（3.56）对流量示值进行修正。

$$\frac{q_v}{q_{v0}}=\frac{\alpha}{\alpha_0}\sqrt{\frac{(\rho_f-\rho)\rho_0}{(\rho_f-\rho_0)\rho}} \tag{3.56}$$

式中　ρ,q_v,α—— 工作状态下被测液体的体积流量、密度和流量系数；

ρ_0,q_{v0},α_0—— 标准状态下水在标定时的体积流量、密度和流量系数。

如果被测液体在工作状态下的黏度与 20 ℃ 水的黏度相差不大，例如，不大于几十 mPa · S 时，可以认为 $\alpha=\alpha_0$。

（2）流量气体介质时的示值修正。

测量气体时对流量示值的修正也是对被测气体密度的修正。为方便计算，可以转换为对被测气体的工作压力和温度的修正。

由于气体密度 $\rho_0\ll\rho_f$、$\rho\ll\rho_f$，因此式（3.56）中的 $(\rho_f-\rho_0)$ 和 $(\rho_f-\rho)$ 近似相等。如果流量系数的改变可以忽略，则式（3.56）可简化为

$$\frac{q_v}{q_{v0}}=\sqrt{\frac{\rho_0}{\rho}} \tag{3.57}$$

根据气体状态方程，把工作状态下的密度 ρ 用标准密度 ρ_0' 与状态参数表示，并把工作状态下被测气体的流量 q_v 换算为标准状态下流量 q_{vn}，则气体流量示值修正公式变为

$$\frac{q_{vn}}{q_{v0}}=\sqrt{\frac{PT_0\rho_0}{P_0T\rho_0'}} \tag{3.58}$$

式中　q_{vn}—— 已换算为标准状态下的被测气体实际流量；

q_{v0}—— 标准状态下空气的标准流量（指示流量）；

ρ_0—— 标准状态下空气的密度，$\rho_0=1.204\ 6\ \mathrm{kg/nm^3}$；

ρ_0'—— 标准状态下被测气体的密度；

P_0—— 标准状态下的绝对压力，$P_0=101.325\ \mathrm{kPa}$；

T_0—— 标准状态下的绝对温度，$T_0=293.15\ \mathrm{K}$；

P—— 工作状态下的绝对压力；

T—— 工作状态下的绝对温度。

（3）改量程。

如果用不同密度材料制作的相同形状的转子代替原来的转子，可以改变流量的量程。改量程后流体的实际流量值可由原来刻度标尺上的指示值乘上校正系数 K 得到。校正系数 K 为

$$K=\sqrt{\frac{\rho_f'-\rho}{\rho_f-\rho}} \tag{3.59}$$

式中　ρ_f'—— 改量程后所用转子的密度；

ρ_f—— 原来转子的密度；

ρ—— 标定介质的密度。

由式(3.59)可知，如果$\rho_f' > \rho_f$，K值增大，即量程扩大；如果$\rho_f' < \rho_f$，K值减小，量程减小。

例1 一台用空气标定的转子流量计，其满刻度流量为50 nm³/h，现用以测量天然气。天然气在标准状态下的密度为1.331 kg/Nm³，如果流量计工作压力为200 kPa(表压)，当地大气压为100 kPa，工作温度为40 ℃，求测量天然气时满刻度流量是多少？

解 流量计标定状态为：$T_0 = 293.15$ K；$P_0 = 101.325$ kPa。

流量计工作状态为：$T_0 = 313.15$ K；$P_0 = 300$ kPa。

根据修正公式(3.58)，修正系数K为

$$K = \sqrt{\frac{PT_0\rho_0}{P_0T\rho_0'}} = \sqrt{\frac{300 \times 293.15 \times 1.2046}{101.325 \times 313.15 \times 1.331}} \approx 1.5838$$

所以，测天然气时满刻度流量为

$$q_{vn}/(\text{Nm}\cdot\text{h}^{-1}) = Kq_{v0} = 1.5838 \times 50 \approx 79.19$$

3. 转子流量计的安装

(1) 转子流量计必须垂直地安装在无振动的管道上，不应有明显的倾斜。

(2) 为了方便检修、更换流量计和清洗测量管道，除了安装流量计的现场有足够的空间外，在流量计的上下游应安装必要的阀门，如图3.35所示。

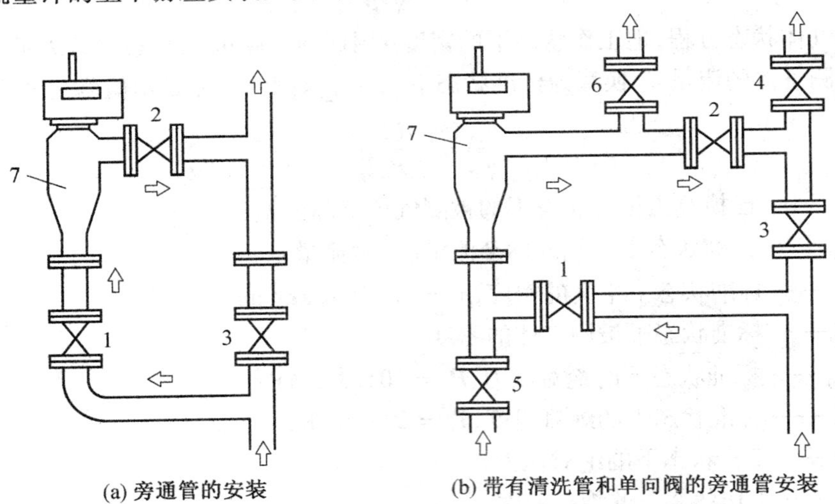

(a) 旁通管的安装　　(b) 带有清洗管和单向阀的旁通管安装

图3.35 转子流量计的管路安装

1～6—阀门；7—流量计

(3) 对于脏污流体，应在流量计的上游入口安装过滤器，带有磁性耦合的金属管转子流量计用于测量含铁磁性杂质流体时，应在流量计前安装磁过滤器。

3.7 电磁流量计

在石油工业中，有些液体介质是具有导电性的，其电导率一般要求在20～50 μΩ/cm以上，因而可以应用电磁感应的方法去测量流量。电磁流量计的特点是能够测量酸、碱、

盐溶液以及含有固体颗粒(如泥浆)或纤维液体的流量。电磁流量计通常由传感器、转换器和显示仪表组成。

电磁流量变送器由传感器和转换器两部分组成。被测流体的流量经传感器变换成感应电势,然后再由转换器将感应电势转换成统一直流标准信号(4 ~ 20 mA)输出,以便进行指示、记录或与计算机配套使用。电磁流量计的准确度等级为1 ~ 2.5级。其特点是测量管道中没有任何阻碍流体运动的部件,既便于清洗,又没有机械惯性,压力损失很小,反应灵敏,流量测量范围大等。流量计的输出电势与体积流量成比例。

把电磁流量计用于钻井泥浆入口流量的测量试验,在国内外都已经获得成功,其关键是要求流量计能承受很高的泥浆压力。1979 年,法国研制成耐压达 10^4 P(70 MPa)的电磁流量传感器,美国在 1978 年的有关资料中也认为把电磁流量计应用于泥浆入口流量测量是有发展前途的。

3.7.1　电磁流量计的工作原理

由电磁感应定律可知,导体在磁场中运动而产生切割磁力线时,在导体中便会有感应电势产生,这就是电磁流量计的工作原理,如图 3.36 所示。导电的流体介质在磁场中作垂直方向流动而产生切割磁力线时,也会在两电极上产生感应电势,感应电势的方向可以由右手定则判断,并存在如下关系

$$E_x = BDu \times 10^{-8} \tag{3.60}$$

式中　E_x—— 感应电势,V;

B—— 磁感应强度,10^{-4}T;

D—— 管道直径,即导体垂直切割磁力线的长度,cm;

v—— 垂直于磁力线方向的液体速度,cm/s。

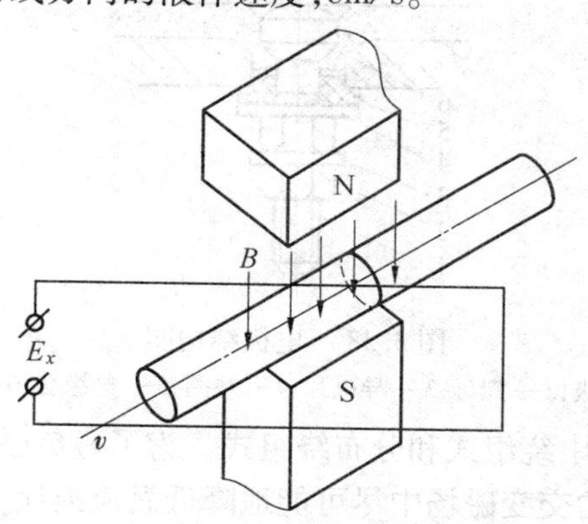

图 3.36　电磁流量计工作原理

体积流量 q_v(cm^3/s)与流速 u 的关系为

$$q_v = \frac{1}{4}\pi D^2 u \tag{3.61}$$

将式(3.61)代入式(3.60),得

$$E_x = 4 \times 10^{-8}\ \frac{B}{\pi D} q_v = k q_v \tag{3.62}$$

式中，$k=4\times10^{-8}\dfrac{B}{\pi D}$，称为仪表常数，在管道直径 D 已确定并维持磁感应强度 B 不变时，k 就是一个常数。这时感应电势与体积流量具有线性关系。因此，在管道两侧各插入一根电极，便可以引出感应电势，由仪表指出流量的大小。

3.7.2 电磁流量计的变送器的结构

电磁流量计的变送器的结构如图 3.37 所示；电极结构如图 3.38 所示。

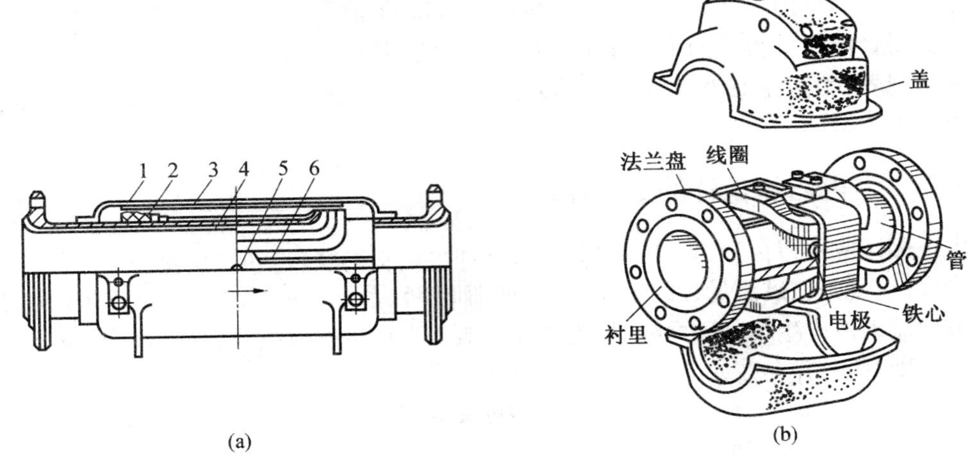

图 3.37 电磁流量计的变送器的结构图

1— 外壳；2— 激磁线圈；3— 磁轭；4— 内衬；5— 电极；6— 绕组支撑件

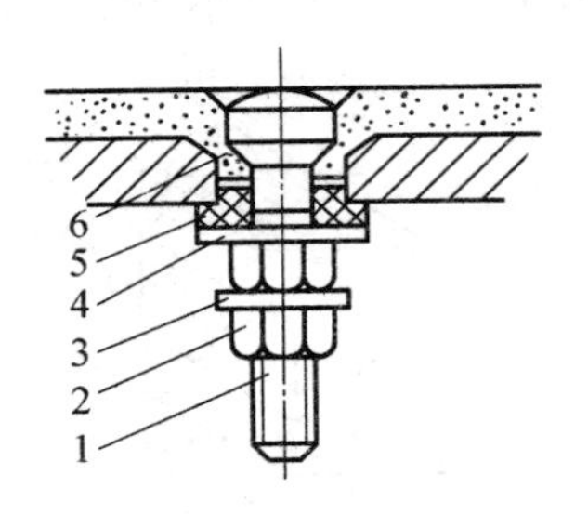

图 3.38 电极结构图

1— 电极；2— 螺母；3— 导电片；4— 垫圈；5— 绝缘套；6— 衬里

变送器的绕组分为集中绕组式和分布绕组式。为了避免磁力线被测量导管的管壁短路，并使测量导管在较强的交变磁场中尽可能地降低涡流损耗，测量导管由非导磁的高阻材料制成，一般为不锈钢、玻璃钢或某些具有高电阻率的铝合金。

用不锈钢等导电材料作导管时，在测量导管内壁与电极之间必须有绝缘衬里，以防止感应电势被短路。为了防止导管壁腐蚀并使内壁光滑，常常在整个测量导管内壁涂上绝缘衬里，衬里材料视工作温度不同而不同，一般常用搪瓷或专门的橡胶、环氧树脂等材料。

电极一般由非导磁的不锈钢材料制成，也有用铂、黄金、不锈钢镀铂、镀黄金制成。要求电极与内衬齐平，以便流体通过时不受阻碍。电极的安装位置宜在管道水平方向，以防止沉淀物堆积在电极上而影响测量精度。

3.7.3　励磁方式

要有一个均匀恒定的磁场，为此要选择一种合适的励磁方式。励磁方式分为三种：直流励磁、交流励磁和低频方波励磁。

1. 直流励磁

用直流电产生磁场或采用永久磁铁，最大的优点是受交流电磁场干扰影响很小，因而可以忽略液体中的自感现象的影响。但是，使用直流磁场易使通过测量管道的电解质液体被极化，即电解质在电场中被电解。直流励磁只用于测量非电解质液体，如液态金属等。

2. 交流励磁

目前，工业上大都采用工频(50 Hz) 电源交流励磁方式，产生交变磁场。其主要优点是消除电极表面的极化干扰。输出信号也是交变的信号，放大和转换低电平的交流信号要比直流信号容易得多。

$$B = B_m \sin \omega t$$

式中，$\omega = 2\pi f$。

$$q_v = \frac{\pi}{4} D \frac{E_x}{B_m \sin \omega t} \tag{3.63}$$

值得注意的是，用交流磁场会带来一系列的电磁干扰问题，如正交干扰、同相干扰等，这些干扰信号与有用的流量信号混杂在一起。因此，如何正确区分流量信号与干扰信号，并如何有效地抑制和排除各种干扰信号，就成为交流励磁电磁流量计研制的重要课题。

3. 低频方波励磁

自20世纪70年代以来，人们开始采用低频方波励磁方式。其频率通常为工频的1/4 ~ 1/10。可见，在半个周期内，磁场是恒稳的直流磁场，它具有直流励磁的特点，受电磁干扰影响很小。从整个时间过程看，方波信号又是一个交变的信号，所以它能克服直流励磁易产生极化的现象，如图3.39所示。

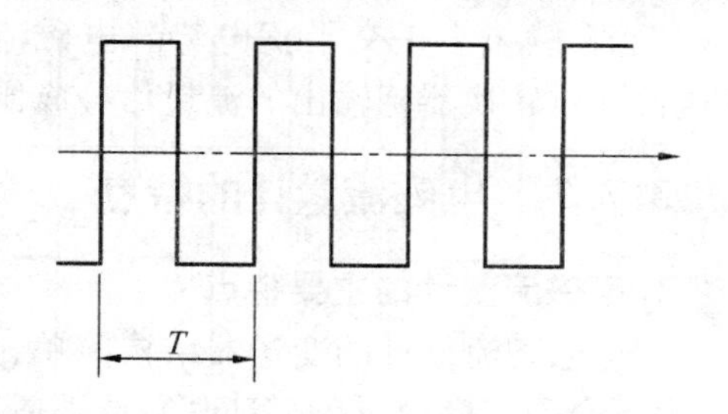

图3.39　低频方波励磁

其特点如下：

① 能避免交流磁场的正交电磁干扰。

② 消除由分布电容引起的工频干扰。

③ 抑制交流磁场在管壁和流体内部引起的电涡流。

④ 排除直流励磁的极化现象。

3.7.4　干扰问题

变送器的磁场可以是直流磁场，也可以是交变磁场。直流磁场可以用永久磁铁来实现,结构比较简单。但是,由于采用直流磁场,在电极上产生的是直流电势,它将引起被测液体的电解,在电极上发生极化现象,破坏原来的测量条件。采用交变磁场可以有效地消除极化现象,但是也出现了新的矛盾。在电磁流量计工作时,管道内充满导电液体,因而交变磁通,不可避免地也要穿过由电极引线、被测液体和转换部分的输入阻抗构成的闭合回路,从而在该回路内产生一个干扰电势。

输出信号的电势与干扰电势的频率相同,而相位上相差90°,所以习惯上称此项干扰为正交干扰。严重时,正交干扰可能与信号电势相当,甚至大于信号电势。所以,必须设法消除此项干扰的影响,否则,必然会引起测量误差,甚至造成电磁流量计根本无法工作。

早在1832年,发现电磁流量计原理的大物理学家法拉第本人就曾经在泰吾士河沃特洛桥头放下两根电极,试图利用电磁场来测量泰吾士河的流量,但实验了三天就宣告失败。这主要是因为当时的科学技术水平无法解决电磁流量计中存在的多种干扰以及其他一些必须解决的问题。

为了消除干扰,通常在检测部分的结构上注意使电极引线所形成的平面保持与磁力线平行,避免磁力线穿过此闭合回路,并设有机械调整装置,以减小干扰电势。此外还设有调零电位器,如图3.40所示。从一根电极上引出两根导线,并分别绕过磁极形成两个回路,当有磁力线穿过此闭合回路时,必然要在两个回路内产生方向相反的感应电势,通过调整调零电位器,使进入仪表的干扰电势互相抵消,以减小正交干扰电势。电磁流量变送器通过转换器把输出的流量信号成比例地转换为统一的标准信号。

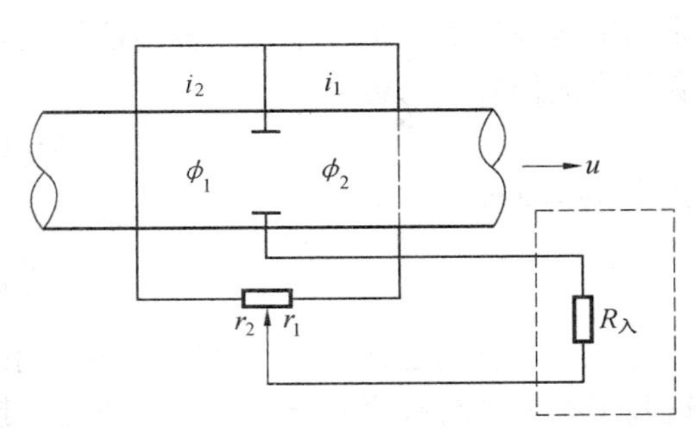

图3.40　正交干扰调零电路

3.7.5　电磁流量计的特点

1. 电磁流量计的主要特点

(1) 电磁流量计的变送器结构简单,没有阻流件和可动部件,因此不会改变流场分布,也不会引起磨损、堵塞等问题,特别适用于测量带有固体颗粒的矿浆、污水等液固两相流体以及各种黏性较大的浆液等。它由耐腐蚀绝缘衬里和耐腐材料制成电极,又可用于对各种腐蚀性介质的测量。

(2) 电磁流量计的输出信号正比于流体的体积流量,只要流体具有一定的导电性,就可以不受被测流体的温度、密度、黏度以及电导率(在一定范围内)的影响。不需标定,就可直接测出其他导电液体的体积流量,也不需另加修正,因而使用方便。

(3) 线性范围宽,同一台电磁流量计的量程比可达1∶100,能在现场设定量程。输出只与被测介质的平均流速成正比,而与轴对称分布下的流动状态(层流或紊流)无关。

(4) 电磁流量计无机械惯性,反应灵敏,可以测量瞬时脉动流量和正、反流量,而且线性好。

(5) 新型电磁流量计的性能有显著提高，兼有精确度较高、零点稳定、抗干扰能力强、工作可靠等优点。

2. 电磁流量计的缺点和局限性

(1) 目前还不能测量电导率很低(如电导率小于 $0.5 \sim 1 \times 10^{-5}$ s/cm) 的液体(如蒸馏水、油品)，也不能测量气体、蒸气以及含有大量的气泡的液体。

(2) 受测量管的结构和衬里材料的限制，目前还不能用于高温高压流体；有些衬里还不适应负压管道。

(3) 受流速分布影响，在轴对称分布的条件下，流量信号与平均流速成正比。因此，流量计前后也必须有一定长度的前后直管段。

(4) 易受外界电磁干扰的影响。不宜在腐蚀性气体的现场使用。

3.7.6　电磁流量计的选用原则与安装

1. 电磁流量计的选用原则

(1) 口径与量程的选择。

口径通常选用与管道系统相同的口径。流速一般为 2 ~ 4 m/s。在特殊情况下可根据 $Q = \pi/4D^2\bar{V}$ 来确定变送器口径。其选择原则：一是仪表满量程大于预计的最大流量值；二是正常流量大于仪表满量程的 50%。

(2) 温度和压力的选择。

国产电磁流量计的工作压力规格：小于 ϕ50 mm 口径，工作压力为 1.6 MPa；ϕ80 ~ ϕ900 mm 口径，工作压力为 1 MPa；大于 ϕ1 000 mm 口径，工作压力为 0.6 MPa。工作温度取决于所用衬里的材料，一般为 5 ~ 70 ℃，特殊可为 − 40 ~ + 130 ℃。

(3) 内衬材料与电极材料的选择。根据介质的物理化学性质来正确选择。

2. 电磁流量计的安装

(1) 变送器的安装位置，要选择在任何时候测量导管内都能充满液体，以防止由于测量导管内没有液体而指针不在零点所引起的错觉。最好垂直安装，以便减少由于液体流过在电极上出现气泡造成误差。

(2) 单独设置接地点。由于信号弱，满量程为2.5 ~ 8 mV。屏蔽接地问题，单独设置接地点，转换部分不再接地。

(3) 安装地远离磁源(如大功率电机、变压器等)，不能有振动。

(4) 变送器与二次仪表必须使用电源中的同一相线，否则由于检测信号和反馈信号相位差 120°，使仪表不能正常工作。

3.8　涡轮流量计

涡轮流量计是流量仪表中比较成熟的高精度仪表。由涡轮流量传感器和流量显示仪表组成，可实现瞬时流量和累积流量的计量。传感器输出与流量成正比的脉冲频率信号，

该信号通过传输线路可以远距离传送给显示仪表,便于进行流量的显示。涡轮流量计适用于轻质成品油、石化产品等液体和空气、天然气等低黏度流体介质,通常用于流体总量的测量。

涡轮流量计利用悬置于流体中带叶片的轮子或叶轮感受流体的平均流速推导出被测流体的瞬时流量和累积流量。转子的旋转运动可用机械、磁感应、光电方式检出,并由读出装置进行显示和记录。

3.8.1 涡轮流量计的工作原理和结构

以动量矩守恒原理为基础,流体冲击叶片,使涡轮旋转,涡轮旋转速度随流量的变化而变化,最后从涡轮的转数求出流量值。

1. 涡轮流量计的工作原理

涡轮流量传感器由仪表壳体、前后导向架组件、叶轮和带信号放大器的磁电感应转换器组成。

当被测流体通过涡轮流量传感器时,流体通过导流器冲击涡轮叶片,由于涡轮叶片与流体流向间有一倾角 θ,流体的冲击力对涡轮产生转动力矩,使涡轮克服摩擦阻力矩和流动阻力矩而转动。实践表明,在一定的流量范围内,对于一定黏度的流体介质,涡轮的旋转角速度与通过涡轮的流量成正比。所以,可以通过测量涡轮的旋转角速度来测量流量。

在某一流量范围和一定流体黏度范围内,涡轮流量计输出的信号脉冲频率 f 与通过涡轮流量计的体积流量 q_v 成正比,即

$$f = Kq_v \tag{3.64}$$

式中 K—— 涡轮流量计的仪表系数,1/L 或 1/m^3。

仪表系数 K 的意义是单位体积流量通过涡轮流量传感器时传感器输出的信号脉冲频率 f(或信号脉冲数 N)。所以,当测得传感器输出的信号脉冲频率或某一时间内的脉冲总数 N 后,分别除以仪表系数 K(单位为 1/L 或 1/m^3),就可得到体积流量 q_v(单位为 L/s 或 m^3/s) 或流体总体积 V(单位为 L 或 m^3),即

$$q_v = \frac{f}{K} \tag{3.65}$$

$$V = \frac{N}{K} \tag{3.66}$$

仪表常数 K 与变送器结构、流体性质和流动状态有关的系数,一般也称为转换系数。

2. 涡轮流量传感器的结构

涡轮流量传感器的结构,如图 3.41 所示。

(1) 仪表壳体。

不导磁不锈钢或硬质合金制造,对于大口径传感器也可用碳钢与不锈钢的镶嵌结构。壳体是传感器的主体部件,它起到承受被测流体的压力、固定安装检测部件、连接管道的作用,壳体内装有导流器、叶轮、轴和轴承,壳体外壁安装有信号检测放大器。

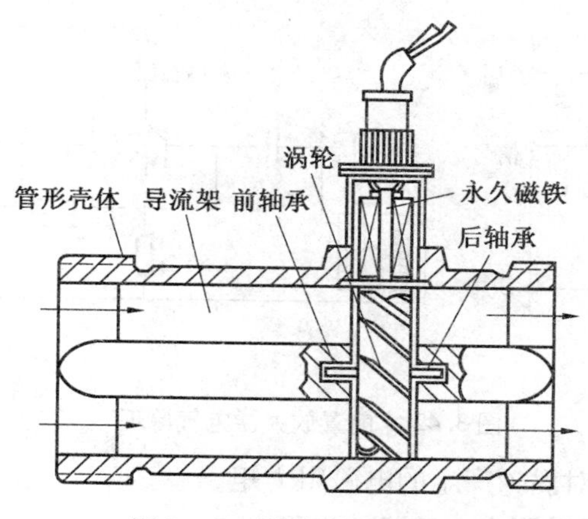

图 3.41　涡轮流量计的结构

(2) 涡轮。

叶轮由高磁导性材料制成,是传感器的检测部件。它的作用是把流体动能转换为机械能。叶轮有直板叶片、螺旋叶片和丁字形叶片等,也可用嵌有许多导磁体的多孔护罩环来增加有一定数量叶片涡轮旋转的频率。叶轮由支架中轴承支承,与壳体同轴,其叶片数视口径大小而定。叶轮的几何形状及尺寸要根据流体性质、流量范围和使用要求等设计,叶轮的动态平衡很重要,直接影响仪表的性能和使用寿命。

(3) 导流器。

导流器由不导磁不锈钢或硬铝材料制成,安装在传感器进出口处,对流体起导向整流以及支承叶轮的作用,避免流体扰动对叶轮的影响。

(4) 轴与轴承。

轴与轴承由不锈钢或硬质合金制作,它们组成一对运动副和支承保证叶轮自由旋转。它需有足够的刚度、强度和硬度、耐磨性和耐腐蚀性等,可以增加传感器的可靠性和使用寿命。

(5) 信号检测放大器。

国内常用的信号检测放大器一般采用变磁阻式,它由永久磁钢、导磁棒、线圈等组成。它的作用是把涡轮的机械转动信号转换成电脉冲信号输出。由于永久磁钢对高导磁材料的叶片有吸引力,因此产生磁阻力矩,对于小口径传感器在小流量时,磁阻力矩在各种阻力矩中为主要项,为此永久磁钢分为大小两种规格,小口径配小规格,以降低磁阻力矩。图 3.42 所示为常用的两种前置放大器电气原理图。

3.8.2　涡轮流量计特性分析

1. 涡轮流量计理论模型的建立

作用在涡轮上的力矩大致可分为:

$\boldsymbol{T}_r$—— 流体通过涡轮时对叶片产生的推动力矩;

$\boldsymbol{T}_{rm}$—— 涡轮轴与轴承之间由于摩擦产生的机械摩擦阻力矩;

$\boldsymbol{T}_{rf}$—— 流体通过涡轮时对涡轮产生的流动阻力矩;

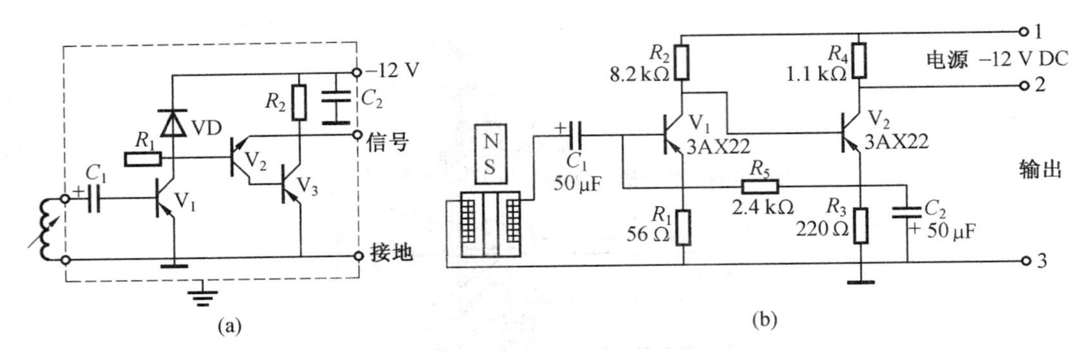

图 3.42　前置放大器电气原理

$\boldsymbol{T}_{re}$—— 电磁转换器对涡轮产生的电磁阻力矩。

根据牛顿运动定律可以写出涡轮运动方程为

$$j\frac{\mathrm{d}\omega}{\mathrm{d}t}=\boldsymbol{T}_{r}-\boldsymbol{T}_{rm}-\boldsymbol{T}_{rt}-\boldsymbol{T}_{re} \tag{3.67}$$

式中　j—— 涡轮的转动惯量,$\mathrm{kg\cdot m^2/s}$;

ω—— 涡轮的旋转角速度,r/s。

在通常情况下,电磁力矩 $\boldsymbol{T}_{re}$ 比较小,故影响基本可以忽略不计,在正常工作条件下,可认为管道内流体流量不随时间变化,即涡轮以恒定角速度 ω 旋转,这样就有

$$\boldsymbol{T}_{re}=\boldsymbol{0},\quad \frac{\mathrm{d}\omega}{\mathrm{d}t}=0 \tag{3.68}$$

将式(3.68)代入式(3.67),可得涡轮在稳定工况下所受的合外力矩应为零,即

$$\boldsymbol{T}_{r}-\boldsymbol{T}_{rm}-\boldsymbol{T}_{rt}=\boldsymbol{0} \tag{3.69}$$

在这三个力矩中,机械摩擦力矩 $\boldsymbol{T}_{rm}$ 对给定的流量可认为是常数;流体阻力矩 $\boldsymbol{T}_{rf}$ 与流动状态有关,可在分析时具体给出关系。

国内外学者提出许多理论流量方程,它们适用于各种传感器结构及流体工作条件。不能用理论式推导仪表系数,仪表系数仍需由实流校验确定。但是理论流量方程有巨大的实用意义,它可用于指导传感器结构参数设计及现场使用条件变化时仪表系数变化规律的预测和估算。

这里给出一个简易方程。流体经过导流器,除去较大的旋涡后,流束基本平行于轴线,冲到叶片上后,再推致力叶轮转动。叶片与轴线夹角 α 对于气体一般为 10° ~ 15°,对于液体为 30° ~ 45°。如果忽略作用在涡轮上的阻力矩,涡轮稳定转动时,涡轮不受流体的推动力矩,流体在叶片间平顺流过。图 3.43 所示,在叶片的平均半径 rc 处,将叶轮展开,v 为入口速度,与轴线平行;v_1 为流过叶轮时与叶片的相对速度;u 为叶片的切向速度。

$$u=\omega rc=v\tan\alpha$$

$$v=\frac{rc\omega}{\tan\alpha}=\frac{rc2\pi n}{\tan\alpha}$$

式中　n—— 涡轮的转速;

ω—— 涡轮转动的角速度。

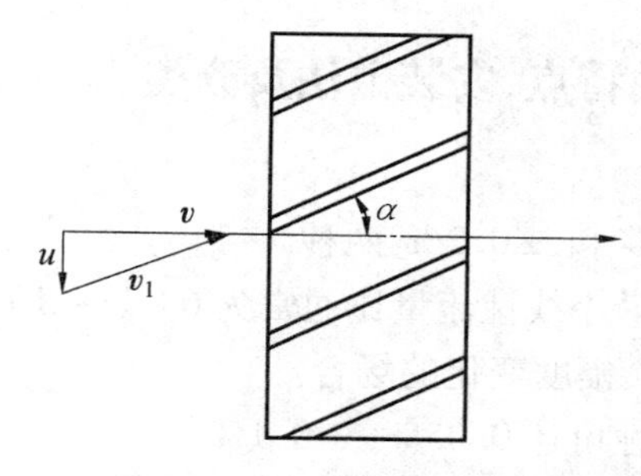

图 3.43　涡轮流量计的测速原理

通过叶轮区有效流通面积为 A，则流量为

$$q_v = vA = \frac{rc2\pi An}{\tan\alpha}$$

如果叶轮上安装叶片数为 Z，则线圈输出的脉冲频率 f 为

$$f = Zn$$

将上式代入流量公式为

$$q_v = \frac{rc2\pi A}{Z\tan\alpha}f = \frac{1}{K}f \tag{3.70}$$

式中　K—— 仪表常数，$K = \dfrac{Z\tan\alpha}{rc2\pi A}$

可见，对于一定结构的涡轮，K 是个常数，这样，流量就和线圈中感应脉冲频率成正比。

2. 涡轮流量计的特性分析

作出涡轮流量计的 $K - q_v$ 特性曲线，如图 3.44 所示。图 3.44 中虚线所示为涡轮流量计的理想特性，若流量具有这种特性，不论流量如何变化，总可以使其累积流量、瞬时流量的误差为零。图 3.44 中的实线为一般涡轮流量计特性曲线的大致趋势，在进入流量计测量范围以后，随流量的变化其仪表系数 K 也会稍有变化，其变化幅度越小，涡轮流量的测量准确度就越高。

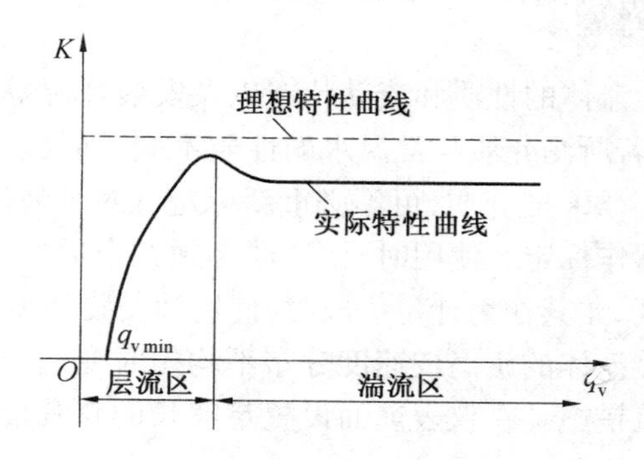

图 3.44　涡轮流量计的特性曲线

3.8.3 涡轮流量计的特点、安装方法及分类

1. 涡轮流量计的特点

(1) 精度高,分为 ±0.5% 和 ±0.2% 两种。

(2) 测量范围宽,最大和最小线性流量比通常为6:1 ~ 10:1,有的大口径流量计甚至可达40:1,故适用于流量大幅度变化的场合。

(3) 重复性好,短期重复性可达0.05% ~ 0.1%。

(4) 压力损失小,在最大流量下其压力损失为0.01 ~ 0.1 MPa,因此在一定条件下,可用于某些液体的自流测量。

(5) 耐高压,由于外形简单且采用磁电感应结构,仪表壳体上无需开孔,容易实现耐高压设计,可用于高压液流的测量。

(6) 数字信号输出。流量传感器的输出是与流量成正比的脉冲频率信号,所以通过传输线路不会降低其精度,容易进行累积显示,便于远距离传送和计算机数据处理,无零点漂移,抗干扰能力强。

(7) 安装维修方便,结构简单。因为无滞流部分,所以内部清洗也较简单。如果发生故障,并不影响管道内液体的输送。

(8) 耐腐蚀,传感器由抗腐蚀性材料制造。

2. 涡轮流量的安装方法

(1) 对被测介质的要求。

① 流体的物性参数对流量特性影响较大,气体流量计易受密度影响,而液体对黏度变化反应敏感,又由于密度和黏度与温度和压力关系密切,而现场温度、压力的波动难以避免,要根据测量要求采取补偿措施,才能保持计量的精度。

② 仪表受来流流速分布和旋转流等影响较大,传感器上、下游所需直管段较长,如安装空间有限制,可加装流动调整器以缩短直管段的长度。

③ 对被测介质清洁度要求较高,限制了其使用领域,虽可安装过滤器等以消除脏污介质,但也带来压力损失增大和维护量增加等副作用。

(2) 安装要求。

涡轮流量变送器对于流体的性质和流动状态以及安装情况等是较敏感的,仪表出厂时是用常温的水标定的,若所测介质与常温水的性质不同,则仪表常数应加修正,或作实液标定。但对黏度小于5 cStk 的介质,可不必重新标定。对于液体黏度大于15 cStk 时,应在工作条件下对变送器作标定。使用时,变送器必须在合适的黏度、压力、温度和流量范围内工作才能保证精度,尤其作为计量手段时,使用和安装必须符合有关规定。

通过涡轮流量变送器液体的旋涡或速度分布不均匀时变送器的特性影响很大,所以流量计必须有可靠的整流措施。在仪表前面设置足够长的直管段或整流器,都可达到此目的。

如果只采用直管段的办法进行整流,建议直管段长度按下式计算:

$$L = 0.35\frac{K_n}{\lambda} \tag{3.71}$$

式中　L—— 直管段的长度；

λ—— 管道的摩擦系数，处于紊流状态时，取 $\lambda = 0.0175$；

K_n—— 旋涡的速度比，可根据变送器前面管路情况按图 3.45 所示给出的数据确定。

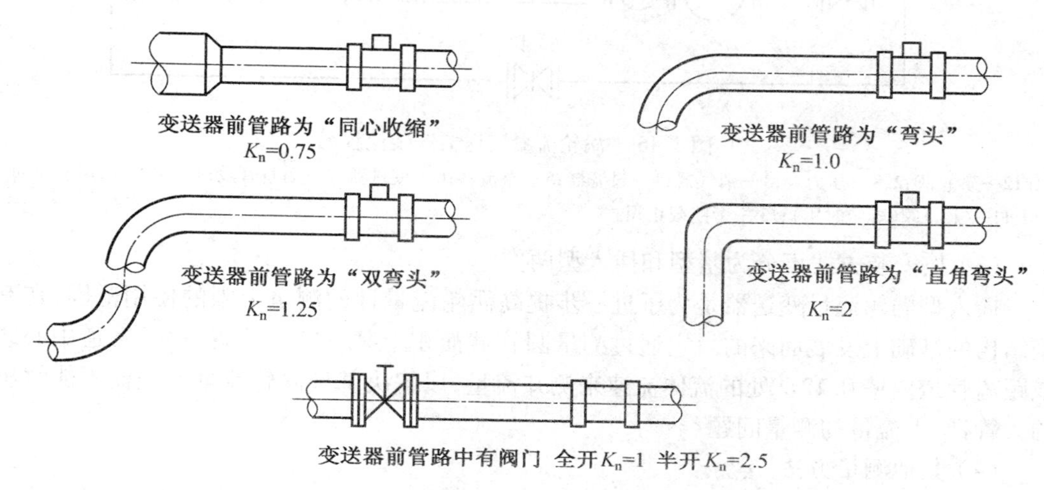

图 3.45　旋涡速度比 K_n 的确定

如果采用整流器可以代替上游直管段，则长度较短、效果好。整流器的形式可以是一束管子，也可以是一些直片。整流器的设计制造应符合以下要求：

① 管子或直片的前端和后缘光滑；

② 排列均匀、对称，并与管道轴线保持平行；

③ 结构坚固，不至于产生畸变和移动；

④ 内部结构清洁，没有毛刺、焊珠等。

除上游采用整流措施外，变送器下游的直管段长度至少应为 $5D_g$。

为了确保变送器的正常工作，提高变送器的寿命，在变送器前的管路上应装有能除去液体中各种杂质的过滤器。过滤器目数为 20 ~ 60，通径小的目数密，通径大的目数稀。另外，变送器安装的整个管路安排应能防止空气或蒸气进入变送器，在某些场合，还必须安装消气器。图 3.46 是一个可供参考的涡轮流量变送器典型安装流程。

3. 涡轮流量计的分类

涡轮流量变送器有多种分类，通常的分类方法如下：

(1) 按被测流体可分为液体型和气体型两类。

液体涡轮流量变送器的仪表系数是以水或实测液体为介质检定给出的，适用于各种液体流量的测量。气体涡轮流量变送器的仪表系数通常是以空气检定给出的，适用于气体流量的测量。

(2) 按准确度可分为普通型和精密型两类。

准确度误差 $\delta \leqslant \pm 0.2\%$，为精密涡轮流量变送器，它用于高准确度要求的流量测量，并且可作为标准流量计进行流量量值传递。准确度误差 $\pm 0.2\% \leqslant \delta \leqslant 0.5\%$，为普通型涡轮流量变送器，它可用于有一定准确度要求的测量。

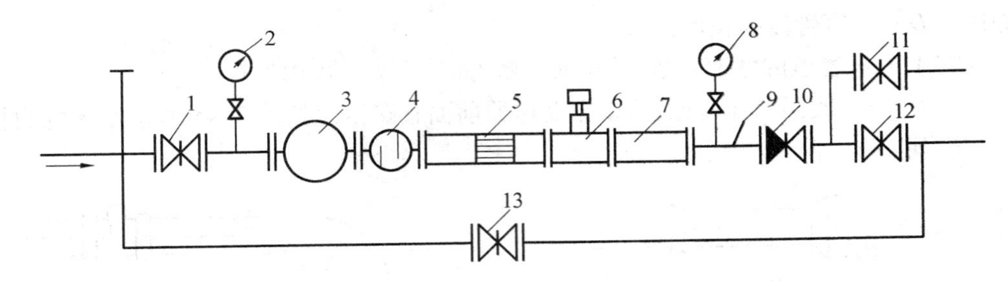

图 3.46　涡轮流量变送器安装流程

1、12—截止阀;2、8—压力表;3—消气器;4—过滤器;5—整流器;6—变送器;7—后直管段;9—温度计;10—单向阀;11—截止阀(标定时用);13—旁路截止阀

(3) 按安装方式可分为基型和插入型两类。

插入型涡轮流量变送器是为了进一步提高涡轮流量计的测量上限的使用范围,在基型结构的基础上发展而来的。它通过测量圆管截面积上某一特定位置——管道中心线或距离管道内壁 0.12D 处的流体流速来测知流量,以解决基型涡轮流量变送器不能解决的大管径、大流量的测量问题。

(4) 其他测量方法。

按流体流向分为单向型和双向型;按信号检出部分分为内磁型和外磁型;按叶片形状分为直片型和螺旋叶片型等。

4. 涡轮流量计的显示仪表

涡轮流量变送器输出的信号是电脉冲数,所以和它配套的显示仪表的任务是将单位时间内接到的脉冲数(即脉冲频率)转换成瞬时流量显示值,将接到的脉冲总数转换成流体累积总量的显示值。由于涡轮流量变送器输出的是脉动电势信号,涡轮流量计的显示仪表实际上是一种测量电频信号的仪表。

显示仪表的种类很多,具体线路和功能都有很多不同之处,但其测量原理大同小异。从线路的构成及其功能考虑,显示仪表通常有放大整形、单位换算、频率－电流转换和瞬时流量指示、积算电路和累积流量显示、自检装置和电源部分组成。

3.9　旋涡流量计

旋涡流量计是利用流体振动原理来进行流量测量的。即在特定流动的条件下,流体一部分动能产生流体振动,且振动频率与流体的流速(或流量)有一定的关系。这种流量计分为由自然振荡的卡曼漩涡分离型原理制成的卡曼涡街流量计和由强制振荡的旋进漩涡原理制成的旋进式旋涡流量计。这种流量计的输出是与流量成正比的脉冲(或频率)信号输出,数字显示,几乎不受流体组成、密度、黏度、压力等因素的影响,气体、蒸气和液体都适用。

3.9.1　涡街流量计

涡街流量计(或称为涡街流量变送器)是20世纪60年代末研制成功并发展起来的一

种自动振荡型流量计。由于这种流量在管道内无可动部件,所以寿命长。

1. 涡街流量计的工作原理

涡街流量计是应用卡门涡街原理制造的,如果将一个称之为流量元件的非流线型物体(如三角柱体、圆柱体等)垂直插入管道流体中,当流速足够大时,在流量元件的下游便会交替的产生旋涡尺寸的增大,便会离开流量元件向下游流去,形成两列旋涡系列——涡街,这一过程称为旋涡的剥离,如图3.47所示。旋涡剥离的频率在一定的流速范围内与介质流速呈线性关系,且这一关系不受流体的密度、黏度、压力、温度影响。

图3.47　涡街流量计的工作原理图

2. 旋涡产生的频率与流体流速之间的关系

旋涡剥离的频率为

$$f = St \cdot \frac{v}{d} = St \frac{Q}{\frac{\pi}{4}D^2 d} \tag{3.72}$$

式中　f——旋涡剥离的频率;

v——流体的流速;

d——旋涡发生体(或称流量元件)的特征宽度;

D——管道的内径;

St——斯特劳哈系数。

当雷诺数 $Re > 1\,000$ 时,St 可认为是一个常数,当管道尺寸与流量元件确定之后,旋涡剥离的频率只与流体的流速(或体积流量)成正比。通过测量旋涡分离频率 f,即可测出管内平均流速 v,从而测得管道流量。

3. 旋涡发生体

旋涡发生体有单柱型和双柱型两种,双柱型属于增强型旋涡发生体。旋涡发生体的形状有三角形、楔形、凸形等多棱柱体,能够形成强烈而稳定的涡列。

4. 旋涡发生频率的检测方法

(1)热敏式。

仪表电路提供一个恒定的电流将热敏电阻加热,使之本身温度高于被测介质的温度,当三角柱两侧交替产生旋涡时,旋涡产生一个低压区,因此通孔中会产生流体提供的往复流动,对热敏电阻进行冷却,使热敏电阻的阻值发生变化,热敏电阻上便产生电压脉冲,以实现检测。

(2)磁敏式。

将三角柱两侧的压力通过两个互相隔离的腔体传递到一个可以沿轴向振动的振片两侧,在振片两侧安装一个磁检测器,由于旋涡的产生,三角柱两侧的差压推动振片往复运动,振片是导磁材料,振片的运动扰动了磁检测器的磁场,便在磁检测器中产生电脉冲,即检测了旋涡频率。

(3) 压电式。

压电式的检测方法与磁敏式相似,不同之处在于在振片的位置上安装了一个压电片,旋涡造成的压差直接作用于压电片的两侧,由压电效应产生电脉冲实现检测。

5. 涡街流量计的结构

按照安装方式,涡街流量计可分成以下三种:

(1) 无法兰式涡街流量计(图 3.48)。

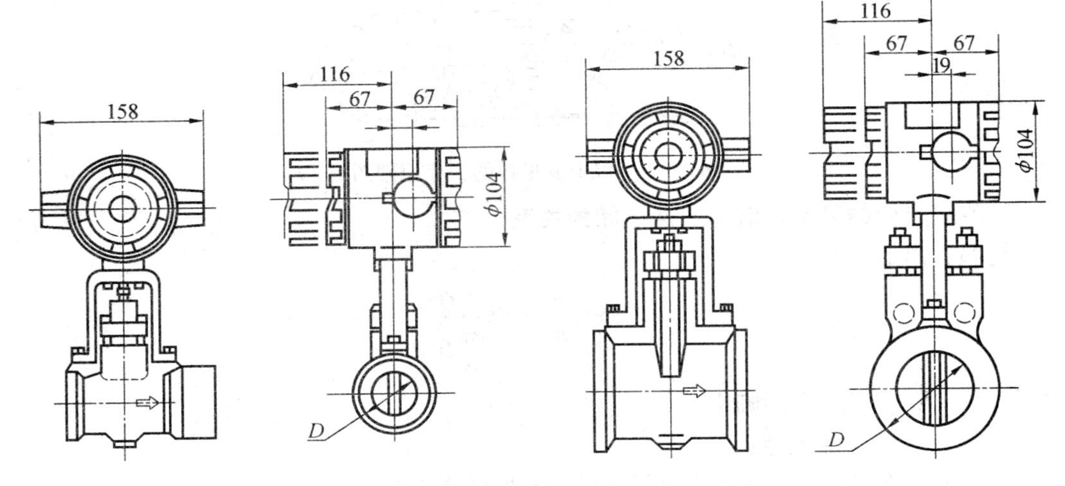

图 3.48　无法兰(夹装)式涡街流量计

无法兰式涡街流量计是一个厚壁的不锈钢圆环,内装三角形柱,圆环的端面上加工成许多同心圆沟槽用的密封。检测器安装在三角形柱内,一根金属筒将圆环和仪表信号处理器连接在一起,圆环式涡街流量计用于直径为 25 ~ 200 mm 的管路测量中。

(2) 法兰式涡街流量计(图 3.49)。

法兰式涡街流量计是两端带法兰的短管,三角柱体安装在管中,检测器安装在三角柱中,法兰式更适用于较大口径。

(3) 插入式涡街流量计(图 3.50)。

插入式涡街流量计是一个细长杆结构,一端是检测体,安装时插入管路中,检测体由护套、流量元件、检测器组成,长杆的另一端是仪表信号处理器。插入式涡街流量计适用于直径大于 250 mm 的管道测量。

6. 涡街流量计的应用

(1) 特点。

① 涡街流量计精度高,可达0.5% ~ 1%,检测范围宽,可达100:1,阻力小,输出频率信号与流量成正比,抗干扰能力强。

② 不受流体压力、温度、密度、黏度及成分变化的影响,更换检测元件时不需重新标定。

③ 管道口径为 25 ~ 2 700 mm,压力损失相当小,尤其对大口径流量的检测更为优越。

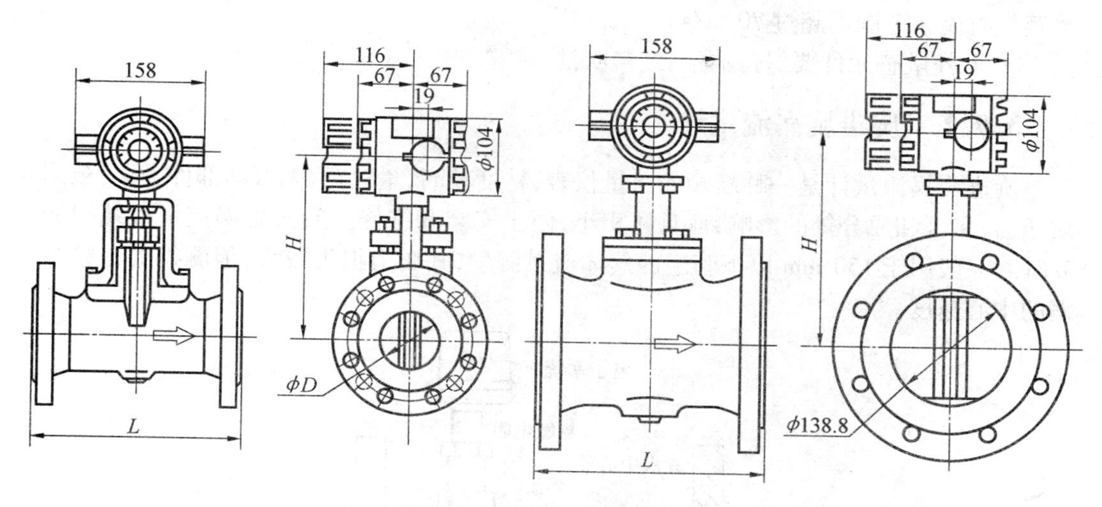

图 3.49　法兰式涡街流量计

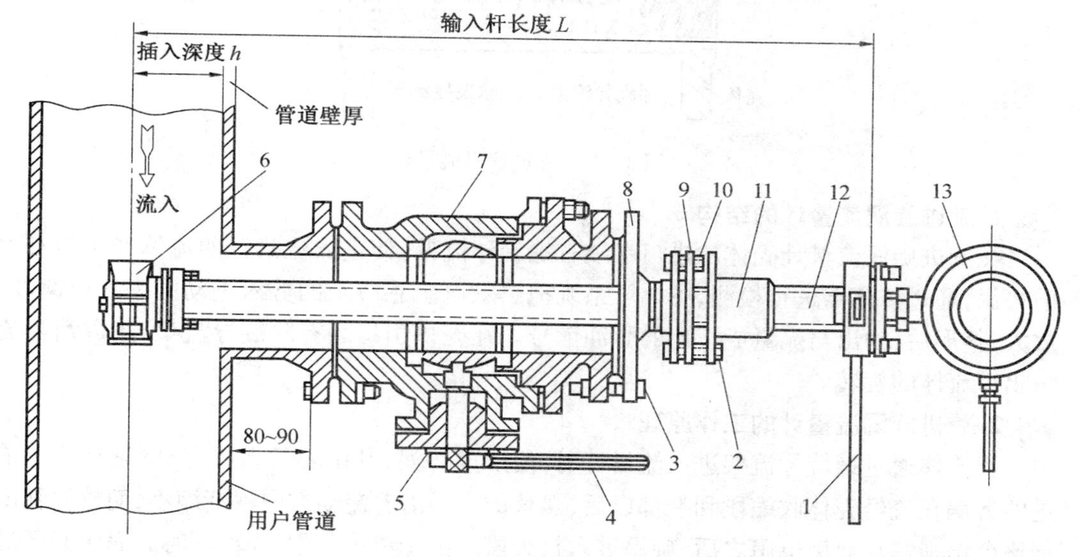

图 3.50　插入式涡街流量计

④ 安装简便,维护量小,故障极小。

(2) 使用要求。

① 涡街流量计属于速度式仪表,所以管道内的速度分布规律变化对测量精度影响较大,因此在涡街检测器前要有15倍的管道内径,后要有5倍的管道内径的直管段长度的要求,且要求内表面光滑。

② 管道雷诺数应在 $2\times10^4 \sim 7\times10^6$ 之间。如果超出这个范围,则斯特劳哈系数便不是常数,从而引起仪表常数的变化,测量精度降低。

③ 流体的流速必须在规定范围内。因为涡街流量计是通过测旋涡的释放频率来测量流量的。测量气体时流速范围为 4 ~ 60 m/s,测量液体时流速范围为 0.38 ~ 7 m/s,测

量蒸气时流速范围不超过 70 m/s。

④ 此外敏感元件要保持清洁,经常吹洗。

3.9.2　旋进旋涡流量计

旋进旋涡流量计是一种新颖的流量仪表,精度较高,量程宽,无可动部件,不受被测介质压力、黏度和成分等的影响,而且体积小,便于安装和维修。旋进旋涡流量计结构如图 3.51。一般用于 150 mm 以下管道的气体流量测量,其压力损失较大,但测得的是整个旋涡的中心速度。

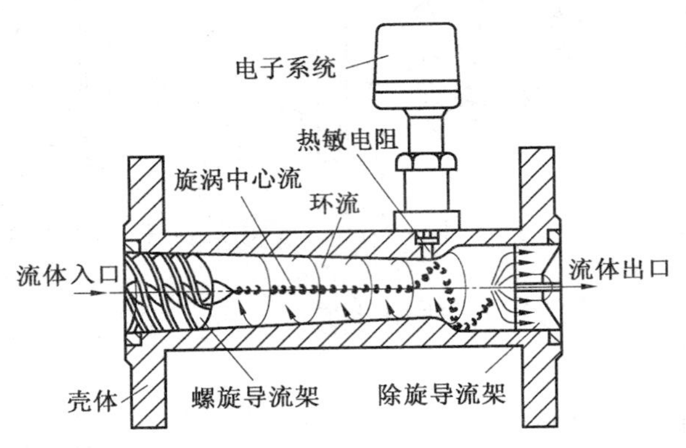

图 3.51　旋进旋涡流量计

1. 旋进旋涡流量计的结构

在旋进旋涡流量计壳体的进口端装有螺旋导流架,使进入流量计的流体产生强有力的势涡,通过传感器进行检测,由电子系统把热敏电阻感应至的势涡进动频率加以滤波、放大、整形后,输出与流量成正比的脉冲信号。在壳体出口装有除旋导流架,用以消除流量出口流体的旋转。

2. 旋进旋涡流量计的工作原理

当流体通过螺旋导流架进入流量计时,便形成势涡,其中心是涡核,外围是环流。前进的势涡在流经壳体收缩段和喉部以后,涡核的直径沿着流动方向逐渐缩小,而旋涡强度却逐渐增强。在热敏电阻之后,旋涡进入扩大段。由于流速急剧下降,同时旋涡中心区的压力比周围的压力低,于是产生回流,由于回流的产生迫使像刚体一样旋转的涡核在扩大段做一种类似于陀螺的受迫稳定进动,涡核的进动是贴近扩大段壁面进行的,而且这一进动的频率与流体的流速成正比,测得涡核的进动频率即反映出旋速的大小。

3.10　科里奥利质量流量计

在工业生产中,由于储存、经济核算等所需要的都是质量,并非体积。在一般情况下,对于液体,可以将已测出的体积流量乘以密度换算成质量流量。对于气体,由于密度是随流体的温度、压力而变化的,因此给质量流量换算带来麻烦。在众多的测量方法中,基于科里奥利力的质量流量检测方法最为成熟,根据此原理制成的科里奥利质量流量计应用已十分广泛。

3.10.1　科里奥利质量流量计的工作原理和结构

1. 科里奥利力质量流量计的工作原理

科里奥利质量流量计是利用流体在振动管中流动时能产生与流体质量流量成正比的科里奥利力的原理制成的一种直接质量流量仪表。

当一个位于旋转系内的质点做朝向或者离开旋转中心的运动时，将产生一个惯性力，如图 3.52 所示。当质量为 δ_m 的质点以速度 u 匀速在一个围绕转轴 P 以角速度 ω 旋转的管道内轴向移动时，这个质点将获得如下两个加速度分量。

(1) 法向加速度 α_r（向心加速度），其值等于 $\omega^2 r$，方向指向 P 轴。

(2) 切向加速度 α_t（科里奥利加速度），其值等于 $2\omega u$，方向与 α_t 垂直，正方向符合右手定则。

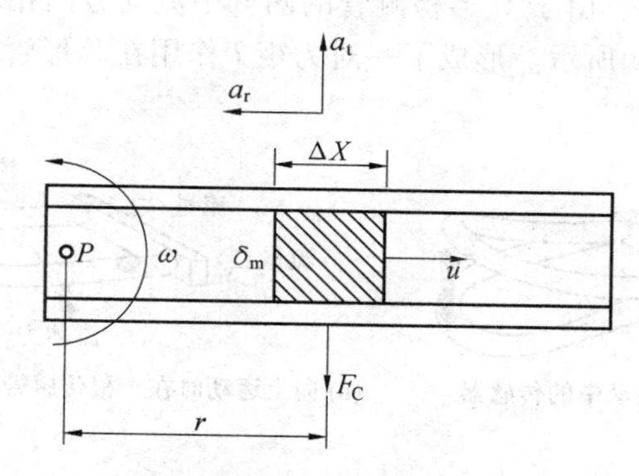

图 3.52　科里奥利力的产生原理

为了使质点具有利里奥利加速度 α_t，需要在 α_t 的方向上加一个大小等于 $2\omega u\delta_m$ 的力，这个力来自管道壁面。反作用于管道壁面上的力就是流体施加于管道上的科里奥利力 F_C。其公式为

$$F_C = 2\omega u\delta_m \tag{3.73}$$

从图 3.52 可以看出，当密度为 ρ 的流体以恒定速度 u 沿图 3.52 所示旋转管流动时，任一段长度为 ΔX 的管道都将受到一个大小为 ΔF_C 的切向科里奥利力，即

$$\Delta F_C = 2\omega u\rho A\Delta X \tag{3.74}$$

式中　A—— 管道内的截面积。

由于质量流量 $q_m = \rho uA$，因此

$$\Delta F_C = 2\omega q_m\Delta X \tag{3.75}$$

基于式(3.75)，只要能直接或间接地测量出在旋转管道中流动的流体作用在管道上的科里奥利力，就可以得到流体通过管道的质量流量。

2. 科里奥利质量流量计的结构

双 U 形是振动管式是科里奥利质量流量计中最早应用的一种结构，如图 3.53 所示。两根 U 形管在驱动作用下绕主管道以一定频率振动，被测流体流进主管道后进入 U 形管，流动方向与振动方向垂直。

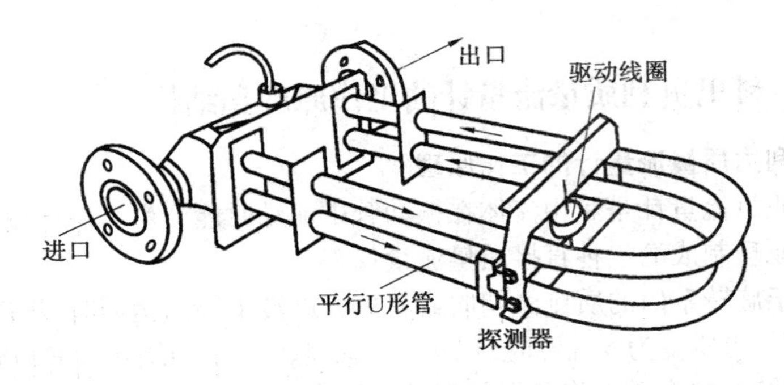

图 3.53 双 U 形管科里奥利质量流量传感器结构

由以上分析可以看出，当流速为零时，U 形检测管只有上、下振动而不受科里奥利力的作用，如图 3.54(a) 所示。当有流体通过 U 形管时，U 形检测管在上、下振动过程中将受到科里奥利力的作用。由于 U 形检测管的两臂中流动方向相反，受到的科里奥利力方向也相反，如图 3.54(b) 所示。形成了一对力矩 T 作用在 U 形管上，使 U 形管产生扭曲变形，如 3.54(c) 所示。

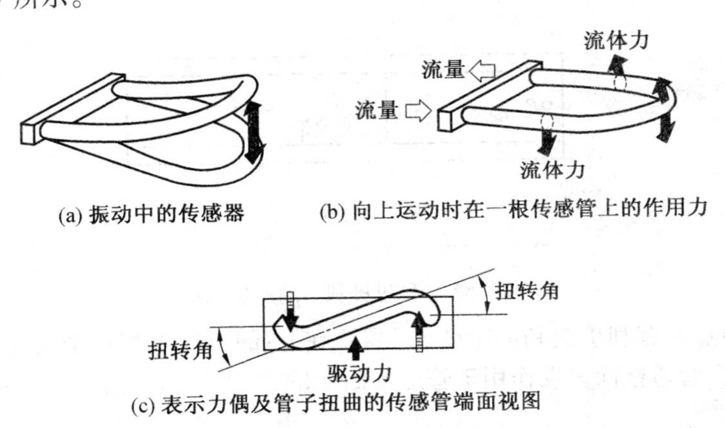

图 3.54 U 形检测管工作原理

设 U 形管的弯曲半径为 R，总长度为 L，则由式(3.75) 可知，U 形检测管所受到的力矩为

$$T = 4R\omega q_m L \tag{3.76}$$

在该力矩的作用下，U 形管产生扭转角为 θ。由于角 θ 很小，故有

$$T = K_S\theta \tag{3.77}$$

式中 K_S——U 形管的扭转弹性模量，在微小变形中，K_S 为一常数。

由式(3.76) 和(3.77) 得

$$q_m = \frac{K_S\theta}{4R\omega L} \tag{3.78}$$

即质量流量与检测管扭转角 θ 成正比。在 U 形管两侧的振动中心设置传感器 A 和传感器 B，则传感器 A 和 B 检测到的信号将存在一相位差 $\Delta\varphi$，在时间域内存在一时间差 Δt，显然，这时间差 Δt 与扭转角 θ 成正比。因为检测管在振动中心位置时垂直方向的线速度为

L_{ω}，所以时间差 $\Delta t=\dfrac{2R\theta}{L_{\omega}}$，结合式(3.78)可得

$$q_{m}=\frac{K_{S}L_{\omega}\Delta t}{8R^{2}L_{\omega}}=\frac{K_{S}}{8R^{2}}\Delta t \tag{3.79}$$

由式(3.79)可以看出，只要测出两个传感器A和B的信号时间差 Δt（即相位差 $\Delta\varphi$），如图3.55所示，就可以测得质量流量 q_{m}。

科里奥利质量流量计的特性曲线如图3.56所示。

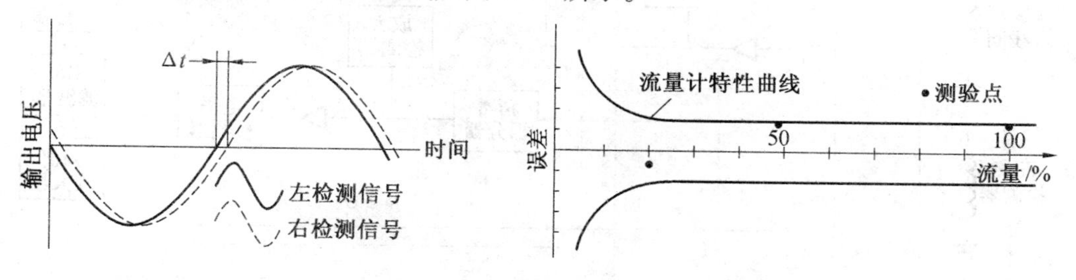

图3.55　位移检测器输出信号的波形

图3.56　科里奥利质量流量计的特性曲线

3.10.2　双U形管质量流量计的测量信号处理

图3.57所示为一种双U形管质量流量计的信号处理框图。

由左、右侧电磁式检测器测得两列电压正弦信号。其中，左侧信号检测器的电压信号，一路经驱动放大器、驱动线圈构成一个正反馈回路，维持测量管振动系统的自激振荡。在信号处理电路中，还可以设置安全栅，使输出到驱动线圈上的电流，被限制在一定范围内，从而达到本质安全的目的。另一路经精密积分器、放大器和电平检测器进行放大、滤波、整形、倒相和移相。而右侧检测器的正弦电压信号，经精密积分器、放大器和电平检测器，进行放大、滤波及整形。这两列经过处理的信号，又一起送到相位差分电路和时间积分器。当相位差为零时，无输出信号。当有相位差时，有脉冲输出，脉冲宽度与相位差成正比。在时间积分器、采样和复位器电路中，对脉冲进行精确积分、采样，并能保持积分值。再经过 *R/C* 滤波平滑积分值后，经幅值放大器得到与相位差成正比的直流电压信号，即与质量流量呈线性关系。再将该直流电压与直流零电平参考电位一起送入 *U/F* 转换器，转换成频率量，该频率量经光电隔离耦合器，分别送至 *F/I* 转换器，输出标准电流信号，或经过频率换算器输出频率信号。

3.10.3　科里奥利质量流量计的安装使用

为了使科里奥利质量流量计能正常、安全和高性能地工作，正确地安装和使用很重要。在机械安装方面应注意的问题：

(1) 流量传感器应安装在一个坚固的基础上。内径小于10 mm的质量流量计可以安装在平稳、坚硬和无振动的底面上，如墙面、地面或专门的基础。如果在高振动环境中使用，应注意基础的振动吸收，而且传感器进口与管道之间应用柔性管道连接；较大口径的流量计直接安装在工艺管道上，应用管卡和支撑物将流量计牢牢地固定。

(2) 为了防止流量计之间的相互影响，在多台流量计串联或并联使用时，各流量传感

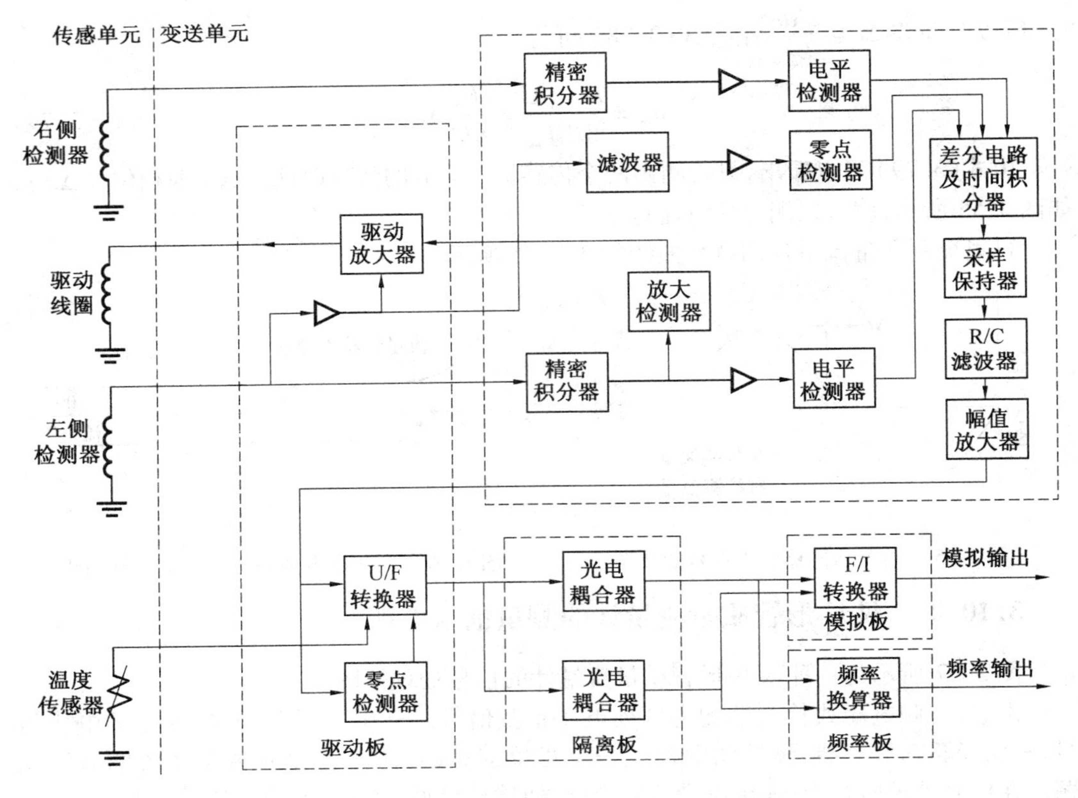

图 3.57　双 U 形管质量流量计信号处理框图

器之间的距离应足够远，管卡和支撑物应分别设置在各自独立的基础上。

(3) 为保证使用时流量传感器内不会存积气体或液体残渣，对于弯管型流量计，测量液体时，弯管应朝下；测量气体时，弯管应朝上；测量浆液或排放液时，应将传感器安装在垂直管道上，流向为自下而上。

(4) 连接传感器和工艺管道时，一定要做到无应力安装，特别对某些直管型测量管的流量传感器更应注意。

第 4 章

液位检测

液位测量有两个目的:一个是通过液位测量来确定容器里的原料、半成品或成品的数量,以保证能连续供应生产中各环节所需的物料进行经济核算;另一个是通过液位测量了解液位是否在规定的范围内,以便使生产正常进行,以保证产品的质量、产量和安全生产。

液位测量受到被测介质的物理性质、化学性质和具体工作条件的影响,虽然测量液位的方法很多,但与其他参数(如温度、压力、流量)的测量相比,仍然是比较薄弱的环节。因此,需要在用好现有液位测量仪表的基础上,不断改进和研究新的测量方法,以适应钻井、采油生产过程对液位测量不断提出的新要求。

4.1　浮力式液位测量

浮力式液位计是利用把物体放入液体中时,液体对它有一个向上的浮力作用,浮力的大小等于物体排开的那部分液体的质量。

它可分为两种:一种是维持浮力不变,浮标永远漂浮在液面上,浮标位置随液面的变化而变化,测出浮标位置便可测得液面位置的高低;另一种的浮力是变化的,浮子浸没在液体里,由于浮子被浸没的程度不同,所受的浮力也不同,因此测出浮子所受浮力的大小,便可测得液位的高低。

4.1.1　恒浮力式液位计

1. 浮球式液位计

对于温度较高、黏度较大液体的液位测量,一般用浮球式液位计,如图 4.1 所示。

浮球 1 是由金属(一般为不锈钢)制成的空心球。它通过连杆 2 与转动轴 3 相连,转动轴 3 的另一端与容器外侧的杠杆 5 相连,并在杠杆 5 上加平衡重物 4,组成以转动轴 3 为支点的杠杆力矩平衡系统。一般要求浮球的一半浸没于液体之中时,系统满足力矩平衡。可调整平衡重物的位置或质量实现上述要求。当液位升高时,浮球被浸没的体积增加,所受的浮力增加,破坏了原有的力矩平衡状态,平衡重物使得杠杆 5 做顺时针方向转动,浮球位置抬高,直到浮球的一半浸没在液体中时,重新恢复杠杆的力矩平衡为止,浮球停留在新的平衡位置上。平衡关系式为

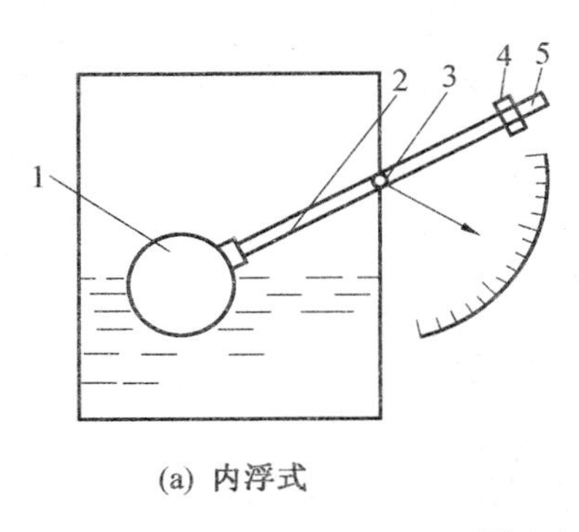

(a) 内浮式

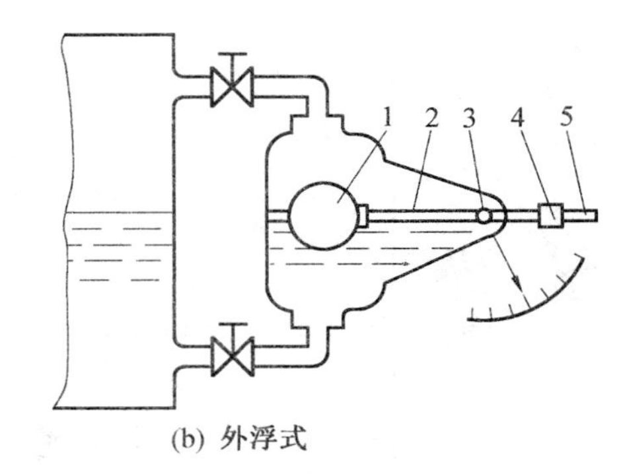

(b) 外浮式

图 4.1 浮球式液位计

1—浮球;2—连杆;3—转动轴;4—平衡重物;5—杠杆

$$(W - F)l_1 = Gl_2 \tag{4.1}$$

式中 W—— 浮球的重力;

F—— 浮球所受的浮力;

G—— 平衡重物的重力;

l_1—— 转动轴到浮球的垂直距离;

l_2—— 转动轴到重物中心的垂直距离。

如果在转动轴的外侧安装一个指针,便可以由输出的角位移知道液位的高低。也可采用其他转换方法将此位移转换成标准信号进行远传。

浮球式液位计常用于温度、黏度较高而压力不太高的密闭容器的液位测量。它可以直接将浮球安装在容器内部(内浮式),如图 4.1(a) 所示;对于直径较小的容器,也可以在容器外侧另做一个浮球室(外浮式) 与容器相通,如图 4.1(b) 所示。外浮式液位计便于维修,但不适于黏稠或易结晶、易凝固的液体。内浮式的特点则与此相反。浮球式液位计采用轴、轴套、密封填料等材料,既要保持密封又要将浮球的位移灵敏地传送出来,因而它的耐压受到结构的限制而不会很高。它的测量范围受到其运行角的限制(最大为 35°)而不能太大,故仅适合于窄范围液位的测量。

2. 浮子钢带式液位计

将浮子(浮标) 用绳索连接并悬挂有平衡重物,使浮子所受的重力和浮力之差与平衡重物的拉力相平衡。保持浮标可以随时停留在任一液面上。

当液面上升时,浮标所受的浮力增加,破坏了原有的平衡。浮标沿轨道上移,直到达到新的力平衡,浮标停止上移。通过绳索和滑轮带动指针,便可提示出液位数值。

浮子钢带式液位计可以通过光电元件、码盘及机械齿轮等进行计数,并将信号远传。

浮子钢带液位计的工作原理如图 4.2 所示。

浮子吊在钢带的一端,钢带对浮子施以拉力(约为 3.5 N),钢带可以自由伸缩,当浮子在测量范围内变化时,钢带对浮子的拉力基本不变。为了防止浮子受被测液体流动影响而偏离垂直位置,使测量精度受到影响,可增加一个导向机构。导向机构由悬挂的两根钢丝组成,靠下端的重锤进行定位,浮子沿导向钢丝随液位变化上下移动。如果罐内液体表面流速不大,则可以省略导向系统。

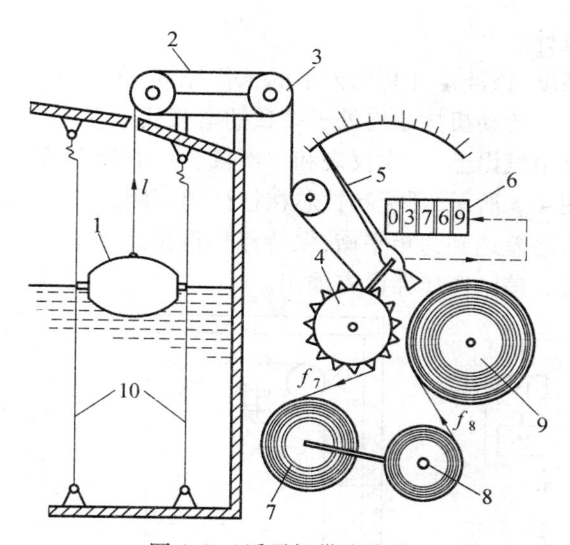

图 4.2　浮子钢带液位计

1— 浮子;2— 钢带;3— 滑轮;4— 钉轮;5— 指针;6— 计数器;
7— 收带轮;8— 轴;9— 恒力弹簧轮;10— 导向钢丝

浮子 1 经过钢带 2 和滑轮 3 将浮力的变化传到钉轮 4 上,钉轮周边的钉状齿与钢带上的孔啮合,将钢带的直线运动变为转动,由指针 5 和计数器 6 指示出液位。在钉轮轴上再安装转角传感器或变送器,就可以实现液位信号的远传。

为了保证钢带张紧,绕过钉轮后的钢带由收带轮 7 收紧,其收紧力由恒力弹簧提供。恒力弹簧的外形与钟表发条相似,但特性不同。钟表发条在自由状态下是松弛的,卷紧之后其回送力矩与变形成正比,符合虎克定律。恒力弹簧在自由状态是卷紧在恒力弹簧轮 9 上的,受力反绕在轴 8 上以后其恢复力 f_8 始终保持常数,从头至尾相同,因而称为恒力弹簧。

由图4.2可见,由于恒力弹簧具有一定厚度,虽然 f_8 恒定,但它对轴 8 形成的力矩并非常数,液位低时力矩大。同样,由于钢带厚度使液位低时收带轮 7 的直径小,于是在 f_8 恒定的情况下,钢带上的拉力 f_7 就和液位有关了。液位低时 f_7 大,恰好与图 4.2 中 l 段钢带的重力抵消,使浮子所受的提升力几乎不变,从而减少误差。

当浮子浸没在液体中某一高度时,液体对浮子产生的浮力为 F,若浮子本身的重力为 W,恒力弹簧对浮子的拉力为 T,整个系统平衡时应满足

$$T = W - F \tag{4.2}$$

如果液位升高,则在瞬间会使浮力 F 增加,恒力弹簧会通过钢带将浮子向上拉升,钢带上的小孔和钉轮上的钉状齿啮合,从而钢带的线位移变为钉轮的角位移。当拉力 T 恒定,钉轮的周长、钉状齿间距及钢带的孔间距均制造得很精确时,可以得到较高的测量精度。但这种传动方式密封比较困难,不适用于压容器,因此通常多用于常压储罐的液位测量。

它的测量范围一般为 0 ~ 20 m,测量精度可以达到 ±0.03%。若采用远传信号方式,不仅可以提供远传标准信号,还可在现场提供液位的液晶数字显示。

3. 自动跟踪液位计

为了提高测量精度，该液位计利用天平的工作原理，称量浮标质量，可以保证浮标与液位位置的相对固定。传动机构始终处于一致的紧张状态。

自动跟踪液位计由发讯器、一次仪表和二次仪表三部分组成。

其工作原理如图 4.3 所示，浮标和铁芯在杠杆同一侧，铁芯下安装一弹簧。弹簧力与浮标所受重力和浮力之差达到力矩平衡，保持浮标停留在液面上。此时铁芯居于差动变压器线圈的中间位置。差动变压器没有输出。

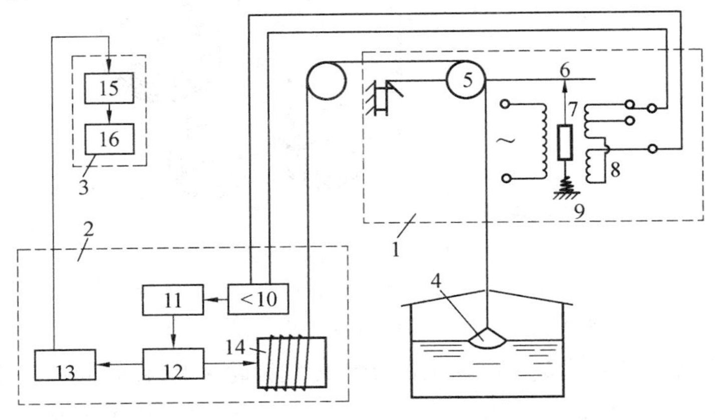

图 4.3　自动跟踪式液位计

1— 发讯器；2— 一次仪表；3— 二次仪表；4— 浮子；5— 导线轮；6— 杠杆；7— 铁芯；8— 线圈；9— 弹簧；10— 放大器；11— 可逆电机；12— 变速机构；13— 自整角发送机；14— 排线轮；15— 自整角接收机；16— 数字显示

当液位上升时，浮标所受的浮力增大，浮标对杠杆的位力减小，因而杠杆带动铁芯向上移动，使铁芯偏离线圈的中间位置。差动变压器便输出一个电压信号，经晶体管放大器放大后，驱动可逆电机转动，带动浮标向上移动。直到恢复原来的力矩平衡关系，使铁芯仍处于线圈的中间位置。差动变压器输出电压为零时，电机停止转动，浮标仍停留在液面上，反之亦然，从而实现了浮标对液面的自动跟踪。

在可逆电机带动浮子对液面跟踪的同时，它还带动数字轮和自整角机转动。

数字轮可以就地指示出液位数值，自整角机将液位信号转换成电信号送至二次仪表显示出来。该液位计有效地克服了机械摩擦的影响，而差动变压器又非常灵敏，每当铁芯有微小的位移时，便有信号输出。液位稍有变化便可带动电机转动，因而精度很高。

4.1.2　变浮力式液位计

当物体被液体浸没的体积不同时，物体所受浮力的大小也不同。因而通过物体所受浮力的变化，便可测定液位的变化。

沉筒式液位计就是利用这个原理来测量液位变化的，如图 4.4 所示。

重力 W 的圆柱形金属沉筒，被弹簧悬挂着，沉筒的质量被弹簧力所平衡。当液位浸没沉筒时，沉筒受浮力作用便向上移动到新的平衡位置。沉筒在液体中的质量与弹簧力相平衡，建立起新的平衡关系，即

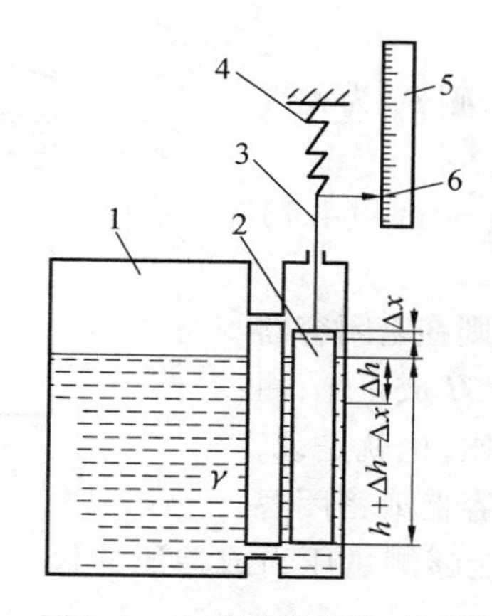

图 4.4　沉筒式液位计原理图

1—容器;2—沉筒;3—连杆;4—弹簧测力计;5—标尺;6—指针

$$CX = W - F = W - Ah\rho g \tag{4.3}$$

式中　W—— 沉筒的重力;

C—— 弹簧的刚度;

X—— 弹簧被压缩的位移;

A—— 沉筒的截面积;

h—— 沉筒被液体浸没的深度;

ρ—— 液体的密度。

当液位变化时,由于沉筒所受的浮力发生变化,沉筒的位置也要发生变化。如液面升高 Δh,则沉筒必然也要向上移动 ΔX,此时的平衡关系为

$$C(X - \Delta X) = W - A(h + \Delta h - \Delta X)\rho g \tag{4.4}$$

用式(4.4) 减式(4.3) 得

$$C\Delta X = A(\Delta h - \Delta X)\rho g$$

$$\Delta h = \left(1 + \frac{C}{A\rho g}\right)\Delta X = K\Delta X \tag{4.5}$$

由式(4.5) 可知,当液位变化时,因浮力变化,沉筒输出一个位移 ΔX,且 ΔX 与液位变化 Δh 成正比关系。

4.2　静压式液位测量

静压式液位的测量方法是通过测得液柱高度产生的静压实现液位测量的。其原理如图 4.5 所示,根据流体静力学原理可知,A,B 两点的压差为

$$\Delta p = p_B - p_A = H\rho g \tag{4.6}$$

式中　p_A—— 密闭容器中 A 点的静压(气相压力);

p_B——B 点的静压;

H—— 液柱高度;

ρ—— 液体密度。

如果图 4.5 中为敞口容器，则 p_A 为大气压，因此式(4.6) 可变为

$$p = p_B - p_A = H\rho g \tag{4.7}$$

式中 p——B 点的压力。

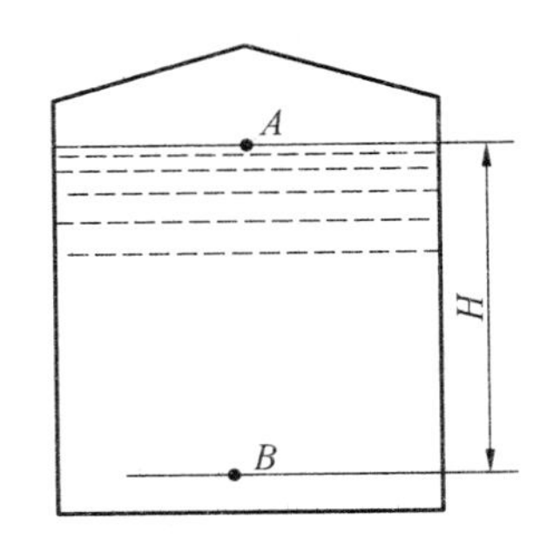

图 4.5 静压法液位测量原理

在测量中，如果 ρ 为常数，则在密闭容器中 A，B 两点的压差与液位高度 H 成正比，而在敞口容器中，则 p 与 H 成正比；也就是说，测出 p 或 Δp 就可以知道敞口容器或密闭容器中的液位高度。因此，凡是能够测量压力或差压的仪表，只要量程合适，皆可测量液位。

同时还可以看出，根据上述原理还可以直接求出容器内储存液体的质量。因为式(4.6)、(4.7) 中 p 或 Δp 代表了单位面积上一段高为 H 的液柱所具有的质量。所以测出 p 或 Δp 也就可以知道敞口容器或密闭容器中单位面积上的液体质量，再乘以容器的截面积，就可以得到容器中全部液体的质量了。这种方法可以大大减小温度、容器内垂直方向上的温度场及密度的变化对测量的影响。

4.2.1 测量敞口容器的液位

利用测压仪表进行测量，如图 4.6 所示，测压仪表通过取压导管与容器底部相连，由测压仪表的指示值便可以知道液位高度。如果需要将信号远传，也可以采用压力、差压变送器进行检测发讯。

必须指出，只有测压仪表的测压基准点与最低液位一致时，式(4.7) 的关系才能成立，如果压力表的测量基准点与最低液位不一致时，必须减去相应高度的一段液柱差。当测量黏稠液体、易结晶液体时，由于引压导管易堵塞，可以采用把测压元件直接装于被测容器上，图 4.7 所示为用法兰式压力变送器测量液位的方法。

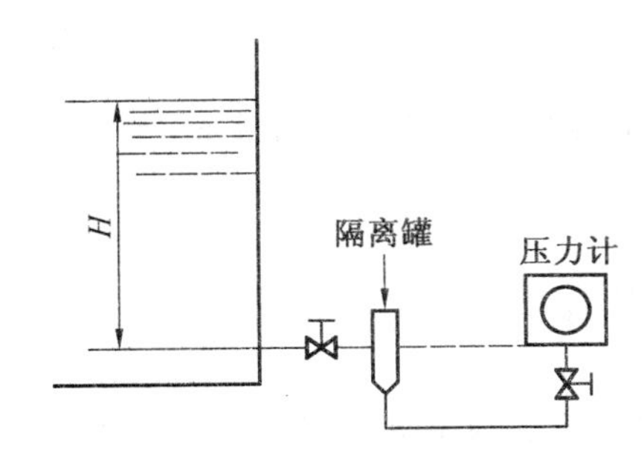

图 4.6 压力表测量液位的原理图

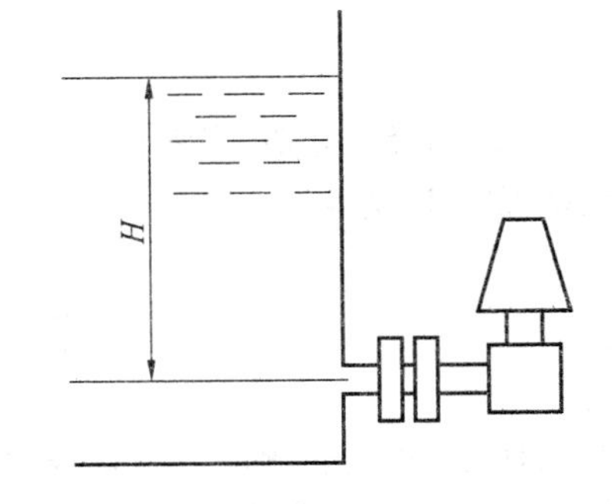

图 4.7 法兰式压力变送器测量液位

4.2.2 测量密闭容器液位

将差压变送器的负压室与容器的气相相连，以平衡容器气相压力 p 的静压作用，如图 4.8 所示。

$$p_+ = p_B = H\rho g + p_0$$

$$p_- = p_A = p_0$$

$$\Delta p = p_B - p_A = H\rho g$$

式中　Δp—— 差压变送器接受的差压信号。

与压力式液位计一样,如果被测液体是有腐蚀性的,同样需加装隔离罐。

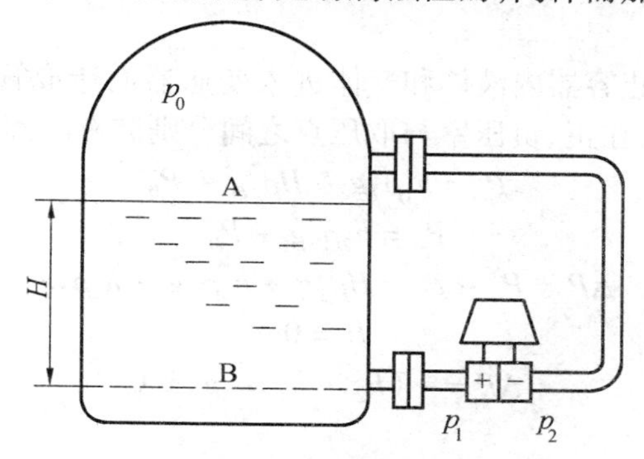

图 4.8　用差压变送器测量密封容器液位

1. 迁移问题

(1) 正迁移。

在实际测量中,变送器的安装位置往往不和最低液位在一个水平面上,如图 4.9 所示。变送器的安装位置比最低液位低 h,这时液位高度 H 与压差 ΔP 之间的关系为:

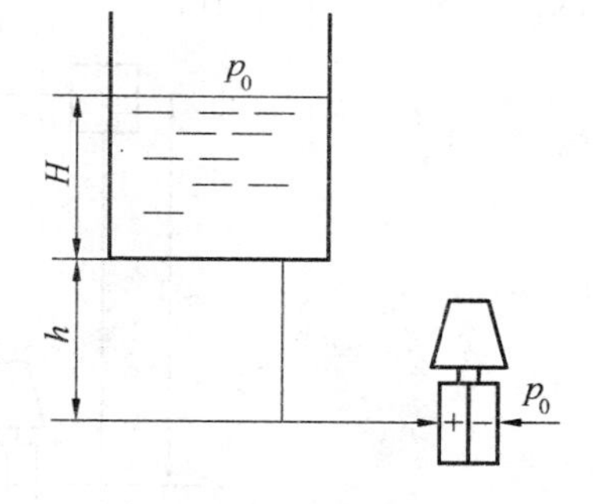

图 4.9　正迁移示意图

正压室压力

$$P_+ = H\rho g + h\rho g + P_0$$

负压室压力

$$P_- = P_0$$

故正、负压室的压差为

$$\Delta P = P_+ - P_- = H\rho g + h\rho g \quad (4.8)$$

式中　h—— 最低液位到变送器的距离;

ρ—— 被测介质的密度;

g—— 当地重力加速度。

对比上面"无迁移"的情况可知,ΔP 中多一项 $h\rho g$(正值)。这样,当液体对应于测量下限($H = 0$)时,$\Delta P = h\rho g$,由于 $h\rho g$ 作用于正压室,变送器输出大于 4 mA,当液为对应于测量上限(即 $H = H_{max}$)时,$\Delta P = H_{max}\rho g + h\rho g$ 变送器输出大于 20 mA。这样就破坏了变送器输出与液位之间的正常对应关系。因此,为了正确使用仪表,气动差压变送器和电动差压变送器在仪表上加一个弹簧装置(电容式差压变送器则是通过电路来实现),调整这个弹簧力,从而迁移掉 $h\rho g$ 的作用。达到 $H = 0$,$\Delta P = h\rho g$ 时,变送器输出为 4 mA,当 $H = H_{max}$,$\Delta P = H_{max}\rho g + h\rho g$ 时,变送器输出为 20 mA,便实现了变送器输出与液位之间的正常对应关系。因为被迁移掉的量 $h\rho g$ 是作用在正压室使输出增加,所以称为正迁移,而被迁

移掉的量 $h\rho g$ 称为正迁移量。

正迁移产生的原因:

① 差压变送器的安装低于液位的零点。当液位为零时,有残存液柱作用于正压室。

② 罐内有预留的液位高度。

③ 仅正压室导压管安装了隔离罐。

(2) 负迁移。

图 4.10 所示,为防止容器内液体和气体进入变送器而造成管线堵塞或腐蚀,并保持负压室的液柱高度恒定,在正、负压室与取压点之间分别装有隔离罐,并充以隔离液。

$$P_+ = h_1\rho_2 g + H\rho_1 g + P_0$$

$$P_- = h_2\rho_2 g + P_0$$

$$\Delta P = P_+ - P_- = H\rho_1 g + h_1\rho_2 g - h_2\rho_2 g$$

令

$$H = 0$$

则

$$\Delta P = -(h_2 - h_1)\rho_2 g < 0$$

故为负迁移。

当液位 $H = 0$ 时,变送器输出小于0,其输出必定小于4 mA;当液位最高时,输出必定小于20 mA。为了使仪表的输出能正确地反映出液位的数值,也就是使液位的零值与满量程能与变送器输出的上、下限值相对应,必须作迁移。其方法是调节仪表上的迁移弹簧,以抵消固定压差的作用。

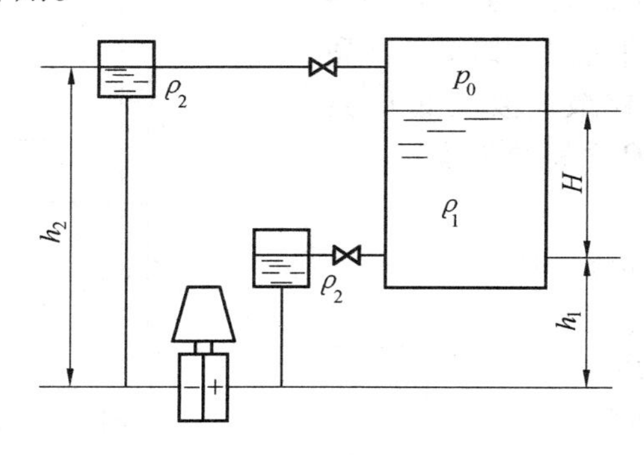

图 4.10 负迁移示意图

负迁移产生的原因:

① 正、负压室导压管同时安装了隔离罐。

② 液体的气相部分易冷凝,负压室导压管安装了冷凝罐。

③ 采用了双法兰差压变送器测液位。

(3) 迁移的实质。

从上述可知,正、负迁移的实质是通过迁移弹簧改变变送器的零点,即同时改变量程的上、下限而量程的大小不变。由图4.11中的坐标可以看出迁移弹簧的作用,直线b、c是直线a的平移,也就是在不改变测量范围的情况下,把仪表的测量范围沿横坐标平移。

从图 4.11 中可以看出,迁移不仅是为了正确使用仪表,同时还可以相对提高仪表的灵敏度。举例如下:

如图4.12所示,若变送器不能安装在最低液位的同一水平线上,而是低于 H_0,在这种情况下，如果不带正迁移装置，仪表量程应选为$(H+H_0)\rho g$，如特性曲线1。如果加上正迁移装置，将与测量无关的$H_0\rho g$迁移掉，则变送器的量程可选为$H\rho g$，如特性曲线2。这里如果$H_0 \ll H$，意义尚不大，但如果$H_0 \gg H$，情况就不同了。对于同一液位变化ΔH来说，特性曲线2可以比曲线1获得更大的输出信号，这就是迁移相对提高测量灵敏度的道理。

通常在差压变送器的规格中注有是否带正、负迁移装置和迁移量。一般用A表示正迁移，B表示负迁移。

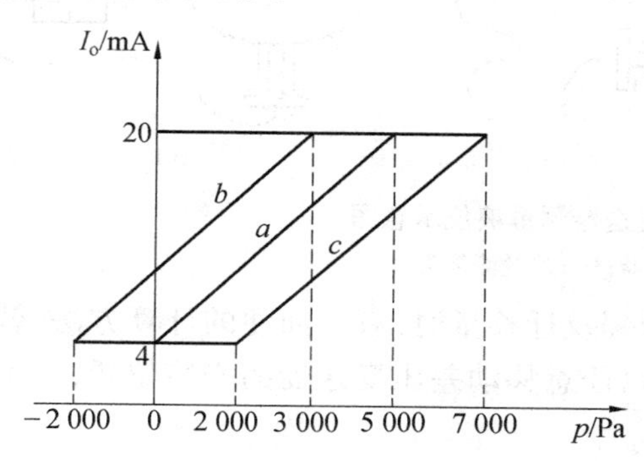

图4.11　正负迁移实质示意图

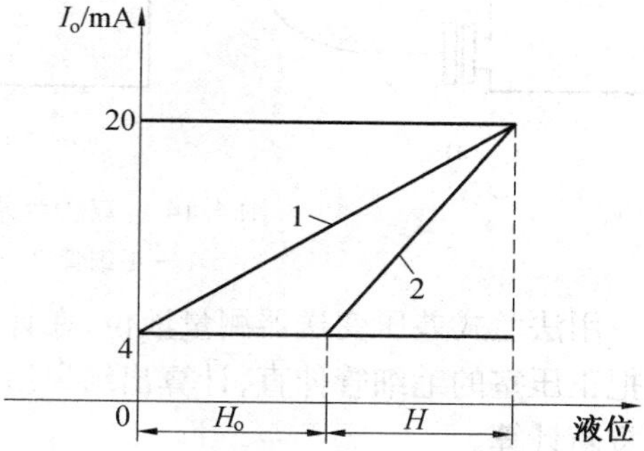

图4.12　正迁移提高灵敏度示意图

2. 用法兰式差压变送器测量液位

当被测介质黏度很大，容易沉淀结晶，在气液相转换温度低或腐蚀性很强的情况下，用普通差压变送器进行测量，就可能引起导压管的堵塞和仪表被腐蚀，此时需要采用法兰式差压变送器。

法兰差压变送器与普通差压变送器的原理是相同的，它们的转换部分完全相同，不同的只是测量部分的结构。法兰式差压变送器按其结构形式可分单法兰和双法兰两种，而法兰的结构形式又有平法兰和插入式法兰之分。

(1) 单法兰式差压变送器。

单法兰差压变送器测量液位，如图4.13所示。一般常用于测量敞口的容器(图4.13(a))。对于测量介质有大量沉淀或结晶析出，致使容器壁上有较厚的结晶或沉淀时，宜采用单插入式法兰差压变送器(图4.13(b))。

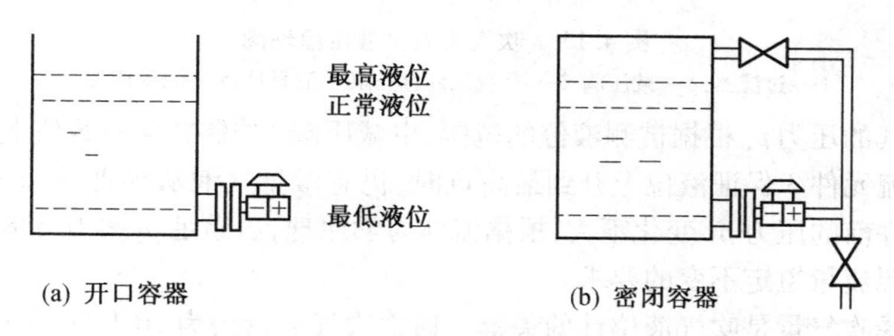

图4.13　单法兰差压变送器测量液位示意图

(2) 双法兰差压变送器。

被测介质腐蚀性较强而负压室又无法选用合适的隔离液时，可用双法兰式差压变送器，如图4.14所示。作为敏感元件的金属膜片，经毛细管与变送器的测量室相通，组成密封测量系统，内充入硅油作为传压介质。为使毛细管经久耐用，其外部均有金属蛇皮保护管。

对于迁移量已调好的双法兰差压变送器，可以将正、负法兰模拟安装于现场相距垂直高度，输入 20 kPa 差压信号对仪表进行调校。

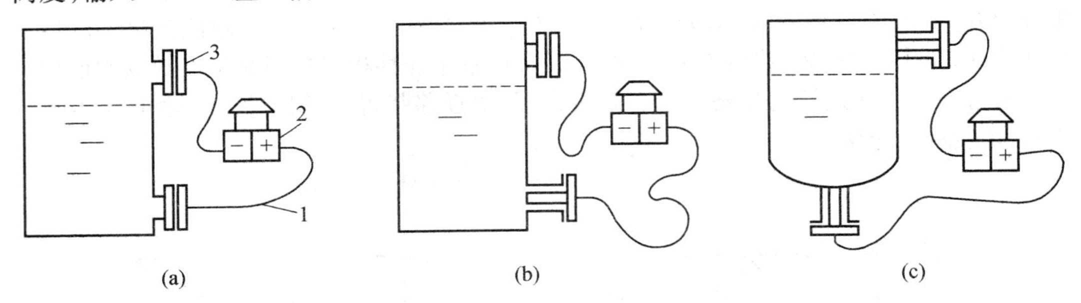

图 4.14 双法兰差压变送器测量液位示意图

1— 毛细管;2— 变送器;3— 法兰测量头

用法兰式差压变送器测量液位，在计算量程及迁移量时，有一简便的计算方法，就是先把正压室的毛细管伸直，计算出结果后，可以任意移动差压变送器的安装位置，而不需要重新计算。

4.2.3 吹气式液位计

对于测量有腐蚀性、高黏度或含有颗粒液体的液位，也可以采用如图 4.15 所示的吹气法进行测量。在敞口容器中插入一根导管，压缩空气经过滤器、减压阀、节流元件、转子流量计，最后由导管下端敞口处逸出。

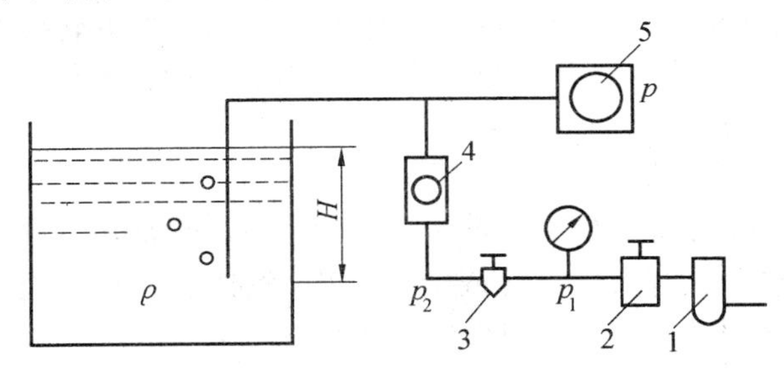

图 4.15 吹气法测量液位原理图

1— 过滤器;2— 减压阀;3— 节流元件;4— 转子流量计;5— 测压仪表

压缩空气的压力 p_1 根据被测液位的范围，由减压阀 2 控制在某一数值上；p_2 的压力是通过调整节流元件 3 保证液位上升到最高点时，仍有微量气泡从导管下端敞口处逸出。由于节流元件前的压力 p_1 变化不大，根据流体力学原理，当满足 $p_2 \leqslant 0.528p_1$ 的条件时，可以达到气源流量恒定不变的要求。

正确选择吹气量是吹气液位计的关键。通常吹气流量约为 20 L/h，吹气流量可由转子流量计进行显示。根据液位计长期运行经验表明，吹气量选大一些为好，这有利于吹气管防堵、防止液体反充、克服微小泄漏所造成的影响及提高灵敏度等。但是随着吹气量的增加，气源耗气量也增加，吹气管的压降值会成比例增加，增大泄漏的可能性。所以吹气量的选择要兼顾各种因素，并非越大越好。

当液位上升或下降时，液封的压力会升高或降低，致使从导管下端逸出的气量也要随之减少或增加。导管内压力几乎与液封静压相等，因此，由压力表5显示的压力值即可反映出液位的高度 H。

4.3　电容式液位计

电容式液位计是一种电磁式液位计，它利用测量元件将液位转换成电容量来进行测量，无可动部件，具有寿命长、工作可靠等优点，可用于高、低压密闭容器液位测量，也广泛应用于大型储罐、气柜等容积的测量。

4.3.1　电容传感器的测量原理

从物理学中知道，任何两个相互绝缘的导电材料做成的平行平板或平行圆柱面，甚至不规则面，在其中间隔以不导电介质，就构成了电容器。

图4.16所示为处于电场中的两个同轴圆形金属导体，如果它的长度为 L，半径分别为 D 和 d，当在两圆筒之间充以介电常数为 ε 的介质，浸没长度为 L 时，则这两个圆筒之间的电容量为

$$C=\frac{2\pi\varepsilon L}{\ln\frac{D}{d}} \tag{4.9}$$

式中　$\varepsilon=\varepsilon_0\times\varepsilon_r=8.84\times10-12$

ε_0—— 真空的介电系数，实际运用时取它作为干空气；

ε_r—— 介质的相对介电系数。

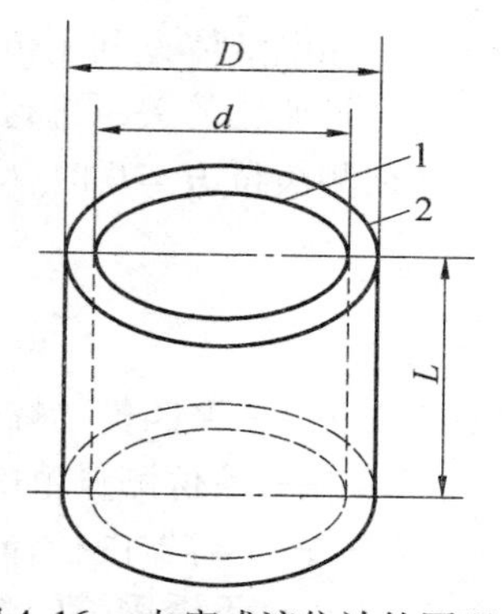

图4.16　电容式液位计的原理

常用介质相对介电常数表见表4.1。

表4.1　常用介质相对介电常数表

物质名称	相对介电常数 ε_r	物质名称	相对介电常数 ε_r
水	30	玻璃	3.7
丙三醇	47	硫黄	3.4
甲醇	37	沥青	2.7
乙二醇	35 ~ 40	苯	2.3
乙醇	20 ~ 25	松节油	3.2
白云石	8	聚四氟乙烯塑料	1.8 ~ 2.2
盐	6	液氮	2
醋酸纤维素	3.7 ~ 7.5	纸	2
瓷器	5 ~ 7	液态二氧化碳	1.59
米及谷类	3 ~ 5	液态空气	1.5
纤维素	3.9	空气及其他气体	1 ~ 1.2
砂糖	3	真空	1
砂	3 ~ 5	云母	6 ~ 8

1. 测量非导电介质液位的电容传感器(图 4.17)

$$C_0=\frac{2\pi\varepsilon_0 L}{\ln\frac{D}{d}} \tag{4.10}$$

当液位上升为 H 时,电容量变为

$$C=\frac{2\pi\varepsilon H}{\ln\frac{D}{d}}+\frac{2\pi\varepsilon_0(L-H)}{\ln\frac{D}{d}} \tag{4.11}$$

电容量的变化量为

$$C_x=C-C_0=\frac{2\pi(\varepsilon-\varepsilon_0)H}{\ln\frac{D}{d}}=K_1 H \tag{4.12}$$

2. 测量导电介质液位的电容传感器

对于导电液体是利用传感器两电极的覆盖面积随被测液体液位变化而变化的,从而引起电容量变化的关系进行液位测量。导电介质的测量,如图 4.18 所示。

当被测液位 $H=0$ 时,C_0 为

$$C_0=\frac{2\pi\varepsilon_0' L}{\ln\frac{D}{d}} \tag{4.13}$$

式中 ε_0'—— 聚四氟乙烯套管和容器内气体的等效介电常数,F/m;

L—— 液位测量范围(可变电容器两电极的最大覆盖长度),m;

D_0—— 容器内径,m;

d—— 不锈钢棒的直径,m。

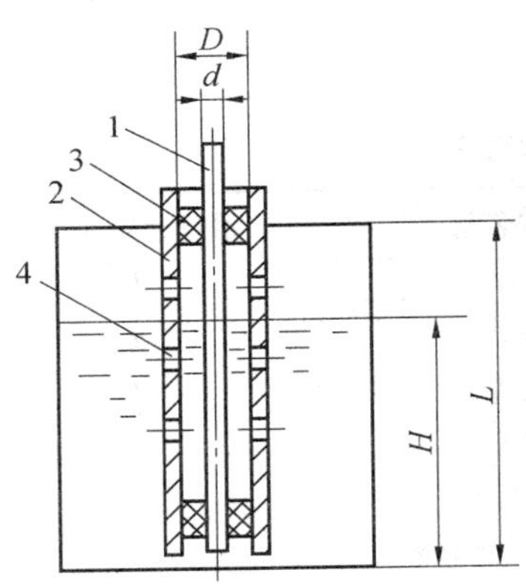

图 4.17　非导电介质的测量

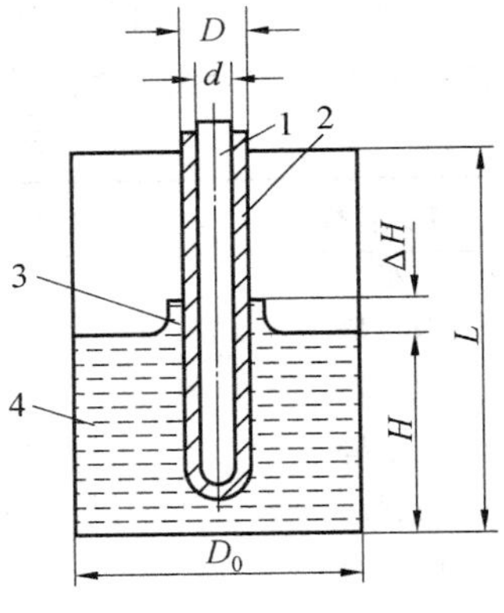

图 4.18　导电介质的测量

当液位高度为 H 时,传感器电容量 C_H 为

$$C_H=\frac{2\pi\varepsilon H}{\ln\frac{D}{d}}+\frac{2\pi\varepsilon_0'(L-H)}{\ln\frac{D_0}{d}} \tag{4.14}$$

式中 ε—— 聚四氟乙烯的介电常数,F/m;

D—— 聚四氟乙烯套管的外径,m。

因此，当容器内的液位由零增加到 H 时，传感器的电容变化量 ΔC 为

$$\Delta C = \frac{2\pi\varepsilon H}{\ln\frac{D}{d}} - \frac{2\pi\varepsilon_0' H}{\ln\frac{D_0}{d}} \tag{4.15}$$

通常，$D_0 \gg D$，而且 $\varepsilon > \varepsilon_0'$，因而式(4.15)中的第二项可以忽略，即

$$\Delta C \approx \frac{2\pi\varepsilon H}{\ln\frac{D}{d}} = KH \tag{4.16}$$

4.3.2　电容量的检测

工业生产中应用的电容液位计，在其量程范围内的电容变化量一般都很小，采用直接测量比较困难。因此，常常需要通过较复杂的电子线路放大转换后，才能显示和远传。测量电容的方法及电子线路的形式较多，这里介绍放充电法。

此方法可以大大减少连接导线或电缆分布电容的影响，干扰也较小。其电容的测量是在以环形二极管为主的前置测量线路中完成的，如图 4.19 所示。

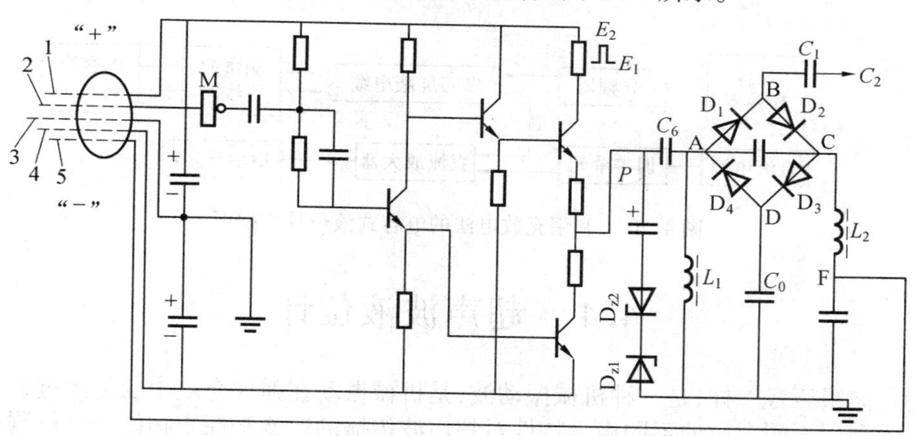

图 4.19　充放电法前置测量线路原理

1—电源；2—输入方波；3—地；4—电源；5—输出

为了缩短桥路与电极间的电缆线长度，减少分布电容，以降低起始电容 C_0，故测量前置线路直接装在电容测量电极的上部。它由反相器、功率放大器及二极管环形桥路组成。当某一频率的方波经多芯电缆送入后，首先经集成电路反相器 M 消除由于长距离传输而造成的脉冲畸变，经整形后送入功率放大器放大到足够的功率，再经稳压管 D_{Z1} 和 D_{Z2} 限幅，以保持方波的幅值稳定，最后经隔直电容 C_6 送给二极管环形桥路。电桥的 B 点经 C_1 与电容传感器 C_2 连接，D 点经平衡电容 C_{10} 接地。由于 C_7、C_1 的电容量远比 C_2 大，故其容抗很小，因而 C 点的电位将高于 B 点的电位，于是二极管 D_2 为反向偏置，由 C 点流经 L_2 的输出充电电流 I_c 为

$$I_c = (E_2 - E_1)fC_7 - (E_2 - E_1)fC_{10} \tag{4.17}$$

当输入方波由 E_2 跃变为 E_1 时，C_{10} 经 D_4 放电，C_2 经 D_2，C_7 放电，二极管 D_3 呈反向偏置，在放电期间，自 C 点流经 L_2 输出的放电电流 I_f 为

$$I_f = (E_2 - E_1)fC_2 - (E_2 - E_1)fC_7 \tag{4.18}$$

因为C点对地除L_2外都有电容隔离，所以产生的直流只能通过直流阻抗很小的L_2输出，并可把交流滤去，充放电时流过L_2的部分平均直流为式(4.17)与(4.18)之和，即

$$I = I_c + I_f = (E_2 - E_1)f(C_2 - C_{10}) = fA\Delta C_2 \tag{4.19}$$

式中　f、A——分别为方波的频率和幅值。

由于频率和幅值均能稳定不变，故式(4.19)可简化成为

$$I = K\Delta C_2 \tag{4.20}$$

式中　K——仪表常数，取决于方法、频率和幅值。

式(4.19)表明，环形桥路输出的电流仅取决于液位引起的电容传感器的电容变化量，这样就将传感器的电容量的变化转变成电流的变化。

利用电容充放电法来测量电容的液位计方框图如图4.20所示。电容液位检测元件把液位的变化变为电容的变化，测量前置电路利用充放电原理把电容变化成直流电流，经与调零单元的零点电流比较后，再经直流放大，然后进行指示或远传，晶体管振荡器用来产生高频恒定和方波电源，经分频后，通过多芯屏蔽电缆传给测量前置电路完成充放电过程。

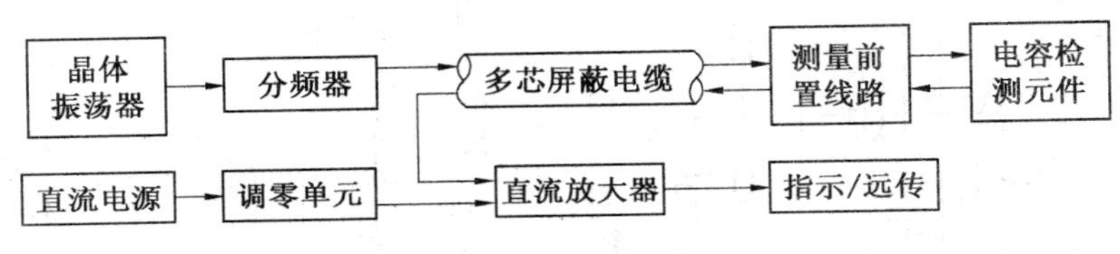

图4.20　利用充放电法的电容式液位计方框图

4.4　超声波液位计

超声波跟声音一样，是一种机械振动波，是机械振动在弹性介质中的传播过程。超声波检测是利用不同介质的不同声学特性对超声波传播的影响来探查物体和进行测量的一门技术。近30年来，超声波检测技术在工业领域中的应用，与其他无损检测的手段比较，无论从使用效果、经济价值或适用范围来看，它都有着颇为广泛的发展前途。因此目前世界各国，尤其是在一些工业发达的部门，都对超声检测的研究和应用极为重视，广泛地应用在物位检测、厚度检测和金属探伤等方面。

超声波物位计是非接触式物位中发展最快、应用最广的一种。超声波物位计大多采用声呐原理，整套仪表由超声换能器及电子装置组成。

4.4.1　基本测量原理

当超声波入射到两种不同介质的分界面上时会发生反射、折射和透射现象，这就是应用超声波技术测量物位常用的一个物理特性。另一个特性是超声波在介质中传播时的声学特性，如声速、声衰减和声阻抗等。概括起来，基于声波的下述物理特性实现物位检测。

(1) 声波在某种介质中以一定的速度传播，在气体、液体和固体等不同介质中，因声波被吸收而减弱的程度不同，从而区别其穿过的是固体、液体还是气体。

(2) 声波遇到两相界面时会发生反射，而反射角与入射角相等。反射声强与介质的

特性阻抗有关，特性阻抗为声速和介质密度的乘积。当声波垂直入射时，反射声强 I_R 与入射声强 I_E 间存在如下关系：

$$I_R = \left(\frac{\rho_2 V_2 - \rho_1 V_1}{\rho_2 V_2 + \rho_1 V_1}\right)^2 I_E \tag{4.21}$$

式中　ρ_1、ρ_2—— 两种不同介质的密度，kg/m^3；

V_1、V_2—— 声波在不同介质中的传播速度，m/s。

（3）声波在传送中，频率越高，声波扩散越小，方向性越好；而频率越低，则衰减越小，传输越远。

利用声换能器发射一定频率的声波。声换能器由压电元件组成，利用晶体元件的逆压电效应：交变电场（电能）→振动（声波）；正压电效应：振动→交变电场，做成声波发射器和接收器。压电效应示意如图 4.21 所示；压电晶体探头的结构，如图 4.22 所示。

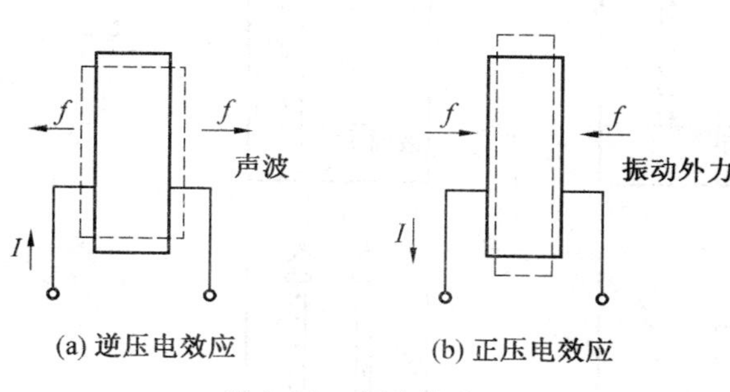

图 4.21　压电效应

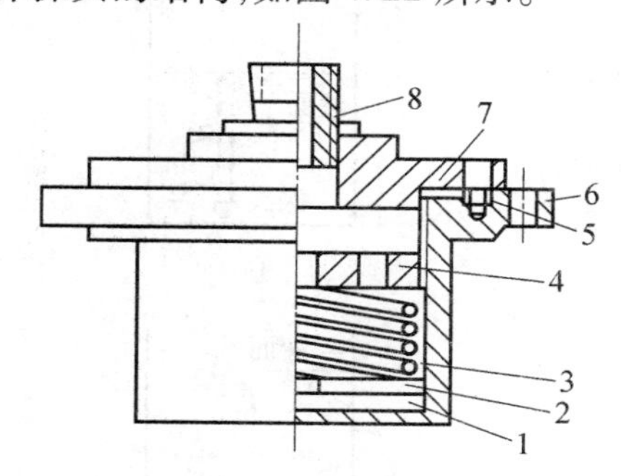

图 4.22　压电晶体探头结构

1— 晶片；2— 托板；3— 弹簧；4— 隔板；5— 橡胶垫片；6— 外壳；7— 顶盖；8— 插头

液位测量的工作原理如图 4.23 所示。设超声探头至物位的垂直距离为 H，由发射到接收所经历的时间为 t，超声波在介质中传播的速度为 v，则有

$$H = \frac{1}{2}vt \tag{4.22}$$

对于一定的介质 v 是已知的，因此，只要测得时间 t，即可确定距离 H，即得知被测物位高度。

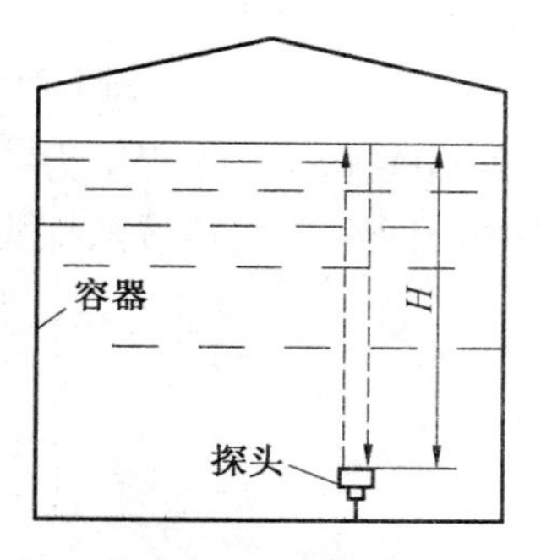

图 4.23　液位测量的工作原理

4.4.2　测量的基本方法

实际应用中可以采用多种测量方法。根据传声介质不同，有气介式、液介式和固介式。根据探头的工作方式，又有自发、自收的单探头方式和收、发分开的双探头方式。它们相互组合就可得到不同的测量方法。

1. 基本测量方法

图 4.24 所示为超声波测量液位的几种基本方法。

图 4.24(a) 所示为液介式测量方法，探头固定在液体中最低液位处，探头发出的超

声脉冲在液体中由探头传至液面,反射后再从液面返回到同一探头而被接收。液位高 H 与超声脉冲从发到收所用的时间 t 之间的关系为

$$H = \frac{1}{2}vt \tag{4.23}$$

图4.24(b)所示为气介式测量方式,探头安装在最高液位之上的气体中,式(4.23)仍可适用,只是 v 代表气体中的声速。

图4.24(c)所示为固介式测量方法,将一根传声的固体棒式管插入液体中,上端要高出最高液位,探头安装在传声固体的上端,式(4.23)仍然适用,但图4.24(a)中 v 代表固体中的声速。

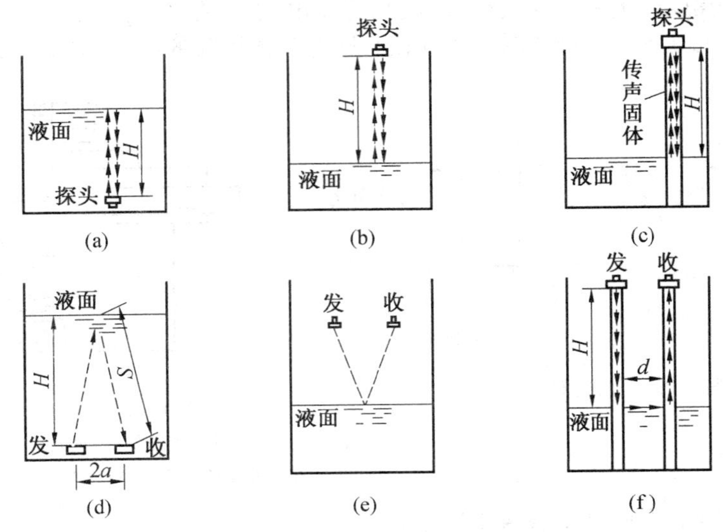

图4.24　超声波测量液位的基本方案

图4.24(d)、(e)、(f)所示为一发一收双探头方式,图4.24(d)为双探头液介式方法,若两探头中心间距为 v,声波从探头到液位的斜向路径为 S,探头至液位的垂直高度为 H,则

$$S = \frac{1}{2}vt$$

$$H = \sqrt{S^2 - a^2} \tag{4.24}$$

图4.24(e)所示为双探头气介式方法,只要将 v 理解为气体中的声速,则上面关于双探头液介式的讨论完全可以适用。

图4.24(f)所示为双探头固介式方法,它需要采用两根传声固体,超声波从发射探头经第一根固体传至液面,再在液体中将声波传给第二根固体,然后沿第二根固体传至接收探头。超声波在固体中经过 $2H$ 距离所需的时间,将比从发到收的时间略短,所缩短的时间就是超声波在液体中经过距离 d 所需的时间,所以

$$H = \frac{1}{2}v\left(t - \frac{d}{v_H}\right) \tag{4.25}$$

式中　v——固体中的声速,m/s;

v_H—— 液体中的声速，m/s；

d—— 两根传声固体之间的距离，m。

图 4.24(a)、(b)、(c) 属于单探头工作方式，即该探头发射脉冲声波，经传播反射后再接收。由于发射脉冲时需要延续一段时间，故在该时间内的回波和发射波不易区分，这段时间对应的距离称为测量盲区（大约为 1 m）。探头安装时高出液面的距离应大于盲区距离。图 4.24(e)、(d)、(f) 属于双探头工作方式，由于发射和接收声波由两探头独立完成，可以使盲区大为减小，这在某些安装位置较小的特殊场合是很方便的。

2. 设置校正具的方法

前面介绍利用声速特性采用回声测量距的方法进行物位测量，测量的关键在于声速的准确性。由于声波在介质中的传播速度与介质的密度有关，而密度是温度和压力的函数，当温度为 0 ℃ 时，空气中的声速为 331 m/s，而当温度为 100 ℃ 时，空气中的声速增加到 387 m/s。因此，当温度变化时，声速也要发生变化，而且影响比较大，使得所测距离无法准确。所以在实际测量中，必须对声速进行校正，以保证测量的精度。

(1) 固定校正具。

固定校正具就是在传声介质中相隔固定距离安装一组探头与反射装置。图 4.25(a) 所示为液介式超声波液位计校正具。在容器底部安装两组探头，即测量探头和校正探头。校正探头和反射板分别固定在校正具上，且安装在容器最底部，校正探头到反射板的距离为 L_0。假设声脉冲在介质中的传播速度为 v_0，声脉冲从校正探头到反射板的往返时间为 t_0，由式(4.23) 可写出如下关系：

$$L_0 = \frac{1}{2}v_0 t_0 \tag{4.26}$$

设被测液位高度为 H，测量探头发出声脉冲的传播速度为 v，声脉冲从探头到液面的往返时间为 t，同样可得出

$$H = \frac{1}{2}vt$$

因为校正探头和测量探头在同一种介质中，如果两者的传播速度相等，则 $v_0 = v$，液位高度为

$$H = \frac{L_0}{t_0}t \tag{4.27}$$

适当选择时间单位，使 t_0 在数值上等于 L_0，则 t 在数值上就等于被测液位的高度 H。这样便可将液位的测量变为声脉冲传播时间的测量，因此用校正探头可以在一定程度上消除声速变化的影响，并且可以采用数字显示出液位的高度。

(2) 活动校正具。

实际上，上述校正是认为 $v_0 = v$，即校正段声速与测量段声速相等。在许多情况下这一条件并不能保证，因为校正具安装在某一固定位置，由于容器中的温度场和介质密度上下不均匀等，都将使声速的传播速度存在差异。因此，上述固定校正具不能很好地对声速进行校正，对于密度分布不均匀的介质，或介质存在有温度梯度时，可以采用浮臂式倾斜校正具的方法。如图 4.25(b) 所示，校正具是一根空心长管，此长管可以绕下端的轴转动，管上装有校正探头和反射板。长管的上端连接一个浮球，校正具的上端可以随液位升降。这样校正具测量时声速与被测液位的声速基本上相等。实验证明，把引起声带 v 和

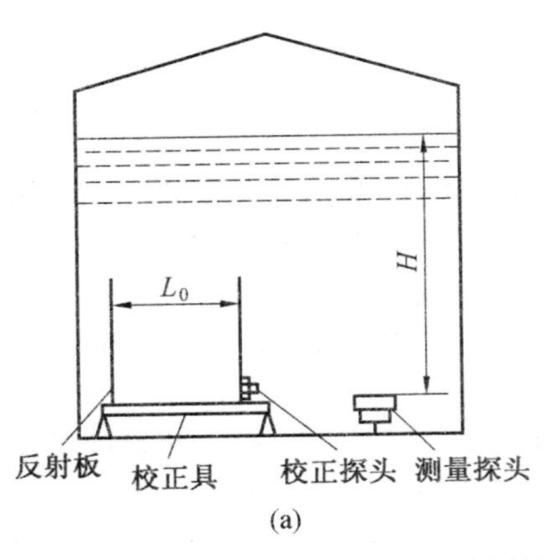

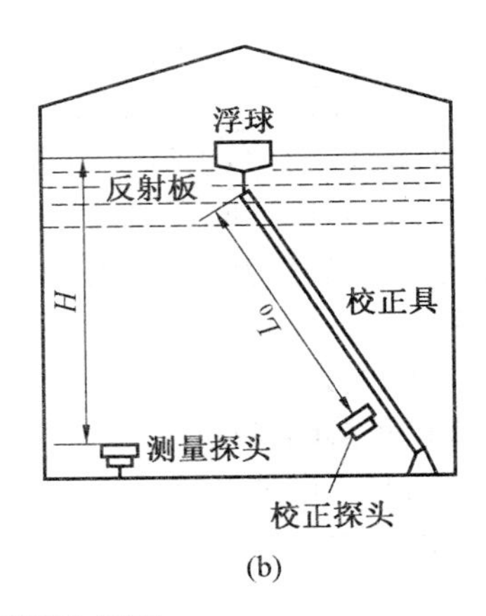

图 4.25　应用校正具检测液位原理

v_0 不等的其他因素加以考虑后，此种方法对于 7 m 多高的油罐液位测量可以达到 ±1 mm 的精确度。但其缺点是安装不方便，要求容器的直径（或高度）要大于液面的可能高度。

（3）固定距离标志。

如图 4.26 所示，在测量头上方，每隔一定距离（如 1 m）就安装一个小反射体。这样探头发出声脉冲后，每遇到一个小反射体就有一个米标志波的声脉冲反射回来，当声脉冲传播到液面时，还有较强的液面波声脉冲反射回来，应用电子学的方法从探头提供的接收信号中鉴别出各个米标志波脉冲和液面波脉冲，如图 4.27 所示，便可得到液位高度为

$$H = h_1 + h_2 \tag{4.28}$$

式中　h_1——以米为单位的液位数值；

h_2——小于 1 m 的零数段。

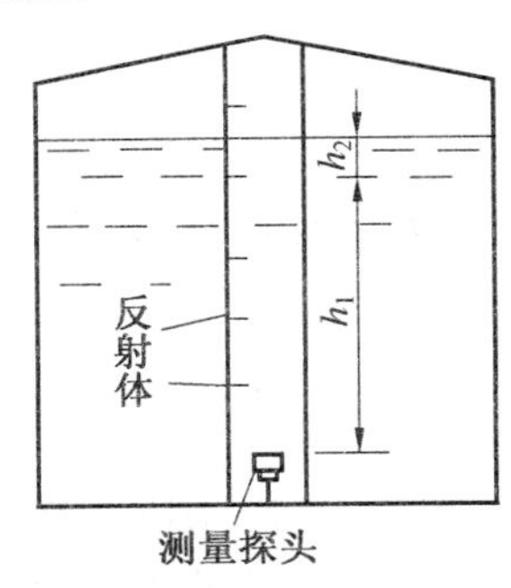

图 4.26　固定距离标志方法

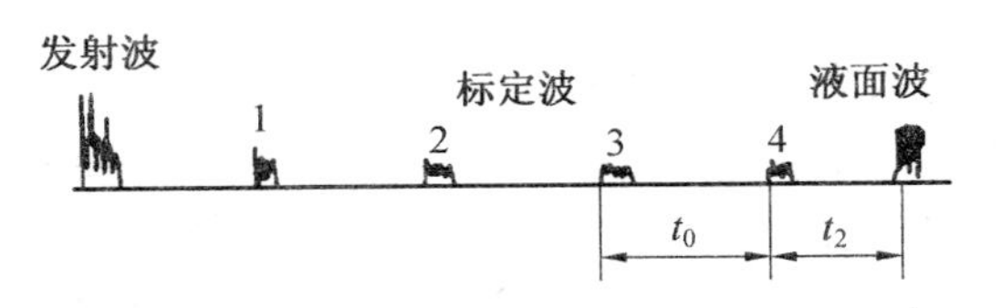

图 4.27　探头接收脉冲

如 $H = 4\ 582\ \mathrm{mm}$，由于米标志波不受介质的声速影响，只要小反射体的安装距离准确，就可以准确地把米数确定下来，即 $h_1 = 4 \times 1\ 000\ \mathrm{mm}$。这样，只有582 mm距离是由时间计算的，因而相对降低了测量精度要求。对于这段距离可以采用校正具与固定标志相结合的办法进行测量。如把邻近液面 3 ~ 4 m 两个相邻标志作为校正具，此段介质的声速作为测量声速 v_0，调节振荡器频率 f_0，选好时间单位，使其在数值上满足 $h_0 = f_0 t_0 = 1\ 000\ \mathrm{mm}$，用此频率的脉冲进行计数便可以得到 h_2 在数值上等于 $f_0 t_2$。

此方法是将液位高度 H 分为 h_1、h_2 进行测量的，而 h_1 可以准确地计量，h_2 采用活动校正具测量，因而测量精度较高。

4.4.3　气介式超声波液位计举例

图4.28所示为带声速校正具的多换能器气介式超声波液位计原理图。间距为 L 的发射器 A_c 及与其相对的接收器 B_c，用以校正声速。测量用发射器 A_m 发射的声波脉冲，被液面反射后到达测量用接收器 B_m，经过的时间为 t'_X。

$$H = nL - X = nL\left[1 - (1 - \varepsilon)\frac{t'_X}{2nt_0}\right] \tag{4.29}$$

$$t_0 = \frac{L}{v} \tag{4.30}$$

式中　t_0——校正探头的超声脉冲从发射到接收的时间，s；

v——超声脉冲在气介质中的传播速度，m/s。

因为 nL 和 $2nt_0$ 都是常数，所以测出 t'_X 便可知道液位高度。

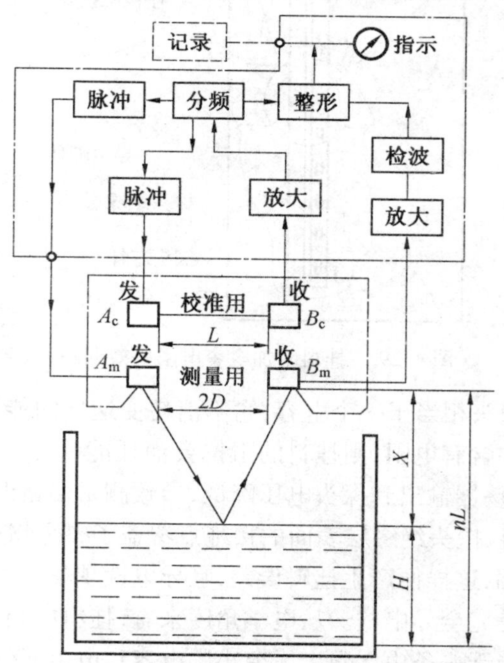

图4.28　多换能器气介式超声波液位计原理图

4.5 射频导纳液位计

射频导纳是一种从电容式发展起来的、防挂料、更可靠、更准确、适用性更广的物位控制技术,射频导纳中导纳的含义为电学中阻抗的倒数,它由电阻性成分、电容性成分、感性成分综合而成,而射频即高频无线电波谱,所以射频导纳可以理解为用高频无线电波测量导纳。

4.5.1 射频导纳液位计的工作原理

在电学法测量液位仪表中以电容式应用最为广泛,对介质本身气质的要求不像其他方法那样严格,对导电介质和非导电介质都能测量,此外还能测量有倾斜晃动及高速运动的容器的液位。不仅可作液位控制器,更能用于连续测量。它耐腐蚀、抗高温、抗高压,但有一个致命的缺陷,即测量黏附性导电介质时,物料会黏附在传感电极的外套绝缘罩上(挂料),如图 4.29 所示,形成虚假液位。随着容器挂料,测量杆上产生挂料,而挂料是具有阻抗的。这样以前的纯电容现在变成了由电容和电阻组成的复阻抗,从而引起两个问题。

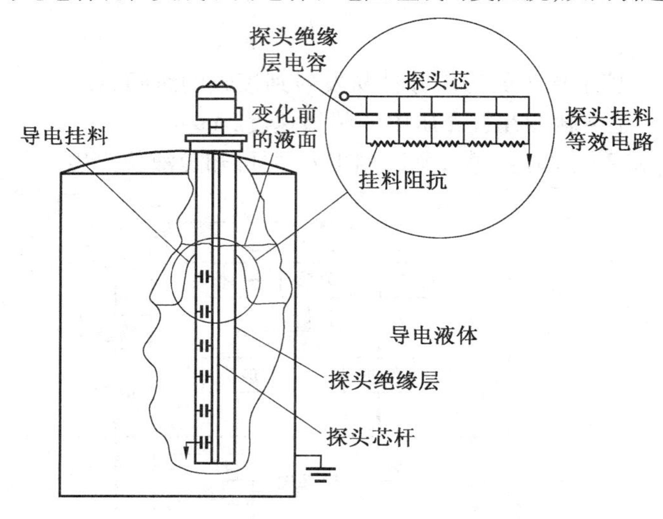

图 4.29　挂料附加电容电阻等效回路图

(1) 液位本身对探头相当于一个电容,它不消耗变送器的能量(纯电容不耗能)。但挂料对探头等效电路中含有电阻,则挂料的阻抗会消耗能量,从而将振荡器电压拉下来,导致桥路输出改变,振荡器输出到探头电压降低,导致测量回路误差。

(2) 对于导电物料,探头绝缘层表面的接地点覆盖了整个物料及挂料区,使有效测量电容扩展到挂料的顶端,这样便产生挂料误差,且导电性越强误差越大。

但任何物料都不是完全导电的。从电学角度来看,挂料层相当于一个电阻,传感元件被挂料覆盖的部分相当于一条由无数个无穷小的电容和电阻元件组成的传输线。根据电学理论,如果挂料足够长,则挂料的电容和电阻部分的阻抗相等。

为了解决上面的问题,对电路设计做了改进:

（1）在振荡器与测量电容桥路之间增加缓冲放大器，使消耗的能量得到补充，因而不会降低加在探头的振荡电压，以保证振荡器输出电压的稳定。

（2）根据挂料电容、电阻形成的挂料阻抗的存在，增加一个交流驱动电路。该电路与交流变换器（或同步检测器）一起可以分别测量电容和电阻。由于挂料的阻抗和容抗相等，则测得的总电容相当于 $C_{物位}+C_{挂料}$，再减去与 $C_{挂料}$ 相等的电阻值 $R_{挂料}$，就可以得到测量物位的实际值，从而排除挂料的影响。即

$$C_{测量}=C_{物位}+C_{挂料}$$
$$C_{物位}=C_{测量}-C_{挂料}=C_{测量}-R_{挂料} \tag{4.31}$$

图4.30中给了挂料的等效模型。从电学角度来看，挂料层相当于一条由无穷多个无穷小的电容元件和无穷小的电阻元件组成的传输线。如果导电挂料足够长，则挂料和传感电极形成的以传感电极绝缘外套管为介质的电容的容抗和挂料部分所表现出来的电阻在数值上相等。

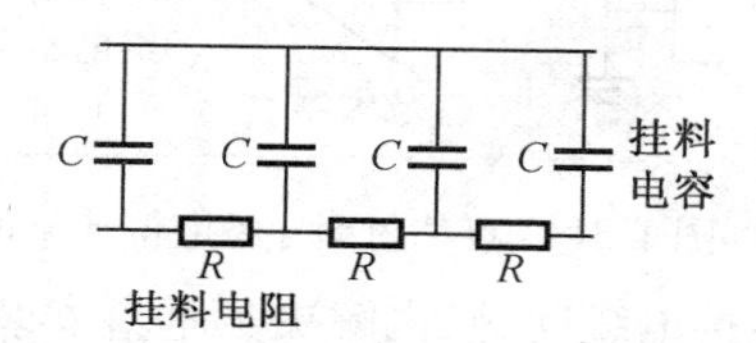

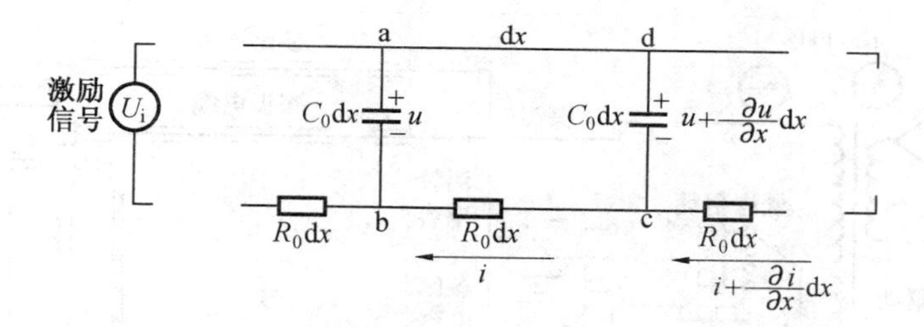

图4.30　挂料等效模型

射频导纳液位计就是在电容液位计基础上采用上述两项补偿电路的技术，克服了挂料所引起测量误差，而重新得名的液位计。

1. 点位射频导纳原理

点位射频导纳技术与电容技术的重要区别是采用了三端技术，如图4.31所示。

在电路单元测量信号上引出一根线，经同相放大器放大，其输出与同轴电缆屏蔽层相连，然后又连到探头的屏蔽层上。该放大器是一个同相放大器，其增益为“1”，输出信号与输入信号等电位、同相位、同频率，便互相隔离。地线是电缆中另一条独立的导线。由于同轴电缆的中心线与外层屏蔽存在上述关系，所以二者之间没有电位差，也就没有电流流过，即没有电流从中心线漏出来，相当于二者之间没有电容或电容等于零。因此电缆的温度效应，安装电容也不会产生影响。

2. 连续射频导纳原理

对于连续物位测量，射频导纳技术与传统电容技术的区别除了上述的以外，还增加了两个很重要的电路，这是根据对导电挂料实践中的一个很重要的发现改进而成的。上述

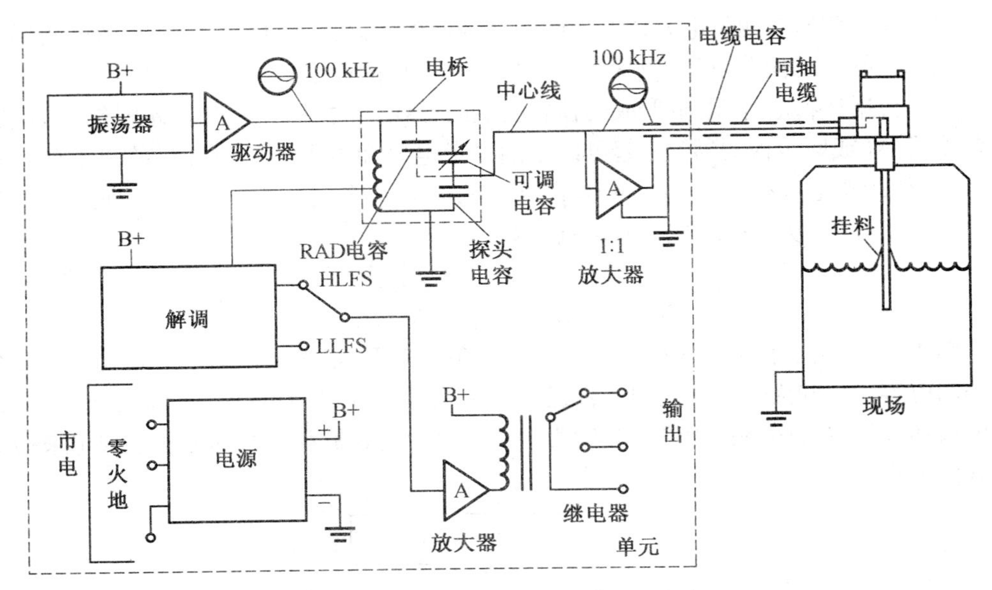

图 4.31　点位射频导纳液位计原理电路

技术在这时同样解决了连接电缆问题,也解决了垂直安装的传感器根部挂料问题。所增加的两个电路是振荡器缓冲器和交流变换斩波器驱动器,如图 4.32 所示。

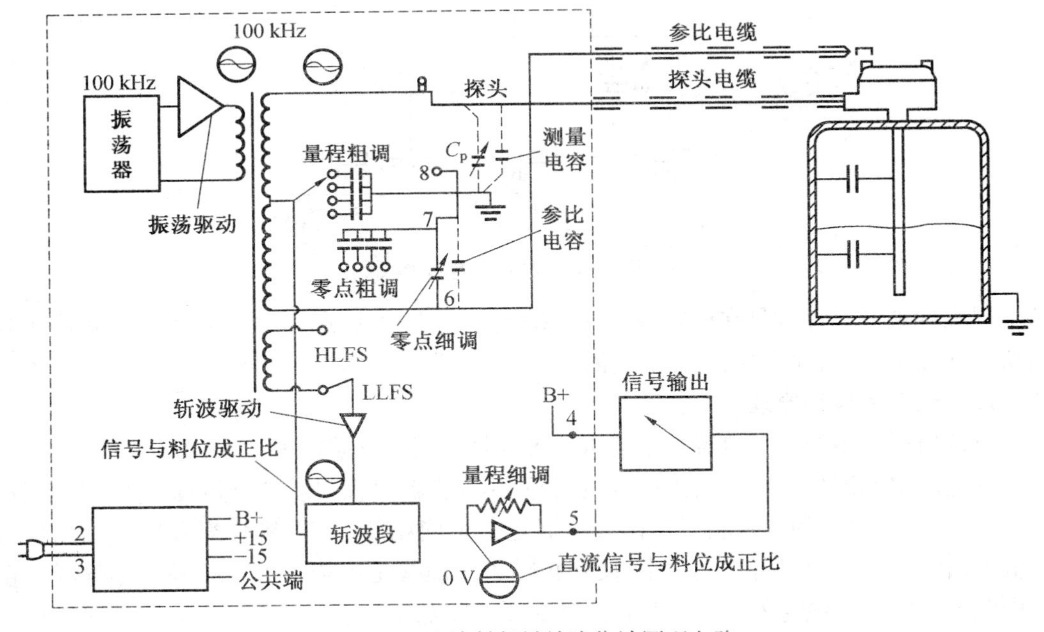

图 4.32　连续射频导纳液位计原理电路

4.5.2　射频导纳液位计传感器的结构

它采用一种新的传感器结构,即五层同心结构,如图 4.33 所示。

最里层是中心探杆,中间是屏蔽层,最外面是接地的安装螺纹,用绝缘层将基分别隔

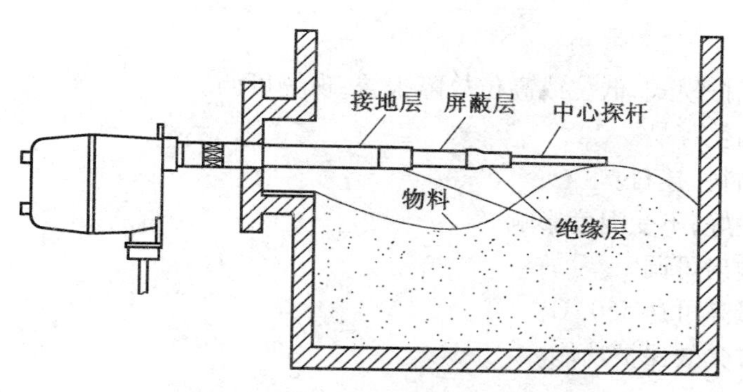

图 4.33　射频导纳液位传感器结构

离起来。与同轴电缆的情况是一样的，中心探杆与屏蔽层之间没有电势差，即使传感器上挂料阻抗较小，也不会有电流流过，电子仪器测量的仅仅是从传感器中心到对面罐壁（地）的电流，因为屏蔽层能阻碍电流沿传感器返回流向容器壁，因而对地电流只能经传感器末端通过被测物料到对面容器壁，即

$$U_A = U_B$$
$$I_{AB} = (U_A - U_B) Y_L = 0 \tag{4.32}$$

式中　I_{AB}——屏蔽层与容器壁之间的电流；

Y_L——等效导纳。

图 4.34 为测量的等效示意图。虽然屏蔽层与容器壁之间存在电势差，两者之间有电流流过，但该电流不被测量，不影响测量结果。这样，就将测量端保护起来，不受挂料的影响。只有容器中的物料确实上升接触到中心探杆时，通过被测物料，中心探杆与地之间才能形成被测电流，仪器检测到该电流，产生有效输出信号。

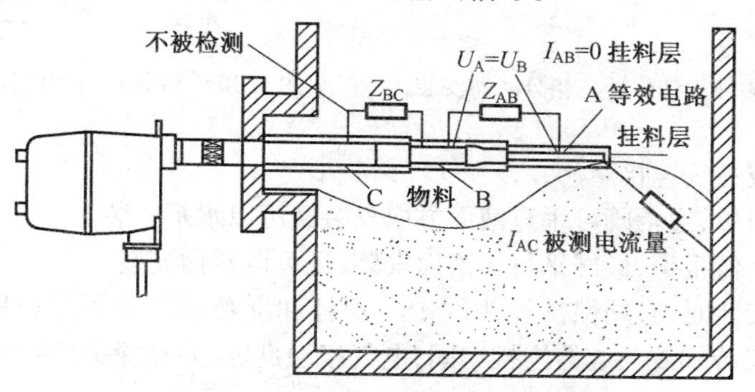

图 4.34　测量的等效示意图

射频导纳技术由于引入了除电容以外的测量参数，尤其是电阻参数，使得仪表测量信号的信噪比上升，大幅度地提高了仪表的分辨力、准确性和可靠性；测量参数的多样性也有力地拓展了仪表的可靠应用领域。

4.5.3　射频导纳液位计传感器的特点

（1）通用性强，适用于各种场合，可检测颗粒、飞灰、导电、非导电液体、黏稠物料。

（2）抗黏附电路，先进的抗议黏附电路设计，可以消除物料的黏附而产生虚假错误信号。

(3) 失电保护模式,低位或高位故障报警,现场可调。

(4) 安装调整容易。

(5) 不怕粘料、挂料。

(6) 稳定性好,不受温度影响。

(7) 延时输出可调。

(8) 耐温最高可达 550 ℃。

(9) 高低位失效保护功能。

4.5.3 射频导纳液位计的应用

在油田上主要用于油水界面的测量,可安装在三个分离器、游离水、脱水器、沉降罐、污水罐、好油罐、缓冲罐等设备上,实现油水界面的测量,如图 4.35、4.36 所示。

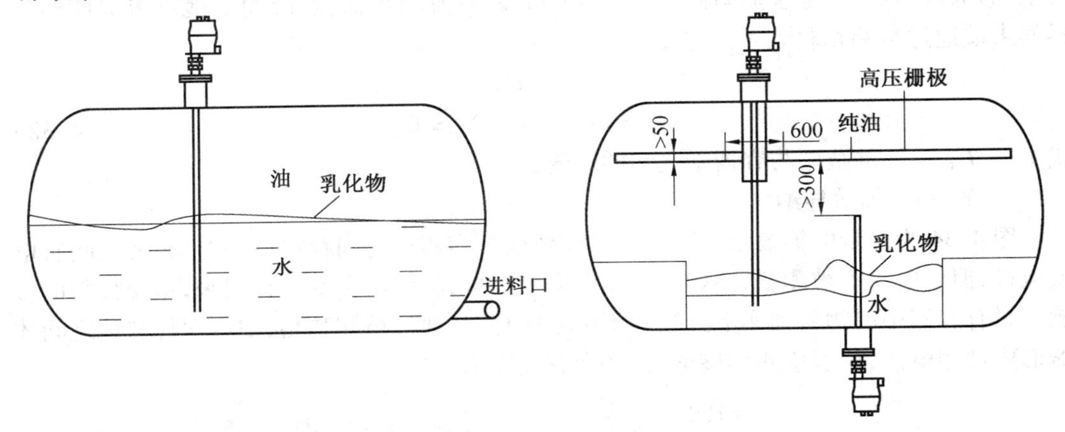

图 4.35 射频导纳液位计三相分离器安装　　图 4.36 射频导纳液位计电脱水器安装

安装要求:

(1) 法兰或螺纹连接。

(2) 测量液位,通常既可垂直液面方向安装又可以水平安装。

(3) 液位高低报警,最好平行于液面安装,还可以斜插安装。

(4) 仪器安装时,必须保护探头的中心探杆和屏蔽层与容器壁(或安装管)互不接触,绝缘良好,安装螺纹与容器连接牢固,电气接触良好,并且探头的接地层要进入容器内部。

(5) 对于大量程的或有搅拌的场合,探头需要支撑或地锚固定,但固定端要与探头绝缘。水平安装的仪表进线口一定要向下,垂直安装进线防爆管一定要有低于进线口的排水口,以防爆管积水危及仪表电子单元。

(6) 本仪表可通过安装螺纹及所测金属罐体良好接地,若所测罐体为非金属罐,则需要将外壳接地端单独接地。

4.6　磁致伸缩液位计

磁致伸缩液位计（传感器）是综合利用磁致伸缩效应、浮力原理、电磁感应、电子技术等多种技术研制而成的液位测量仪表。利用稀土超磁材料的维德曼效应、维拉里效应及超声效应，利用时间量容易被高精度测量的特点，通过将液位信息转变成时间量，以及对时间的测量来实现对液位、界面和温度等多种参数的高精度测量。

磁致伸缩式液位计比起一般机械式、压力式、电容式、超声波式液位计，具有更高的精确度和更佳的经济效益。

4.6.1　磁致伸缩液位计的结构

磁致液位计的结构较简单，如图 4.37 所示，它主要由下列两部分组成：一条外面套有浮子（内带磁性元件）的测量杆；一个位于测量杆上端的电子传感器。

测量杆是由防腐材料制成的（如遇到被测介质为强腐蚀物料，则可在测量杆外面套上保护套），在测量杆内有一根磁致伸缩材料做成的波导管，在波导管中有一个铜感应元件，在测量杆与波导管之间装 1 ~ 5 个测量温度用的 RTD（电阻温度探测器，实际上是一根特殊的导线或是一层薄膜，它的电阻随温度变化而变化）。

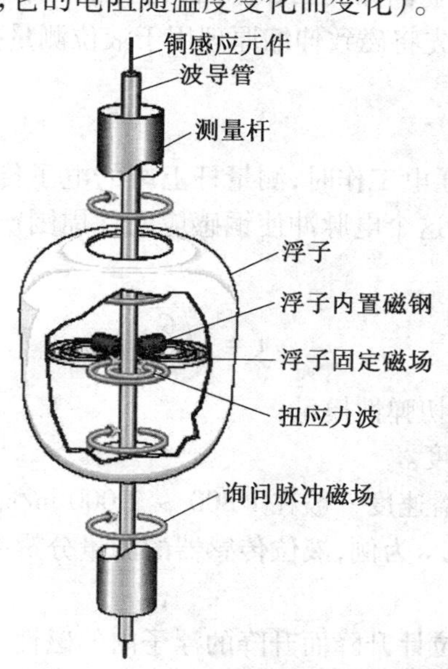

图 4.37　磁致伸缩式液位计结构示意图

4.6.2　磁致伸缩式液位计的工作原理

1. 磁致伸缩效应

众所周知，物质有热胀冷缩的现象。除了加热外，磁场和电场也会导致物体尺寸的伸长和缩短。铁磁性物质在外磁场的作用下，其尺寸伸长或缩短，去掉外磁场后，又恢复原先的长度，这种现象称为磁致伸缩现象。此现象的机理是：铁磁材料或亚铁磁材料在居里点温度以下自发磁化，形成大量磁畴，并在每个磁畴内晶格发生形变。在未加外磁场时，磁畴的磁化方向是随机取向的，不显示宏观效应；在有外磁场作用时，大量磁畴的磁化方向转向外磁场磁力线方向，其宏观效应表现为材料在磁力线方向的伸长或缩短。相反，由于形状变化致使磁场强度发生变化的现象，称为磁致伸缩逆效应。

其材料变形的大小用磁致伸缩系数 λ_S 来表示，即

$$\lambda_S = \frac{\Delta L}{L} \tag{4.33}$$

式中　L—— 受外磁场作用的物体总长；

ΔL—— 物体长度尺寸变形量。

常用磁性材料的磁致伸缩系数见表 4.2。

表 4.2　常用磁性材料的磁致伸缩系数

材料	Fe	Co	Ni	60Co40Fe	60Ni40Fe	CoFeO
$\lambda_S \times 10^{-6}$	−9	−62	−33	68	25	110

磁致伸缩的效果是十分细微的，通常镍铁合金是 30。不过，现在已开发出更新的稀土超磁致伸缩材料，可将磁致伸缩效果升至 1 500 以上。

20 世纪 80 年代少数工业国如美国和德国，利用磁致伸缩原理开发出了绝对位移传感器。之后美国 MTS 公司首先将磁致伸缩原理用于液位测量技术上，开发出测量油罐液位的传感器。

2. 工作原理

当磁致伸缩式液位计通电工作时，测量杆上端的电子传感器就不断地向波导管内的铜感应元件发出询问脉冲，这个电脉冲使铜感应元件周围产生一个磁场。磁致旋转波的传播速度为

$$v = \sqrt{\frac{G}{\rho}} \tag{4.34}$$

式中　G—— 测量杆的剪切弹性模量；

ρ—— 波导管的密度。

波导管中超声波的传播速度一般在 1 800 ~ 2 000 m/s。当计时频率为 200 MHz 时，以超声波传播速度 2 000 m/s 为例，液位传感器的测量分辨率 $\Delta = (2\ 000\ \text{m/s})/200\ \text{MHz} = 0.01\ \text{mm}$。

这个磁场与随储罐液位计升降而升降的浮子内的磁性元件磁场矢量相加形成一个螺旋形磁场，从而使波导管发生扭曲并产生张力脉冲，这个脉冲以固定的速度沿波导管传回到测量杆上端的电子传感器，该传感器能精确地测量出它发出询问脉冲的时间和它回收到的张力脉冲时间之差，即可计算浮子在储罐中的准确位置，由此可知储罐中物料的液位高度。

磁致伸缩液位计的工作原理框图如图 4.38 所示。

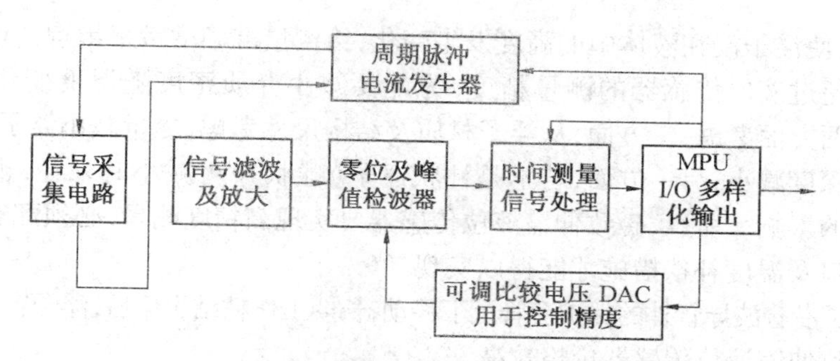

图 4.38　磁致伸缩液位计工作原理框图

4.6.3　磁致伸缩液位计的使用特点

磁致伸缩液位计(传感器)在使用上有许多优点:

(1) 测量精度可达 0.01% FS(全量程),其非线性精度能小于 0.01% FS,重复精度能小于 0.001% FS。在现有液位传感器中,只有伺服型浮子液位传感器、雷达液位传感器和光纤液位传感器的测量精度可达到毫米量级。测量范围大,硬杆式为 9.1 m,软缆式可达 18 m,一般的测量范围均可满足。测量界面时,过去一般用浮筒式、磁浮子式较多,但效果不佳。射频导纳液位计测量界面有一定的优势,但精度不高。磁致伸缩液位传感器在测量界面上较以上各类界面仪均有优势,它不仅可靠性高,受介质变化影响小,而且准确度也高。

(2) 由于采用波导管来传播超声波,故介质的雾化和蒸气、介质表面的泡沫等都不会对测量精度造成较大的影响。输出信号一般采用 4 ~ 20 mA 标准电流信号或 RS485 数字信号,可直接接入 DCS 系统或其他计算机管理系统,便于用微机对信号进行处理。

(3) 液位传感器的整个变送器密封在保护套管内,其传感器元件和被测液体并不接触。虽然测量时,磁性浮子不断移动,但不会对传感器造成任何磨损,所以性能可靠,使用寿命长,无故障工作时间最长可达 23 年,适合多种恶劣环境。

(4) 安装、调试、标定简单方便。在现场安装确定之后,可准确计算出液位或界面零点及满量程在测量保护套管上的相应位置,在安装前即可通电调试,把浮子分别置于零点和满量程位置,调零点和满量程分别输出 4 mA 和 20 mA,无需通过液面或界面升降来调试、标定。由于输出信号反映的是绝对位置的输出,而不是比例或需要像其他类型的液位传感器那样进行定期标定和维护,大大节省了人力和物力,为用户带来极大的方便。

(5) 可进行多点、多参数的液位测量,有自校正、免维护等独特功能。安全性高,磁致伸缩液位传感器的防爆等级一般有隔爆型和本安型两种,适合工作在各种易燃、易爆、高温、高压等危险场所,测量时无需人工开启罐盖,避免了人工测量带来的不安全因素。

致伸缩液位计(传感器)在使用上的不足:

(1) 当被测液体的密度分布不均时,其浮子在液体中的高度会有变化,需要以实际介质进行标定。

(2) 要注意被测介质的温度变化有时会对测量造成较大的影响。

由于采用磁性浮子作为液位和油水界面的感应元件,当被测介质受温度影响引起密度变化时，会使浮子浸在液体中的高度发生变化，给测量准确度带来影响。这种影响有时甚至会大大超过液位传感器的测量精度，为此要减小介质密度随温度变化对测量的影响。可以从两方面考虑：一方面，从浮子材质及结构尺寸考虑，尽量减小浮子密度，使浮子浸入介质的深度减小；另一方面，若不是柱状浮子（球状），可减小其外径，也可减小密度变化对测量的影响。所以，磁致伸缩液位传感器要实现高精度测量，必须配有高分辨率的信号检测接口及温度补偿措施才能得以实现。

（3）浮子沿着波导管外的保护套管上下移动，长期工作粘结污垢后，浮子容易被卡死。

（4）磁致伸缩液位传感器价格较高。

（5）使用时的工作压力也不宜太高，一般在 30 MPa 以下。

4.6.4 磁致伸缩液位计的应用

1. 用于储罐液位测量的磁致伸缩液位计

测量头安装在罐体之外，包括脉冲发生、回波接收、信号检测与处理电路。由不锈钢或铝合金材料做保护套管在波导管外，插入液体中直达罐底，底部固定在罐底。磁浮子可以有两个，一个测量油位，另一个安放在波导管对应的油水界面处，用于测量界面。若在波导管底端再设置一块磁铁，还可以完成自校正功能，使传感器无须定期标定，如图4.39所示。

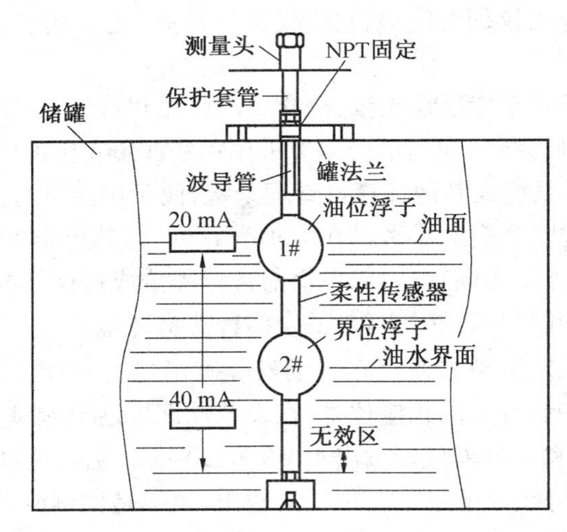

图 4.39 磁致伸缩液位计在储油罐上的安装图

传感器的测量头内含单片机控制系统，可以探测到同一发射脉冲所产生的连续返回脉冲，所以在同一传感上安装两个浮子，可以同时进行油位、水位的测量。若在波导管底部（罐底）固定一个磁环，还可完成自校准功能，消除温度对波速的影响。设罐总高 L，超声波从油面、油水界面和罐底返回的时间分别为 T_1、T_2 和 T_3，则：

油位为
$$L_1 = \frac{T_3 - T_1}{T_3}L \tag{4.35}$$

水位为
$$L_2 = \frac{T_3 - T_2}{T_3}L \tag{4.36}$$

所以在同一传感器上配多个活动磁浮子，可以同时进行液位、界面多参数测量。

2. 磁致伸缩液位计的联网

测量系统由一般磁致伸缩式液位计和显示仪表组成，但若用于易燃易爆场合中，还应在它们之间加上安全栅。多台（达 32）磁致伸缩液位联网，如图 4.40 所示。

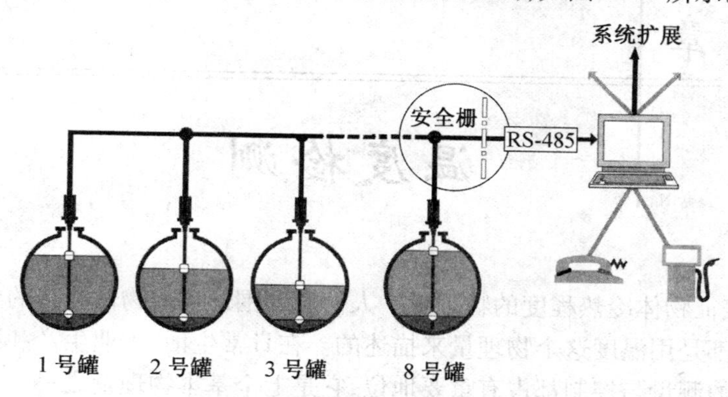

图 4.40　测量储罐的液位和界面示意图

3. 磁致伸缩液位计的选用

选用时应注意：

(1) 除了其他必要条件外还要根据介质的密度选用。

在选用磁致伸缩式液位计时，除了应满足操作压力、操作温度、防爆、防腐等要求和所要测量的液位变化范围外，还要根据所要测量介质的密度，按照产品样本，选择合适的浮子规格、尺寸及材质。

(2) 测量界面时选配两种不同规格的浮子。

当需要用磁致伸缩式液位计同时测量储罐中物料的液位和两种不同物料的分界面时，应根据这两种物料的密度不同，选配两种不同规格的浮子。

(3) 选用罐群管理软件。

如选用了多功能容器监测和罐群管理软件，并输入用户的容积修正系数等，即可自动计算库存容积、质量及出入流量，可设置多级报警。

第5章 温度检测

温度是表征物体冷热程度的物理量。人们对周围环境或物体冷热的感觉以及自然界中的热效应,都是用温度这个物理量来描述的。在日常生活、工业生产和科学研究的各个领域中,温度的测量与控制都占有重要地位,它是七个基本物理量之一。

从微观上说,一个物体或系统都是具有内部能量的,这是因为组成它的大量分子是在不停地运动着。在固体或液体中,分子是不断振动的;在气体或一些液体中,分子运动是具有随机速度的碰撞运动。这种大量分子的无规则运动——分子热运动越是激烈,分子的平均动能就越大,物体或系统的温度也越高。因此在微观上,温度反映了物体或系统分子热运动的激烈程度或平均动能的大小。从宏观上看,温度的概念是建立在热平衡基础上,如有两个各自处于热平衡状态下的热力学系统,当它们相互接触时它们的状态发生了变化,彼此间发生热交换,温度高的系统向温度低的系统放热,后者吸热,当热交换达到动态平衡(热平衡)时,两个系统的温度相同——温度的定量信息。

温度不能直接测量,只能借助于冷热不同的物体之间的热交换,以及物体的某些物理性质随冷热程度不同而变化的特性来加以间接测量。人们根据热平衡的观点,设计出各种接触式温度测量仪表。选择某一物体与被测量物体相接触,并进行热交换。当两者达到热平衡状态时,选择物体与被测物体温度相等,于是,可以通过测量选择物体的某一物理量(如液体的体积、导体的电阻等),得出被测物体的温度数值。当然,为了得到温度的精确测量,要求用于测温的物体的物理性质必须是连续、单值地随温度变化,并且要求再现性好。

5.1 温　　标

5.1.1 温标的三个要素

温标就是温度的数值表示法。所谓建立温标,就是采取一套方法和规则来定义温度的数值。当温标确定之后,表示两个系统之间达到热平衡的标志就是它们具有相同的温度数值。

一般说来,温标应具备三个要素:

(1)参考点,即固定点。

在通常条件下,物质有三种不同的状态,即气态、液态和固态。这三种状态也被称为三相。相是系统中物理性质均匀的部分,这是物质分子集结的特定形式。在特定的温度和压力下,一种相可以转变为另一种相,称为相变。

要确定一个温标,首先要选定固定点。一般都是采用纯物质的相平衡温度作为温标的固定点。在选定固定点之后,要规定固定点的温度值,其他温度才能与之比较,以确定数值。

(2)内插仪器。

固定点被确定后,要选定一种测温物质制成测温仪器,即温度计,作为实现温标的仪器。

在自然界中,许多物质的物理性质随温度的改变而发生变化,正确利用这些性质,就可以制造出不同用途的温度计。

(3)内插公式。

在固定点的温度值确定之后,用来确定相邻固定温度点间的数学关系式,称为内插公式。

5.1.2　经验温标

(1)摄氏温标。

标准仪器是水银玻璃温度计。分度方法是规定在标准大气压力下,水的冰点为0 ℃,沸点为100 ℃,水银体积膨胀被分为100等份,对应每份的温度定义为1 ℃,单位为℃。

(2)华氏温标。

选取氯化铵和冰水混合物的温度为32 ℉,水的沸点为212 ℉,中间均分为180等份,每一等份称为1 ℉。

华氏度 t_F 与摄氏度 t_C 的换算关系如下:

因为

$$\frac{t_C}{t_F - 32} = \frac{100}{212 - 32}$$

故

$$t_C = \frac{5}{9}(t_F - 32) \tag{5.1}$$

$$t_F = \frac{9}{5}t_C + 32 \tag{5.2}$$

5.1.3　热力学温标

热力学温标又称为开氏温标,是以热力学第二定律为基础的理论温标,与物体任何物理性质无关,国际权度大会采纳为国际统一的基本温标。单位符号为K,温度变量记作 T。

热力学温标有一个绝对零度,它规定分子运动停止时的温度为绝对零度,因此它又称为绝对温标。根据热力学中的卡诺定理,如果在温度为 T_1 的热源与温度为 T_2 的冷源之间实现了卡诺循环,即存在下列关系式

$$\frac{T_1}{T_2}=\frac{Q_1}{Q_2} \tag{5.3}$$

式中　Q_1—— 热源给予热机的传热量；

Q_2—— 热机传给冷源的传热量。

如果式(5.3)中再规定一个条件，就可以通过卡诺循环中的传热量完全地确定温标。

1954 年国际计量会议选定水的三相点为 273.16 K(水的三相点即水的固、液、气三相共存的温度0.01 ℃，如图5.1 所示)，并以它的1/273.16 为1 K，这样热力学温标就完全确定，即

$$T=273.16\frac{Q_1}{Q_2} \tag{5.4}$$

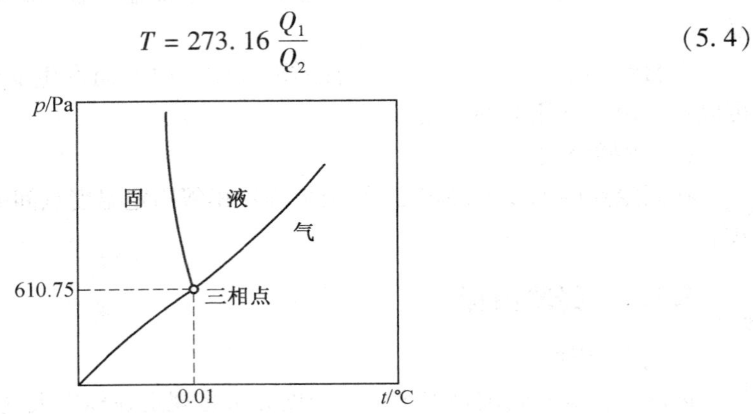

图 5.1　水的三相点

这样的温标单位称为开尔文(开或 K)。

热力学温标与实现它的介质物质无关，因此不会因选用测温物质的不同而引起温标的差异，是理想的温标。不过，理想的可逆过程是无法实现的，所以基于可逆过程的卡诺循环以及热力学温标也无法直接实现。然而，已从理论上证明，热力学温标与理想气体温标是完全一样的。而根据理想气体方程，当气体体积恒定时，一定质量气体其压强与温度成正比。在选定水的三相点温度的压强 p_3 为参考点后，可得

$$\frac{p}{p_3}=\frac{T}{T_3}=\frac{nR}{V}=\text{恒量}$$

$$T=\frac{T_3}{p_3}p=\frac{p}{p_3}273.16 \tag{5.5}$$

式(5.5)就是理想气体的温标方程，它与热力学温标方程式(5.4)有完全相同的形式。气体体积恒定，是将气体盛在固定容器内实现的。利用这种关系进行温度测量的温度计称为定容式气体温度计，它通过压强的变化可以测出温度的变化，从而解决了热力学温标难于实现的问题。

事实上，不少实际气体在一定范围内与理想气体的性质极其接近，在实用上可以将气体温度计制成定容的，这时只要测量出气体的压力，并与基准点压力比较，即可求得气体的温度。气体温度计主要用于计量标准单位，作为复制热力学温标的仪器。

5.1.4　国际温标

为了克服气体温度计实用上的不便，国际上建立了一种既能用内插公式表示的与热力学温标很接近，又使用方便的协议温标，这就是国际实用温标（IPTS）。它可用来统一各国之间的温度计量。国际实用温标从1927所拟定以来，随着社会生产及科学技术的进步，温标的复现也在不断发展，约每20年对温标作一次较大的修订和更新。根据第18届国际计量大会（CGPM）的决议，自1990年1月1日起在全世界范围内实行“1990年国际温标（ITS－90）”，以此代替多年使用的“1968年国际实用温标（IPTS－68）”和“1976年0.5～30 K暂行温标（EPT－76）”。我国于1994年1月1日起全面实施ITS－90。

1. 温度单位

1990年国际温标[ITS－90]规定热力学温度（符号为T）是基本的物理量。其单位为开尔文（符号为K）。它规定水三相点的热力学温度为273.16 K，定义开尔文一度等于水三相点热力学温度的1/273.16。

由于习惯，热力学温度也可以用国际摄氏温度t_{90}表示。（ITS－90）定义国际开尔文温度（T_{90}）和国际摄氏温度（t_{90}）。T_{90}和t_{90}之间的关系为

$$t_{90} = T_{90} - 273.15 \tag{5.6}$$

物理量T_{90}的单位为开尔文（符号为K），t_{90}的单位为摄氏度（符号为℃），与热力学温度T和摄氏温度t一样。

2. 1990年国际温标（ITS－90）的通则

ITS－90由0.65 K向上到根据普朗克辐射定律使用单色辐射实际可测得的最高温度（约3 200 ℃）。ITS－90通过各温区和分温区来定义T_{90}。某些温区或分温区是重叠的，重叠区的T_{90}定义有差异，然而这些定义应属等效。在同一温度下，根据不同定义，测量值是有差异的，此差只在最高精度测量时才能察觉。然而这一差值在实际使用中是不足取的，它是使温标在不至于太复杂的条件下所能得到的最小差异。

3. 1990年国际温标（ITS－90）的定义

（1）0.65～5.0 K之间，T_{90}由He^3和He^4的蒸气压与温度关系式来定义。

（2）3.0～24.556 1 K（氖三相点）之间，T_{90}由氦气体温度计来定义。它使用三个定义固定点及利用规定的内插方法来分度。三个定义固定点为氖三相点（24.556 1 K）、平衡氢三相点（13.803 3 K）以及3.0～5.0 K之间的一个温度点，这三个定义固定点是可以实验复现，并具有给定值的。

（3）平衡氢三相点（13.803 3 K）到银的凝固点（961.78 ℃）之间，T_{90}是用铂电阻温度计来定义的，它使用一组规定的定义固定点及利用所规定的内插方法来分度。

（4）银凝固点（961.78 ℃）以上，T_{90}借助于一个定义固定点和普朗克辐射定律来定义，可使用单色辐射温度计或光学高温计来复现。

ITS－90的定义固定点见表5.1。

表 5.1　ITS-90 定义固定点

物　质	T_{90}/K	t_{90}/℃	物　质	T_{90}/K	t_{90}/℃
氦蒸气压,He(vp)	3 ~ 5	-270.15 ~ -268.15	水三相点,H_2O(tp)	273.16	0.01
平衡氢三相点,e-H_2(tp)	13.803 3	-259.346 7	镓熔点,Ga(mp)	302.914 6	29.7646
平衡氢蒸气压, e-H_2(vp)	~17	~256.15	铟凝固点,In(fp)	429.748 5	156.5985
平衡氢蒸气压, e-H_2(vp)	~20.3	~252.85	锡凝固点,Sn(fp)	505.078	231.928
氖三相点,Ne(tp)	24.556 1	-248.593 9	锌凝固点,Zn(fp)	692.677	419.527
氧三相点,O_2(tp)	54.358 4	-218.791 6	铝凝固点,Al(fp)	933.473	660.323
氩三相点,Ar(tp)	83.805 8	-189.344 2	银凝固点,Ag(fp)	1 234.93	961.78
汞三相点,Hg(tp)	234.315 6	-38.834 4	金凝固点,Au(fp)	1 337.33	1 064.18
			铜凝固点,Cu(fp)	1 357.77	1 084.62

5.1.5　温度标准的传递

建立了国际温标,温度量值就可以在世界各国同时准确地得到复现。为了使国内生产和科研工作中使用的各种测温仪表示值准确,需要将国际温标的具体数值通过各级计量部门定期地、逐级地传递到各种测温仪表。这种温度标准定期逐级地校验比较过程称为温度标准的传递,简称为温标的传递。

根据国际温标的规定,各国都要相应地建立起自己国家的温度标准。为保证这个标准的准确可靠,还要进行国际对比。通过这些方法建立起的温度标准,就可以作为本国温度测量的最高根据——国家标准。我国的国家标准保存在中国计量科学院,而各省、市、地区计量局保存次级标准,以保证全国各地区间标准的统一。

温度计量仪器按精度等级可分为下列三类。

(1)以现代科学技术所能达到的最高精度来复现和保存国际温标数值的温度计称为基准温度计。用来进行温度量值传递的基准温度计称为工作基准温度计。

(2)以限定的精度等级,用来进行温度量值传递的温度计称为标准温度计。我国的标准温度计一般分为两种,即一等标准和二等标准。

(3)在工农业生产或科研测试工作中使用的各种温度计称为工业用温度计。

5.2　测温方法与测温仪器分类

温度的测量通常是利用一些材料或元件的性能随温度而变化的特性,通过测量该性能参数得到检测温度。用以测量温度特性的有:材料的热电动势、电阻、热膨胀、磁导率、介电常数、光学特性和弹性等。其中前三个尤为成熟,应用最广泛。

按照所用测温方法的不同,温度测量分为接触式和非接触式两大类。接触式的特点是感温元件直接与被测对象相接触,两者之间充分进行热交换,这时感温元件的某一物理参数的量值代表了被测对象的温度值。接触测温的主要优点是直观、可靠;缺点是被测温度场分布易受感温元件影响,接触不良时会带来测量误差,此外高温和腐蚀性介质对感温元件的性能和寿命产生不利影响等。非接触式的特点是感温元件不与被测对象相接触，而是通过辐射进行热交换，故可避免接触测温法的缺点，具有较高的测温上限。非接触测温法热惯性小，可达 1 ms，故便于测量运动物体的温度和快速变化的温度。

对应于两种测量方法，测温仪器也可分为接触式和非接触式两大类。接触式仪器可分为膨胀式（包括液体、固体膨胀式温度计、压力式温度计）、电阻式温度计（包括金属热电阻温度计和半导体热敏电阻温度计）、热电式温度计（热电偶和 P-N 结温度计）等。非接触式温度计又可分为辐射式温度计、亮度温度计和比色温度计以及用于中、低温测量的红外热像仪。

按照温度测量范围，可分为超低温、低温、中高温和超高温温度测量。超低温一般是指 0～10 K，低温指 10～800 K，中温指 500～1 600 ℃，高温指 1 600～2 500 ℃的温度，2 500 ℃以上被认为是超高温。

对于超低温的测量，现有测量方法都只能用于该范围内的个别小段上，如 1 K 的温度用磁性温度计测量，微量铝掺磷青铜热电阻只适用于 1～4 K，高于 4 K 的可用热噪声温度计测量。超低温测量的主要困难在于温度计与被测对象热接触的实现和测温仪的刻度方法。低温测量的特殊问题是感温元件对被测温度场的影响，故不宜用热容量大的感温元件来测量低温。

在中高温测量中，要注意防止有害介质的化学作用和热辐射对感温元件的影响，为此要用耐火材料制成外套对感温元件加以保护。对保护套的要基本要求是结构上高度密封和温度稳定性。测量低于 1 300 ℃的温度一般可用陶瓷外套，测量更高温度时用难熔材料（如刚玉、铝、钍或铍氧化物）外套，并充以惰性气体。

在超高温下，物质处于等离子状态，不同粒子的能量对应的温度值不同，而且它们可能相差较大，变化规律也不相同。因此，对于超高温的测量，应根据不同情况利用特殊的亮度法和比色法来实现。

在工业生产和科学实验中，比较常见的测温方法可归纳为以下几种：

（1）利用物质热膨胀与温度关系测温。

用以测温的选择物体可以是固体、气体或液体，其受热后体积膨胀，在一定温度范围内体积变化与温度变化呈连续、单值的关系，且复现性好，如双金属温度计、压力式温度计和玻璃液体温度计。

（2）利用导体或半导体的电阻与温度关系测温。

对于铂、铜等金属导体或半导体热敏电阻，其阻值随温度变化发生相应变化，借助 R-t 关系测量温度，如铂电阻温度计。

（3）利用热电效应测温。

两种不同的导体两端短接形成闭合回路，当两接点处于不同温度时，回路中出现热电势。利用这一原理制成生产中广泛使用的热电偶温度计。

（4）利用热辐射原理测温。

物体辐射能随温度而变化，利用这一性质制成选择物质不与被测物质相接触而测温的辐射式温度计，如单色辐射高温计、光学高温计和比色高温计等。

在温度测量系统中，感受温度变化的元件称为感温元件；将温度转换成其他物理量

(如电压、电阻等)输出的仪表称为温度传感器。习惯上,按测温范围不同,将 600 ℃以上的测温仪表称为高温计,把测量 600 ℃以下测温仪表称为温度计。根据感温元件与被测物质是否接触,将温度检测仪表分为接触式和非接触式两大类。常用温度检测仪表的分类见表 5.2。

表 5.2 常用温度检测仪表的分类

测温方法	测温种类和仪表		测温范围/℃	主要特点
接触式	膨胀式	玻璃液体	-100 ~ 600	结构简单,使用方便,测量精度较高,价格低廉;测量上限和精度受玻璃质量的限制,易碎,不能远传
	膨胀式	双金属	-80 ~ 600	结构紧凑,牢固,可靠;测量精度较低,量程和使用范围有限
	压力式	液体	-40 ~ 200	耐振,坚固,防爆,价格低廉;工业用压力式温度计精度较低,测温距离短,滞后大
		气体	-100 ~ 500	
	热电阻	铂电阻	-260 ~ 850	测量精度高,便于远距离、多点、集中检测和自动控制;不能测高温,须注意环境温度的影响
		铜电阻	-50 ~ 150	
		半导体热敏电阻	-50 ~ 300	灵敏度高,体积小,结构简单,使用方便;互换性较差,测量范围有一定限制
	热电效应	热电偶	-200 ~ 1 800	测温范围广、测量精度高、便于远距离、多点、集中检测和自动控制;需自由端温度补偿,在低温段测量精度较低
非接触式	辐射式		0 ~ 3 500	不破坏温度场,测温范围大,可测运动物体的温度;易受外界环境的影响,标定较困难

5.3 膨胀式温度计

膨胀式温度计是利用物质受热体积膨胀的性质与温度的固有关系为基础制造的。膨胀式温度计按选择物体和工作原理的不同可分为三大类:液体膨胀式温度计、固体膨胀式温度计和压力式温度计。

5.3.1 液体膨胀式温度计

基于液体的热胀冷缩特性来制造的温度计即为液体膨胀式温度计,通常液体盛放于玻璃管之中,又称为玻璃管液体温度计。由于液体的热膨胀系数远远大于玻璃的膨胀系数,因此通过观察液体体积的变化即可知温度的变化。

1. 玻璃管液体温度计组成原理

玻璃液体温度计由感温泡(也称为玻璃温包)、工作液体、毛细管、刻度标尺及膨胀室(也称为安全泡)等组成,图 5.2 所示为常用棒式玻璃管液体温度计。当被测温度升高时,温包里的工作液体因膨胀而沿毛细管上升,根据刻度标尺可以读出被测介质的温度。为防止温度过高时液体胀破玻璃温度计,在毛细管顶部留一膨胀室。

玻璃管液体温度计读数直观、测量准确、结构简单、价格低廉,因此被广泛应用于实验至和工业生产各领域。其缺点是碰撞和振动易断裂,信号不能远传。

2. 玻璃管液体温度计的分类

玻璃管温度计按用途分类又可分为工业、标准和实验室用三种。标准玻璃温度计有外标尺式的,也有内标尺式的,分为一等和二等两种。一等标准由一套 9 支温度计组成,二等标准由一套 7 支不同量程的温度计组成,其分度值为 0.05 ~ 0.1 ℃,可作为标准温度计用于校验其他温度计。工业用温度计一般做成内标尺式,其尾部有直的、弯成 90°或 135°的,如图 5.3 所示。为了避免工业用温度计在使用时被碰伤,在玻璃管外通常罩有金属保护套管,在玻璃温包与金属管之间添有良好的导热物质,以减少温度计测温的惰性。实验室用温度计精度度比标准水银温度计低,但比工业用玻璃液体温度计要高,属于精密温度计,其分度值可达 0.1 ℃、0.2 ℃、0.5 ℃。

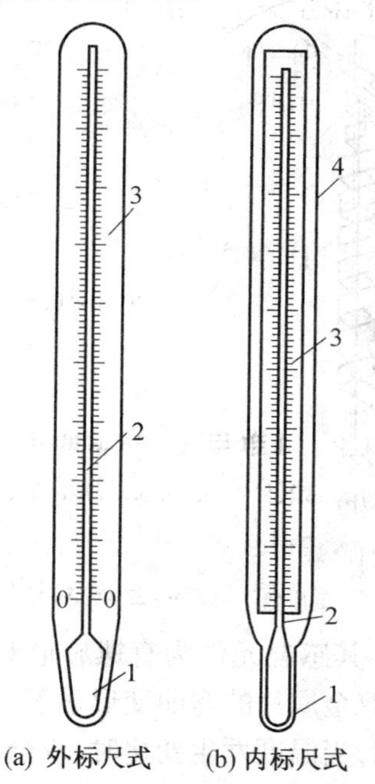

图 5.2　玻璃管液体温度计

1—玻璃温包;2—毛细管;3—刻度标尺;4—玻璃外壳

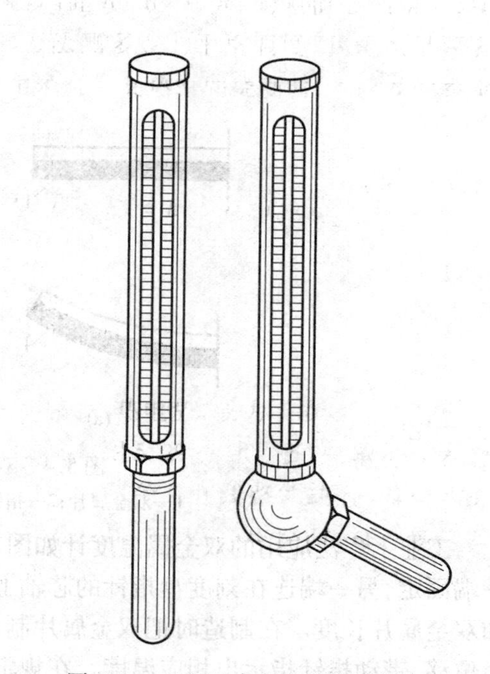

图 5.3　工业用玻璃管液体温度计

3. 使用玻璃管液体温度计的注意事项

使用玻璃管液体温度计应注意以下问题:

(1)读数时视线应正交于液柱,避免视差误差。

(2)注意温度计的插入深度。标准温度计和许多精密温度计背面一般都标有“全浸”字样,要做到液柱浸泡到顶;工业用温度计一般要求“局浸”,应将尾部全部插入被测介质中或插入到标志的固定位置深度,否则将收起测量误差。局浸式因大部分液柱露出,受环境温度影响,精度低于全浸式温度计。

(3)由于玻璃的热后效应影响,使玻璃温包体积变化,引起温度计零点偏移,出现示值误差，因此要定期对温度计进行校验。

5.3.2 固体膨胀式温度计

基于固体受热体积膨胀的性质制成的温度计称为固体膨胀式温度计。工业中使用最多的是双金属温度计。

1. 双金属温度计的组成原理

双金属温度计的感温元件是用两片线膨胀系数不同的金属片叠焊在一起制成的。双金属片受热后由于膨胀系数大的主动层 B 形变大，而膨胀系数小的被动层 A 形变小，造成双金属片向被动层 A 一侧弯曲，如图 5.4 所示。双金属温度计就是利用这一原理制成的。

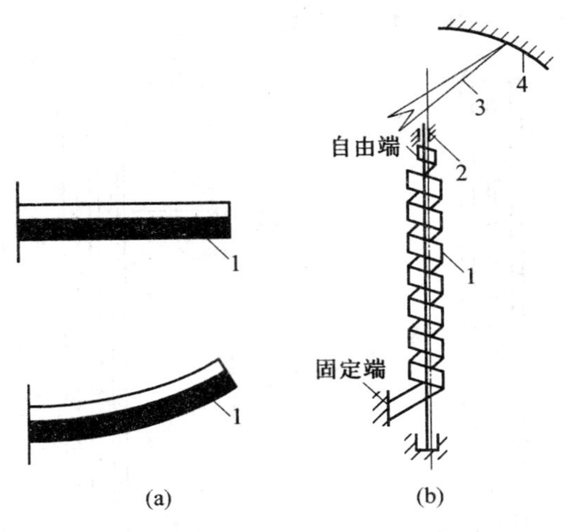

图 5.4　双金属片温度计

1—双金属片；2—指针轴；3—指针；4—刻度盘

工业上广泛应用的双金属温度计如图 5.5 所示。其感温元件为直螺旋形双金属片，一端固定，另一端连在刻度盘指针的芯轴上。为了使双金属片的弯曲变形显著，要尽量增加双金属片长度。在制造时把双金属片制成螺旋形状，当温度发生变化时，双金属片产生角位移，带动指针指示出相应温度。在规定的温度范围内，双金属片的偏转角与温度呈线性关系。

2. 双金属温度计的应用

双金属温度计结构简单、耐振动、耐冲击、使用方便、维护容易、价格低廉，适于测量振动较大的场合。目前，国产双金属温度计的使用温度范围为-80 ~ +100 ℃，精度为1.0、1.5和 2.5 级，型号为 WSS。

双金属片常被用作温度继电器控制器、极值温度信号器或仪表的温度补偿器。其原理如图 5.6 所示。当温度上升时，双金属片 1 产生弯曲，直至与调节螺钉 2 接触，使电路接通，信号灯 4 亮。若用继电器代替信号灯 4，就可以实现继电器控制，进行位式温度控制。调节螺钉 2 与双金属 1 之间的距离可以调整温度限值（控制范围）。

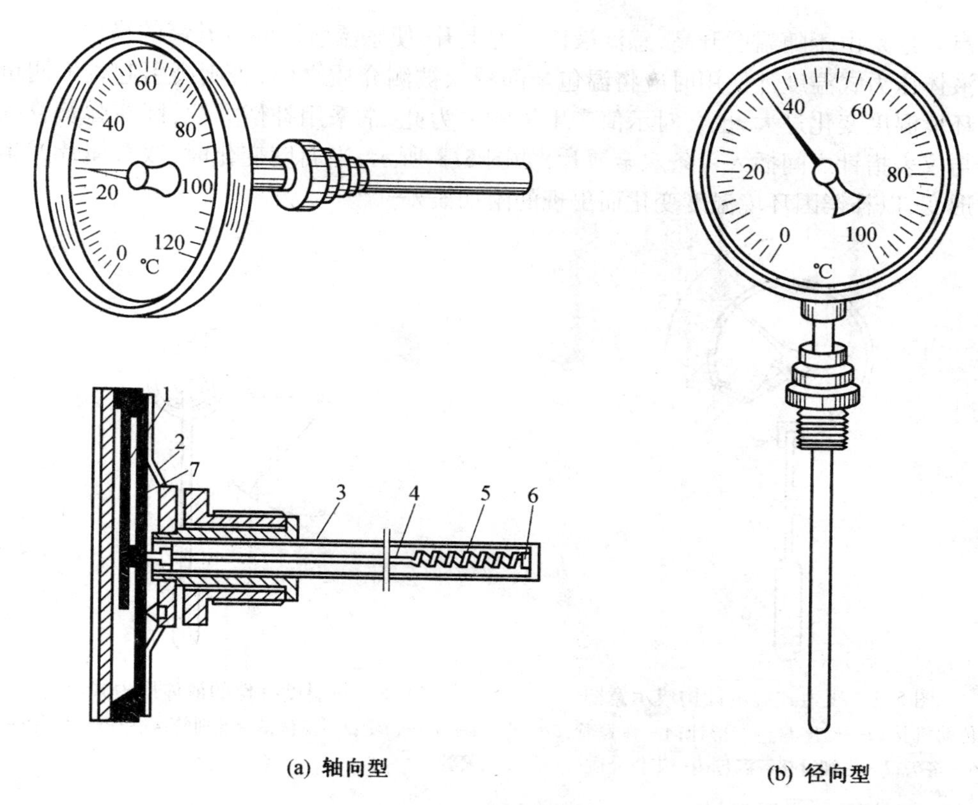

(a) 轴向型

(b) 径向型

图 5.5　双金属温度计

1—指针；2—表壳；3—金属保护管；4—指针轴；5—双金属感温元件；6—固定端；7—刻度盘

3. 压力式温度计

压力式温度计是根据在封闭系统中的液体、气体或低沸点液体的饱和蒸气受热后体积膨胀引起压力变化这一原理制作的，并用压力表来测量这种变化，从而测得温度。

压力式温度计主要由温包（感温元件）、毛细管、弹簧管等构成，如图 5.7 所示。毛细管连接温包和弹簧管，并传递压力，它是用铜或不锈钢冷拉而成的无缝圆管。弹簧管感测压力变化并指示出温度。

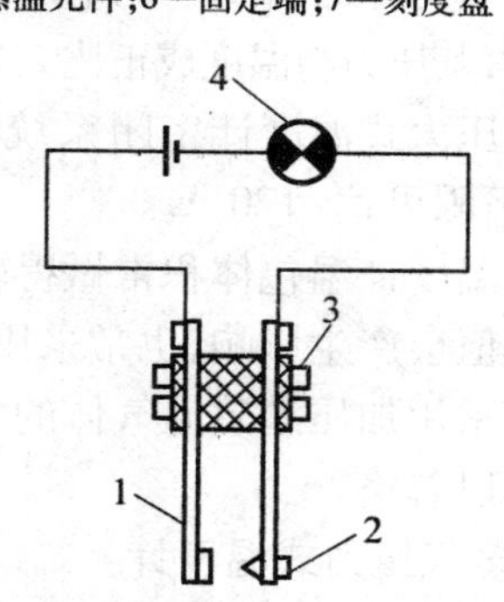

图 5.6　双金属温度信号器

按照感温介质不同，压力式温度计分为三类。

(1) 液体压力式温度计。

液体压力式温度计的密闭系统中充满感温液体，当温度升高时，温包内液体膨胀，经毛细管使弹簧管变形，借助于指示机构指示温度值。感温液体常用水银，测温范围 -30 ~ +500 ℃，上限可达 650 ℃。若测 150 ℃和 400 ℃以下的温度可分别用甲醇和二甲苯作感温液体。这种温度计的测量下限不能低于感温液体的凝固点，但上限却可以高于常压下的沸点。这是由于随温度升高,感温液体压力上升,使感温液体沸点升高的缘故。

液体压力式温度计使用时应将温包全部浸入被测介质之中,否则会引起较大测量误差。环境温度变化过大,也会对示值产生影响。为此,常采用补偿方法,即在弹簧管的自由端与仪表指针之间插入一条双金属片,如图 5.8 所示,当温度变化时,双金属片产生相应的形变,以补偿因环境温度变化而出现的附加误差。

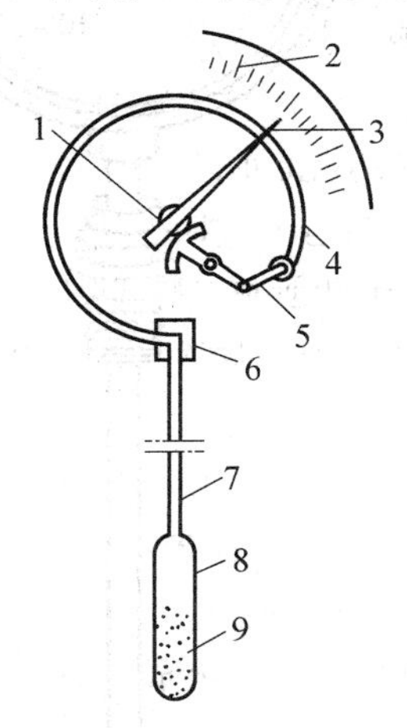

图 5.7 压力式温度计构成示意图

1—传动机构;2—刻度盘;3—指针;4—弹簧管;5—连杆;6—接头;7—毛细管;8—温包;9—工作介质

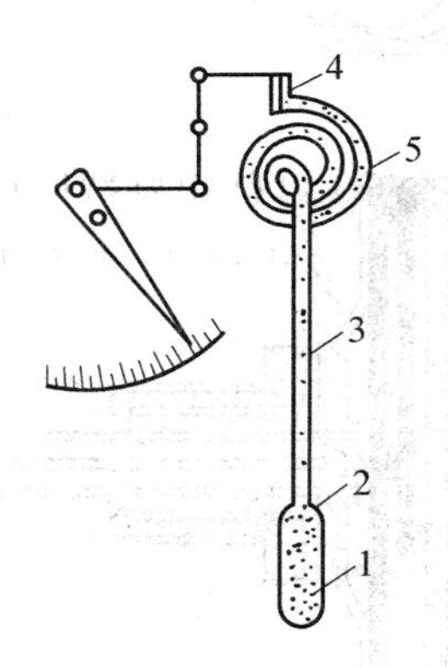

图 5.8 带温度补偿的液体压力式温度计

1—工作物质;2—温包;3—毛细管;4—双金属片;5—盘簧管

(2)气体压力式温度计。

这种温度计的密闭系统中加注灌装气体,由于气体膨胀系统比固体大得多,视为密闭系统定容,其压力与温度成正比。当温包温度升高时,密闭系统压力升高,指示出相应温度。

气体压力式温度计密闭系统中常充以氮气,一般测量范围-50 ~ +550 ℃。充以氢气,测温下限可达-120 ℃。

这种温度计温包体积常做得较大,在使用中要求温包全部浸入被测介质。环境温度变化对示值会产生影响,也常采用如同液体压力式温度计的加入双金属片补偿法。由于在制造时采用加压灌感温气体的方法,温包内压力比大气压大得多,环境压力变化对温度计影响可以忽略。

(3)蒸气压力式温度计。

蒸气压力式温度计是基于低沸点液体的饱和蒸气压力随温度变化的性质工作的。金属温包中 2/3 的容积用来盛放低沸点液体,密闭系统的其余空间充满这种液体的饱和蒸气。

由于饱和蒸气压力只与气液分界面的温度有关,环境温度变化对蒸气压力式温度计无影响,这是这种温度计的主要优点。但饱和蒸气压力与温度的关系呈非线性,这种温度计的刻度不均匀。这种温度计使用时,应将温包全部浸入被测介质之中。

蒸气压力式温度计的使用温度上限一般不超过+200 ℃,常用低沸点液体有氯甲烘烷(-20 ~ +100 ℃)、氯乙烷(10 ~ +120 ℃)、乙醚(0 ~ 150 ℃)、丙酮(0 ~ 170 ℃)等。

蒸气压力式温度计不适于测量与环境温度接近的介质温度,因为此时毛细管和弹簧管中的蒸气易发生完全冷凝(被测温度高于环境温度)或完全汽化(被测温度低于环境温度)的不稳定情况,当温包和指示部分不在同一高度时,很难判定示值中是否含有液柱高度误差,因此也要求温包和指示部分安装在同一高度。这种温度计的附加误差主要是大气压力变化时对测量的影响。其影响程度比气体压力表式温度计为大。

5.4 热电偶温度计

热电效应理论是从伏打(Alessandro Volta)开始,以后又经过许多科学家多年工作才建立起来的。伏打在1800年推断出两种不同金属的接触是伽尔瓦尼·佛哥(Galvanis Frog产生轴动的原因的结论,这个结论是热电效应理论的先驱)。

其他人的发现都是建立在这个基础上,例如,塞贝克(T·J·Seebeck)、珀尔帖(J·C·A·Peltier)和汤姆逊(W·Thomson)发现的热电效应,以及后来的开尔文(L·Kelvin)把三个热电效应从理论上联系起来。翁萨格(Lars Onsager)根据不可逆热力学观点,把这些概念应用于热电偶的各个过程,并合理地导出开尔文关系式。这就是热电效应理论建立的过程。

热电偶温度计是基于热电效应这一理论测量温度的。它的测量范围很广,可测量生产过程中-200~1600 ℃范围内(在某些情况下,上下限还可扩展)液体、蒸气和气体介质以及固体表面的温度。这类仪表结构简单、使用维修方便、测温准确可靠、反应速度较快、便于远传、自动记录和集中控制,因而在工业生产的温度测量中应用极为普遍。

热电偶温度计是由三部分组成:热电偶(感温元件)、连接导线(补偿导线)及显示仪表(数显仪表、电子电位差计),如图5.9所示。

5.4.1 热电效应及测温原理

热电偶是由两种不同的导体材料(图5.10中的A和B)焊接或绞接而成。焊接一端称为热电偶的热端(或称工作端),和导线连接的一端称为冷端(或称自由端)。导体A、B称为热电极,合称为热电偶。

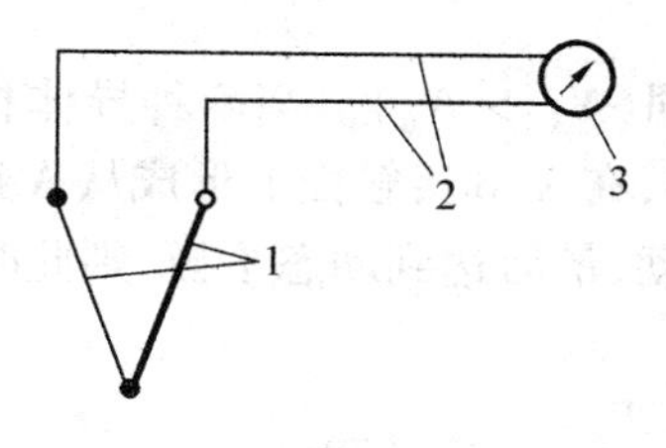

图5.9 热电偶的组成

1—热电偶;2—补偿导线;3—显示仪表

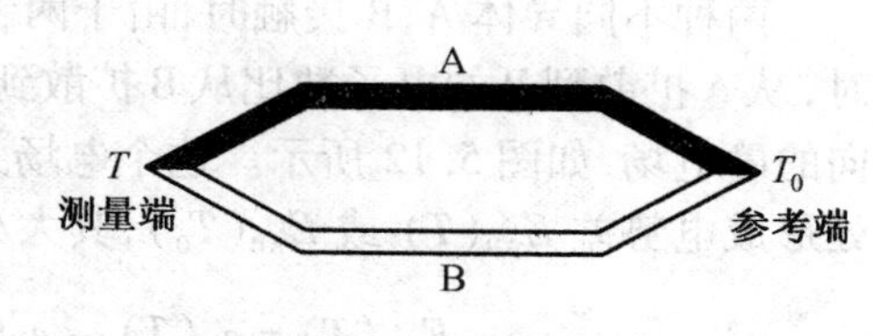

图5.10 热电偶

1. 热电势的产生

热电势于1821年由德国物理学家塞贝克发现。热电势由两种不同的导体组合成闭合回路,当两导体A、B相连处温度不同($t > t_0$)时,回路中产生热电效应,产生的电势称为热电势$E_{AB}(t,t_0)$。

热电势实际上由温差电势和接触电势两部分组成。

（1）温差电势。

温差电势是在同一导体中，由于两端温度不同而产生的一种热电势，又称为汤姆逊（Thomson）电势。当同一导体的两端温度不同时，由于高温端（t）的电子能量比低温端（t_0）的电子能量大，因而从高温端跑到低温的电子数要比从低温端跑到高温端的电子数要多，结果高温端因失去电子而带正电荷，低温端因得到电子而带负电荷。从而在高、低温端之间形成一个由高温端指向低温端的静电场，如图5.11所示。

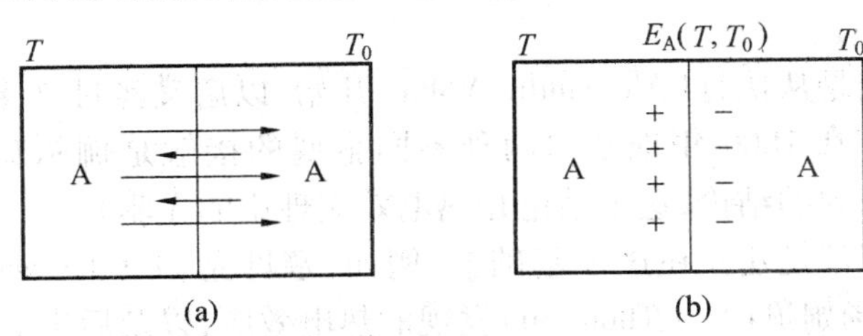

图5.11　温差电势形成的过程

该电场将阻止电子继续大量地从高温端跑向低温端，同时加速电子从 t_0 端跑向 t 端，最后达到动平衡状态，即从 t 端跑向 t_0 端的电子数等于从 t_0 端跑向 t 端的电子数。此时，在导体A两端便产生一个相应的电势差，这个电动势就称为温差电势，可表示为

$$E_A(T,T_0)=e_A(T)-e_A(T_0)=-E_A(T_0,T)=\frac{K}{e}\int_{T_0}^{T}\frac{1}{N_{At}}\cdot\frac{d(N_{At}\cdot t)}{dt}\cdot dt \tag{5.7}$$

式中　e——单位电荷，1.602×10^{-19}，C；

K——波尔兹曼常数，1.38×10^{-23}，J/K；

N_{At}——材料A在温度 t 时的自由电子密度，为温度 t 的函数。

可见，$E_A(T,T_0)$ 与导体材料的电子密度和温度及其分布有关，且呈积分关系。若导体为均质导体，即热电极材料均匀，则其电子密度只与温度有关，与其长度和粗细无关，在同样温度下电子密度相同。即 $E_A(T,T_0)$ 的大小与中间温度分布无关，只与导体材料和两端温度有关。

（2）接触电势。

两种不同导体A、B接触时，由于两者电子密度不同（$N_A>N_B$）。当两种导体相接触时，从A扩散到B的电子数比从B扩散到A的电子数多，在A、B接触面上形成从A到B方向的静电场，如图5.12所示。这个电场又阻碍扩散运动，最后达到动态平衡，则此时接点处形成电势差 $E_{AB}(T)$ 或 $E_{AB}(T_0)$，其大小可表示为

$$E_{AB}(T)=e_A(T)-e_B(T)=\frac{KT}{e}\ln\frac{N_A(T)}{N_B(T)}=-E_{BA}(T) \tag{5.8}$$

$$E_{AB}(T_0)=e_A(T_0)-e_B(T_0)=\frac{KT_0}{e}\ln\frac{N_A(T_0)}{N_B(T_0)}=-E_{BA}(T_0) \tag{5.9}$$

式中　$N_A(T)$、$N_B(T)$——材料A、B在温度为 T 时的自由电子密度；

$N_A(T_0)$、$N_B(T_0)$——材料A、B在温度为 T_0 时的自由电子密度。

2. 热电偶回路的总电势

热电偶回路接触和温差电势分布如图5.13所示，则热电偶回路总电势为

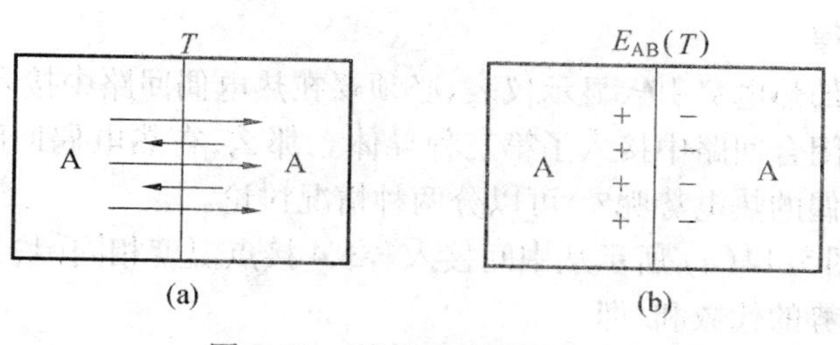

图 5.12　接触电势形成的过程

$$E_{AB}(T,T_0)=E_{AB}(T)-E_A(T,T_0)-E_{AB}(T_0)+E_B(T,T_0) \tag{5.10}$$

忽略温差电势后，热电偶回路总电势为

$$E_{AB}(T,T_0)=E_{AB}(T)-E_{AB}(T_0)=-E_{BA}(T,T_0)=$$

$$\frac{K}{e}\int_{T_0}^{T}\ln\frac{N_A}{N_B}\mathrm{d}t=\frac{KT}{e}\ln\frac{N_A(T)}{N_B(T)}-\frac{KT_0}{e}\ln\frac{N_A(T_0)}{N_B(T_0)} \tag{5.11}$$

在回路电势中，电子密度大的热电极称为正极，电子密度小的热电极称为负极。

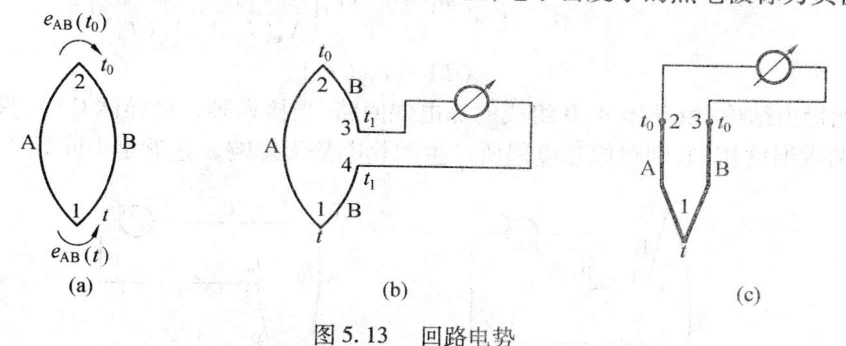

图 5.13　回路电势

3. 热电偶测温原理的结论

（1）热电偶总的电势与电子密度及其接点温度有关，当热电偶材料一定时，热电偶总的电势 $E_{AB}(T,T_0)$ 为温度 T、T_0 的函数差，即两接点温度的函数差。它与热电偶的形状、大小，偶丝的粗细无关。其公式为

$$E_{AB}(T,T_0)=f(T)-f(T_0)=E_{AB}(T)-E_{AB}(T_0) \tag{5.12}$$

（2）当 $T_0=0$ ℃ 时（国际温标规定），即冷端温度固定，$f(T_0)$ 为常数，热电偶与热端温度 T 呈单值函数关系。其公式为

$$E_{AB}(T,T_0)=f(T)-C=\varphi(T) \tag{5.13}$$

（3）任何两种不同导体都可以组成热电偶。

热电偶的热电势与温度对应关系通常使用热电偶分度表来查询。分度表的编制是在冷端（参考端）温度为 0 ℃ 时进行的，根据不同热电偶类型，分别制成表格形式，参见书后附录 1。现行热电偶分度表是按 ITS－90，即 1990 国际温标的要求制定的，利用分度表可查出 $E(t,0)$，即冷端温度为 0 ℃、热端温度为 t ℃ 时的回路热电势。

5.4.2　热电偶的基本定律

使用热电偶测温，要应用以下几条基本定律为理论依据。

1. 中间导体定律

为了把热电偶的热电势引入显示仪表，必须要在热电偶回路中接入仪表，而接入仪表就相当于在热电偶闭合回路中接入了第三种导体。那么，在热电偶回路中加入第三种导体会不会影响热电偶的热电势呢？ 可以分两种情况讨论。

第一种情况：图5.14(a)所示从中间接入。3、4接点温度相同(均为T_1)，故回路中的总电势为所有热电势的代数和，即

$$\begin{aligned}E_{ABC}(T,T_0)=&e_{AB}(T)+e_{BA}(T_0)+e_{CB}(T_1)+e_{BC}(T_1)=\\&e_{AB}(T)-e_{AB}(T_0)+e_{CB}(T_1)-e_{CB}(T_1)=\\&e_{AB}(T)-e_{AB}(T_0)\end{aligned}$$

第二种情况：图5.14(b)所示从冷端接入。2、3接点温度相同(均为T_0)，故回路中的总电势为所有热电势的代数和，即

$$\begin{aligned}E_{ABC}(T,T_0)=&e_{AB}(T)+e_{CA}(T_0)+e_{BC}(T_0)=\\&e_{AB}(T)+\frac{KT_0}{e}\ln\left[\frac{N_C(T_0)}{N_A(T_0)}\cdot\frac{N_B(T_0)}{N_C(T_0)}\right]=\\&e_{AB}(T)-e_{AB}(T_0)\end{aligned}$$

由此得出结论：由导体A、B组成的热电偶回路，当接入第三种导体C时，只要引入导体C的两端温度相同，则对原热电偶所产生的热电势无影响。这就是中间导体定律。

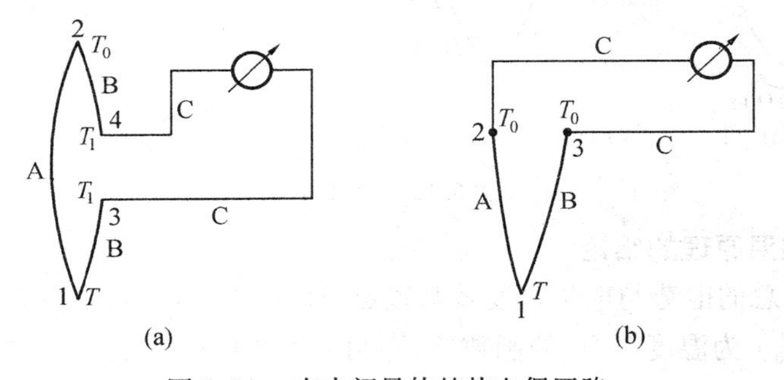

图5.14 有中间导体的热电偶回路

从实用的观点看，由于中间导体定律的存在，才可以在回路中引入各种连接导线、显示仪表等(它们都是在测量工作必须插入的)，而不必担心会对热电势有影响，而且也允许采用任意的焊接方法来焊制热电偶。同时就用这一性质还可以采用开路热电偶对液态金属和金属壁面进行温度测量。即有时为了提高测量的准确性和方便起见，热电偶的工作端不焊在一起，而是直接把二电极A、B的端头插入或焊在被测金属上。此时，液态金属和金属壁面即为接入热电偶A、B的第三种导体，只要保证两热电极A、B插入地方的温度一致，就对整个回路的总热电势不产生影响。

假如接入的第三种导体的两端温度不等，热电偶的热电势将要发生变化，变化的大小取决于导体的性质和接点的温度。因此，在测量过程中必须接入的第三种导体不宜采用与热电偶性质相差很远的材料，否则，一旦温度有所变化，热电势的变动就将很大。

2. 均质导体定律

由同一种均质(电子浓度处处相同)导体或半导体组成的闭合回路中(图5.15)，不

论其截面和长度如何，不论其各处的温度分布如何，都不能产生热电势。由式 5.11 得到证明，即

$$E_{AA}(T,T_0)=\frac{K}{e}\int_{T_0}^{T}\ln\frac{N_{At}}{N_{At}}\cdot dt=0 \qquad (5.14)$$

图 5.15　均质定律

由均质导体定律可知：

（1）热电偶必须由两种不同的均质材料所制成，此时热电势的大小只与热电极材料及两个接点的温度有关，而与热电极的截面、长度及温度分布无关。

（2）根据此定律可以检验热电极材料是否为均质材料。如果由同种均质材料组成闭合回路，则不管是否存在温差，回路都无电势输出；如果该回路由同种非均质热电极材料组成，且存在温差时，则有热电势输出，材料越不均匀，输出的热电势就越大，据此可检查热电极材料的均匀性。

3. 中间温度定律

在热电偶回路中两接点温度为 T、T_0 的热电势等于热电偶在温度 T、T_n 时的热电势与温度为 T_n、T_n 时的热电势的代数和，其中 T_n 是介于 T、T_0 之间的一个中间温度，如图 5.16 所示。

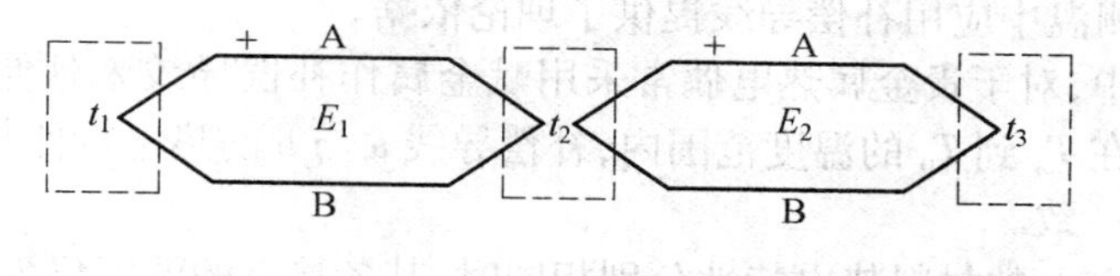

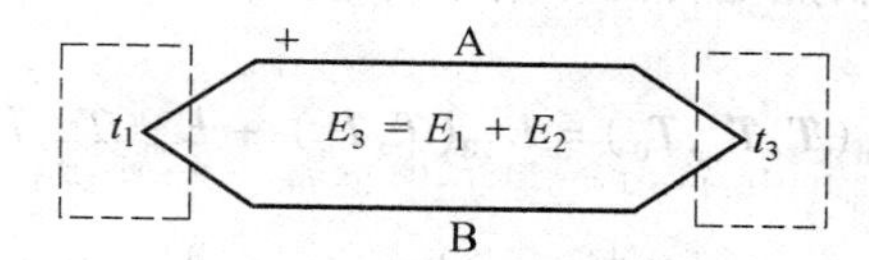

图 5.16　中间温度定律

回路总电势为

$$E_{AB}(T,T_n,T_0)=E_{AB}(T,T_n)+E_{AB}(T_n,T_0) \qquad (5.15)$$

证明如下：

$$\begin{aligned}E_{AB}(T,T_n,T_0)&=e_{AB}(T)+e_{AA}(T_n)+e_{BA}(T_0)+e_{BB}(T_n)=\\&e_{AB}(T)-e_{AB}(T_0)+e_{BB}(T_n)+e_{AA}(T_n)\end{aligned}$$

由于

$$\begin{aligned}e_{BB}(T_n)+e_{AA}(T_n)&=\frac{KT_n}{e}\ln\left(\frac{N_B}{N_B}\cdot\frac{N_A}{N_A}\right)=\\&\frac{KT_n}{e}\ln\left(\frac{N_A}{N_B}\cdot\frac{N_B}{N_A}\right)=\\&e_{AB}(T_n)-e_{AB}(T_n)\end{aligned}$$

所以

$$\begin{aligned}E_{AB}(T,T_n,T_0)&=e_{AB}(T)-e_{AB}(T_n)+e_{AB}(T_n)-e_{AB}(T_0)=\\&E_{AB}(T,T_n)+E_{AB}(T_n,T_0)\end{aligned}$$

由此定律可以得到如下结论：

(1) 各种分度号热电偶的热电势——温度关系分度表均以国际温标规定的冷端温度为0 ℃制定的。在实际热电偶测温回路中,遇到热电偶冷端温度不是0 ℃,而是处于某一中间温度 T_n,这时可以利用中间温度定律对热电偶的热电势进行温度修正。

例1 某支铂铑$_{10}$－铂热电偶(S型)测温,冷端温度30 ℃,测得回路电势为7.345 mV,求被测介质温度。

解 由于测得回路电势为7.345 mV,则

$$E_S(t,30)=7.345\ \text{mV}$$

查附表1,S型热电偶分度表可查得

$$E_S(30,0)=0.173\ \text{mV}$$

根据中间温度定律可知

$$E_S(t,0)=E_S(t,30)+E_S(30,0)=7.345+0.173=7.518\ \text{mV}$$

再查表可知被测介质温度 $t=815.9$ ℃。

由于热电偶 $E\sim t$ 之间通常呈非线性关系,当冷端温度不为0 ℃时,不能利用已知回路实际热电势 $E(t,t_0)$ 直接查表求取温度值,而要加上冷端温度所对应的电势,按中间温度定律进行修正,然后确定热端被测温度值。

(2) 为工业测温中应用补偿导线提供了理论依据。

在实际测温中,对于贵金属热电偶常采用贱金属作补偿导线来延伸热电极以节约贵金属。此时只要在 T_n 到 T_0 的温度范围内,补偿导线a与b的热电特性与贵金属热电极A与B的热电特性一致。

当A与a、B与b的材料热电特性分别相同时,其各接点的温度仍为 T、T_n(中间温度)和 T_0 时,总的热电势为

$$E_{AB}(T,T_n,T_0)=E_{AB}(T,T_n)+E_{ab}(T_n,T_0) \tag{5.16}$$

4. 标准电极定律

当接点温度为 T、T_0 时,用导体A、B组成热电偶产生的热电势等于A、C热电偶和C、B热电偶热电势的代数和,即

$$E_{AB}(T,T_0)=E_{AC}(T,T_0)+E_{CB}(T,T_0) \tag{5.17}$$

导体C称为标准电极(一般由铂制成)。这一规律称为标准电极定律。三种导体分别构成的热电偶如图5.17所示。

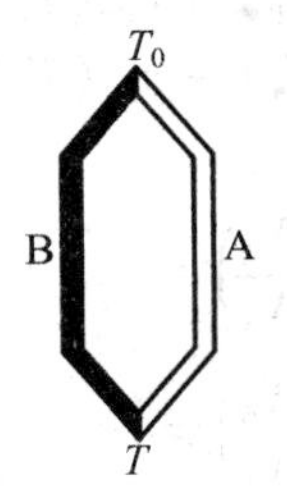

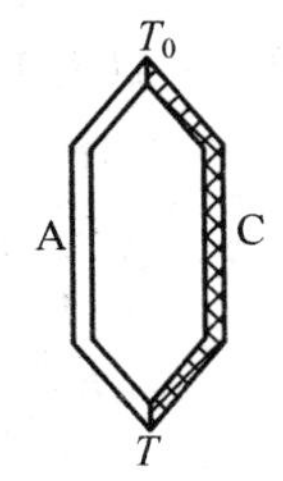

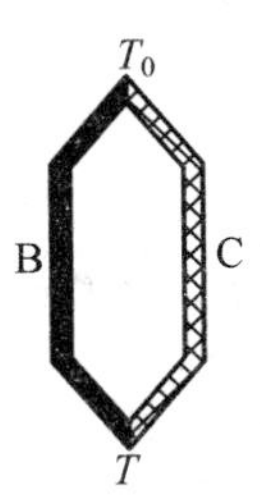

图5.17 标准电极定律

对于A、B热电偶有

$$E_{AB}(T,T_0)=e_{AB}(T)-e_{AB}(T_0)$$

对于A、C热电偶有

$$E_{AC}(T,T_0)=e_{AC}(T)-e_{AC}(T_0)$$

对于 B、C 热电偶有

$$E_{BC}(T,T_0)=e_{BC}(T)-e_{BC}(T_0)$$

所以得到

$$\begin{aligned}E_{AC}(T,T_0)+E_{CB}(T,T_0)&=e_{AC}(T)-e_{AC}(T_0)+e_{CB}(T)-e_{CB}(T_0)=\\&e_{AC}(T)+e_{CB}(T)-(e_{AC}(T)+e_{CB}(T_0))=\\&\frac{KT}{e}\ln\left(\frac{N_AT}{N_CT}\cdot\frac{N_CT}{N_BT}\right)-\frac{KT_0}{e}\ln\left(\frac{N_AT_0}{N_CT_0}\cdot\frac{N_CT_0}{N_BT_0}\right)=\\&e_{AB}(T)-e_{AB}(T_0)=E_{AB}(T,T_0)\end{aligned}$$

标准电极所用材料为铂，而铂容易提纯，物理化学性质稳定，熔点较高。这种方法大大方便了热电偶的选配工作。只要知道某些材料与标准电极相配的热电势，就可以由上述定律求出任何两种材料组成热电偶的热电势。

5.4.3　热电极材料及常用热电偶

1. 对热电偶材料的要求

任何不同的导体或半导体构成回路均可以产生热电效应，但并非所有导体或半导体均可作为热电极来组成热电偶，必须对它们进行严格选择。作为热电极的材料应满足如下基本要求。

(1)温度变化时，热电势的变化足够大，平均灵敏度高，热电势率高。

(2)物理稳定性高，热电特性不随时间而变化。

(3)化学稳定性高，在高温下不被氧化腐蚀。

(4)材料组织要均匀，要有韧性，便于加工成长丝。

(5)复现性好，相同材料制成的热电偶，热电特性均相同。

(6)材料的电阻温度系数较小，电阻率较低。

能够完全满足上述要求的材料是很难找到的，因此在应用中根据具体应用情况选用不同的热电极材料。广泛使用的制作热电极的材料有 40 ~ 50 种，国际电工委员会(IEC)对其中公认的性能较好的热电极材料制定了统一标准。我国大部分热电偶按 IEC 标准进行生产。

2. 标准化热电偶

目前，国际上有八种标准化热电偶，称之为“字母标志热电偶”，即其名称用专用字母表示，这个字母即热电偶型号标志，称为分度号，是各种类型热电偶的一种很方便的缩写形式。热电偶名称由热电极材料命名，正极写在前面，负极写在后面。下面简要介绍各种标准化热电偶的性能和特点。

(1)铂铑$_{10}$-铂热电偶(分度号为 S)。

铂铑$_{10}$-铂热电偶是一种贵金属热电偶，由铂铑$_{10}$丝(铂 90%，铑 10%)和纯铂丝制成，其中铂铑为正极，铂丝为负极。这是 1886 年最早研究成功的一种热电偶，抗氧化，耐高温，精度高，物理化学性能好。在所有的热电偶中，它的精度最高，所以它可用于精密温度测量及作为基准热电偶。其缺点是热电势较低，在真空或高温下易受还原性气体(如 H_2、CO 等)所发出的蒸气或金属蒸气的侵害而变质。由于材料价格昂贵，故电极丝直径通常较细(0.35 ~0.5 mm),机械强度较低。

铂铑10-铂热电偶适合于氧化气氛中测温,其测温上限长期使用为 1 350 ℃以下,短期最高使用温度 1 600 ℃。测量误差可以满足±1 ℃的要求。

(2)铂铑$_{13}$-铂热电偶(分度号为 R)。

铂铑$_{13}$-铂热电偶与铂铑$_{10}$-铂热电偶相比,它的热电势为 15%左右,其他性能几乎完全相同。R 型热电偶似乎比 S 型要稳定得多,而且各制造厂之间生产的同样名义成分的热电偶变化状况要小得多,而且有更优良的性能,有代替铂铑$_{10}$-铂热电偶的趋势。

它的测温范围为 0 ~1 600 ℃,测温上限长期为 1 400 ℃以下,短期可达1 600 ℃。测量误差为±(1 ~1.5±0.25% t) ℃(t 为被测温度值)。

(3)铂铑$_{30}$-铂铑$_6$热电偶(分度号为 B)。

铂铑$_{30}$-铂铑$_6$热电偶也称为双铂铑热电偶,是 20 世纪 60 年代发展起来的一种典型的高温热电偶。以铂铑$_{30}$丝(铂 70%,铑 30%)为正极,铂铑$_6$丝(铂 94%,铑 6%)为负极,其热电特性在高温下更为稳定,适于在氧化性或中性介质中使用。但它产生的热电势小,价格贵。在室温下热电势极小(20 ℃时为-2 μV, 50 ℃时为 3 μV),因此当冷端温度在 50 ℃以下范围使用时,一般不需要进行冷端温度补偿。这是国内常用的高温热电偶。

它的测温范围为 0 ~1 800 ℃,测温上限长期使用为 1 600 ℃以下,短期可达 1 800 ℃。测量误差为±(0.25% t ~4) ℃。

(4)镍铬-镍硅(镍铬-镍铝)热电偶(分度号为 K)。

镍铬-镍硅热电偶由于正、负极材料中都含镍,故抗氧化性抗腐蚀性好,500 ℃以下可用于氧化性及还原性介质中,500 ℃以上只适合在氧化性和中性介质中使用。它的热电特性近似为线性,热电势比 S 分度号的热电偶高 3 ~4 倍,复制性好,价格便宜,在工业生产中得到广泛应用。它的缺点是在还原性介质、硫及硫化物中使用时易被腐蚀,因此必须在气密性更好的保护套管中工作。

它的测温范围为-200 ~1 300 ℃,测温上限长期使用为 1 000 ℃以下,短期可达 1 300 ℃。测量误差为±(1.5 ~2.5) ℃。

(5)镍铬-康铜热电偶(分度号为 E)。

镍铬为正极,康铜为负极。它适用于-200 ~800 ℃范围内的氧化性或惰性气氛中的温度测量,但不适用于还原气氛、交替氧化和还原的气氛以及真空气氛中。这种热电偶对于含有较高温度气体的腐蚀是不敏感的,它同样可以应用于零下温度的测量。在所有金属热电偶中,它的微分热电势最大,因此可以用来做成热电堆或测量变化范围较小的温度。它的价格便宜。

它的测温范围为-200 ~870 ℃,但在某种程度上 50 ℃以上只适合短期使用。测量误差为±(1.5 ~2.5) ℃。

(6)铜-康铜热电偶(分度号为 T)。

铜为正极,铜镍合金(铜 60%,镍 40%)为负极。属于廉价热电偶,在廉价金属热电偶中它的精度最高,稳定性好,低温测量灵敏度高,可用于真空、氧化、还原及中性介质中。但由于纯铜在高温时易氧化,故一般使用时不超过 300 ℃,而且因铜热电极的热导率高,在低温下易引入误差。

适用测温范围一般为-200 ~300 ℃,短期可达 350 ℃。测量误差为±(0.5 ~1.0) ℃。

特别是在-200～0 ℃下使用，稳定性很好，一年左右其示值稳定性在±3 μV。

(7)铁-康铜热电偶(分度号为J)。

铁为正极，康铜(铜镍合金)为负极，它是廉价金属热电偶，适用于真空、氧化和还原或惰性气氛中，这种热电偶在700 ℃以下线性非常好，具有较高的灵敏度。由于铁易氧化生锈，故它不能在高温或含硫的介质中使用。

它的测温范围为-40～750 ℃，测量误差为±(1.5～2.5) ℃。

(8)镍铬硅-镍硅热电偶(分度号为N)。

这是一种由澳大利亚材料研究所与原美国标准局(NBS)联合研究的新型热电偶。它的名义成分为：正极14.0%Cr，1.4%Si，余为Ni；负极4.4%Si，0.1%Mg，余为Ni。美国仪器仪表学会(ISA)把这种热电偶定名N型，IEC也接受这定名并列入标准之内。我国也制定了标准(GB/T 16839.1—1997)。这种N型热电偶，由于调整了合金成分，添加了稀土金属La、Ce、Y和Ca等，使合金丝的高温抗氧化性和热电稳定性有明显的提高。试验表明：N型热电偶的长期稳定远优于K型热电偶，成为可用于-50～1 300 ℃的优秀的廉价热电偶。我国标准化热电偶的主要特性见表5.3。

表5.3　标准化热电偶的主要特性

热电偶名称	分度号	测温范围/℃		特点及应用场合
		长期使用	短期使用	
铂铑$_{10}$-铂	S	0～1 300	1 700	热电特性稳定，抗氧化性强，测温范围广，测量精度高，热电势小，线性差且价格高，可作为基准热电偶，用于精密测量
铂铑$_{13}$-铂	R	0～1 300	1 700	与S型热电偶的性能几乎相同，只是热电势同比大15%
铂铑$_{30}$-铂铑$_{6}$	B	0～1 600	1 800	测量上限高，稳定性好，在冷端低于100 ℃不用考虑温度补偿问题，热电势小，线性较差，价格高，使用寿命远高于S型和R型
镍铬-镍硅	K	-270～1 000	1 300	热电势大，线性好，性能稳定，价格较便宜，抗氧化性强，广泛应用于中高温测量
镍铬硅-镍硅	N	-270～1 200	1 300	在相同条件下，特别在1 100～1 300 ℃高温条件下，高温稳定性及使用寿命较K型有成倍提高，其价格远低于S型热电偶，而且性能相近，在-200～1 300 ℃范围内，有全面代替廉价金属热电偶和部分S型热电偶的趋势
铜-铜镍(康铜)	T	-270～350	400	准确度高，价格便宜，广泛用于低温测量
镍铬-铜镍(康铜)	E	-270～870	1 000	热电势较大，中低温稳定性好，耐腐蚀，价格便宜，广泛用于中低温测量
铁-铜镍(康铜)	J	-210～750	1 200	价格便宜，耐H_2和CO_2气体腐蚀，在含碳或铁的条件下使用也很稳定，适用于化工生产过程的温度测量

这里需要说明的是：

①对于分度号为S、R、B的贵金属来说，长期使用最高温度是指在干燥空气中热电偶在该温度下经过200小时工作后，其原始分度值的变化不超过0.5%；短期使用的最高温度、工作气氛及原始值的变化与上述相同，经历时间则为20小时。

②对于分度号为K、E、J、T、N的贱金属来说，其长期使用的最高温度是指在干燥空气中热电偶在该温度下经过1 000小时工作后，其原始分度值的变化不超过0.75%；短期使用的最高温度、工作气氛及原始值的变化与上述相同，经历时间则为100小时。

③分度号为E、J、T热电偶的负极虽然都是康铜（铜镍合金），但通常含有小量的不同元素，以控制热电势，并相应减少镍或铜的含量，或同时减少二者的含量。

3. 热电偶的结构

图5.18所示为典型工业用热电偶结构。它由热电极、绝缘子、保护套管及接线盒等组成。其绝缘套管大多为氧化铝或工业陶瓷管。保护套管则根据测温条件来确定，测量1 000 ℃以下的温度一般用金属套管，测1 000 ℃以上的温度则多用工业陶瓷甚至氧化铝保护套管。科学研究中所使用的热电偶多用细热电极丝自制而成，有时不用保护套管以减少热惯性。热电偶的典型结构如图5.18所示。

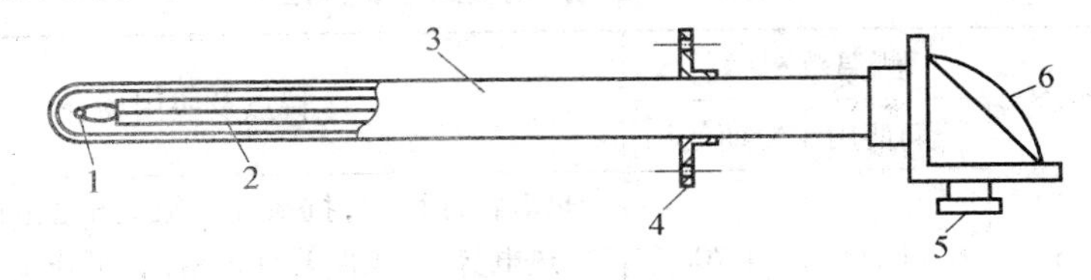

图5.18　热电偶的典型结构

1—焊点；2—绝缘套管；3—保护套管；4—安装固定件；5—引线口；6—接线盒

(1)热电极。

热电极作为测温敏感元件，是热电偶温度计的核心部分，其测量端通常采用焊接方式。焊点的形式常用的有点焊、对焊和绞状焊等。焊接质量好坏将影响测温的可靠性，因此要求焊接牢固、有金属光泽、表面圆滑、无玷污变质、夹渣和裂纹等。

(2)绝缘套管。

两热电极之间要求有良好的绝缘，绝缘套管用于防止两根热电极短路。

(3)保护套管。

为延长热电偶的使用寿命，使之免受化学和机械损伤，通常将热电极（含绝缘套管）装入保护套管内，起到保护、固定和支撑热电极的作用。作为保护套管的材料应有较好的气密性，不使外部介质渗透到保护套管内；有足够的机械强度，抗弯抗压；物理、化学性能稳定，不产生对热电极的腐蚀；高温环境使用，耐高温和抗震性能好。

(4)接线盒。

热电偶的接线盒用来固定接线座和连接导线之用，起保护热电极免受外界侵蚀和外接导线与接线柱良好接触的作用。

4. 特殊热电偶

为满足科学实验及工业生产的需要，有两种特殊结构的热电偶得到广泛应用。

（1）铠装热电偶。

由于某些研究的需要，要求热电偶小型化和灵活性，即具有惯性小、性能稳定结构紧凑、牢固、抗振、可挠等特点。铠装热电偶能较好地满足这些要求，它的结构形式如图5.19所示。由热电极、耐高温金属氧化物粉末（Al_2O_3）、不锈钢套管三者一起拉细而组成一体，外直径从0.25～12 mm不等。其长度可根据需要自由选择。

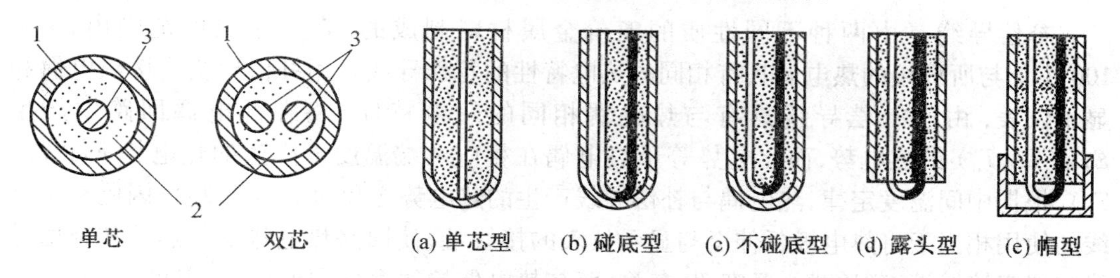

图5.19　铠装式热电偶断面结构

1—金属套管；2—绝缘材料；3—热电极

（2）薄膜式热电偶。

采用真空蒸镀或化学涂层等制造工艺将两种热电极材料蒸镀到绝缘基板上，形成薄膜状热电偶，其热端接点极薄，为0.01～0.1 μm。它适用于壁面温度的快速测量。基板由云母或浸渍酚醛塑料片等材料做成。热电极有镍铬-镍硅、铜-康铜等。测温范围一般在300 ℃以下。使用时用胶黏剂将基片黏附在被测物体表面上，反应时间约为数毫秒。如图5.20所示，基板尺寸为60 mm×6 mm×0.2 mm。

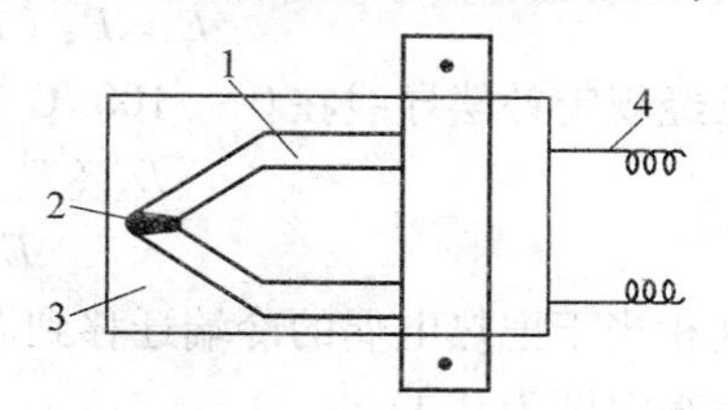

图5.20　薄膜式热电偶示意

1—热电极；2—热接点；3—绝缘基板；4—引出线

5.4.4　补偿导线与冷端温度补偿

由热电偶测温原理可知，只有当热电偶的冷端（自由端）温度保持不变，且等于0 ℃时，热电势才是被测温度的单值函数。热电偶分度表和根据分度表刻度的显示仪表都要求冷端温度恒定为0 ℃，否则将产生测量误差。然而在实际应用中，由于热电偶的冷端与热端距离通常很近，冷端（接线盒处）又暴露于空间，受到周围环境温度波动的影响，冷端温度很难保持恒定，保持在0 ℃更难。因此必须采取措施，消除冷端温度变化和不为0 ℃所产生的影响，进行冷端温度补偿。

1. 补偿导线

一般温度显示仪表安装在远离热源、环境温度 t_0 较稳定的地方（如控制室），而热电偶通常做得较短（满足插入深度即可），其冷端（即接线盒处，温度为 t_0'）在现场。用普通铜导线连接，冷端温度变化将给测量结果带来误差。若将热电极做得很长，使冷端延伸到温度恒定的地方，一方面对于贵金属热电偶很不经济，另一方面热电极线路不便于敷设且易受干扰影响，显然是不可行的。解决这一问题的方法是使用补偿导线，如图5.21所示。

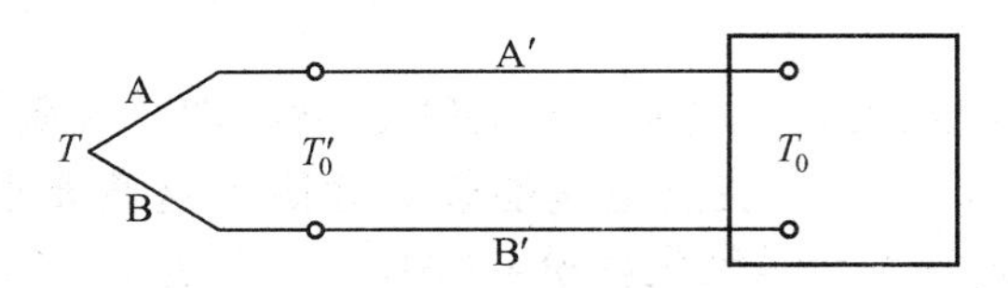

图 5.21　热电偶与补偿导线接线

补偿导线是由两种不同性质的廉价金属材料制成的，在一定温度范围内（0 ~ 100 ℃）与所配接的热电偶具有相同的热电特性的特殊导线。用补偿导线连接热电偶和显示仪表，由于补偿导线具有与热电偶相同的热电特性，将在热电偶回路中产生 $E_{A'B'}(T'_B, T_0)$ 的热电势，而此电势等于热电偶在相应两端温度下产生的热电势 $E_{AB}(T'_B, T_0)$，根据中间温度定律，热电偶与补偿导线产生的热电势之和为 $E_{AB}(T, T_0)$，因此补偿导线的使用相当于将热电极延伸至与显示仪表的接线端，使回路热电势仅与热端和补偿导线与仪表接线端（新冷端）温度 T_0 有关，而与热电偶接线盒处（原冷端）温度 T'_B 变化无关。

由图 5.21 可知，由于引入了补偿导线 A′ 和 B′ 之后，冷端温度由 T'_0 变为 T_0，根据中间导体定律，回路总电势为

$$E = E_{AB}(T, T'_0) + E_{A'B'}(T'_0, T_0)$$

已经规定补偿导线在 0 ~ 100 ℃ 范围内

$$E_{AB}(T'_0, T_0) = E_{A'B'}(T'_B, T_0)$$

于是

$$E = E_{AB}(T, T_0)$$

这相当于把热电偶的冷端迁移到温度为 T_0 处，然后再接入冷端补偿器或其他补偿措施使冷端温度为 0 ℃。

补偿导线是指在一定的温度范围内，其热电性能与其相应热电偶的热电性能十分相近的一种廉价导线。补偿导线有以下作用：

（1）用廉价的补偿导线作为贵金属热电偶（如铂铑$_{10}$ – 铂热电偶）的延长导线，以节约贵金属热电偶。

（2）将热电偶的冷端移至远离被测对象且环境温度较恒定的地方，这样有利于冷端温度的修正和测量误差的减少。

（3）用粗直径和导电系数大的补偿导线作为热电偶的延长线，可以减少热电偶回路的电阻，以利于提高显示仪表的测量精度。

补偿导线分为延伸型和替代型两种。延伸型补偿导线选用的金属材料与热电极材料相同；替代型补偿导线所选金属材料与热电极材料不同。常用热电偶补偿导线见表 5.4。

在使用补偿导线时，要注意补偿导线型号与热电偶型号匹配、正负极与热电偶正负极对应连接、补偿导线所处温度不超过 100 ℃，否则将造成测量误差。

表 5.4　常用热电偶补偿导线

热电偶		补偿温度范围/℃	补偿导线					备注
			正　极		负　极		100 ℃ 热电势/mV	
名称	分度号		材料	导线外皮颜色	材料	导线外皮颜色		
铂铑$_{30}$ - 铂铑$_{6}$	B	0 ~ 100	铜	红	铜	红		不需补偿
铂铑$_{13}$ - 铂	R	0 ~ 150	SPC(铜)	红	SNC(铜镍)	绿	0.646 ±0.023	SC
铂铑$_{10}$ - 铂	S							
镍铬 - 镍硅	K	-20 ~ 150	KPX(镍铬)	红	KNX(镍硅)	黑	4.096 ±0.105	KX
		-20 ~ 100	KPC(铜)	红	KNC(铜镍)	蓝	4.096 ±0.105	KC
镍铬 - 铜镍	E	-20 ~ 150	EPX(镍铬)	红	ENX(铜镍)	棕	6.319 ±0.170	EX
铁 - 铜镍	J		JPX(铁)	红	JNX(铜镍)	紫	5.269 ±0.135	JX
铜 - 铜镍	T		TPX(铜)	红	TNX(铜镍)	白	4.279 ±0.047	TX

注:所谓标记颜色实际上是绝缘(橡胶)皮的颜色;SC 型也可配用于 R 型热电偶。

例 2　分度号为 K 的热电偶误配 EX 补偿导线,极性连接正确,如图 5.22 所示,问仪表示值如何变化?

解　若连接正确,根据中间温度定律,回路总电势为

$$E = E_K(t,30) + E_K(30,20)$$

现误用 EX 补偿导线,则实际回路总电势为

$$E' = E_K(t,30) + E_E(30,20)$$

回路总电势误差为

$$\begin{aligned}\Delta E/\text{mV} = E' - E = E_K(t,30) + E_E(30,20) - E_K(t,30) - E_K(30,20) = \\ E_E(30,20) - E_K(30,20) = \\ E_E(30,0) - E_E(20,0) - E_K(30,0) + E_K(20,0) = \\ 1.801 - 1.192 - 1.203 + 0.798 = 0.204\end{aligned}$$

回路电势偏大,仪表示值偏高。

例 3　分度号为 K 的热电偶配用 KX 补偿导线,但极性接反,如图 5.23 所示。问回路电势如何变化?

解　若极性连接正确,回路总电势为

$$E = E_K(t,t_0') + E_K(t_0',t_0)$$

现补偿导线接反,回路总电势为

$$E' = E_K(t,t_0') - E_K(t_0',t_0)$$

回路电势误差为

$$\Delta E = E' - E = E_K(t,t_0') - E_K(t_0',t_0) - E_K(t,t_0') - E_K(t_0',t_0) = -2E_K(t_0',t_0)$$

分析:若 $t_0' > t_0$,则 $\Delta E < 0$,回路电势偏低;若 $t_0' < t_0$,则 $\Delta E > 0$,回路电势偏高;若

$t_0' = t_0$，则 $\Delta E = 0$，回路电势不变。

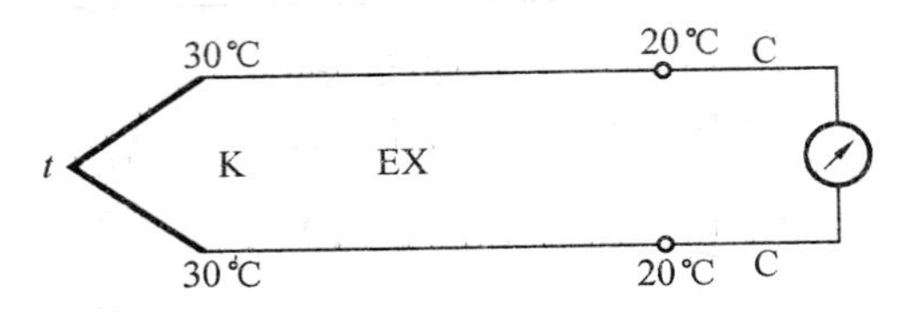

图5.22　例2测温线路连接图

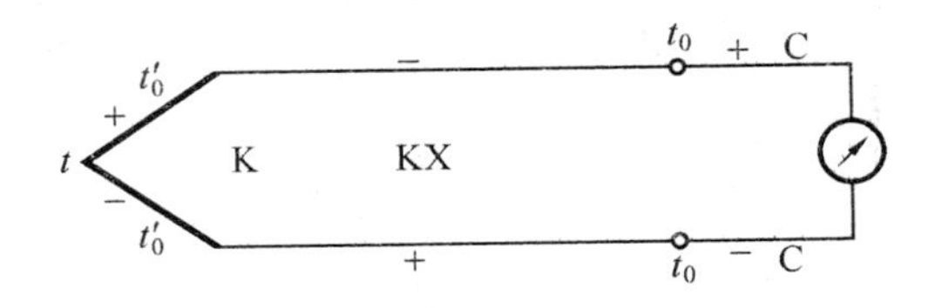

图5.23　例3测温线路连接图

2. 冷端温度补偿

$E_{AB}(T,T_0)=f(T)-C=\varphi(T)$ 为热电偶测温原理的基本方程式，它说明对于一定的热电偶材料A和B，热电势只与两个接点的温度 T 和 T_0 有关。只有当冷端温度 T_0 稳定不变且已知时，才能得到热电势 E 和温度 T 的单值函数关系。实际使用的热电偶分度表中的热电势与温度的对应值是以 $T_0=0$ ℃ 为基础的。配用补偿导线，将冷端延伸至温度基本稳定的地方，但新冷端若不是恒为0 ℃，配用按分度表刻度的温度显示仪表，必定会引起测量误差，必须予以修正，这就是热电偶的冷端温度进行补偿。

（1）冰浴法。

这是一种最高精度的处理方法，可以使 T_0 稳定地维持在0 ℃。其实施办法是将纯净的碎冰和纯水的混合物放在保温瓶中，再把玻璃试管插入冰水混合物中，在试管的底部注入适量油类或水银，热电偶的冷端就插到试管底部，实现了 $T_0=0$ ℃ 的要求。把冷端置于保持恒温的冰点槽中，在实验室或精密测量中使用，特别是分度和校验热电偶时都要用此法，如图5.24所示。

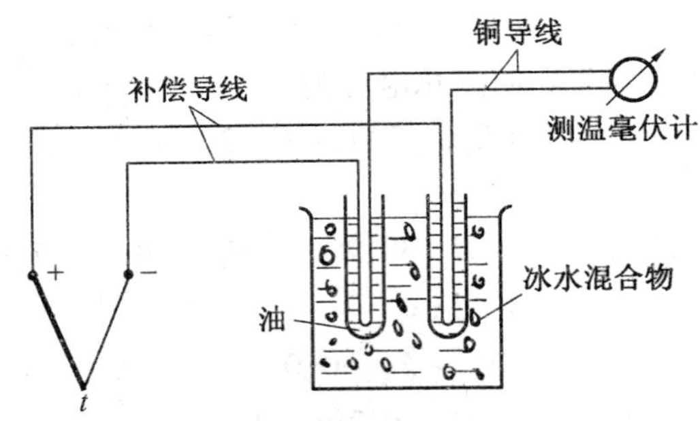

图5.24　冰浴法

（2）计算修正法。如果测温热电偶的热端温度为 T ℃，冷端不是0 ℃而是 T_0 ℃（$T_0>0$ ℃），这时不能用测得的 $E(T,T_0)$ 去查分度表得 T，而应根据下式进行修正：

$$E(T,0)=E(T,T_0)+E(T_0,0) \tag{5.18}$$

式中　$E(T,0)$——冷端为0 ℃，热端为 T 时的热电势；

$E(T,T_0)$——冷端为 T_0 ℃，热端为 T 时的热电势；

$E(T_0,0)$——冷端为 T_0 ℃ 时的校正值。

例4　用铂铑$_{10}$－铂热电偶测温，当冷端温度为25 ℃时，测得的热电势为9.012 mV，试求热电偶所测的实际温度。

解　查铂铑$_{10}$－铂热电偶的分度表，得

$$E_S(25,0) = 0.142 \text{ mV}$$

$$E(t,0)/\text{mV} = E(t,25) + E(25,0) = 9.012 + 0.142 = 9.154$$

再查上述分度表,得实际温度为 962 ℃。

可以看出,用计算修正法来补偿冷端温度变化的影响,仅适用于实验室或临时性测温的情况,而对于现场的连续测量显然是不实用的。

(3) 仪表零点校正法。

如果热电偶冷端温度比较恒定,与之配用的显示仪表零点调整又比较方便,则可采用此种方法实现冷端温度补偿。若冷端温度 t_0 已知,可将显示仪表的机械零点直接调至 t_0 处。这相当于在输入热电偶回路热电势之前就给显示仪表输入了一个电势 $E(t_0,0)$,因为与热电偶配套的显示仪表是根据分度表刻度的,这样在接入热电偶之后,使得输入显示仪表的电势相当于

$$E(t,t_0) + E(t_0,0) = E(t,0)$$

因此显示仪表可显示测量端(热端)的温度 t。应当注意,当冷端温度 t_0 变化时需要重新调整仪表的机械零点,如冷端温度变化频繁,此方法则不宜采用。调整显示仪表的零点时,应在断开热电偶回路的情况下进行。

(4) 补偿电桥法。

补偿电桥法是采用不平衡电桥产生的直流毫伏信号,来自动补偿热电偶因冷端温度变化而引起的热电势变化,又称为冷端温度补偿器。如图 5.25 所示,虚线圆内的电桥就是冷端温度补偿器,由四个桥臂电阻 R_1、R_2、R_3、R_{Cu} 和桥路稳压电源组成。桥臂电阻 R_1、R_2 和 R_3 是由电阻温度系数极小的锰铜丝无感绕制的,其电阻值基本不随温度变化。R_{Cu} 是由电阻温度系数为 4.3×10^{-3} 1/℃ 铜丝绕制而成的。

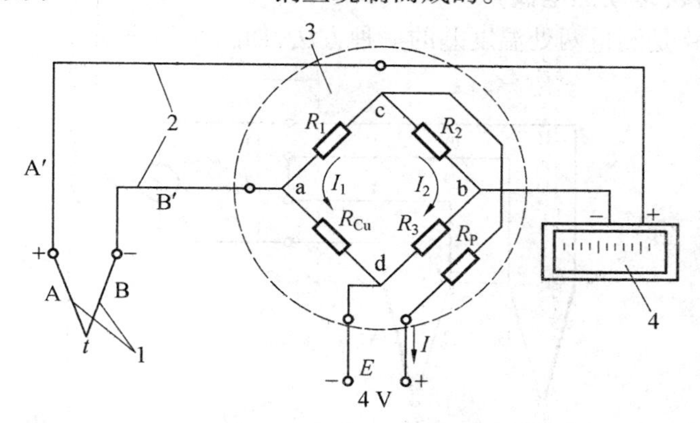

图 5.25　冷端温度补偿器的应用

1— 热电偶;2— 补偿导线;3— 冷端温度补偿器;4— 显示仪表

设计桥路电压为 4 V,由直流稳压电源供电,R_P 为限流电阻,其阻值因热电偶分度号不同而不同。电桥输出电压 U_{ab} 串联在热电偶测温回路中。热电偶用补偿将其冷端连接到冷端补偿器内,使冷端温度与电阻 R_{Cu} 所处的温度一致。

因为一般显示仪表是在常温下工作,通常不平衡电桥取在 20 ℃ 时平衡,这时电桥 4 个桥臂电阻 $R_1=R_2=R_3=R_{Cu}=1\ \Omega$,桥路平衡无输出,$U_{ab}=0$。当冷端温度 t_0 偏离 20 ℃

时,例如,当 t_0 升高时,R_{Cu} 将随着 t_0 升高而增大,则 U_{ab} 也随之增大,而热电偶回路中的总热电势却随着 t_0 的升高而减小,适当选择桥路电流,可使 U_{ab} 的增加与热电势的减小数值相等,即 $U_{ab}=[E(t,0)-E(t,t_0)]$,使 U_{ab} 与热电势叠加后保持电势不变,从而起到冷端温度变化自动补偿的作用。其公式为

$$E=E(t,t_0)+U_{ab}=E(t,t_0)+[E(t,0)-E(t,t_0)]=E(t,0) \tag{5.19}$$

由于电桥是在 20 ℃ 时平衡,所以采用这种补偿电桥时,应将显示仪表的零位预先调到 20 ℃ 处。

5.4.5 热电偶测温回路

图 5.26 所示为一支热电偶配用一个指示仪表的测温连接线路,也是一般最常用的回路。它是由热电偶 A、B 和补偿寻线 C、D 及冷端补偿器、铜导线及测温仪表组成。

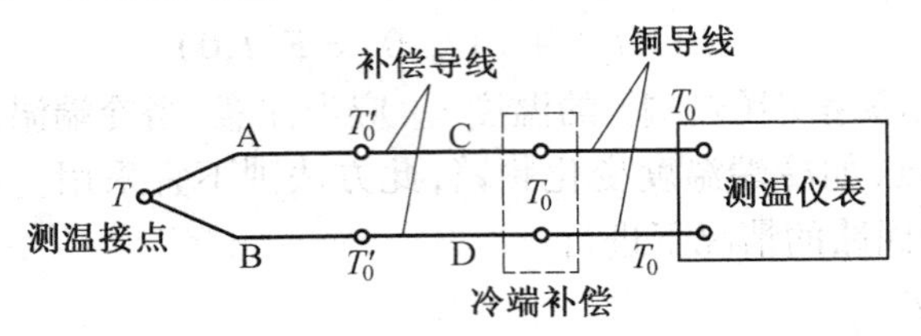

图 5.26 典型热电偶测温回路

在实际使用中,通常把补偿导线一直延伸到配用仪表接线处的环境温度 t_0。为了满足不同的测温要求,热电偶测量线路可采用不同的连接方式,热电势的测量也采用不同类型仪表,可根据具体情况分别对待。

1. 热电偶差接(差动热电偶)

这种测量线路是测量两处温度差的一种方法,如图 5.27 所示。

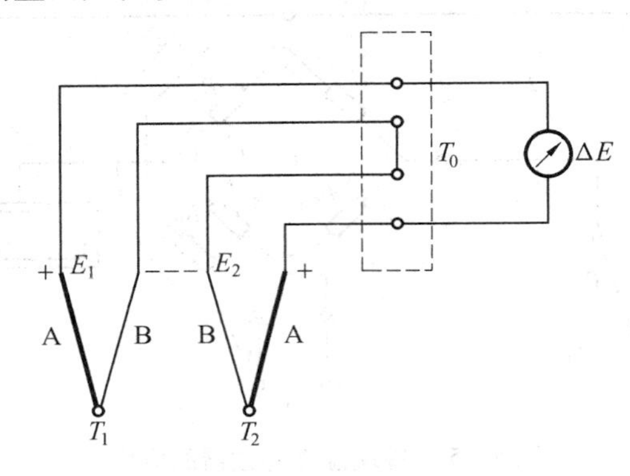

图 5.27 热电偶差接

它把两个同分度号的热电偶配用相同的补偿导线把它们差接而成,此时输入到测量仪表的热电势为两个热电偶的热电势之差,即

$$\begin{aligned}\Delta E=&E(T_1,T_0)-E(T_2,T_0)=\\&E(T_1,T_2)+E(T_2,T_0)-E(T_2,T_0)=E(T_1,T_2)\end{aligned} \tag{5.20}$$

从式(5.20)可以看出 $\Delta E=E(T_1,T_2)$,即反映出温度 T_1 和 T_2 的差值。

使用这种方法测量温差必须保证如下三点：

(1) 两支热电偶补偿导线延伸出来的新冷端温度必须相同，否则不会得到两处真实温差。

(2) 两支热电偶的热电势 E 与 T 必须呈线性关系。

(3) 无需冷端温度补偿器。

2. 热电偶并联(平均温度测量)

测量平均温度的方法是用几支同分度号的热电偶并联接在一起。如图 5.28 所示，要求三支热电偶全部工作在线性段，显示仪表指示为三个温度测量点的平均温度。在每支热电偶线路中，分别串接均衡电阻 R_1、R_2 和 R_3 是为了在 T_1、T_2 和 T_3 不相等时，使每一支热电偶线路中流过的电流免受电阻不相等的影响，因此 R_1、R_2 和 R_3 的阻值必须很大，使热电偶的电阻变化可以忽略。使用热电偶并联的方法测多点的平均温度，其优点是仪表的分度仍旧和单独配用一个热电偶时一样；缺点是当有一支热电偶烧断时，不能及时察觉出来。

由图 5.28 可得

$$E_1 = E_{AB}(T_1, T_0), E_2 = E_{AB}(T_2, T_0), E_3 = E_{AB}(T_3, T_0)$$

回路中总的热电势为

$$E_T = \frac{1}{3}(E_1 + E_2 + E_3) \tag{5.21}$$

3. 热电偶串联(热电堆)

当测量低温或温度变化很小的场合，为能得到较大热电势，或为了取得几点的平均温度，常将几个具有相同热电特性的热电偶串联相接，如图 5.29 所示。此时，输入仪表的电势相当于各支热电偶输出热电势之和。这种线路可以避免并联线路的缺点，当有一支热电偶烧断时，总热电势消失，可以立即知道有热电偶烧断。应用该电路时，每一热电偶引出补偿导线还必须回接到仪表中的冷端处。图 5.29 中 C、D 为补偿导线，回路总电势为

$$E_T = 2e_{AB}(T) + 2e_{DC}(T_0) = 2e_{AB}(T) - 2e_{AB}(T_0) = 2E_{AB}(T, T_0)$$

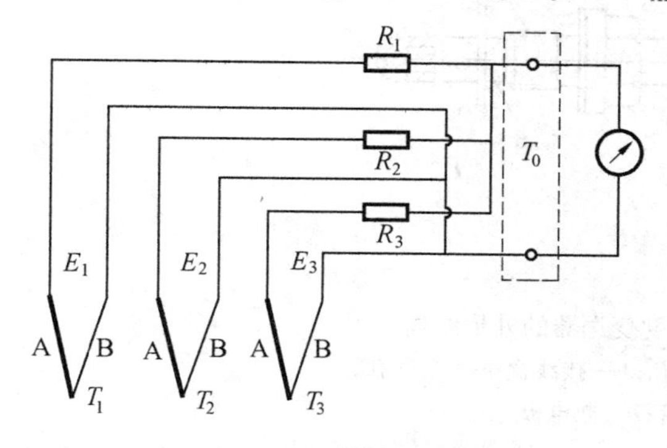

图 5.28　热电偶并联

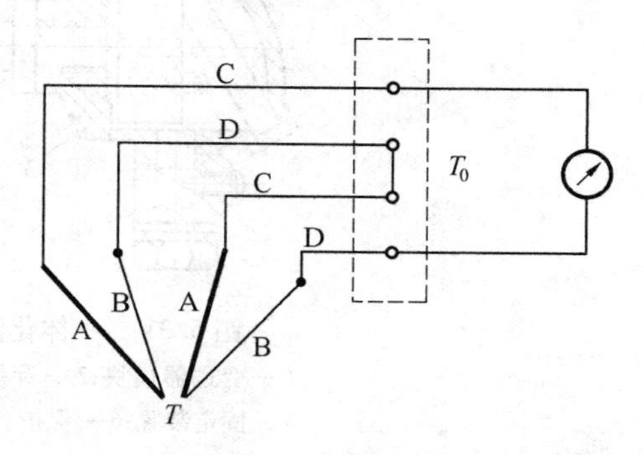

图 5.29　热电偶串联

如果要测平均温度，则

$$E = \frac{1}{2}E_T \tag{5.22}$$

5.4.6 一体化热电偶温度变送器

一体化热电偶温度变送器(SBWR)是国内新一代超小型温度检测仪表。它主要由温度传感器(热电偶)和热电偶温度变送器模块组成,包括普通型和防爆型产品,防爆型的隔爆等级为 dⅡBT4。一体化热电偶温度变送器可以对各种固体、液体、气体温度进行检测,应用于进行温度自动检测、控制的各个领域,适用于各种仪器以及计算机系统配套使用。

一体化温度变送器的主要特点是将传感器与变送器融为一体。变送器的作用是对传感器输出的表征被测变量变化的信号进行处理,转换成相应的标准统一信号输出,送到显示、运算、调节等单元,以实现生产过程的自动检测和控制。

一体化热电偶温度变送器的变送器模块,对热电偶输出的热电势经滤波、运算放大、非线性校正、*V*/*I* 转换等电路处理后,转换成与温度呈线性关系的 4 ~ 20 mA 标准电流信号输出。其原理框图如图 5.30 所示。

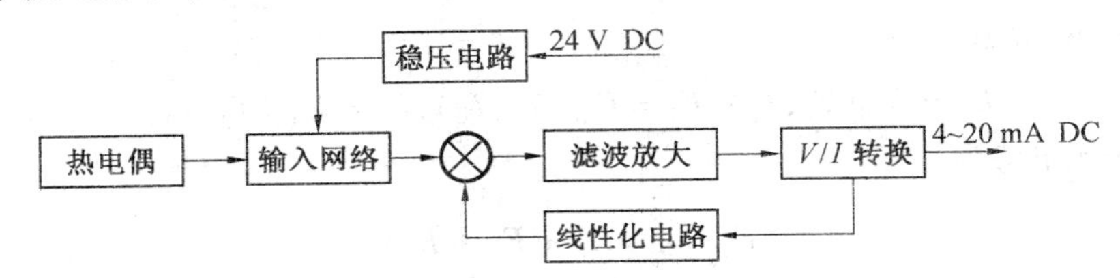

图 5.30 一体化热电偶温度变送器工作原理框图

一体化热电偶温度变送器的变送单元置于热电偶的接线盒中,取代接线座。安装后的一体化热电偶温度变送器外观结构如图 5.31 所示。变送器模块采用航天技术电子线路结构形式,减少了元器件;采用全密封结构,用环氧树脂浇注,抗震、防潮湿、防腐蚀、耐温性能好,可用于恶劣的使用环境。

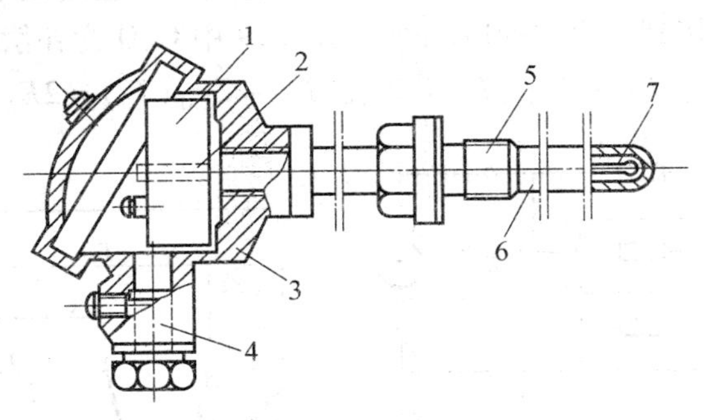

图 5.31 一体化温度变送器的外形结构

1— 变送器模块;2— 穿线孔;3— 接线盒;4— 进线孔;

5— 固定装置;6— 保护套管;7— 热电极

变送器模块外形如图 5.32 所示。图中“1”、“2”分别代表热电偶正负极连接端;“4”、“5”为电源和信号线的正负极接线端;“6”为零点调节;“7”为量程调节。一体化热电偶温度变送器采用两线制,即电源和信号公用两根线,在提供 24 V 供电的同时,输出 4 ~ 20 mA 电流信号。

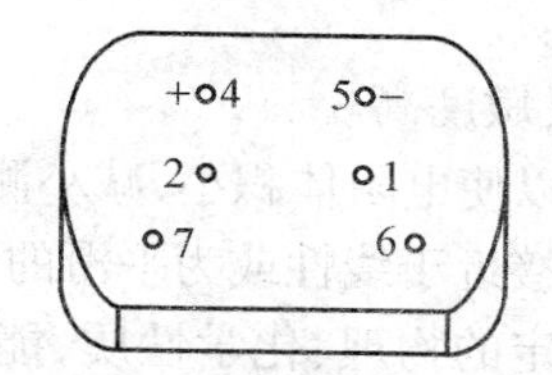

图 5.32　变送器模块外形

5.5　热电阻温度计

热电阻温度计是利用某些金属导体或半导体的电阻值随温度的变化而变化的性质工作的,用仪表测量出热电阻的阻值变化,从而得到与电阻值对应的温度值。

工业上常用热电阻温度计来测量 -200 ~ 600 ℃ 之间的温度,在特殊情况下可测量极低或高达 1 000 ℃ 的温度。热电阻温度计的特点是准确度高;在中、低温下(500 ℃ 以下)测量,输出信号比热电偶大得多,灵敏度高;由于其输出也是电信号,便于实现信号的远传和多点切换测量。

热电阻测温系统俗称热电阻温度计,由热电阻、连接导线和显示仪表等组成,如图 5.33 所示。值得注意的是,连接导线采用三线制接法。

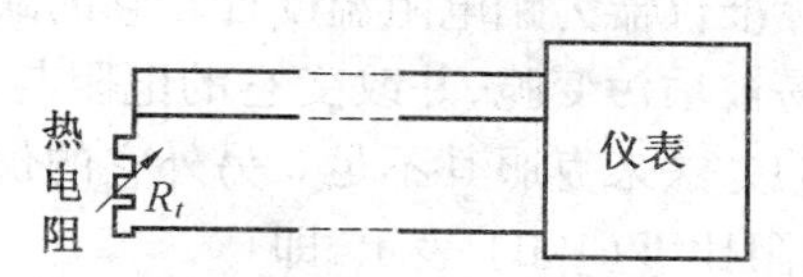

图 5.33　热电阻温度计的组成

5.5.1　热电阻测温原理

利用热电阻测温,将温度变化转换为导体或半导体的阻值 R_t 的变化。通常显示仪表方便接受电压或电流信号,为此常采用电桥来测量 R_t 阻值的变化,并转化为电压输出。

在一定的温度范围内,金属导体的电阻与温度有如下关系,即

$$R_{t_0} = R_{t_0}[1 + \alpha(t - t_0)] \tag{5.23}$$

式中　R_t—— 温度为 t 时的电阻值;

R_{t_0}—— 温度为 t_0 时的电阻值;

α—— 电阻温度系数。

由式(5.23)可知,温度的变化导致导体电阻的变化。实验证明:大多数金属在温度每升高 1 ℃ 时,其电阻值增加 0.4% ~ 0.6%,而半导体的电阻值要减小 3% ~ 6%。若能设法测出电阻值的变化就可相应地确定温度的变化,来达到温度测量的目的。

5.5.2　工业常用热电阻

1. 对热电阻材料的要求

按照热电阻的测温原理,各种金属导体均可作为热电阻材料用于温度测量,但实际使

用中对热电阻材料提出如下要求：

(1) 电阻温度系统要大,即灵敏度高。

(2) 电阻率(比电阻) 要大,以使电阻体积小,减小测温的热惯性。

(3) 电阻与温度的关系最好接近于线性或为平滑的曲线,测温范围广。

(4) 在测温范围内具有较稳定的物理、化学性质,能长期适应较恶劣的测环境,互换性好。

(5) 价格低廉,复制性强,加工方便。

目前,使用的金属热电阻材料有铜、铂、镍、铁等,其中因铁、镍提纯比较困难,其电阻与温度的线性关系较差,纯铂丝的各种性能最好,纯铜丝在低温下性能也好,所以实际应用最广的是铜、铂两种材料,并已列入标准化生产。

2. 常用热电阻

(1) 铂热电阻。

铂热电阻的特点是精度高、稳定性好、性能可靠。这是因为铂在氧化性气氛中,甚至在高温下的物理、化学性质都非常稳定。另外,它易于提纯、复制性好、有良好的工艺性、可以制成极细的铂丝(直径可达0.02 mm或更细)或极薄的铂。与其他热电阻材料相比,具有较高的电阻率。因此,它是一种较为理想的热电阻材料。所以,除作一般工业测温元件外,还可以应用于温度的基准、标准仪器中。根据 ITS - 90 国际温标规定,13.803 3 K ~761.78 ℃ 的标准仪器为铂电阻温度计。它的缺点是电阻温度系数小,在还原气氛中,特别是在高温下易被玷污变脆,并改变它的电阻与温度间的关系。因此,在这种情况下,用加装保护套管的办法来克服其不足。另外它的价格较贵。

铂的纯度通常用百度电阻比 $W(100)$ 表示,即

$$W(100) = \frac{R_{100}}{R_0} \tag{5.24}$$

式中 R_{100}—— 表示 100 ℃ 时的电阻值,Ω;

R_0—— 表示 0 ℃ 时的电阻值,Ω。

$W(100)$ 越高,则其纯度越高,目前技术水平已提纯到 $W(100) = 1.393\,0$,其相应的铂纯度为 99.999 5%。

按 IEC 标准,使用测温范围扩大到 - 200 ~ 850 ℃,电阻纯度采用 $W(100) = 1.385\,0$,初始电阻为 $R_0 = 100.00\Omega$ 和 $R_0 = 10.00\ \Omega$。$R_0 = 10.00\ \Omega$ 的电阻温度计阻丝较粗,主要用于测 600 ℃ 以上温度,一般工业常用的铂电阻,国际温标规定其分度号为 Pt_{100} 和 Pt_{10}。

铂电阻分度表是按下列关系式建立的：

$$-200\ ℃ \leqslant t \leqslant 0\ ℃ ; R_t = R_0[1 + At + bt^2 + Ct^3(t - 100)] \tag{5.25}$$

$$0\ ℃ \leqslant t \leqslant 650\ ℃ ; R_t = R_0(1 + At + Bt^2) \tag{5.26}$$

式中 R_t—— 温度为 t ℃ 时的电阻值;

R_0—— 温度为 0 ℃ 时的电阻值;

A、B、C—— 常数,由实验求得:$A = 3.908\,02 \times 10^{-3}$ 1/℃;$B = -5.801\,95 \times 10^{-7}$ 1/℃^{2};$C = -4.273\,50 \times 10^{-12}$ 1/℃^{4}。

（2）铜电阻。

铜容易加工提纯，它的电阻温度系数很大，且电阻与温度呈线性关系；在测温范围 -50 ~ +150 ℃ 内，具有很好的稳定性。其缺点是温度超过 150 ℃ 后易被氧化，氧化后失去良好的线性特性；另外，由于铜的电阻率小（一般为$\rho = 0.017\,5\ \Omega\ \mathrm{mm}^2/\mathrm{m}$），为了有适当的电阻值，铜电阻丝必须较细，长度也要较长，这样铜电阻体积就大，机械强度变低。

工业上用的铜电阻有两种：一种是 $R_0 = 50.00\ \Omega$，分度号为 Cu_{50}；另一种是 $R_0 = 100.00\ \Omega$ 分度号为 Cu_{100}。它的电阻比 $R_{100}/R_0 = 1.428$。

在 -50 ~ 150 ℃ 的范围内，铜电阻与温度的关系是线性的，即

$$R_t = R_0(1 + At + Bt^2 + Ct^3) \tag{5.27}$$

式中　$A = 4.288\,99 \times 10^{-3}\ 1/℃$；$B = -2.133 \times 10^{-7}\ 1/℃^2$；$C = 1.233 \times 10^{-9}\ 1/℃^3$。

在 0 ~ 100 ℃ 时，有

$$R_t = R_0(1 + \alpha t) \tag{5.28}$$

式中　R_t—— 温度为 t ℃ 时的电阻值；

R_0—— 温度为 0 ℃ 时的电阻值；

α—— 电阻温度系数，$\alpha = 4.25 \times 10^{-3}\ 1/℃$。

5.5.3　热电阻的结构

工业用金属热电阻的结构有普通型热电阻、铠装热电阻和薄膜热电阻三种类型。

1. 普通热电阻

热电阻的结构与热电偶相同，通常是由电阻体、保护套管和接线盒等主要部件所组成，其造型与普通热电偶温度计类似，尤其是接线盒，保护套管的外观相像。不同处是保护套管内装有热电阻体；接线盒内的接线座，为适应热电阻三线制与四线制的接法需要，接线柱就不止两个了，如图 5.34 所示。

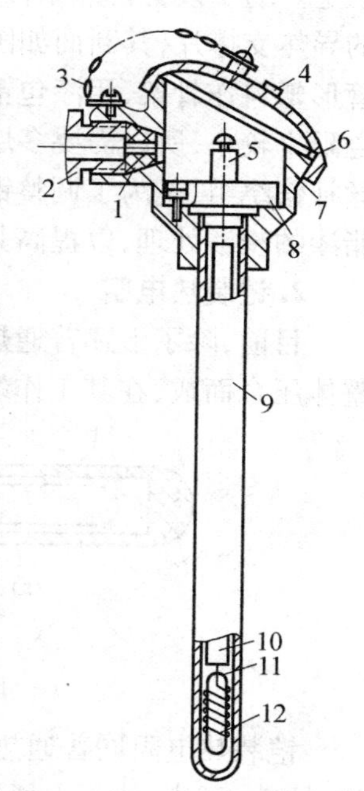

图 5.34　普通热电阻的结构

1—引线出线孔；2—引线孔螺母；3—链条；4—盖；5—接线柱；6—密封圈；7—接线盒；8—接线座；9—保护套管；10—绝缘管；11—引出线；12—电阻体

电阻体结构如图 5.35 所示。铂电阻体结构有如下三种基本形式。

（1）玻璃烧结式，如图 5.35(a) 所示。把细铂丝（直径 0.03 ~0.04 mm）用双绕法绕在刻有螺纹的玻璃管架上，最外层再套以直径 3 ~ 4 mm 的薄玻璃管，烧结在一起，起保护作用。引出线也烧结在玻璃棒上。这种结构热惯性小。

（2）陶瓷管架式，如图 5.35(b) 所示。其工艺特点同玻璃烧结式。采用陶瓷管架，其外护层采用涂油方法，有利于减小热惯性，缺点是电阻丝热应力较大，影响稳定性、复现性，其次易碎，尤其引线易折断。

（3）云母管架式，如图 5.35(c) 所示。铂丝绕在侧边有锯齿形的云母片基体上，以避免铂丝滑动短路或电阻不稳定，在绕有铂丝的云母片外覆盖一层绝缘层云母片，其外再用银带缠绕

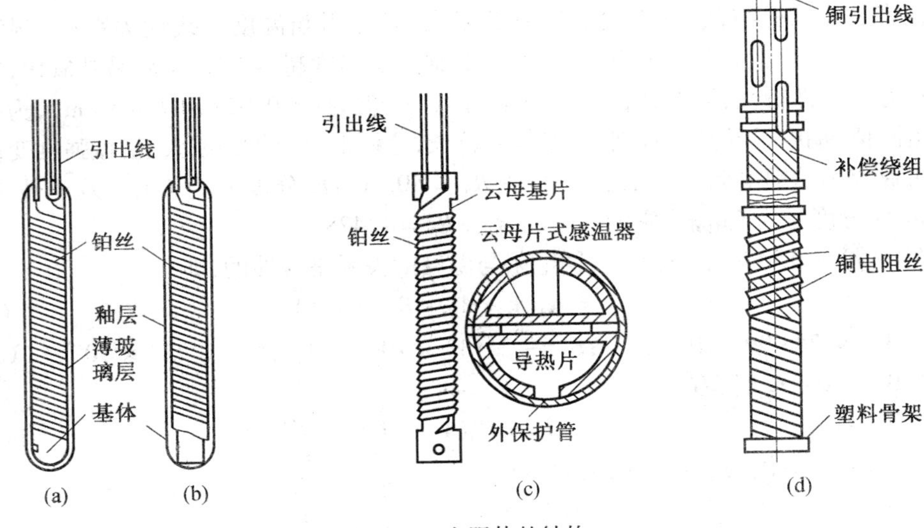

图 5.35　电阻体的结构

固定。为了改善传热条件,一般在云母管架电阻体装入外保护管时,两边再压上具有弹性的导热支撑片,其断面如图 5.35(c) 所示。铜电阻体结构如图 5.35(d) 所示。通常采用管形塑料作骨架,用漆包铜电阻丝(直径为0.07 ~ 1 mm)双线无感并绕在管架上,由于铜电阻率较小,所以需要多层绕制。它的热惯性比铂电阻体大很多。铜电阻体上还有锰铜丝补偿绕组,是为了调整铜电阻体的电阻温度系数用的。整个电阻体绕制后,经过酚醛树脂漆的浸渍处理,以提高其导热性和机械紧固作用。

2. 铠装热电阻

目前,除了上述普通热电阻外,还有一种铠装热电阻。它由引线、绝缘粉末及保护套整体压合而成,在其工作端底部,装有小型化电阻体,如图 5.36 所示。

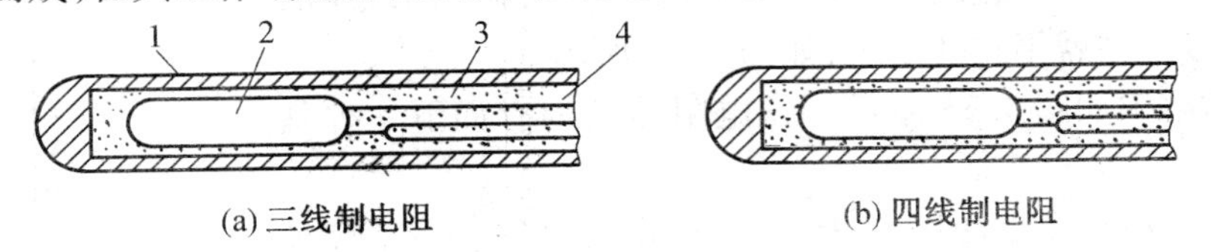

图 5.36　铠装热电阻

1— 不锈钢管;2— 感温元件;3— 内引线;4— 氧化镁绝缘粉末

铠装热电阻同普通热电阻相比具有如下优点:外形尺寸小,套管内为实体,响应速度快;抗震、可挠,使用方便,适于安装在结构复杂的部位。铠装热电阻的外径为 2 ~ 8 mm,个别可制成 1 mm。

3. 半导体热电阻

半导体热电阻又称为热敏电阻,常用来制造热敏电阻的材料为锰、镍、铜、钛和镁等的氧化物。将这些材料按一定比例混合,经成形高温烧结而成热敏电阻。

热敏电阻按其温度系数可分为负温度系数 NTC 型、正温度系数 PTC 型和临界温度系数 CTR 型三种类型。NTC 型热敏电阻常用于测量温度;PTC 型和 CTR 型在一定温度范围内阻值随温度而急剧变化，可用于检测特定温度。

热敏电阻的伏安特性表征了静态下加在热敏电阻上的端电压和通过电阻的电流在热敏电阻和周围介质热平衡时的相互关系。负温度系数热敏电阻的伏安特性如图 5.37 所示。

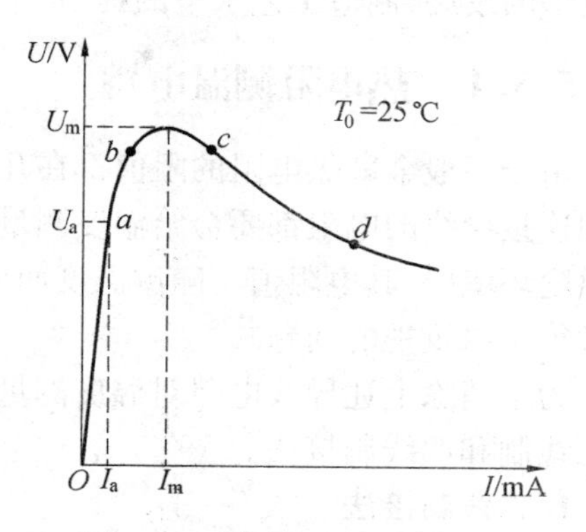

图 5.37　热敏电阻伏安特性

图 3.37 表明：当电流很小时（如小于 I_a），元件功耗很小，电流不足以引起热敏电阻发热，元件温度基本与环境温度 T_0 一致。在这种情况下，热敏电阻相当于一个固定电阻，电压与电流之间关系符合欧姆定律，所以 Oa 段为线性工作区域。随着电流增加，热敏电阻耗散功率增大，由工作电流引起热敏电阻自热温升，则其阻值下降，端电压降的增加逐渐缓慢，因此出现非线性正阻区 ab 段。当电流为 I_m 时，其端电压达到最大值 U_m。若电流继续增加，热敏电阻自身升温剧烈，其阻值迅速减小，并且阻值减小的速度超过电流增加的速度，因此，热敏电阻的端电压随电流的增加而降低，形成 cd 段负阻区域。

因此，负温度系数热敏电阻应用于测温时，应工作在伏安特性曲线 Oa 段，流过热敏电阻的工作电流很小，自热功率很小。当外界环境温度变化时，尽管热敏电阻耗散系数也发生变化，但电阻体无自热温升，而与环境温度接近。

半导体热敏电阻可制成片状、柱状和珠状，如图 5.38 所示。

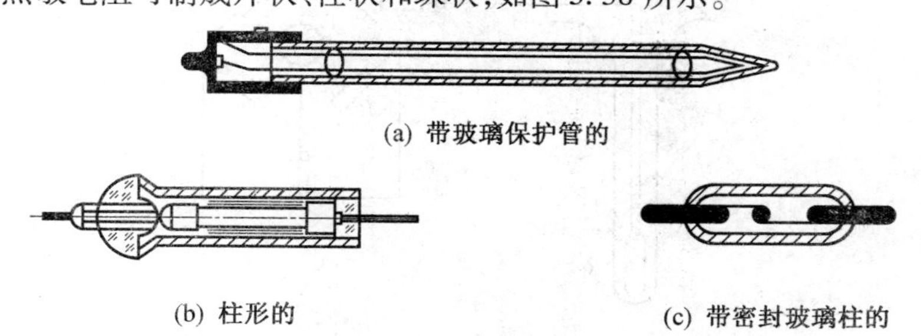

(a) 带玻璃保护管的

(b) 柱形的

(c) 带密封玻璃柱的

图 5.38　半导体热敏电阻的结构

半导体热敏电阻常用来测量 -100 ~ 300 ℃ 的温度，与金属电阻比较，它具有以下优点：

（1）电阻温度系数大，为 -3% ~ -6%，灵敏度高。

（2）电阻率很大，因此可以做成体积小而阻值大的电阻体，连接导线电阻变化的影响可忽略。

（3）结构简单、体积小，可以用于测点温度。

（4）热惯性小，适于测表面温度及快速变化温度。

其不足之处主要是，热敏电阻的电阻温度特性分散性很大、互换性差、非线性严重，因此，使用很不方便；此外，电阻温度的关系不稳定、随时间而变化，因此，测温误差较大。这些缺点限制了热敏电阻的广泛使用，目前只适用于一些测温要求较低的场合。随着半导体技术的发展,制造工艺水平的提高,半导体热敏电阻具有极其广阔的发展前途。

5.5.4 热电阻测温电桥

由于一般金属热电阻的阻值都在几欧到几十欧范围内。这样,热电阻本体的引线电阻和连接导线的电阻都要会给温度测量结果带来很大影响。尤其是热电阻引线常处于被测温度环境中,其电阻值与随测温度而变化,难以估计和修正,这是热电阻温度计在使用中必须予以重视的问题。

为了消除上述导线电阻对温度测量的影响,热电阻温度计的连接线路从二线制发展到三线制和四线制接法。

1. 二线制接法

工业用热电阻温度计常与动圈式仪表、数显仪表和自动平衡电桥配套使用,当热电阻温度计配套使用动圈仪表或数显仪表时,则测电桥都是不平衡电桥。

二线制接法如图 5. 39 所示。热电阻 R_t 有两根引线,通过连接导线接入不平衡电桥,即由 R_1、R_2、R_3 及 R_a 组成电桥的四个桥臂,其中,电阻 R_a 由调整电阻 R_r、引线电阻 r'、连接导线电阻 r 及热电阻 R_t 组成,即 $R_a = 2(R_r + r + r') + R_t$。由于引线及连接导线的电阻与热电阻处于电桥的同一个桥臂中,它们随环境温度的变化全部加入到热电阻的变化之中,直接测量热电阻温度计测量温度的准确性。

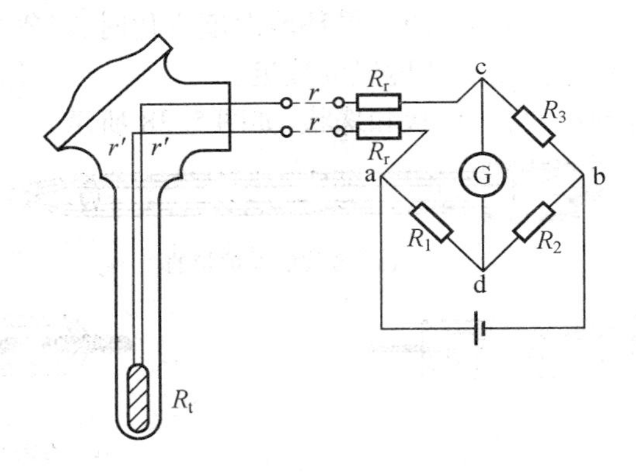

图 5. 39 热电阻的二线制接法

由于二线制接法简单,实际工作中仍有应用,为了误差不致过大,要求引出线的电阻值有如下特性:对铜电阻而言,不应超过 R_0 的 0. 2%;对铂电阻而言,不应超过 R_0 的 0. 1%。

2. 三线制接法

如图5. 40 所示,热电阻 R_t 有三根引线。此时有两根引线及其连接导线的电阻分别加到电桥相邻两桥臂中,第三根线则接到电源线上,即相当于把电源与电桥的连接点 a 从显示仪表内部桥路上移到热电阻体附近。这样,在测温工作中由于这些电阻的变化而带来的影响就极小了。

图5. 41 所示为热电阻 R_t 只有两根引线时的三线制接法。此时连接导线仍为三根,其中两根连接导线的电阻分别加到电桥相邻的两桥臂中,第三根接到电源对角线上,相当于

把电源的接点 a 移到热电阻传感器内的接线柱上。这种接法可以减小连接导线 r 电阻变化的影响,而热电阻引线电阻 r' 的变化影响依然存在。

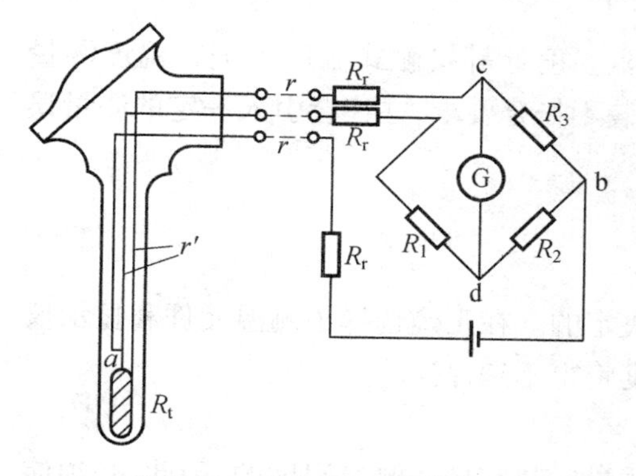

图 5.40　热电阻三线制接法

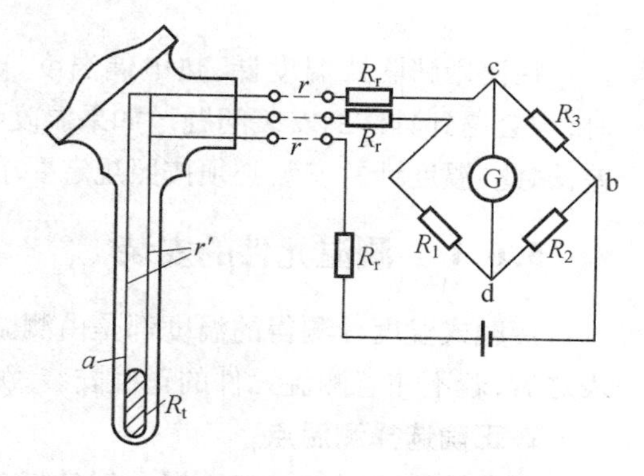

图 5.41　两根引线热电阻三线制接法

工业用热电阻温度计还常与自动平衡电桥配套使用,这种仪表依据零位法检测原理工作。电源电压波动,对仪表读数无直接影响。利用平衡电桥构成的闭环式仪表,采用三线制接法测量误差小,比配用动圈表或数显仪表的热电阻温度计的测温精度高。

5.5.5　一体化热电阻温度变送器

与一体化热电偶温度变送器一样,一体化热电阻温度变送器将热电阻与变送器融为一体,将温度值经热电阻测量后,转换成4 ~ 20 mA 的标准电流信号输出。变送器原理框图与图 5.30 类似,将热电偶改为热电阻,同样经过转换、滤波、运算放大、非线性校正、V/I 转换等电路处理输出。

一体化热电阻温度变送器的变送器模块与一体化热电偶温度变送器一样,都置于接线盒中。热电阻与变送器融为一体组装,消除了常规测温方法中连接导线所产生的误差,提高抗干扰能力。

图 5.42 中,“1”、“2” 为热电阻引出线接线端,“3” 为热电阻三线制输入的引线补偿端接线柱。若采用引出线二线输入,则“3” 和“2” 必须短接,即实现一体化安装。分体式安装如图 5.42(a) 所示。

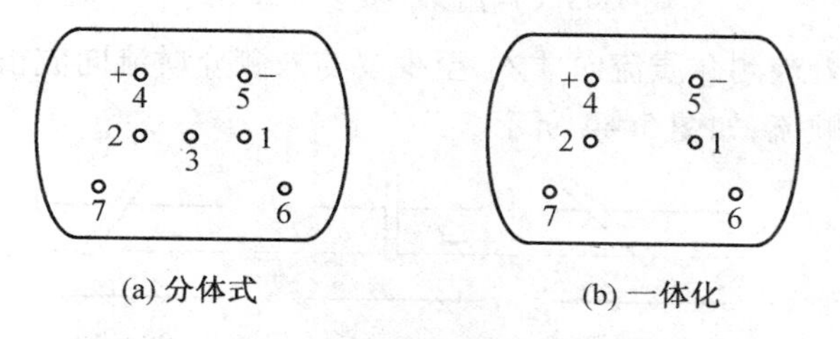

(a) 分体式　　(b) 一体化

图 5.42　变送器模块外形

5.6 接触式温度计的安装

在使用膨胀式温度计、热电偶温度计、热电阻温度计等接触式温度计进行温度测量时,均会遇到具体的安装问题。如果温度计的安装不符合要求,往往会引入一定的测量误差,因此,温度计的安装必须按照规定要求进行。

5.6.1 测温元件的安装

接触式温度计测得的温度都是由测温元件决定的。在正确选择了测温元件和显示仪表之后,若不注意测温元件的正确安装,测量精度将得不到保证。

1. 正确选择测温点

由于接触式温度计的感温元件是与被测介质进行热交换而测量温度的,因此,必须使感温元件与被测介质能进行充分的热交换,感温元件放置的方式与位置应有利于热交换的进行,不应把感温元件插至被测介质的死角区域。

2. 测温元件应与被测介质充分接触

应保证足够的插入深度,尽可能使受热部分增长。对于管路测温,双金属温度计的插入长度必须大于敏感元件的长度;温包式温度计的温包中心应与管中心线重合;热电偶温度计保护套管的末端应越过管中心线 5 ~ 10 mm;热电阻温度计的插入深度在减去感温元件的长度后,应为金属保护套管直径的15 ~ 20倍,非金属保护套管直径的10 ~ 15倍。为增加插入深度,可采用斜插安装,当管径较细时,应插在弯头处或加装扩大管,如图5.43 所示。根据生产实践经验,无论多粗的管道,温度计的插入深度为 300 mm 足够,但一般不应小于温度计全长的 2/3。

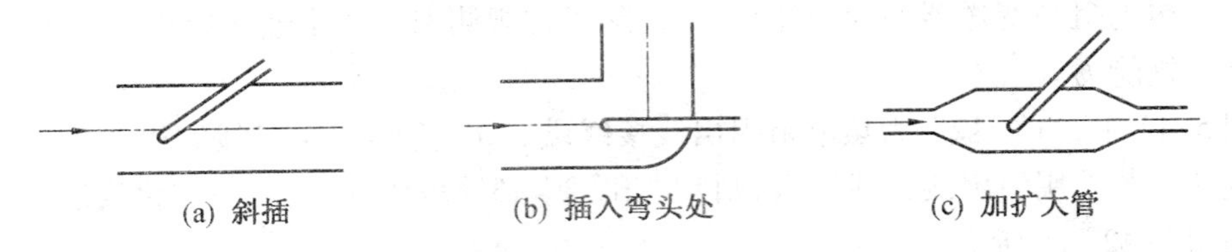

图 5.43 测温元件安装示意图之一

测温元件应迎着被测介质流向插入,至少要与被测介质流向成正交(呈 90°)安装,切勿与被测介质形成顺流,如图 5.44 所示。

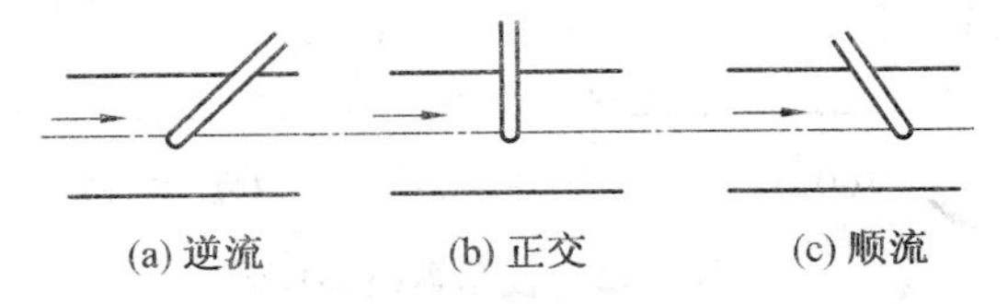

图 5.44 测温元件安装示意图之二

3. 避免热辐射、减少热损失

在温度较度高的场合,应尽量减小被测介质与设备(或管壁)表面之间的温差。必要时可在测温元件安装点加装防辐射罩,以消除测温元件与器壁之间的直接辐射作用。避免热辐射所产生的测温误差。

如果器壁暴露于环境中,应在其表面加一层绝热层(如石棉等),以减少热损失。为减少感温元件外露部分的热损失,必要时也应对测温元件外露部分加装保温层进行适当保温。

4. 安装应确保正确、安全可靠

在高温下工作的热电偶,其安装位置应尽可能保持垂直,以防止保护套管在高温下产生变形。若必须水平安装时,则插入深度不宜过长,且应装有耐火黏土或耐热合金制成的支架,如图 5.45 所示。

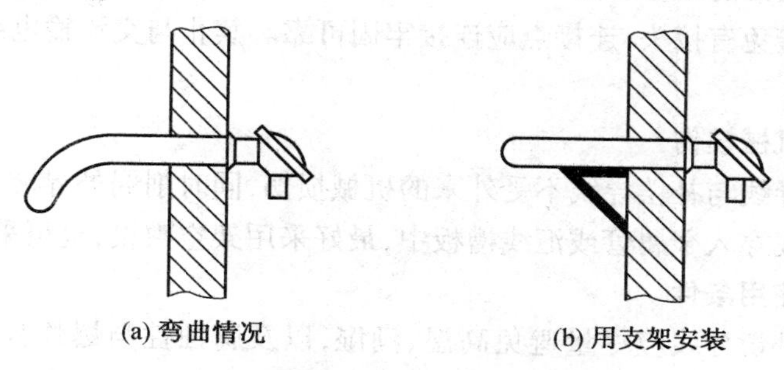

(a) 弯曲情况　(b) 用支架安装

图 5.45　热电偶水平安装情况

在介质具有较大流速的管道中,安装测温元件时必须倾斜安装,以免受到过大的冲蚀。若被测介质中有尘粒、粉物,为保护测温元件不受磨损,应加装保护屏。

凡在有压设备上安装测温元件,均必须保证其密封性,可采用螺纹连接或法兰连接,在选择测温元件插入深度 l 时,还应考虑连接头 H 的长度,如图 5.46 所示。当介质工作压力超过 10 MPa 时,还必须另外加装保护外套。薄壁管道上安装测温元件时,需在连接头处加装加强板。

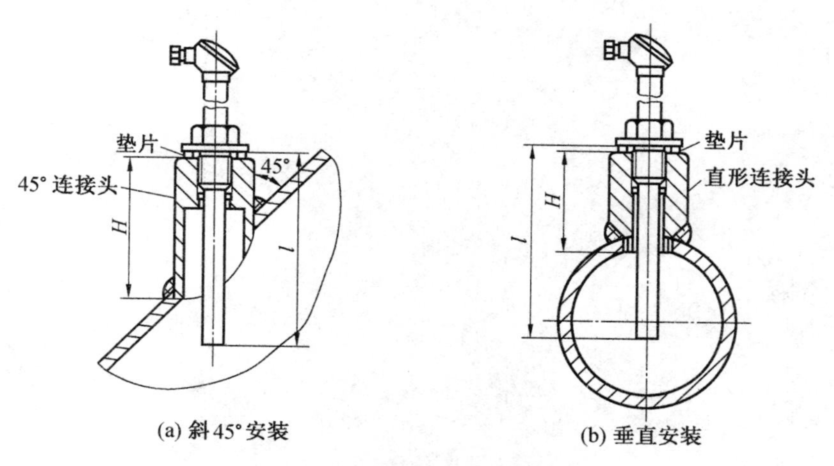

(a) 斜 45° 安装　(b) 垂直安装

图 5.46　测温元件安装示意图之三

热电偶、热电阻接线盒面盖应向上密封,以免雨水或其他液体、脏物进入接线盒中而影响测量。接线盒的温度保持在 100 ℃ 以下,以免补偿导线超过规定温度范围。

在有色金属设备上安装时,凡与设备接触(焊接)以及与被测介质直接接触的部分,其有关部件(如连接头、保护外套)均须与工艺设备同材质,以符合生产要求。

5.6.2 连接导线的安装

1. 按照规定的测温元件型号配用相应导线

如热电偶一般采用补偿导线,注意应与相应的分度号配用,且正、负极性连接正确;热电阻一般采用普通导线三线制或四线制连接,线路电阻应符合所配显示仪表的要求。

2. 导线应有良好的绝缘屏蔽

导线应尽量避免有接头,连接点应连接牢固可靠。禁止与交流输电线一同敷设,以免引起干扰。

3. 防止外界机械损伤

为保护连接导线与补偿导线不受外来的机械损伤,同时削弱外界磁场的干扰,应将连接导线或补偿导线穿入金属管或汇线槽板中,最好采用架空敷设,也可采用地下敷设。

4. 保证环境使用条件

连接导线与补偿导线应尽量避免高温、潮湿,以及腐蚀性与爆炸性气体和灰尘的作用,禁止敷设在炉壁、烟道及热管道等高温设备上。

思　考　题

1. 什么是测量？在工业生产中常用哪几种测量方法？

2. 什么是测量误差？它有哪些表示方法？

3. 根据测量误差产生的原因，测量误差分为哪几种？

4. 仪表的品质指标主要有哪些？

5. 什么是仪表的变差？什么是仪表的精度？什么是测量精度？它们之间有何联系？

6. 什么是仪表的灵敏度和灵敏限？

7. 某温度表的测量范围为 0 ~ 1 000 ℃，精度等级为 0.5 级，试问此温度表的允许最大绝对误差为多少？在校验点为 500 ℃时，温度表的指示值为 504 ℃，试问该温度表在这一点上准确度是否符合 0.5 级，为什么？

8. 两仪表的指示标尺完全相同，其量程分别是 0 ~ 10 MPa 和 0 ~ 100 MPa，若它们的绝对误差均为 0.4 MPa，试问哪块仪表的精度高？哪块仪表的灵敏度高？

9. 量程为 0.2 ~ 1.0 MPa，精度为 1.0 级的压力表在规定工作条件下使用时在 0.6 ~ 1.0 MPa 的范围内测量，实际测量结果最大可能的误差是多少？如果仪表量程改为 0 ~ 1.0 MPa，精度等级和测量范围不变，其结果是否相同？

10. 某测量系统由测量元件、变送器、指示仪表组成。它们的基本误差分别为 $\sigma_1 = \pm 3$ MPa，$\sigma_2 = \pm 3$ MPa，$\sigma_3 = \pm 4$ MPa，试确定该系统的总误差。

11. 什么叫压力？表压力、绝对压力、负压力，它们有何关系？

12. 压力测量方法如何分类？各有什么特点？

13. 有哪些弹性元件可做成压力敏感元件？各有什么特点？

14. 弹簧管压力表测压原理是什么？试述弹簧管压力表的主要组成及测压过程。

15. 弹簧管压力表的测压弹簧管截面积为什么要做成扁圆或椭圆？

16. 用标准弹簧管压力表校验工业弹簧管压力表时，如何选用标准表的精度等级？

17. 应变片式压力传感器是怎样工作的？粘贴的应变片为什么不允许有相对滑动？

18. 电容式压力变送器中的电容量在什么情况下可认为它与位移之间有线性关系？

19. 电容式压力变送器的转换放大电路是如何将电容的变化量转换成标准的电流输出？

20. 为什么说在电容式压力变送器的调校中，零点和量程必须反复调整？

21. 扩散硅压力变送器与应变片式压力计相比较有什么优点？

22. 应变片与电阻式压力计各采用什么测压元件？

23. 用活塞压力计校验标准弹簧管压力表时，为什么要使测量活塞和砝码保持一定的旋转速度？

24. 根据哪几方面来选用压力表？

25. 怎样安装压力表？如何敷设导压管？要注意什么问题？

26. 有一台 2.5 级、测量范围为 0 ~ 2.5 MPa 的弹簧管压力表，校验前指针已不在零位上（指在约 0.08 MPa 处），加压后，标准表上指示仅为 2.35 MPa 时，被校表已指示上限刻度了。但在加压过程中发现仪表的线性还较好,试分析说明该表应如何调整才能合格?

27. 可否用一块0.2级、$0\sim25\times10^6$ Pa的标准压力表来检定1.5级、$0\sim2.5\times10^6$ Pa的被校表?为什么?

28. 某空压机的缓冲罐,其工作压力变化范围为$9\times10^5\sim16\times10^5$ Pa,工艺要求就地观察罐内压力,且测量误差不得大于罐内压力的±5%,试选一合适的压力表(类型、量程、精度)。

29. 有一块真空压力表,其正向可测到0.6 MPa,负向可测到-0.1 MPa,现只校验正向部分,其最大误差发生在0.3 MPa处,即上行和下行时,标准压力表的示值分别为0.305 MPa和0.295 MPa,问该表是否符合它的精度等级1.5级的要求?

30. 现有一只测量范围为0~1.6 MPa,精度为1.5级的普通弹簧管压力表,校验后,其结果见下表。

普通弹簧压力表

	正行程					反行程				
被校表读数/MPa	0.0	0.4	0.8	1.2	1.6	1.6	1.2	0.8	0.4	0.0
标准表读数/MPa	0.000	0.385	0.790	1.210	1.595	1.595	1.215	0.810	0.405	0.000

试问该表是否合格?它能否用于某小液氨贮槽的压力测量(该贮槽工作压力为0.8~1.0 MPa,测量的绝对误差不允许大于0.05 MPa)?

31. 某工厂的蒸气供热系统的蒸气压力控制指标为1.5 MPa,要求指示误差不大于±0.05 MPa,现用一只刻度范围为0~2.5 MPa、精度为2.5级的压力表,问它是否满足使用要求?为什么?应选用什么级别的压力表?

32. 某供水管道的压力常在7×10^5 Pa上下波动,要求测量时的最大绝对误差为$\pm1\times10^4$ Pa,现选用一台0.5级、$0\sim10\times10^5$ Pa的弹簧管压力表来测量该压力。试问该表的量程选用得是否合理?精度能否满足工艺要求?是否经济?

33. 什么是瞬时流量与累计流量?体积流量与质量流量有何关系?

34. 测量气体体积流量时为什么要规定标准状态下的流量?标准状态是如何规定的?

35. 刮板流量计的特点有哪些?

36. 液体腰轮流量计与气体腰轮流量计有什么异同点?

37. 腰轮流量计的特性有哪些?

38. 简述容积式流量计的安装要点。

39. 简述涡轮流量计的工作原理。它的标定有什么特殊性?

40. 简述流体振动式流量计的工作原理。

41. 简述超声波流量计的工作原理。目前国内采用最多的是哪种?

42. 简述多普勒超声波流量计的工作原理。它应用于哪些场合?

43. 卡曼涡街流量计的优点是什么?现代振动检测器有哪些?

44. 旋进旋涡流量计的优点是什么?

45. 简述差压式流量计的工作原理及理论方程。

46. 标准节流装置的种类及取压方式各有哪些？

47. 流出系数是什么样的数据？它是由哪些因素决定的？

48. 标准节流装置的实用方程是如何表达的？

49. 膨胀系数是如何引出的？它由哪些因素决定？

50. 简述差压式流量计的安装规范。

51. 用标准孔板测量某注水流量，当实际温度由设计时的35 ℃下降到12 ℃时，指示流量相对误差是多少？若根据差压计指示确定的指示流量为每小时350 t，实际注水流量是多少？（注：在此流量计工作压力下，注水密度 $\rho_{20}=102.703\ kg/m^3$，20～40 ℃范围内，平均体膨胀系数 $\mu=3.031\times10^{-4}\ 1/℃$）

52. 说明转子流量计的工作原理，并推导其流量方程式。

53. 某一用水标定的转子流量计，满刻度值为10 m^3/h，所用不锈钢转子密度为7.92 g/cm^3。现用来测量密度为0.789 g/cm^3的柴油流量，问其测量上限可达多少？若改用密度为2.86 g/cm^3的铝合金转子，其测量上限又为多少？

54. 某涡轮流量计仪表系数 $K=13.75\times10^2$ L，问当计数器显示总量增加82 L升时，变送器输出了多少脉冲？

55. 浮力式液位计的优点有哪些？

56. 恒浮力式液位计分为哪几种？都适合应用哪些场合？

57. 简述变浮力液位计的工作原理。

58. 简述扭力管的作用。

59. 简述涡流差动变压器的工作原理。它在变浮力液位变送器中的作用是什么？

60. 差压式液位计应用时，在什么情况下会产生正迁移？在什么情况下会产生负迁移？

61. 迁移的实质是什么？怎样实现迁移？

62. 电容式液位计在测量导电液体与非导电液体时有什么区别？

63. 简述电容式液位的工作原理。导电介质与非导电介质液位测量有什么区别？

64. 静压法测量液位时，压力表如何安装？

65. 简述超声波液位计的工作原理。

66. 为什么超声波液位计要进行声速校正？校正方法是什么？

67. 为什么超声波液位计测量中有盲区？如何选择换能器？

68. 超声波液位计有什么特点？

69. 磁致伸缩液位计的优点是什么？

70. 计算下图液位差压变送器的迁移量、量程及迁移后的测量范围。

已知：$H=0\sim10$ m，$h=1.2$ m，$\rho=35\ kg/m^3$。

71. 用差压变送器测量某容器的液位，其最高液位和最低液位到仪表的距离分别为 $h_1=1$ m 和 $h_2=4$ m，若被测介质的密度为980 kg/m^3。

求：(1)是否需要迁移？迁移量为多少？

(2)差压变送器的量程为多少?

(3)迁移后的测量范围为多少?

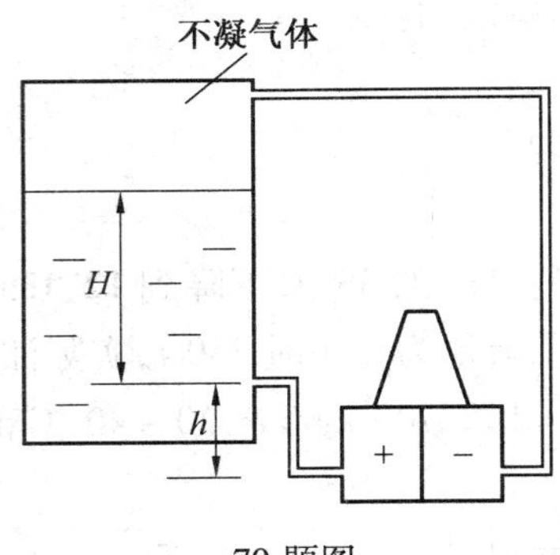

70 题图

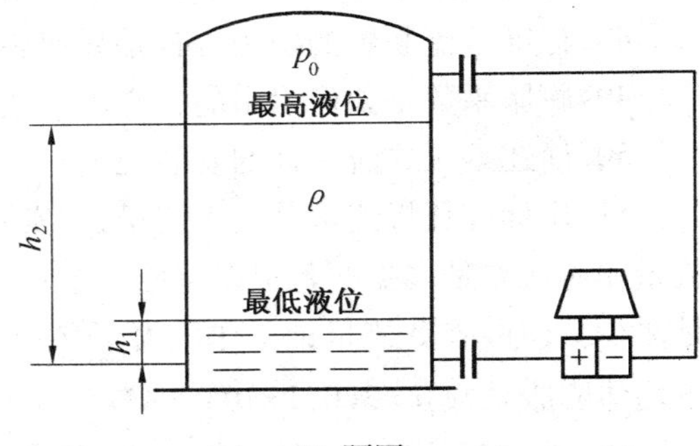

71 题图

72. 什么是温度及温标?国际实用开氏温度和国际实用摄氏温度的关系如何?

73. 玻璃液体温度计为什么常用水银作工作液?怎样提高其测量上限?

74. 三种压力表式温度计的工作原理有何异同?各有何优缺点?

75. 热电偶的热电势由哪两种电势组成?它们是由于什么原因产生的?

76. 试简述热电偶的组成和各部分的作用?

77. 用热电偶测温时为什么要考虑冷端温度补偿?有哪些冷端补偿方法?

78. 现用一支镍铬-镍硅热电偶测温,动圈仪表(机械零点已调在 20 ℃)用补偿导线而无冷端补偿电桥,其显示温度为 650 ℃,而室温为 22 ℃,则认为实际温度为 672 ℃对吗?为什么?正确值为多少?

79. 用 K 热电偶测某设备的温度,测得的热电势为 20 mV,冷端(室温)为 25 ℃,求设备的温度?如果改用 E 热电偶来测温,在相同的条件下,E 热电偶测得的热电势为多少?

80. 现用一支镍铬-铜镍热电偶测某换热器内的温度,其冷端温度为 30 ℃,显示仪表的机械零点在 0 ℃时,这时指示值为 400 ℃,则认为换热器内的温度为 430 ℃对不对?为什么?正确值为多少?

81. 常用热电阻有哪些?它们的 R_0 为多少?相应的分度号分别是什么?

82. 为什么热电阻温度计要采用三线制接法?

83. 热电偶的结构与热电阻的结构有什么异同之处?

84. 用分度号 Pt_{100} 铂电阻测温,在计算时错用了 Cu_{100} 的分度表,查得的温度为140 ℃,问实际温度为多少?

85. 在实际工业中用热电偶温度计或热电阻温度计时,为使测温准确,从测温元件到显示仪表都应该注意些什么问题?

第二篇 钻井参数仪表

第二篇

改革开放以来

第6章　大钩悬重与钻压的测量

显示大钩悬重的仪表也称为指重表，它是石油钻井普遍使用的一种重要仪表，主要用于测量钻具的悬重、钻压大小及其变化情况，从而了解钻头、钻柱的工况，指导钻进作业、打捞作业和井下复杂情况的处理。钻压是指钻头对井底的压力。它可以帮助司钻保持合乎要求的均匀钻压，有利于获得较好的井身质量和较高的钻速，同时还可防止超过井架或提升系统能力的操作，因此有司钻的"眼睛"之称。

6.1　大钩悬重测量系统的结构

大钩悬重测量系统的结构如图6.1所示，它主要是由死绳固定器、传感器、指重表、记录机构、管线等组成。用液压管将传感器承压室压力 P 引出，经过三通，一路经传感器、阻尼器通到指重表(即压力表)，压力表直接以kN为单位，直接显示大钩负荷。另一路液

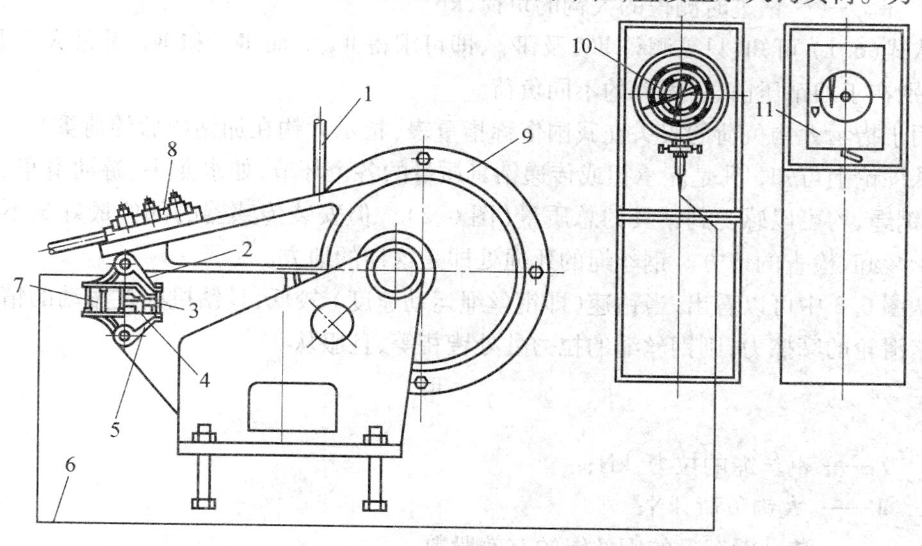

图6.1　大钩悬重测量系统的结构图

1—死绳;2—上盖;3—膜片;4—后盖;5—下盖;6—管线;7—传压器;8—绳卡;9—锚轮;10—指重表;11—记录仪

压信号经记录仪上的阻尼器引至弹簧管(波登管)。当弹簧管中引入被测压力 P 后,管端产生与之平衡的位移,再经放大机构将次位移放大,由记录笔在直接以 kN 为单位印制的记录纸上画出相应的大钩悬重曲线。大钩悬重的测量实际上是用弹簧管压力表来测量的。

钻井指重表按其工作原理可分为液压式和电子式两大类。目前,就地显示的指重表是液压式指重表,而送入集中分散控制系统或现场总线系统的是电子传感器输出的信号。

6.2 钻压测量的概念

钻压是影响钻井效率的一个重要工程参数。所谓钻压,就是钻头对井底的压力。这是由挂在大钩上的部分钻具的质量加在井底产生的。操作人员要随时了解此参数的准确值。目前,大都是利用地面装置的传感器首先测量大钩悬重,而间接换算钻压的传统方法。

对于仪表而言,钻压是间接测量参数,而直接测量的是大钩负荷。在钻柱的垂直方向上有三个力作用:钻柱本身的重力;井底的支承力,它的大小与钻压相同,方向相反;大钩的拉力。三者之间的关系表示为

$$W_{指} = W_{悬} - W_{钻} \tag{6.1}$$

式中 $W_{钻}$—— 钻压,kN;

$W_{悬}$—— 钻具的总质量,即当全部钻具处于提升状态(钻头离开井底)时大钩的总负荷,严格地讲,它等于钻柱的毛重减去井壁对钻柱的摩擦力和泥浆对钻柱的浮力,kN;

$W_{指}$—— 钻进时测得的大钩的负荷,kN。

从式(6.1)可知,只需测得 $W_{悬}$ 及 $W_{指}$,即可求得 $W_{钻}$。而 $W_{悬}$ 和 $W_{指}$ 都是大钩上的负荷,区别在于加钻压前、后大钩的不同负荷。

用于指示大钩负荷的表头在我国俗称指重表(指示大钩在加钻压后的荷重)。

从理论上可知,凡是能承担或传递钻具质量的各个环节,如水龙头、游动滑车、天车、井架、钢绳,均可以感受到钻具的总质量(图 6.2)。但安装传感器的部位最好是不动的,且易于装卸、检查的地方。钢丝绳的死绳处即是这样的地方。

从图 6.3 中可以看出,当钻速(即钢丝绳运动速度)较低,且钻机存在振动的情况下,可忽略滑轮的摩擦力,则钢丝绳的拉力处处皆相等,且服从

$$T = \frac{W}{n} \tag{6.2}$$

式中 T—— 钢丝绳的拉力,kN;

W—— 大钩负荷,kN;

n—— 游动滑车上的钢丝绳的有效股数。

从式(6.2)可以看出,当钢丝绳有效股数 n 一定时,死绳拉力 T 与大钩负荷 W 成正比。只要测得 T,即可求得 W,即 $W = nT$。

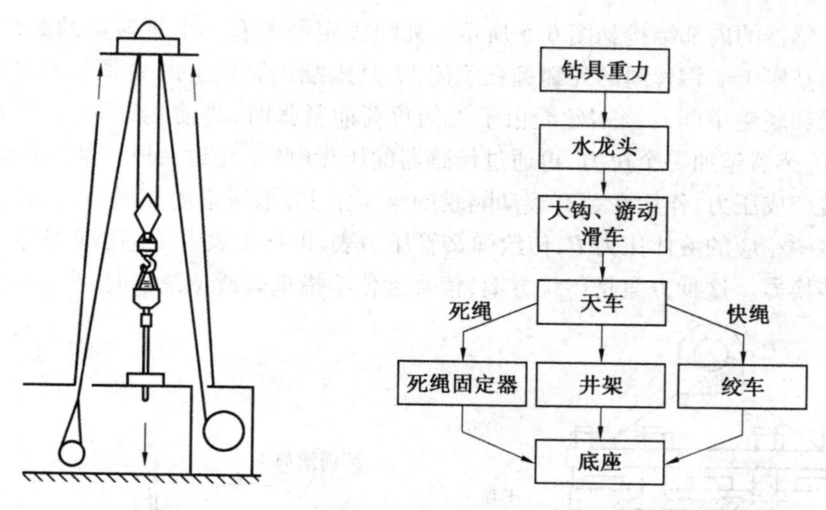

图 6.2　钻压测量系统结构方框图

由于在钻井过程中,死绳既承受了与大钩负荷成正比的张力(T),又不发生运动,因此可以通过测量死绳的张力间接测量大钩负荷。所用的传感器一般都是膜片式力 \ 液压传感器。随安装方式的不相同,传感器的具体结构形式也不相同。

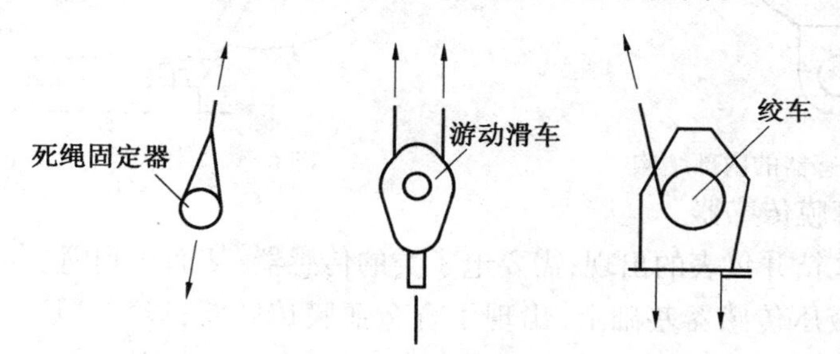

图 6.3　钢丝绳拉力与钻柱质量的关系

6.3　死绳固定器及配套传感器

6.3.1　死绳固定器及张紧式拉力传感器

1. 张紧式传感器

(1) 传统的张力 \ 液压传感器。

为了在死绳处感受到钢丝绳的张力,因此设计了死绳固定器及与其配套的载荷传感器,这种传感器就是张力 \ 液压传感器。这种传感器主要是由承压室、压盘、滚动膜片等组成。

死绳固定器是将钻机的死绳拉力转换为液体压力的机构,它由绳轮、底座、传感器三大部分组成。传感器是死绳固定器的主要部件之一,它将死绳的拉力通过膜片挤压液体而转换为压力信号,传递给指重表和记录仪。

传感器的内部结构如图6.5所示。死绳固定器上有一个带臂梁的滚筒，它通过轴承固定在基座上。钢丝绳的死绳缠在滚筒上，其末端用臂梁上的夹紧装置卡紧。传感器装在臂梁和底座中间。当钢丝绳由于大钩负荷而紧张时，将使死绳滚筒趋向转动，通过臂梁，对传感器施加一个拉力，再通过传感器的压盘（两个花边夹板）和滚动膜片的作用，把拉力转变成压力，作用在装有滚动隔膜的承压室上，承压室内充满液体，该拉力被转换成承压室中相应的液体压力 P，传给弹簧管压力表，即指重表。传感器实质上是一个张力－液压转换器。这种方案是传统方案，信号远传给指重表或记录仪时，为液压信号。

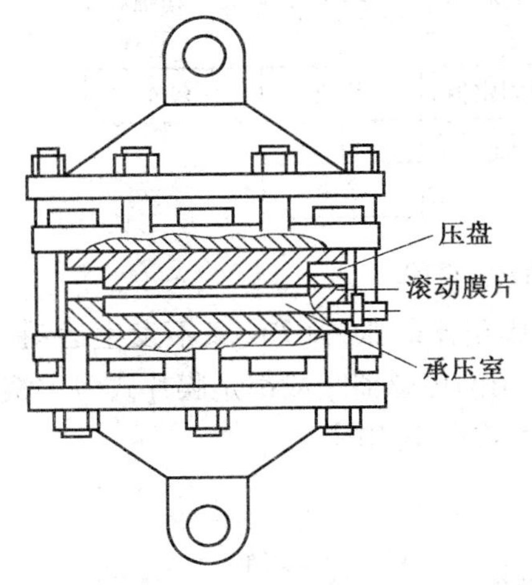

图6.4　传感器的内部结构

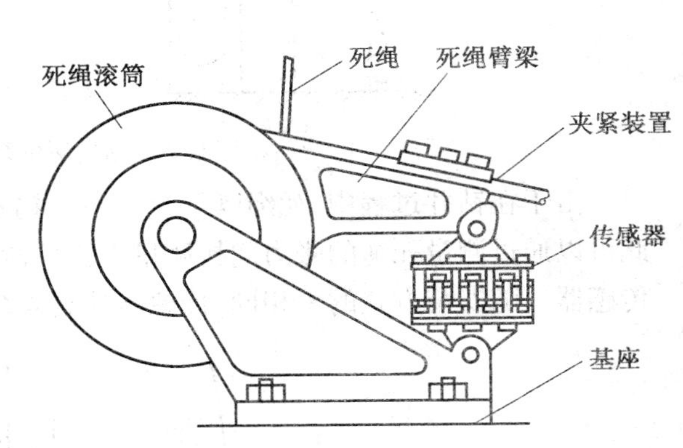

图6.5　传感器与死绳固定器的安装

（2）合金薄膜传感器。

现场总线式钻井仪表的出现，需要电子类的传感器，从而达到网络化的要求。因此在传统的张力\液压传感器基础上，出现了合金薄膜传感器，以完成压力\电流信号的转换。

合金薄膜传感器是由离子束溅射合金薄膜压力传感器与信号调制电路组成，适用于流体压力、差压或液位的检测，采用现代薄膜设备与刻蚀技术制造。

液体介质压力/差压作用于耐蚀不锈钢弹性膜片，使膜片产生变形。在膜片上制作了组成惠斯登电桥的合金薄膜应变电阻，膜片变形使电阻的几何尺寸和阻值发生改变，电桥输出相应的电信号。电子电路将电桥输出的信号放大，并转换成标准4～20 mA电流信号输出。其具有技术独特、性能优越，能长期在恶劣环境下稳定工作的特点，因此这类传感器也属于应变传感器。将大钩悬重传感器安装在井架死绳固定器的传感器上即可。

2. 承压室液体压力与大钩负荷之间的关系定量分析

由静力学的观点分析，死绳固定器就是一个以滚筒轴心 O 为支点的杠杆，如图6.6所示，若忽略臂梁重力的影响，则在平衡状态下，它受到死绳向上的拉力和传感器向下的拉力的共同作用。

根据静力学原理

$$\sum M_0 = 0 \tag{6.3}$$

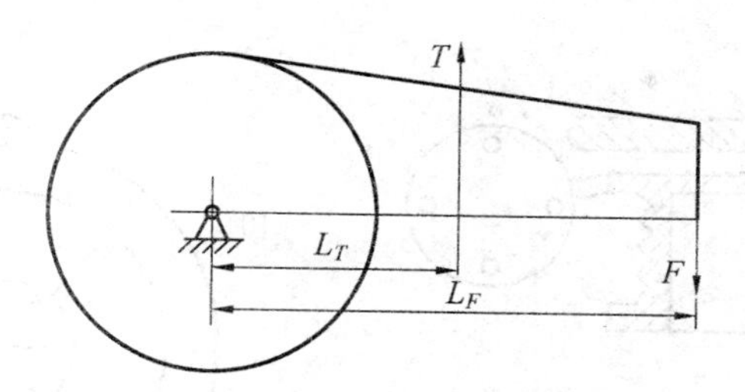

图6.6　死绳固定器的受力分析

即

$$T \cdot L_T - F \cdot L_F = 0$$

$$F = \frac{L_T}{L_F} \cdot T \tag{6.4}$$

式中　F—— 传感器对臂梁的拉力；

T—— 钢丝绳的张力；

L_T—— 力 T 对 O 点的力臂；

L_F—— 力 F 对 O 点的力臂。

L_T、L_F 由传感器的结构决定，型号确定后，为常量。由式(6.4) 可见，F 与 T 成正比。在传感器中

$$P = \frac{1\,000F}{S} \tag{6.5}$$

式中　P—— 承压室的内液体的压力，kN；

S—— 承压室的截面积，cm^2。

可得

$$P = \frac{1\,000L_T}{nSL_F}W \tag{6.6}$$

当式中 L_T、L_F、n、S 为常量时，承压室内液体压力 P 与大钩负荷 W 成正比。只要测得 P，即可测得 W。若改变臂梁和滚筒尺寸或传感器承压室截面积，则同样的液压信号可以表示不同的大钩负荷，即改变了指重表的量程。

6.3.2　死绳固定器及压紧式压力传感器

与这种传感器配套的死绳固定器把死绳的张力转变为对传感器的压力，目前主要应用在引进的钻机上。该种传感器都由死绳固定器、传感器、指重表、记录仪、胶管、快速自封接头、手压泵等组成。

1. 死绳固定器

与前面讲述内容相同，死绳固定器安装在井架底座上，起固定死绳的作用。死绳固定器滚轮及轴承如图 6.7 所示。死绳固定器的组成如图 6.8 所示。这种类型的死绳固定器上还安装了一套倒绳缓冲器。其作用在于当一个人倒绳时，操作它抵住绳锚，限制钢丝绳

滑动。

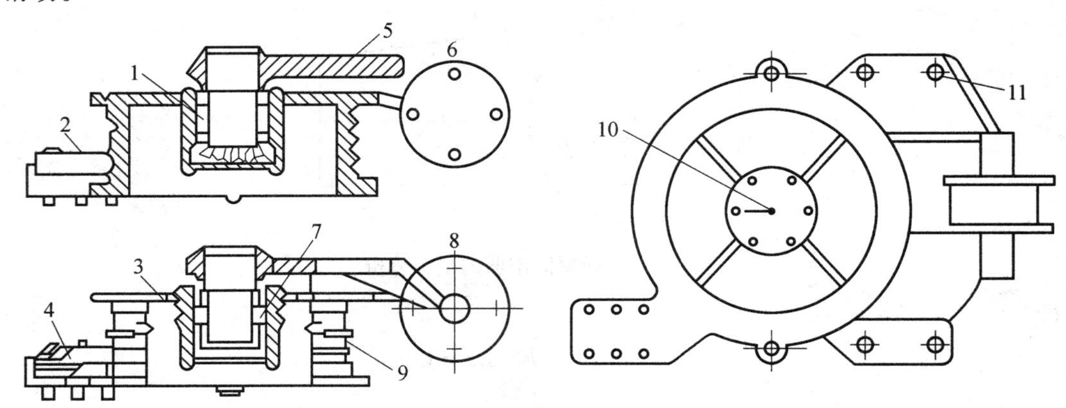

图 6.7　死绳固定器滚轮及轴承的结构

1— 滚柱轴承;2— 绳卡压板;3— 锥形滚柱轴承;4— 嵌板;5— 框架;6— 滚柱轴承;7— 轴承支架;8—T 型锥型轴承;9— 框架;10— 固定轴承黄油盖;11— 螺栓

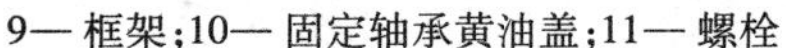

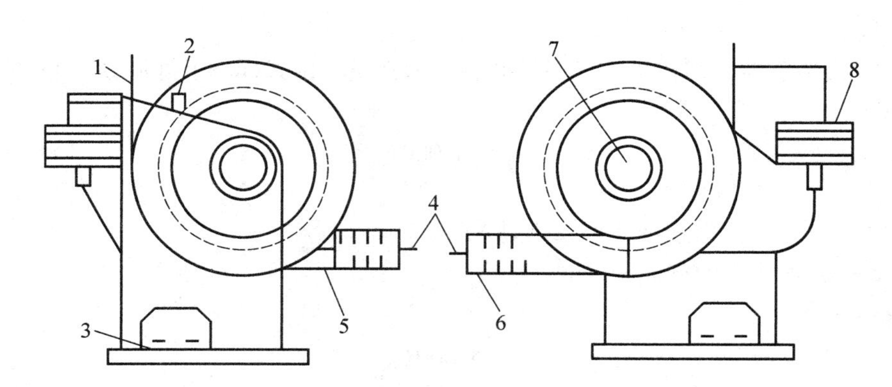

图 6.8　死绳固定器的组成

1— 到天车的死绳;2— 挡板;3— 地脚螺栓和地脚螺母;4— 到绞车滚筒的大绳;5— 绳卡压板;6— 压板螺母;7— 固定轴承黄油盖;8— 传感器

2. 压力传感器

压力传感器安装在死绳固定器上,是将张力转换为压力的重要敏感元件。

(1) 应变式压力传感器。

与前述的合金薄膜传感器相同。

(2) 压磁式拉力传感器。

钻井生产现场还有一种压磁式拉力传感器,它与压磁式压力传感器配合使用,组成 MKH－2 型钻探测重仪,是为 600 m 钻机设计的钻压及钻具质量检测专用仪表,采用 50 Hz、380 V 交流电压供电,可在 －30 ～ 50 ℃ 的环境下工作,测量误差为 ±2.5%。

6.3.3　测拉力的传感器

大钩悬重、指重、钻压的另一种测量方法是用拉力传感器测量钢丝绳上的拉力来获得。在用转盘式钻机钻进(如石油钻井、工程施工基桩孔等)的场合,是靠钻具自重加压,为准确了解钻头上的轴向载荷,就必须用拉力传感器来检测钢丝绳上的拉力。

液压式拉力传感器的工作原理是,首先把钢丝绳的拉力变换成液体压力,再通过测出液体压力来表示钢丝绳的拉力。

该传感器的结构如图6.9所示。图中 S 为钢丝绳的拉力;R 为加在加压盖5上的压力。由几何关系可知

$$R = 2S\sin\alpha \tag{6.7}$$

而

$$R = pF$$

式中　p——液压油的压力,MPa;

F——传感器中的承压膜片的面积,m^2。

将上式代入式(6.7),有

$$S = \frac{pF}{2\sin\alpha} \tag{6.8}$$

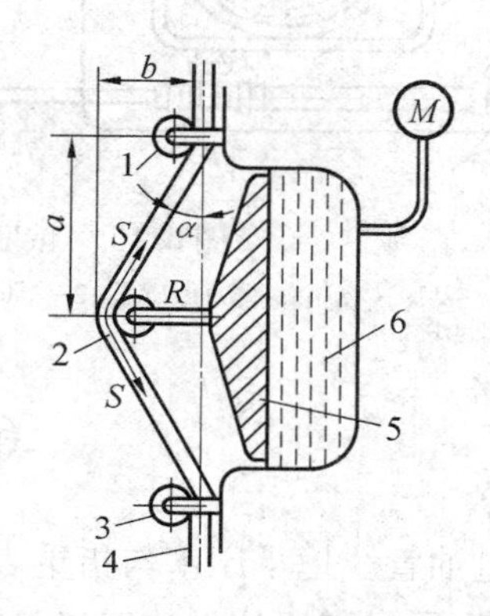

图6.9　液压式拉力传感器

1、2、3—滑轮;4—死绳头;5—加压盖;6—液压油

由于 α 很小,故可近似地看成 $\sin\alpha \approx \tan\alpha$,把它写成 $\sin\alpha \approx \tan\alpha = b/a$,代入式(6.8),得

$$S = \frac{pFa}{2b} \tag{6.9}$$

由于对传感器而言,F、a、b 都是定值,故只要测出油压 p,就可测出钢丝绳的拉力 S。

这种液压式拉力传感器在石油钻井工程和地质钻探现场应用很广,它的输出可以直接用表头显示,也可以再接一个压力传感器(如膜片应变式传感器),把测出的钢丝绳拉力变换为电信号输出。

图6.10就是俄罗斯的ГИВ-6型钻压记录(显示)仪的组成示意图,其中2为显示液压油压力的表头,而3的表芯虽然也是一块压力表的表芯,但它的刻度盘按(6.2)式刻成拉力的量纲,而且有两个表盘,其中动盘可以旋转。当钻具称质量后,逆时针旋转动盘使零点对准指针的位置,这样减压钻进时,钻压表显示的就是钻进的实际钻压值。图中4的圆形记录纸缓慢旋转,由油压带动墨水笔尖在纸上记录钢丝绳拉力的变化情况。由于圆形记录纸上已印成24格的螺旋线,它一昼夜转一圈,故从记录的钢丝绳拉力变化曲线,就可分析判断出,一昼夜中什么时候是正常钻进,什么时候是升降钻具,各占了多少时间,纯钻进时间利用率是多少,等等。

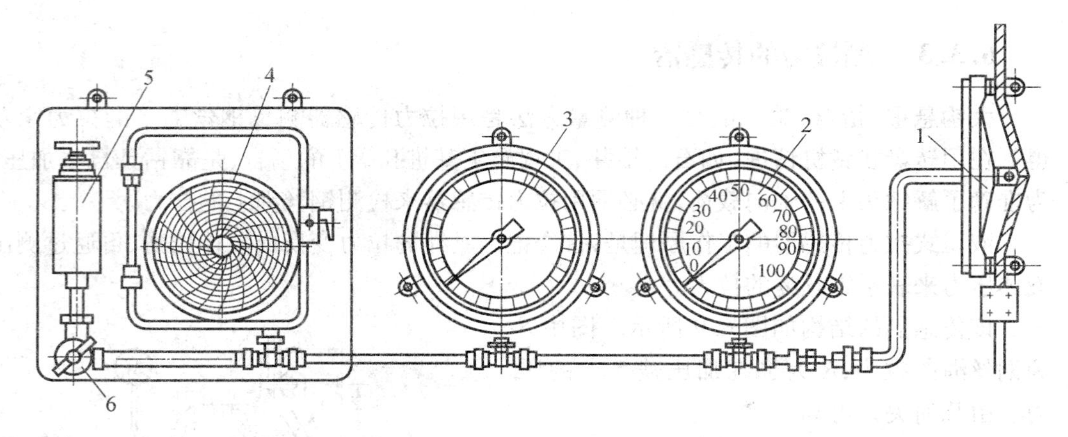

图 6.10 俄罗斯的 ГИВ－6 型钻压记录（显示）仪

1— 液压式拉力传感器；2— 压力表；3— 钻压表；4— 记录仪；5— 压力储能包；6— 旋钮

6.4 指 重 表

通过油管线把承压室与指重表和记录仪相连，就可把液压信号送给记录仪，驱动记录仪笔动作，同时液压信号传至指重表。

6.4.1 结构

现代的指重表是指重表与灵敏度表两只仪表合一的设计理念。表内分别有指重、灵敏度弹簧管各一根。弹簧管在液体压力作用下产生自由端位移，通过放大机构的连杆及伞形齿轮转动齿轮轴，使指针产生偏转，从而指示出大钩悬重和钻压。表盘上有内外两圈刻度，内圈刻度指示总大钩负荷（指重），而外圈刻度表示净钻压（灵敏度）。外圈刻度比内圈刻度放大了四倍。在正常情况下，把钻头提离井底，司钻把外表盘的零点对准指针，此时的内圈刻度值为大钩悬重 $W_{悬}$，而外表盘指示的钻压 $W_{钻}$ 为零。当钻进时，随着钻头压入到地层，大钩负荷减少，而外圈刻度值则正确地表示钻压 $W_{钻}$ 值，如图 6.11 所示。

6.4.2 刻度

同一种型号规格的指重表，随游动滑车穿的索数不同，具有不同的量程，因而应具有不同的刻度。

以 10 股绳数的指重表为例：指重表盘为黑底黄字，其一周刻有 0 ～ 2 400 均匀等份刻度，则每格表示 20 kN，中心轴配有黄针指示，由弹簧管带动旋转，最大偏转角度为 375°。带有具圈的外表盘为灵敏表盘，边缘装有一调节小齿轮，通过手柄可以拨动灵敏表盘。灵敏表盘可以在 360° 范围内任意转动。灵敏表盘为黑底白字，刻有 0 ～ 600 均匀等份刻度，每一格为 10 kN。中心轴上装有红针作指示用，由弹簧管带动旋转，最大偏转角度为指重表指针旋转角度的 4 倍。指重表、灵敏表的表盘应根据钻机的绳数来选择。还有 8 股绳、12 股绳的表盘，可根据需要选择。

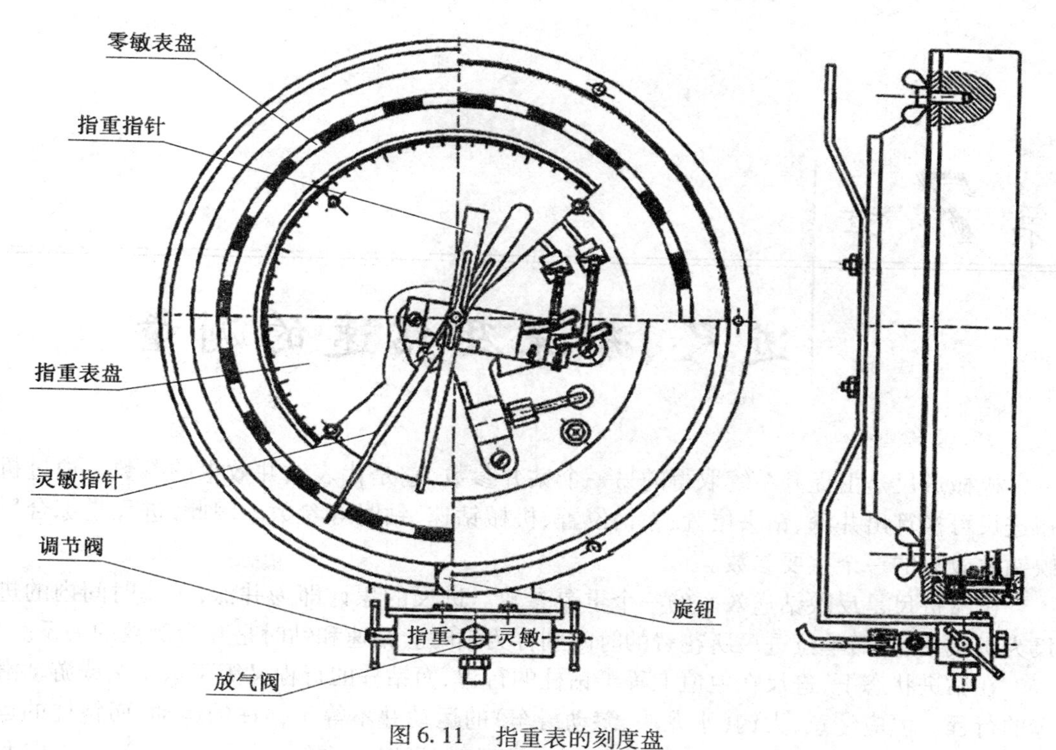

图 6.11 指重表的刻度盘

6.4.3 识读

(1) 钻进前钻具提离井底,开泵循环。此时,黄指针的读数为“悬重”$W_{悬}$。然后将表外盘圈(灵敏表盘)旋转,使红针指向外盘圈 0 处。钻进时,因给钻头施加钻压,悬重减少,指针反时针旋转,黄针所指示的读数为“指重”$W_{指}$;红针所指示的读数为“钻压”$W_{钻}$。其关系式为

$$W_{指} = W_{悬} - W_{钻}$$

(2) 在下钻过程中,若指针从某一值下降(左旋),则为遇阻;在起钻过程中,若指针从某一值上升(右旋),则为遇卡(由井下因素引起)。

6.4.4 与压紧式压力传感器配套的指重表

与弹簧管的指重表相同,这类指重表盘有 ϕ215 mm 和 ϕ305 mm 两种。ϕ215 mm 指重表的表盘为白底黑字,而 ϕ305 mm 指重表的表盘为黑底白字。ϕ215 mm 表盘只有一只,且是固定的;ϕ305 mm 表盘为两只,内盘为固定的指重表盘,外盘为可由旋钮转动的灵敏表盘,指示钻压。指重表内有一长一短的指针,长针为灵敏针,短针为指重针。

第7章 进尺、井深及钻速的测量

机械进尺是由提升系统取得的另一个钻井参数，它是代表钻井效果的参数。通过机械进尺可换算出井深、钻头位置、大钩位置、机械钻速、钻时等参数。因此，进尺是综合反映钻井效果的一个重要参数。

机械进尺是反映钻进效率的一个重要参数。进尺的累计即为井深，单位时间内的进尺为机械钻速，而单位进尺所花费的时间则称为钻时。钻速和钻时是互为倒数的关系。

在钻进状态下，进尺在数值上等于钻柱的行程，而钻柱的行程又等于水龙头或游动滑车的行程。但应注意，大钩（水龙头、游动滑车）的运动并不等于钻柱的运动，而钻柱的运动也并不意味着有机械进尺，这里视钻井工况而定，可以由大钩（水龙头）的运动方向和钻头相对于井底的位置以及大钩负荷情况加以判别，见表7.1。

表7.1　各种钻井工序的判别

钻井工序	钻头与井底相对位置	水龙头运动方向	大钩负荷
钻进	接触井底	下　行	重　载
上提钻具	脱离井底	上　行	重　载
下放钻具	未到井底	下　行	重　载
循环泥浆	未到井底	停	重　载
接单根	未到井底	上　行	轻　载
接单根入鼠洞		下　行	轻　载
起下钻、修理		停	轻　载

由表7.1不难看出：

(1)钻进时，大钩负荷为重载。这是因为在正常钻进时，水龙头下面接上全部钻柱的缘故。大钩负荷为轻载时，意味着钻柱座在转盘上，方钻杆与下面的钻柱脱开等非钻进状态。

(2)钻进的另一必要条件为水龙头下行。这是显而易见的。但是水龙头下行和大钩重载并不一定就是钻进状态，而可能是下放钻具状态。

(3)正常钻进时，钻头与井底接触，即钻头井底距为零，或者说钻头位置等于井深。

可见，只有同时满足大钩重载、水龙头下行和钻头接触井底三个条件时，才可以断定处于钻进状态，也只有在这种情况下，才可以通过对大钩或水龙头位移的测量进行进尺、井深和钻速的测量记录。

简易的常规钻井仪表通常不具备上述自动状态判别功能，而由司钻人工判断，手动接通或断开进尺测录装置。某些比较先进的电子或机械（或二者结合）的进尺测录装置则具备这种自动状态判别功能，因而不需要人工干预而自动记录。

7.1　测量信号的取得

7.1.1　测量绳

在钻进时，进尺在数值上等于水龙头或游动滑车的行程。当然，它也和钢丝绳的收放长度成正比。所以，从水龙头、游动滑车或绞车滚筒上都可以取得进尺信号。以前，使用最广泛的进尺测量机构一般都是通过在水龙头上系一根测量索，通过测量该索的运动来计算进尺。

钻井八参数仪采用机械式进尺记录机构。它主要由测量绳、测量绳恢复器、井深记录齿轮联动机构、计数器及井深控制阀组成，如图 7.1 所示。

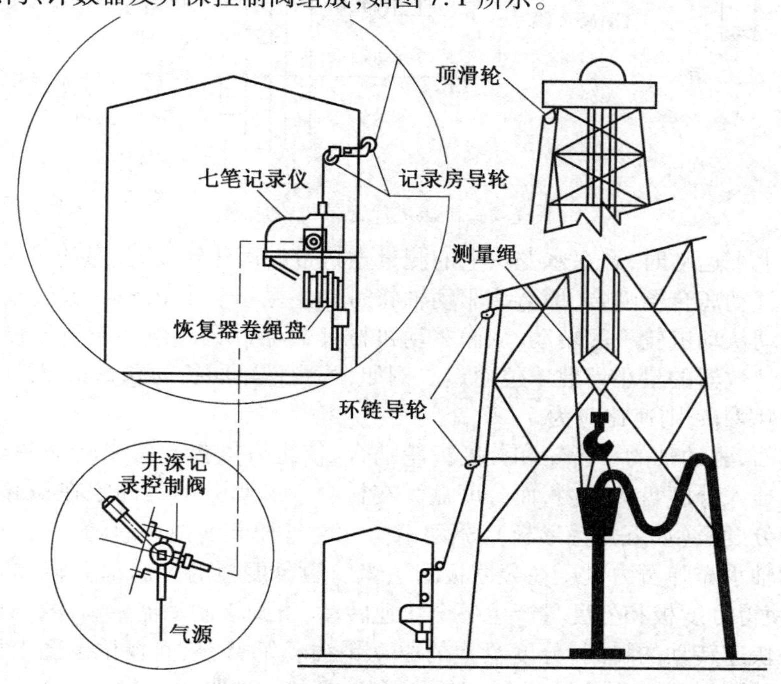

图 7.1　井深机械式进尺记录机构结构图

测量绳是一根极细的钢丝绳，绕在恢复器的卷绳盘上，另一端在测量绳轮上缠绕一周后，穿过记录仪上的导轮和记录房导轮，引到室外再穿过固定在井架上的环连导轮及顶部的顶滑轮，引伸并固定在水龙头上，这样随着水龙头的移动即带动测量绳的移动。

要想用测量绳的位移来代替水龙头的位移，前提是测量绳必须随时处于绷紧状态，且能随水龙头的上下移动或放或收。这个工作是靠测量绳恢复器来完成的。

测量绳恢复器由壳体、涡卷弹簧、卷绳盘、输出轴、齿轮等部件组成。卷绳盘上缠绕着测量绳,套在输出轴上。输出轴通过齿轮与涡卷弹簧相连。涡卷弹簧是一卷弹性极强的弹簧钢带,水龙头下行时,钢丝绳也下行,通过齿轮,将涡卷弹簧卷紧,产生弯曲变形,使测量绳拉紧;当水龙头上提时,测量绳放松,此时,涡卷弹簧利用其储存的弹性变形能,使卷绳盘反转,将钢丝绳收起来。从而使测量绳一直处于绷紧状态,以保证测量的准确性。

7.1.2 井深记录装置

1. 机械进尺记录装置

国产八参数仪中机械进尺记录机构,如图 7.2 所示。

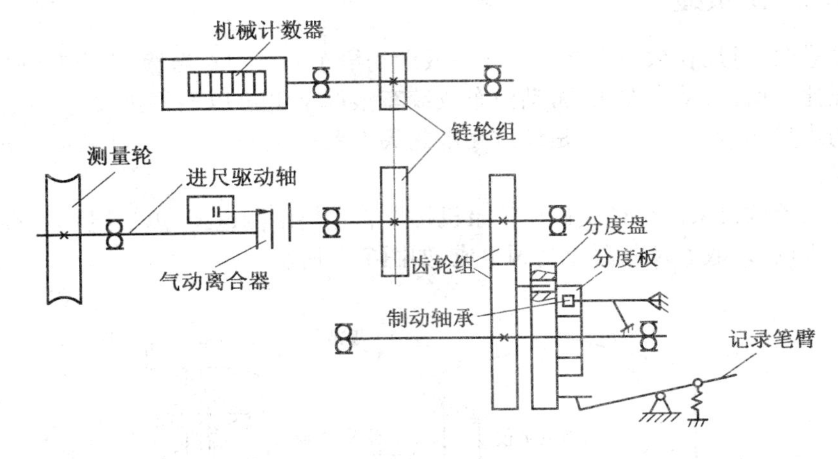

图 7.2 机械进尺记录机构原理

当大钩上下运动时,系在水龙头上的测量索将带动滑轮转动,测量轮带动进尺驱动轴转动。如果气动离合器啮合,那么该驱动轴将带动主动链轮和齿轮一起转动。主动链轮通过链条带动从动链轮一起转动,从而驱动机械计数器计数。该链轮付的传动比视测量轮的周长和计数器的最小计数单位而定。例如,若测量轮周长为 0.5 m,而计数器的最小计数单位为 0.1 m,则速比应为 5 : 1。

另一方面,驱动轴的小齿轮和分度齿轮啮合,使得分度齿轮每米转动一周,分度齿轮上的驱动销插入分度盘的槽内,而分度盘套在衬套上。和分度盘固定在一起的有一块相当于凸轮的分度板(如五角星形板),驱动销使分度盘和分度板一起随分度齿轮转度。一个制动器的轴承靠弹簧力紧压在分度板的边缘。当分度板的突出部分转过时,由于弹簧力的作用,使得分度板和分度盘产生一个快速转动,直到该制动器重新停在分度板的凹点为止。而在快速转动的瞬间,分度盘上的驱动销拨动笔臂,从而在记录图上画出 1/5(或其他分数)米画一短线,而整数米画一长划的要求。这种驱动方案允许测量索抖动甚至倒行一定距离而不致影响记录的正确性。

当水龙头上提时,测量绳轮反转。此时,联动块上的被动凸轮被碰块或碰销碰动时会自动让位,联动块不动。因此,记录笔不会在记录纸上画出长、短线来。

被动齿轮轴通过一钢丝软轴驱动一个五位计数器,直接记录累计井深。

2. 机-电组合记录装置

图7.3是一种机-电组合式进尺、井深、钻速记录机构的原理图。与机械进尺记录装置相比,关键是增加了一套自动判断钻头是否接触井底(即是否处于钻进状态)的机械装置。它由丝杠、并紧螺母、微动开关等组成。当钻具上提,即钻头离开井底时,丝杠左旋,而螺母左移。微动开关断开,与螺母做成一体的指针在标尺上指出钻头井底距。由于微动开关断开了米段讯号电源,因而此时不能发出进尺脉冲信号。此时并紧螺母不能带动井深计数据器轴一起转动,因而井深计数器也不计数。

当下放钻具时,丝杠右旋,并紧螺母也右移。当移至丝杠末端时两者并紧,因此螺母将随丝杠一起转动,从而带动井深计数器输入轴转动,该计数器对进尺进行累计。与此同时,微动开关闭合,接通米段发讯电源。米段发讯是由米段凸轮和微动开关共同完成的。根据需要,可以每隔0.2米、0.5米或1米发出一个电脉冲信号。此信号可供电子记录仪的标记笔打出进尺标记,也可送电子计数器或其他电路求取井深、钻速。

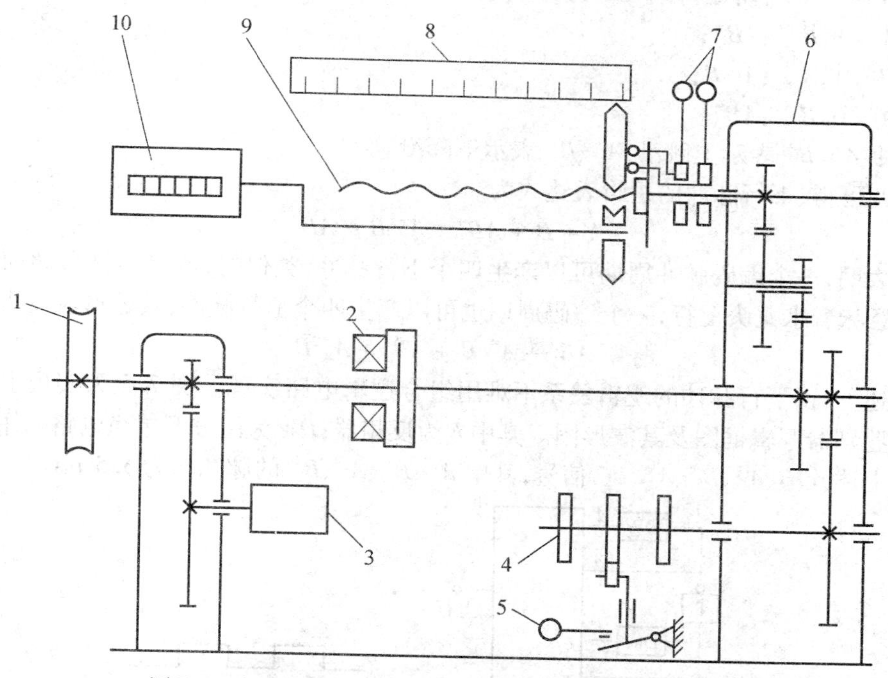

图7.3　机-电组合式进尺、井深、钻速记录机构的原理图

1—测量轮;2—电磁离合器;3—测速发电机;4—米段凸轮;5—米段完成信号;6—减速箱;7—接触井底信号;8—钻头井底距标尺;9—丝杠;10—井深计数器;11—并紧螺母

3. 光学编码器

图7.4为一种用以测量水龙头位移量的光学编码器的工作原理及波形图。光学编码器的轴由测量轮带动一起转动。轴的另一端有一遮光圆盘,在该圆盘上打了互相错位的两排孔。板的一侧装有发光二极管和光源,右侧与孔相对的位置放置了两只光敏二极管。当圆盘转动,当有孔部位对着光敏二极管时,检测电路输出端的状态就发生一次变化。这样,在输出端可以得到相位互相差90°、频率与圆盘转速(从而与水龙头运动速度)成正比的四相脉冲,如图7.4(b)所示。

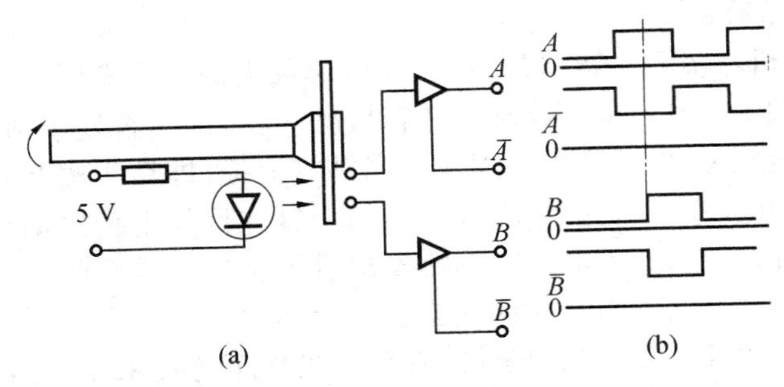

图 7.4　光学编码器的工作原理及波形图

根据 A、B 两点波形的相位关系可以判别圆盘运动的方向，从而确定大钩运动的方向。当水龙头下行、钻管下行时，两组脉冲之间可能有四种逻辑组合：

①$B=0, A\uparrow$ ：用逻辑式表示为 $A+\bar{B}$；

②$A=1, B\uparrow$ ：AB^{+}；

③$B=1, A\downarrow$ ：$A^{-}B$；

④$A=0, B\downarrow$ ：$\bar{A}\bar{B}^{-}$。

式中 A^{+}、B^{+} 表示上跳沿；A^{-}、B^{-} 表示下降沿。

由此可得，下行脉冲的逻辑表达式为

$$A+\bar{B}+AB^{+}+A^{-}B+\bar{A}\bar{B}^{-}$$

这表明，一个编码脉冲周期可以产生四个下行脉冲；类似的，若 B 点波形超前于 A 点 90°，即意味着水龙头上行，一个编码周期也可以产生四个上行脉冲，其逻辑表达式为

$$\bar{A}B^{+}+A^{+}B+AB^{-}+A^{-}\bar{B}$$

上述上行、下行脉冲的逻辑关系不难用组合逻辑电路实现。图 7.5 为实现上述鉴别作用的鉴别器逻辑框图及其波形图。其中 F 为反相器；DW 为微分型单稳电路。用这些电路产生上述 A、B、A^{+}、B^{+}、A^{-}、B^{-} 信号，其中 A^{+}、B^{+}、A^{-}、B^{-} 的脉宽均为 3.5 μs。

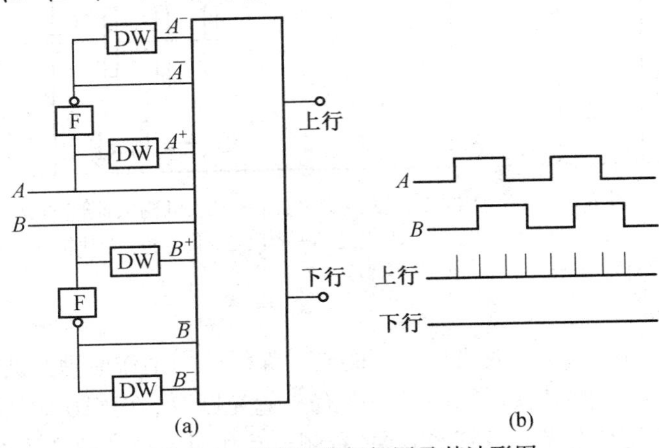

图 7.5　鉴别器逻辑框图及其波形图

这些信号由组合逻辑（图 7.5(a) 中大框）译码，即可输出上行和下行脉冲信号，其波形如图 7.5(b) 所示。由于 A、B 波形表示大钩下行状态，因此此时输出下行脉冲，而上行端无脉冲输出。

在理论上，这种光学编码器的测量精度是很高的。例如，若测量轮周长为 50 cm，光学编码器每转发出 250 个 A、B 脉冲，则鉴别器输出的每一个脉冲代表 0.5 mm 的测量索运动。显然，这是上述机械式装置难以达到的。

这种传感器会由于测量索的抖动产生干扰脉冲，因而必须用适当的电路加以抑制。

7.2　钻速的测量和记录装置

机械钻速等于单位时间内的进尺。在简单的钻井仪表中，通常用其倒数 —— 钻时反映钻速。钻时可以直接在进尺记录图上读出。由于记录纸走纸是匀速的，只要找出在两个进尺标记之间的时间间隔，即可换算出在这个进尺间隔内的平均钻时。其公式为

$$T = \frac{\Delta T}{\Delta H} \tag{7.1}$$

式中　T—— 钻时，min/m；

ΔT—— 两进尺标记间的时间间隔，min；

ΔH—— 进尺间隔，m。

显然，这种方式难以计算某一时刻的瞬时钻速及其变化趋势。图 7.6 为 TOTCO 公司的八笔钻井记录仪所记录的进尺曲线，由此可见，在 11∶00 左右的钻速要低于 9∶00 左右的钻速。在 10∶10 左右曾停钻一会儿。

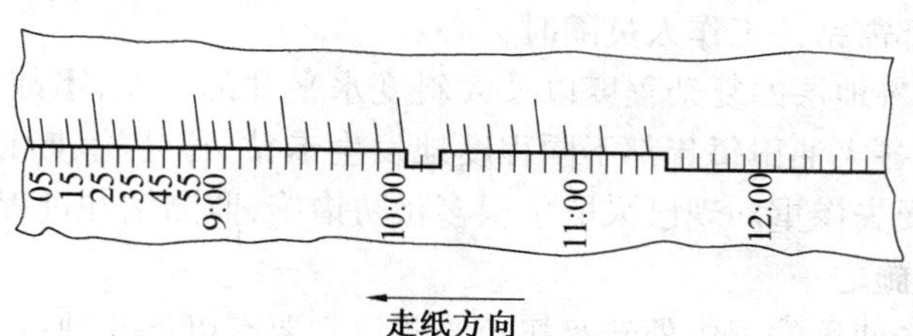

图 7.6　钻时记录曲线

除了上述方法外，还有下面的方法：

① 以测速发电机把测量轮的转速信号转换为电压信号。若使用气动或液动记录仪，则再经电 - 气或电 - 液转换器将该电压信号转换为气压或液压信号。

② 采用转速传感器把测量轮的转速信号直接转换为气压信号。

③ 如果已将进尺信号转换为电脉冲信号（如每 0.5 mm 一个脉冲），则可以先将该脉冲信号整形为宽、等幅脉冲，然后用滤波的方法求该脉冲信号的平均值，该值将和钻速成正比。这种方法称为频率 / 电压转换。

实际上，由进尺衍生的参数可以有很多个，如井深、钻头位置（钻头井底距）、瞬时钻速、空间平均钻速、大钩位置、钻杆速度等。某些比较先进的电子仪表可以由进尺传感器（如光学编码器）和钻压传感器产生的两种信号自动计算、显示并记录上述这些参数。

第8章 转盘扭矩的测量

转盘扭矩是由钻机旋转系统取得的一个重要参数。在钻井过程中,随时监测转盘扭矩的变化,可以早期发现井斜,了解钻头的工作情况,如钻头泥包、牙齿磨损、轴承卡死;了解井内状况,如井壁塌落、断钻具、钻具落井,以利于更好地钻进。所以,转盘扭矩是反映钻井安全的重要参数。

扭矩的波动、变化反映大量正在发生的井下情况。例如,正常钻井时钻柱扭矩变化,即应考虑到地质构造的改变。

扭矩还能提示钻头的磨损或钻牙轴已被咬住。扭矩显示值对在取芯、磨砂和打捞作业也很重要,这些都需钻井工作人员随时关心。

钻井过程中随着地层的复杂程度以及大斜度水平井的开发,事故及复杂情况的发生率较高。据悉全国各大油田每年都不同程度地发生卡钻、掉牙轮、断钻具,甚至机毁人亡的恶性事故,经济损失惨重。现已采取了很多预防措施,监测钻井过程的转盘扭矩的变化就是其中重要的措施之一。

目前,进入现场使用的国内外转盘扭矩监测仪主要有以下几种:

①马丁德克转盘扭矩仪。该仪器测量精度高,但安装非常困难。

②过桥轮式(椭轮式)转盘扭矩仪。该仪器安装在传动机构的链条上,由于链条受力很大,而且和过桥轮之间靠摩擦张力传动,因此精度低。

③电流式转盘扭矩仪。该仪器测量精度高,但仅适用于电动钻机的扭矩监测,不适合内燃机。

④顶丝式转盘扭矩仪。该仪器的核心部件是安装在转盘固定顶丝座上的,取代其中一只顶丝或两个顶丝。它具有体积小、质量轻、安装方便等特点,输出基本为真扭矩,测量精度高。

另外,国内外从事该领域研究的技术人员还采用了多种测量方法,有钻机主轴间贴应变片和水龙头加齿轮传动,根据齿轮的反扭矩来测量钻具扭矩等多种方法,但目前还未形成产品。

8.1　过桥轮式转盘扭矩测量

8.1.1　过桥轮式扭矩传感器

过桥轮式扭矩传感器又称为惰轮机械\液压传感器。它通过转盘链条拉力的测量，间接地测量转盘扭矩。其结构如图 8.1 所示。

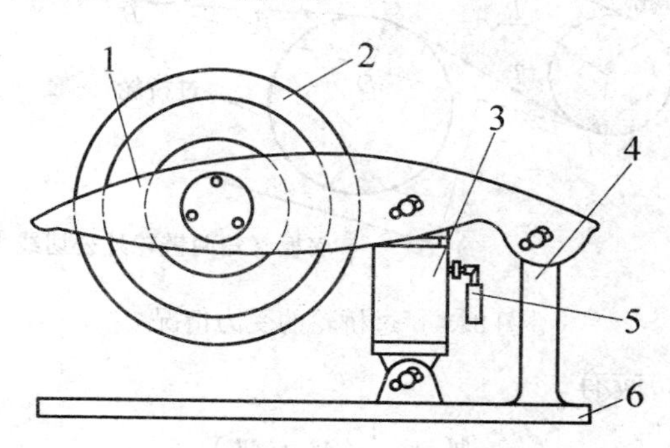

图 8.1　过桥轮式扭矩传感器

1—杠杆；2—过桥轮；3—液缸；4—立柱；5—软管；6—底板

它主要由过桥轮、杠杆、液缸、立柱和底座组成。过桥轮是个外缠耐磨硬橡胶的滚轮，装在杠杆的一端，杠杆的另一端由立柱支承。在杠杆的中部和底座中间安装着液压缸，液压缸的活塞与杠杆相连，缸内充满液压油，并通过压力软管与压力表或其他信号转换器相连。

过桥轮式传感器可以有两种安装方式，如图 8.2 所示。

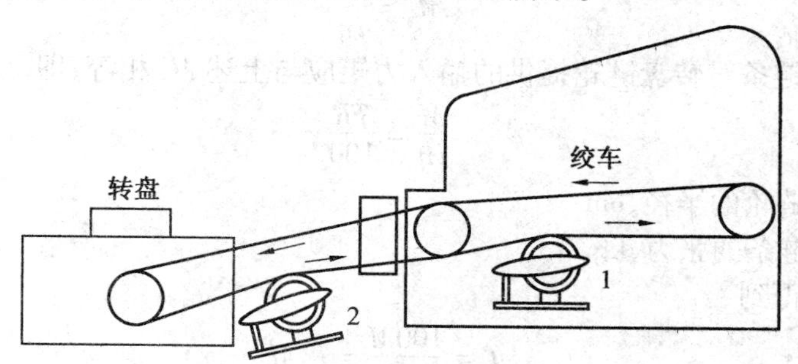

图 8.2　过桥轮式传感器的典型安装方式

在正常情况下，可以装在绞车内。装配时，保证过桥轮既可自由转动，又受到驱动链条一定的压力，如图 8.2 中位置“1”所示。如果无法接受这种方式安装，则可以装在绞车至转盘驱动链条的下方，如图 8.2 中位置“2”所示。

8.1.2　转盘扭矩的测量原理

转盘扭矩是无法直接测量的，仍采取间接测量的方法。

1. 链条张力与转盘扭矩之间的关系

为分析方便，现画出这种安装方式的简化示意图，如图 8.3 所示。设钻柱(转盘输出轴) 的扭矩为 M，而转盘链轮的输入扭矩为 M_r，单位为 kg · m。

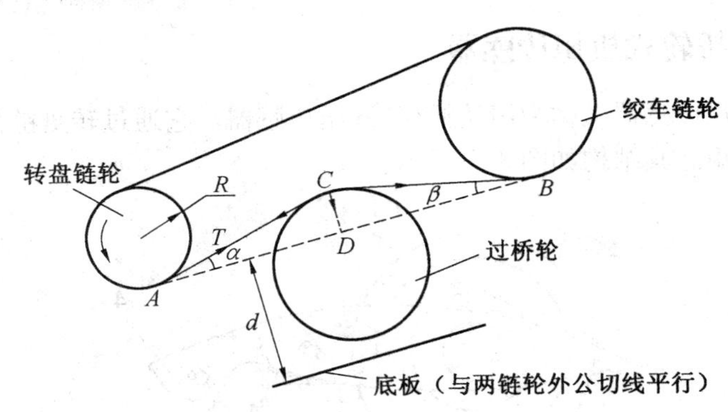

图 8.3　过桥轮的受力情况

当转盘转速恒定时，应有

$$M_r = \frac{1}{i}(M + M_f) \tag{8.1}$$

式中　i—— 转盘齿轮减速比；

M_f—— 折合到输出轴的摩擦力矩，kg · m。

设机械效率为 η，则

$$\eta = \frac{M}{M_f + M} \tag{8.2}$$

则

$$M_r = \frac{M}{i\eta} \tag{8.3}$$

另一方面，链条对转盘链轮提供的输入力矩应与上述 M_r 相等，即

$$\frac{M}{i\eta} = \frac{TR}{100} \tag{8.4}$$

式中　R—— 链轮的半径，cm；

T—— 链条的张力，kg。

于是，可以得到

$$T = \frac{100M}{\eta iR} = K_1 M \tag{8.5}$$

式中，$K_1 = 100/\eta iR$，当机械装置一定且机械效率恒定时，为常数。

式(8.5) 表明，链条张力 T 与转盘输出轴(即钻柱) 扭矩成正比。其方向是沿着转盘与过桥轮的内公切线方向，即 AC 方向，它与两链轮的外公切线 AB 之间的夹角 α 与过桥轮底板与 AB 线的距离有关，也与过桥轮相对于两链轮的位置有关。类似的，BC 线与 BD 线之间的夹角 β 也与上述两个因素有关。这两个角的大小影响到液体压强的大小，下面将作进一步的分析。

2. 链条对过桥轮的压力

由于过桥轮使链条紧边发生了运动方向的变化(如图 8.3 中的 α、β 角所示)，所以链

条对过桥轮有一个压力，而链条则受到过桥轮一个方向相反、大小相等的作用力。图8.4为在和过桥轮接触处链条受力情况及其等效汇交力系。

忽略过桥轮的摩擦力矩，则过桥轮前后的张力相等，即

$$T_1 = T_2 = T \tag{8.6}$$

由于链条和过桥轮实际上是在一段轮廓线上相接触，因而过桥轮对链条的作用力是分布在接触线上离开轮心的分布力，如图8.4(a)所示。该力和链条所受张力相平衡。据此可得图8.4(b)所示的汇交力系图。其中，N为过桥轮对链条作用力的等效合力。由于T_1和T_2相等，因此，其合力的方向为这两个力所成夹角θ（在数值上等于图8.3中的$\angle ACB$）的平分线的方向。由此可得

$$N = 2T\cos\frac{\theta}{2} \tag{8.7}$$

由式(8.7)可见，由于$\theta < 180°$，因此，N随着θ的增大而减小。若过桥轮不对链轮施加压力，则链条不会改变方向，$\theta = 180°$（注意，不是$0°$），因而$N = 0$。过桥轮越是向上装，θ角越小，因而N越大。前面已指出，过桥轮受到链条的压力与N方向相反、大小相等。

值得指出的是，由于传感器底板不一定平行于两链轮的外公切线（图8.3中的AB），所以，该压力虽然指向过桥轮的轴心，但并不一定垂直于传感器的底板。造成这种情况的另一原因是N也不一定垂直于AB。

参见图8.3，链条对过桥轮的压力重合于$\angle ACB$的角平分线CD，不难看出

$$\angle ADC = \beta + \frac{1}{2}\angle ACB = \beta + \frac{1}{2}(180° - \beta - \alpha) =$$

$$90° + (\beta - \alpha)/2 = 90° - \varepsilon \tag{8.8}$$

式中，$\varepsilon = (\alpha - \beta)/2$，表示合力方向与$AB$的垂线的偏差角。

显然，α、β的大小与过桥轮安装位置有关。若过桥轮装在两链轮的中心，则$\alpha = \beta$，而$\varepsilon = 0$。此时，链条对过桥轮的压力恰好与两链轮外公切线AB垂直。过桥轮安装位置越是偏离两链轮的中央位置，ε越大，即过桥轮所受的压力方向越是偏离AB的垂直方向。

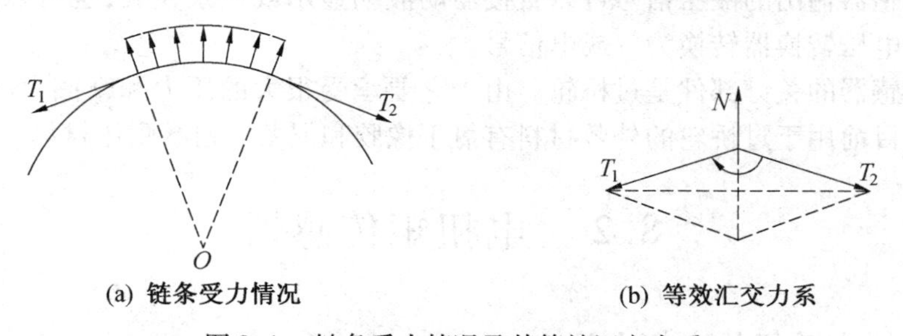

图8.4　链条受力情况及其等效汇交力系

3. 液缸受力分析

过桥轮所受压力通过杠杆作用在液缸上。现假定传感器底板与AB线平行，且考虑过桥轮及杠杆本身的质量的影响，从力矩平衡的观点出发，求液缸活塞对杠杆的推力（液缸所受到的杠杆压力与其大小相等、方向相反）。杠杆的受力情况如图8.5所示。

图8.5中，杠杆与底板平行，与地平面成σ角，因而包括过桥轮和杠杆重力在内的总重力G也与杠杆的垂线成σ角，且作用于质心B；链条对过桥轮的压力N'（与N大小相等、

方向相反)、过桥轮轴心 A,且与杠杆的垂线成 ε 角;液缸活塞对杠杆产生一个垂直于杠杆的推力 F。这三个力与支点 O 的距离分别为 l_G、l_N、l_F。

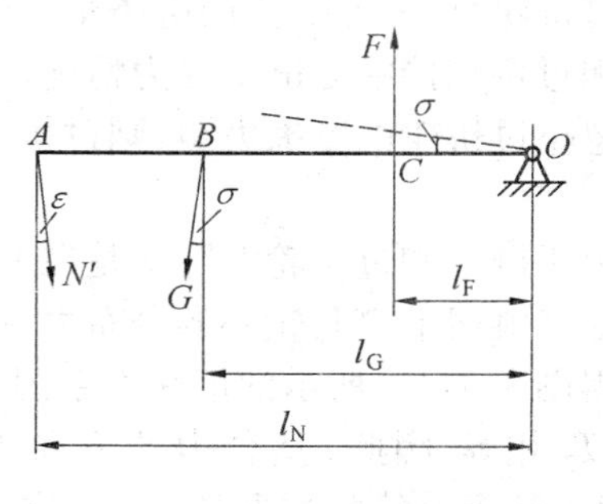

图 8.5　杠杆的受力情况

根据静力学原理,有

$$N'l_N\cos\varepsilon + Gl_G\cos\sigma - Fl_F = 0 \tag{8.9}$$

由此可得

$$F = \frac{l_N\cos\varepsilon}{l_F}N' + \frac{l_G\cos\sigma}{l_F}G \tag{8.10}$$

又有

$$F = PS \tag{8.11}$$

式中　P—— 液缸的压强;

S—— 活塞的截面积。

将式(8.7)、(8.5)、(8.11)代入式(8.10),整理后可得

$$P = \frac{2K_1 l_N\cos(\theta/2)\cos\varepsilon}{l_F S}M + \frac{l_G\cos\sigma}{l_F S}G \tag{8.12}$$

式中第一项与钻柱扭矩成正比,M 的系数只与链轮、传感器结构及其相对位置有关,为仪器常数,设为 K;第二顶与钻柱扭矩无关,而只与传感器本身结构及其安装角度有关,装好之后,也为常数,设为 P_0。这样,该式可以简化为

$$P = KM + P_0 \tag{8.13}$$

由于 K 值与传感器的安装情况等有关,因此,要准确地测量真实的钻柱扭矩实际上是有困难的。事实上,钻井工作者最感兴趣的只是扭矩的相对变化情况。通过调整链条的张紧程度,利用这种传感器可以使得在正常钻进过程中,扭矩示值在一定范围内变化。有些传感器设计了可调升降装置以方便现场安装调整。

这种传感器输出的液压信号可以直接驱动液动显示或记录仪表,也可以经液压/气压或液压/电压转换器转换为气或电信号。

这种传感器的关键部件是过桥轮。由于它要承受很大的压力和摩擦力,因而易于磨损或压裂。目前用于过桥轮的外敷材料有氯丁橡胶和尼龙等耐磨耐压材料。

8.2　电扭矩传感器

8.2.1　电动机的电枢电流

海上钻机的转盘通常是以直流电动机单独驱动的。不难证明,对于它激式直流电机,当转速一定时,应有

$$M_{机} = K_M\Phi I_{枢} \tag{8.14}$$

式中　Φ—— 由励磁绕组产生的主磁通量,Wb;

$I_{枢}$—— 电枢电流,A;

K_M—— 电机常数,N · m/Wb · A;

$M_{机}$ —— 电机输出轴转矩，N · m。

电机输出轴通过减速比为 i 的齿轮传动装置，带动转盘输出轴。考虑到传动损失，设其机械效率为 η，则

$$M = i\eta M_{机} \tag{8.15}$$

式中 M—— 钻柱扭矩。

将式(8.15)代入式(8.14)，整理得

$$I = \frac{M}{K_M \Phi i \eta} \tag{8.16}$$

对于一定的电机和传动装置，当励磁电流恒定时，K_M、Φ、i、η 均为常数，令

$$\alpha = \frac{1}{K_M \Phi i \eta} \tag{8.17}$$

则

$$I = \alpha M \tag{8.18}$$

该式清楚地表明，电机的电枢电流与钻柱扭矩成正比。因此，可以通过测量电机的电枢电流间接测量钻柱的扭矩。

8.2.2 霍尔传感器

测量电枢电流可以用两种方法：一是采用分流电路直接测量电枢电流，但需在仪表电路中引入高电压，准确度难以保证，另一种是霍尔效应法。

霍尔效应是指一个半导体片置于磁感应强度为 B 的磁场中，如图 8.6 所示。

如果在 X 轴方向通过电流 I_c，则在与 B 垂直的 Y 轴方向，产生一个电动势 E_H。霍尔电动势 E_H 与 I_c 和磁感应强度 B 的乘积成正比。图8.7为用于扭矩测量的传感器的工作原理图。

分成两半的导磁框架中间夹着一片霍尔元件，当电枢电源线穿过其中时，便在霍尔元件周围产生磁场，其磁感应强度与电枢电流成正比，且由于导磁框架的作用，与导线的位置无关。这样，当霍尔元件以恒流供电时，其输出电压精确地与电枢电流成正比。

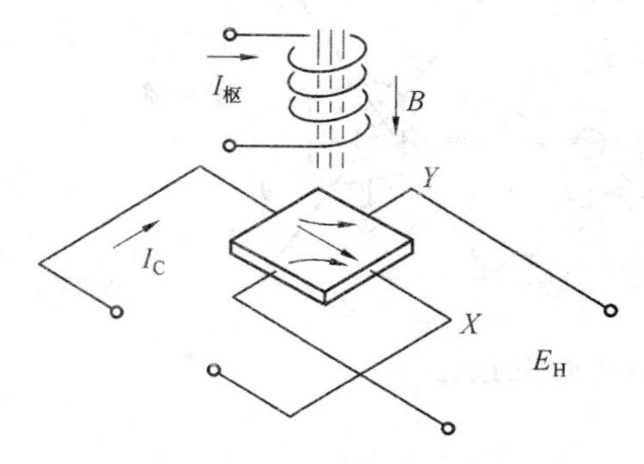

图 8.6 霍尔效应示意图

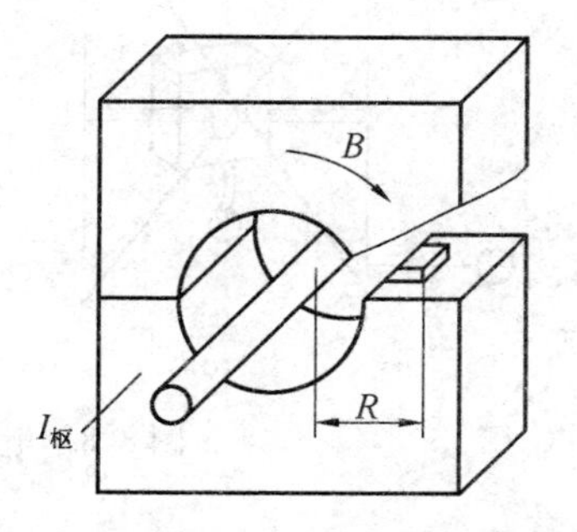

图 8.7 扭矩测量的传感器的工作原理

该传感器的输出电压为

$$U_H = R_H I_{枢} \tag{8.19}$$

式中 U_H—— 霍尔电势；

R_H—— 传感器的等效电阻。

将式(8.18)代入式(8.19),得

$$U_H = R_H \alpha M = KM \tag{8.20}$$

式中,$K = \alpha R_H$,为常数。

该式表明,传感器的输出电压与钻柱扭矩成正比。

在结构上,把导磁框架做成两半是为了便于穿过电枢电源线。若电枢电流较小,为提高测量灵敏度,可以增加穿过传感器的电源线的匝数,如图8.8(b)所示。在传感器上印有指明正电源线穿入面的标志,如图8.8(a)所示。穿线时,必须保证正电流流入带有标志的一面,以使后续电路工作正常。图8.8(c)所示为一种错误的双线穿入方式。该图中,由于穿过传感器的两个电流大小相等、方向相反,因此产生的合磁场为零。此外必须注意,穿过传感器的电源线切不可用具有磁屏蔽能力的铠装电缆且将其屏蔽层接地,如图8.8(d)所示。一般的,应使用非磁性屏蔽的绝缘导线,如橡胶或塑料绝缘线。其原因很明显,因为霍尔元件实测的是磁感应强度。

霍尔效应传感器输出的电压信号为毫伏量级,因此,需要加以进一步放大和处理才可能推动显示仪表。

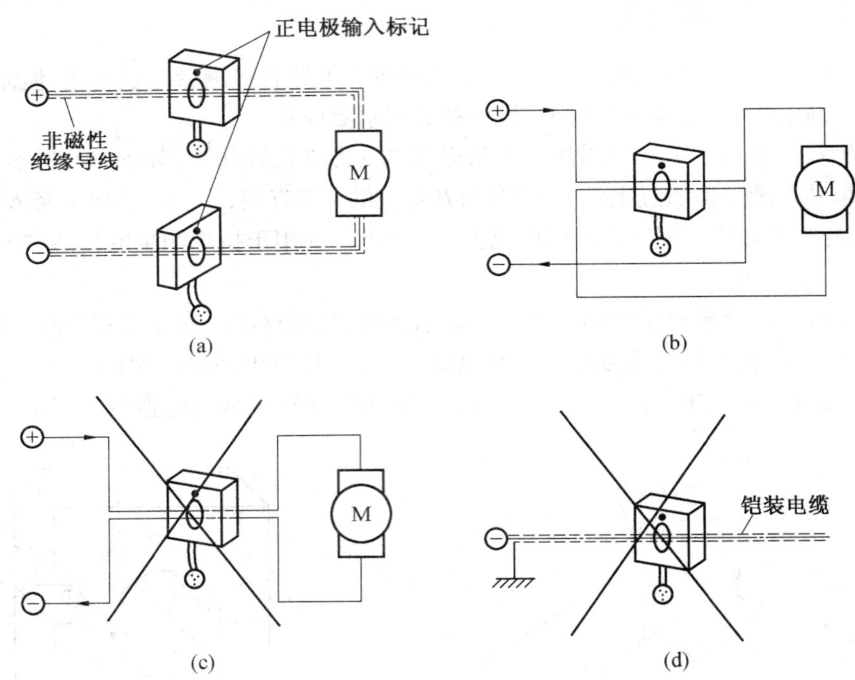

图8.8　电磁电源线穿过传感器的方法

第9章 转盘转速、泵速和泵冲次的测量

转盘转速和泵速是影响钻井效率的两个重要参数。它们是最优化钻井工艺中必须优选的参数。在现有的钻井仪表和录井仪表中，一般都通过测量泵速间接测量入口泥浆流量。因为当泥浆泵的容积效率足够高时，泥浆入口流量等于泥浆容积和泵冲速的乘积。此外，当从井下提出钻具时，泵冲次反映向井下的补灌泥浆量。在取砂样时，利用泵冲数读数可以确定采集的砂样所对应的实际井深。当然，泵冲速也可以反映泥浆泵的工作是否正常。

国内外的成套钻井仪表一般都测量转盘转速（RPM）、泵速（SPM）以及累计泵冲数，有的还测量在下钻过程中补灌泥浆的冲数。转盘转速和泵速的测量方法基本相同。所用传感器大致有测速发电机、气动传感器等。测速发电机输出的是直流或交流电压信号，而气动传感器输出的是气压信号。除了这两种直接速度测量方法外，还可通过对转盘转数或泵冲数进行测量，然后求取转盘转速或泵速。测量转盘转数或泵冲数的传感器有微动开关、接近开关、霍尔式开关等。这些传感器输出信号的脉冲频率与转盘转速或泵速成正比。用这种方法，既易于对脉冲总数进行累计以求得总泵冲数，又可方便地计算转盘转速或泵速。

9.1 测速发电机式传感器

关于各种测速发电机的结构和工作原理，已在前面已作了介绍。这里仅介绍测速发电机在钻机上的安装方式。

9.1.1 转盘转速测速发电机的安装

钻机转盘多以链条驱动，少数用万向轴传动。应当根据具体情况，在方便的部位装上一个皮带轮或链轮驱动测速发电机。

图9.1所示为转盘转速测速发电机的安装方式。

若装在位置“1”，则测得驱动转盘的绞车链轮的转速；而装在位置“2”，则测得猫头轴的转速。它们和实际转盘转速相差一个速比。通过调整驱动测速发电机的传动付的速比或者改变放大电路的放大倍数或对表盘适当刻度均可在显示、记录仪表上得到正确的转

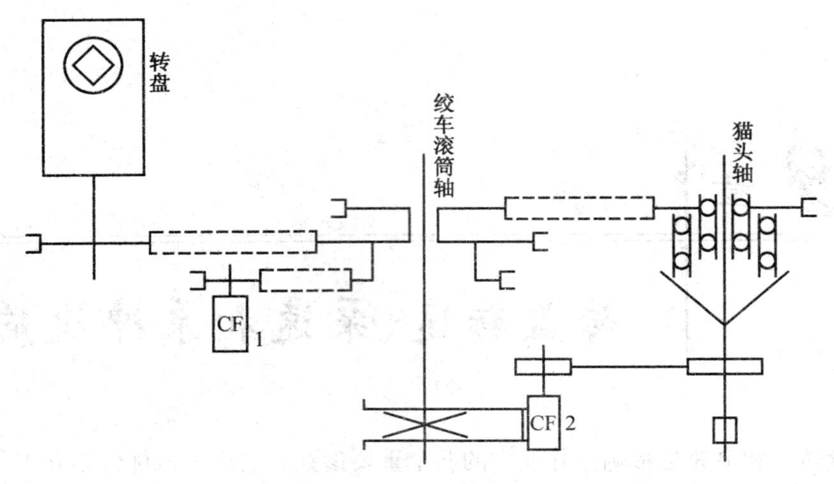

图 9.1　转盘转速测速发电机的安装方式

盘转速读数。

需要指出的是，无论使用哪一种安装方式，都必须保证测速发电机的转速既不要太高(避免出现非线性误差)，也不要太低(避免对不灵敏区有影响)。

9.1.2　泵速测速发电机的安装

由于泥浆泵每分钟冲数与其驱动轴的转速成正比，因此也可以通过测量该驱动轴的转速换算出每分钟泵的冲数。图 9.2 为一种泵速测速发电机的安装方式。

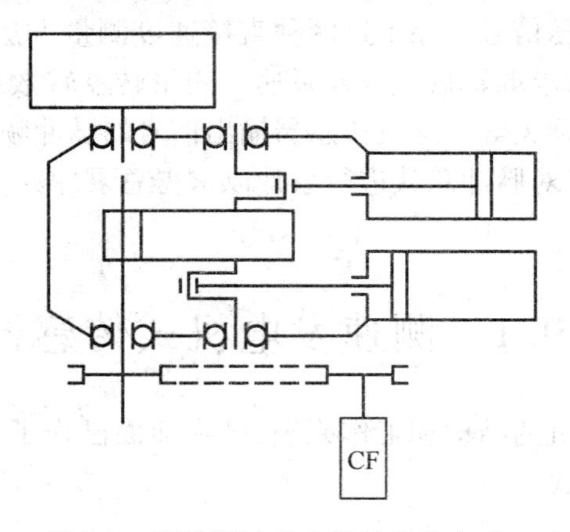

图 9.2　泵速测速发电机的安装方式

9.2　接近开关式传感器

接近开关是一种无触点开关，在一些外文说明书中又称为邻近检测器(Proximity Derector)。

9.2.1 接近开关的结构框图

接近开关有多种结构形式，图 9.3 为常见的接近开关框图。检测头检测是否有金属物接近传感器，并据此控制振荡器振荡与否。振荡器的输出信号经放大后，由单稳电路整形为反映振荡器是否振荡的矩形脉冲。

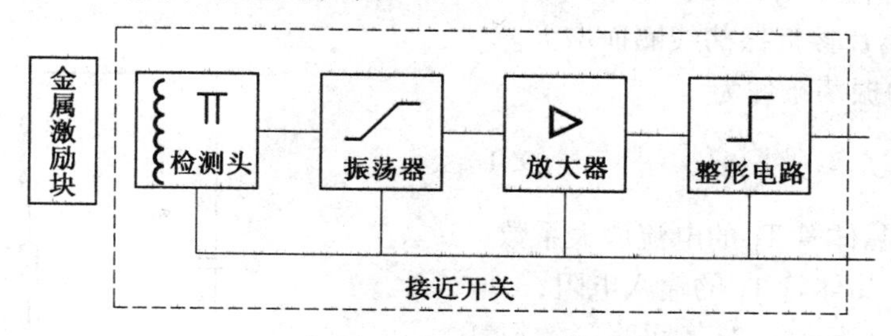

图 9.3　常见的接近开关框图

9.2.2　接近开关的工作原理

接近开关的线路也是多种多样的，现以图 9.4 为例来说明接近开关的工作原理。

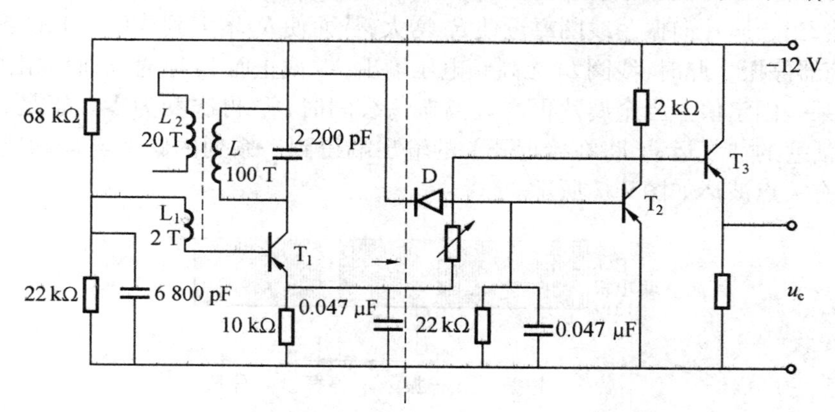

图 9.4　一种接近开关电路的工作原理

图 9.4 中，虚线左侧即为图 9.3 中的检测头和振荡器部分，振荡器是典型的变压器反馈 LC 振荡器，其振荡线圈的结构如图 9.5 所示。图 9.5 中的金属激励器装在待测运动部件（如转盘或泵活塞杆）上并随其一起运动。在这里整个振荡线圈相当于检测头，而所谓金属激励器实际上就是普通金属片。

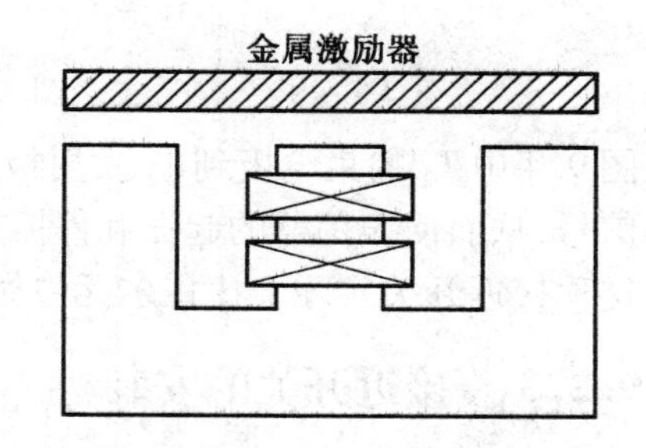

图 9.5　振荡线圈的结构

当金属片远离振荡线圈时，金属片中没有涡流产生，振荡器的负载电阻即为由 T_2 组成的整流放大级的输入电阻 r_{sr2}，由于 r_{sr2} 较大，故能量损耗较小，折合到 LC 谐振电路的损耗电阻较小,故振荡器满足起振条件而振荡。此时,线圈 L_2 有高频电压输出。此电压经二极管 D 整流及 0.047 μF 电容滤波后给 T_2 基极提供一个负电压,使 T_2 处于饱和状态,而 T_3 处于截止状态。此时,接近开关输出电压为零。当金属片接近振荡线圈时,磁芯附近的高频磁场在金属片中感应出涡流,造成较大的能量损失,该涡流可以等效为谐振回路中的一个可变损耗电阻 R_g,如图 9.6 所示。图 9.6 中,R 为除金属片涡流损耗外的其他损耗电阻。R_g 随金属片接近振荡线圈而增大。

该振荡器的振荡条件为

$$\beta_1 \geqslant \frac{r_{be1}R'C}{M} \qquad (9.1)$$

式中 β_1—— 晶体管 T_1 的电流放大系数;

r_{be1}—— 晶体管 T_1 的输入电阻;

$R' = R_g + R$—— 振荡回路等效损耗电路;

M——L_1 和 L 的互感系数;

C—— 振荡电容量。

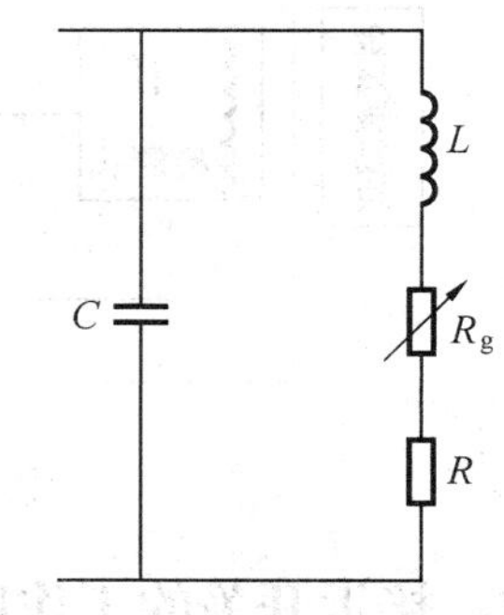

图 9.6 考虑涡损时的等效振荡回路

式中,除了 R_g 外,其他电路参数都是确定的,显然,当金属片向振荡线圈靠近使 R_g 增大,从而使 R' 增大到式(9.1)的条件不能满足时,振荡器停振。此时,线圈 L_2 无高频电压输出,T_2 截止而 T_3 导通,从而输出电压 U_c 由零跳变为某一固定值。当金属片再次远离振荡线圈时,U_c 再次变为零。于是,随着转盘转动或泵活塞的往复运动,将在接近开关的输出端得到一系列的频率与运动速度成正比的脉冲。有关点波形如图 9.7 所示。

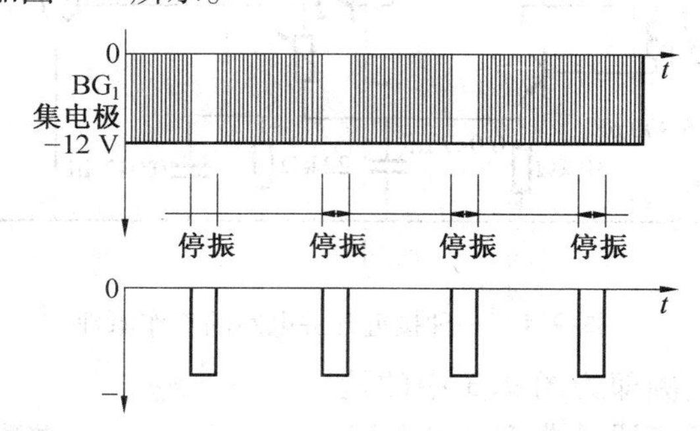

图 9.7 有关点波形

图 9.4 中 T_2 的集电极到 T_1 发射极之间的 150 kΩ 可调电阻,为 T_1 的转换提供一个正反馈信号,从而使振荡器的起振和停振过程都更加迅速、干脆。

这种接近开关实际上比霍尔元件做成的接近开关更简单,更经济。

9.2.3 接近开关的安装

几种接近开关的安装方式如图 9.8、9.9 和 9.10 所示。

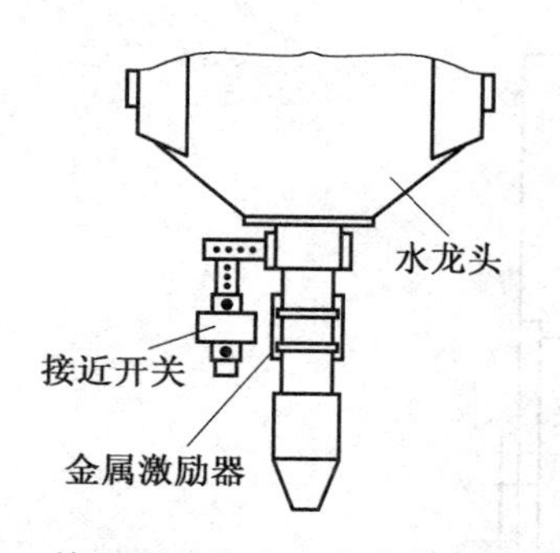

图 9.8　接近开关装在水龙头上测量转盘转速

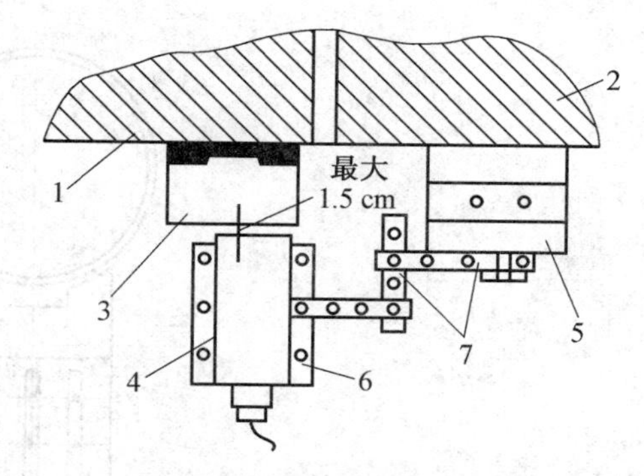

图 9.9　在转盘上接近开关的安装方式之一

1— 转盘;2— 钻台;3— 带有磁靴的金属激励器;4— 接近开关;5— 快锁磁靴;6— 开关底板;7— 连接方杆

保证接近开关正常工作的关键是要保证金属激励器接近开关的最小距离不得过大,如图 9.9 中规定最大为 1.5 cm。一般的,接近开关是通过一些连接方杆与一块磁铁相连,且靠磁铁吸附在静物(如钻台或泵窗铁板)上。在方杆上有多个连接孔,用以调整金属激励器和传感器的相对空间位置。在图 9.9 中,金属激励器也是靠磁铁吸附在转盘下方的,为了可靠,可再用胶粘牢。图 9.8 和 9.10 中的激励器是套装在管或杆上的,这时,激励器本身也可做成便于调节的形式,如图 9.11 所示。由于激励片上有长达 125 mm 的固定槽,因此激励器弯板距固定夹中心的距离有一个很大的可调范围。

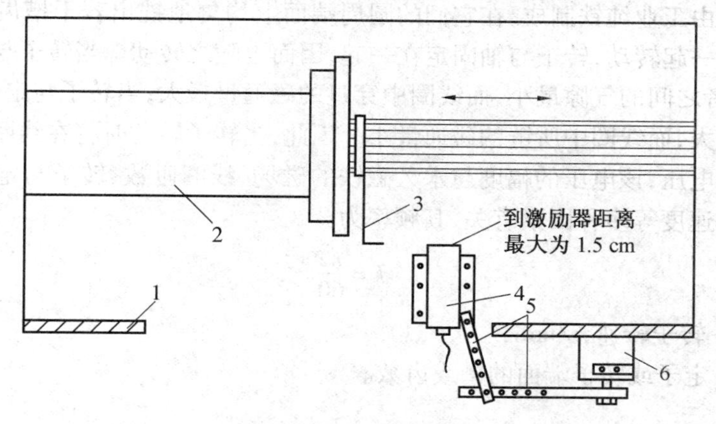

图 9.10　测量泵冲数的接近开关安装方式

1— 泵窗口;2— 活塞;3— 金属激励器;4— 接近开关;5— 连接方杆;6— 快锁磁铁

不难看出,与测速发电机相比,接近开关式传感器的安装调整要方便得多,而且由于无机械传动和机械接触,因此寿命也要长得多。

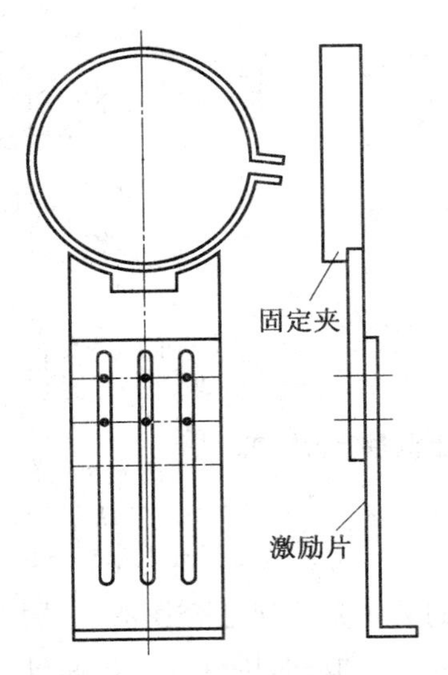

图 9.11　套在活塞杆上的可调式金属激励器

9.3　磁电式转速传感器

磁电式转速传感器的结构如图 9.12 所示。它由转子、定子、磁钢、线圈等部分组成。转子和定子都由工业纯铁制成，在它们的圆周端面上均匀地铣出若干槽齿。传感器的转轴 1 与被测轴一起转动，转子与轴固定在一起，因而也随之转动。当转子与定子的突出部分相对时，两者之间的气隙最小，而线圈中穿过的磁通量最大；当转子与定子凹凸相对时，两者的气隙最大，而线圈中所链的磁通最小。因此，当转子转动时将在线圈中感应出近似正弦波的交变电压，该电压的幅度与永久磁铁的磁场、线圈匝数、转子与定子间的间隙以及转子的旋转速度等多种因素有关，其频率为

$$f = \frac{nz}{60} \tag{9.2}$$

式中　n—— 转子转速，r/min；

z—— 定子或转子端面的槽或齿数。

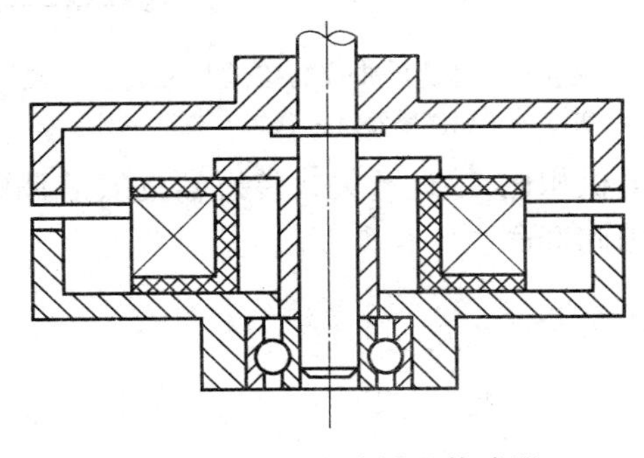

图 9.12　磁电式转速传感器

9.4　泵冲数的累计

当要对单个泵的泵冲数进行累计时,可以简单地用一个计数器来完成。但有时要对几台(井场一般有三台)泵累计总的泵冲数,由于这些泵的传感器可能同时输出脉冲信号,因此需要用多路调制器来实现几个泵传感器发生的脉冲信号的综合。但是,由于泵冲数是单向增加的,因此不必使用双向计数器。图9.13为累计三台泥浆泵总泵冲次的累计装置框图。

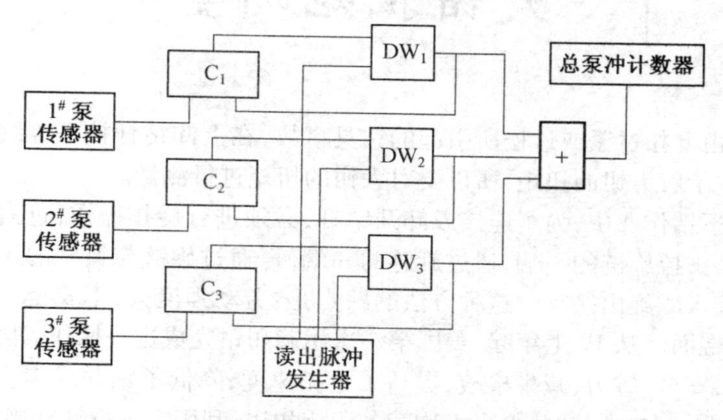

图9.13　累计三台泥浆泵总泵冲次的累计装置框图

第10章 大钳扭矩测量

为了防止由上扣过紧或过松所引起的钻具事故,在上卸钻杆接头螺纹、钻铤、套管及油管螺纹时,应了解大钳的扭矩,所以要对大钳的扭矩进行测量。

在钻井起下钻作业中,为了连接或卸开钻杆,必须进行旋扣操作,过去常用金属链绕在钻杆上,用猫头拉旋链的一端,通过旋链的一端,再通过旋链与钻杆的摩擦力带动钻杆旋转,使钻杆旋入或旋出接头。这种方法的缺点是:劳动强度大,不安全,工效低,链条易损坏接头密封端面。从1971年起,美国第一次用旋扣钳完成这一操作,其优点是:取消了旋扣拉端操作,安全、省力、减少事故,提高了上扣速度,降低了钻井成本。旋扣钳通常由气动或液动驱动。在我国钻井平台上均配备了旋扣钳,利用它进行钻杆接头连接。目前,国内大钳扭矩传感器主要分为液压大钳扭矩传感器和拉力大钳扭矩传感器两类。

10.1 液压大钳扭矩传感器

液压大钳扭矩传感器实际上是用测量液压系统的压力来反映液压大钳的扭矩。它的结构如图10.1所示。

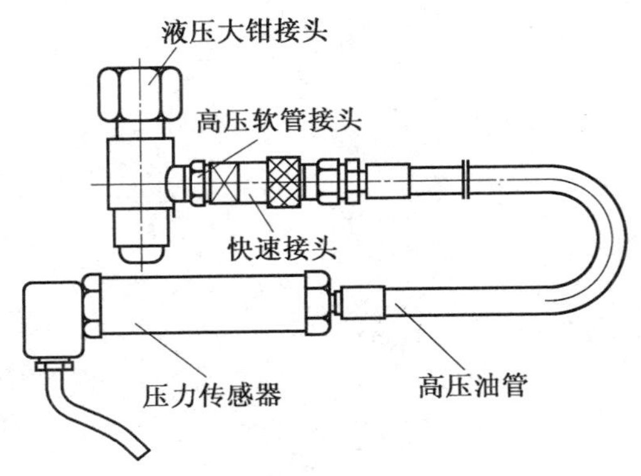

图10.1 液压大钳扭矩传感器的结构

在液压大钳的液压表位置上安装大钳扭矩传感器,首先将液压表拆下,然后将液压大钳接头安装在原液压表的位置上,再把液压表安装在液压大钳接头上,用快速接头将传感器与液压大钳接头相连接,传感器附带的5 m高压油管随着液压管线一起有效固定,使之能随着液压管线前后伸缩，如图 10.2 所示。

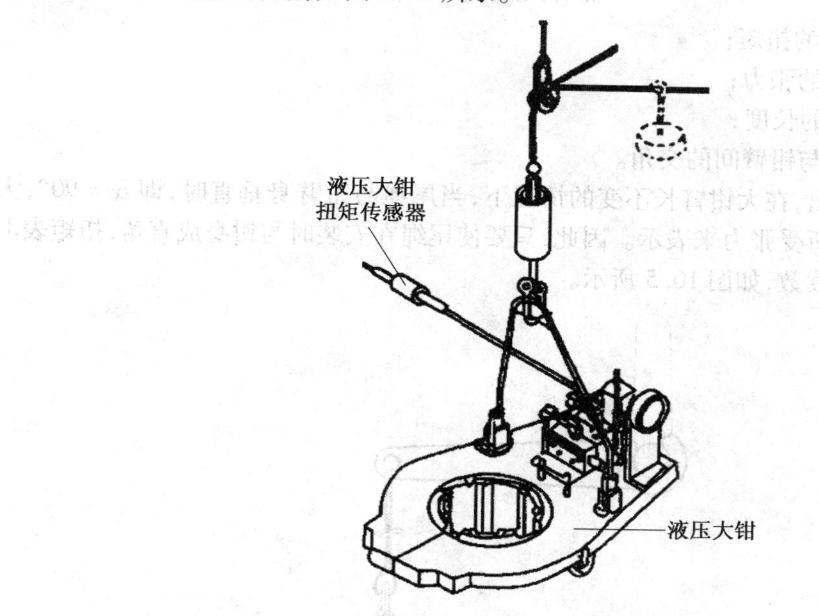

图 10.2　大钳扭矩表与传感器

测量扭矩的传感器是活塞式油压荷载传感器。实际上是一个液压缸，当它两端受到拉力时，活塞将对液缸中的液压油产生压力，从而把拉力信号变换为液压信号。

10.2　拉力大钳扭矩传感器

图 10.3 所示为拉力大钳扭矩传感器的外形结构图；图 10.4 所示为大钳扭矩表连接图。

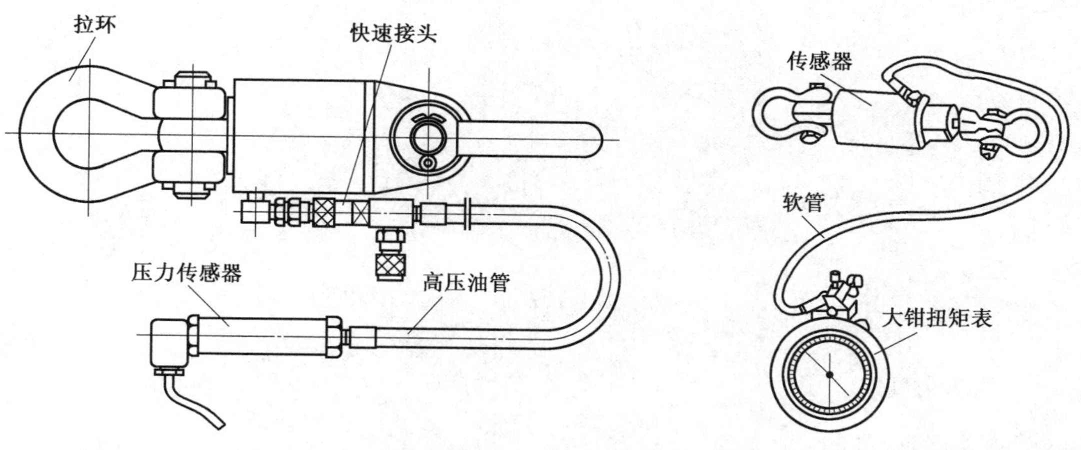

图 10.3　拉力大钳扭矩传感器的外形结构图

图 10.4　大钳扭矩表连接图

这种传感器安装在内钳尾绳上，传感器的另一端与钻机上某一固定点相连，这时传感器测到的是尾绳张力。大钳扭矩的表达式为

$$M = FL\sin\alpha$$

式中　M—— 大钳的扭矩；

F—— 尾绳的张力；

L—— 钳臂的长度；

α—— 绳尾与钳臂间的交角。

从上式可以看出，在大钳臂长不变的情况下，当尾绳与钳臂身垂直时，即 $\alpha = 90°$，大扭矩就可以用尾绳所受张力来表示。因此，只要使尾绳在安装时与钳身成直角，扭矩表上就可以得到正确的读数，如图 10.5 所示。

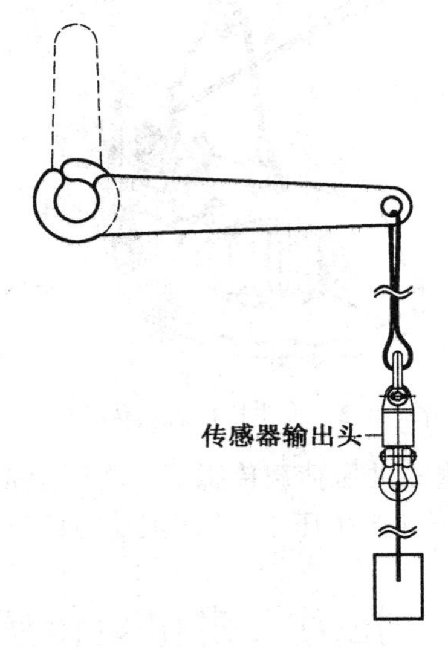

图 10.5　安装在尾绳上的拉力大钳扭矩传感器

第11章 有关泥浆参数的测量

在钻井参数中,有关泥浆的参数较多,包括:泥浆进、出口流量的测量;泥浆泵压力(泵压)的测量;泥浆液位和体积的测量;泥浆温度的测量;泥浆密度的测量等。

11.1　泥浆进、出口流量的测量

当泥浆泵具有较高的充满系数(或称为容积效率)时,泵速可以反映泥浆进口流量的大小。目前,国内外的钻井仪表一般都采用这种方法。但是由于泥浆净化等多方面因素,不能保证泥浆泵有较高且又恒定的充满系数,那么依据泵冲次计算的泥浆进口流量将会有很大的误差。因此,国内外都有人试图用各种流量计直接测量进口泥浆流量。将流量计用于进口泥浆流量的测量,一要解决高压密封问题,二要克服固相体系的泥浆的沉积、堵塞等问题。

泥浆出口流量与进口流量是两个既有联系又有区别的物理量。当井下正常时,两者应基本相等;而当井下异常时,两者会有一定的差异。例如,当发生井漏时,出口流量将会减少;当发生井涌时,出口流量将会增加。因此,出口流量的变化可以反映井下异常情况,它是一个不可用进口流量替代的安全参数。正因为如此,国外的一般钻井仪表中虽然不配进口流量计,但都配出口流量计。

由于出口泥浆压力很小,因此难以充满流量计,这使得很难实现出口泥浆流量的精确测量。然而测量泥浆出口流量的主要目的是为了预测井下是否有井涌等异常现象存在,而不是作为水力参数来测量。因此,重要的是检测出口流量的相对变化而不是它的绝对值。

目前,国内外一般都只是用架在返回泥浆槽上的挡板流量计(又称为浆叶式流量计)测量出口流量的相对变化,并根据相对变化量的大小发出越限报警信号。这种出口流量计的另一用途是在补灌泥浆时,产生泥浆已经灌满的电信号,以实现灌泥浆作业的自动控制。

图11.1是钻井过程中一种常用出口泥浆流量传感器。传感器主要由感受泥浆运动的挡板,把挡板角位移转换成水平位移的杠杆——连杆结构,把水平位移转换为电位器的角位移的齿条齿轮传动机构(如果使用拉杆电位器,则可以省去)以及把位移信号转换为是信号的电位器等组成。

当泥浆自右向左流过挡板时,挡板受到泥浆动压力的作用,从而迫使挡板向左偏转,

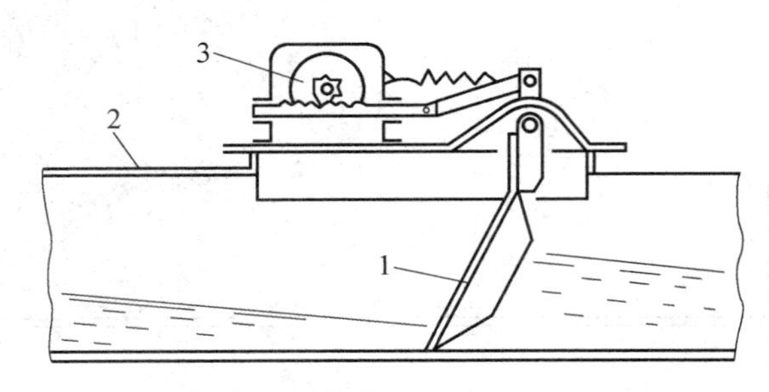

图 11.1　出口泥浆流量传感器

1—翼状挡板;2—泥浆槽;3—电位器

而由于打破了原来的平衡状态,挡板本身的重力和弹簧伸长的拉力要产生一个阻碍这种变化的力矩,当该力矩与泥浆动压力的力矩达到平衡时,挡板就停留在新的平衡位置上。由于挡板向左偏斜带动电位器转过一定角度,因而要以改变电位器中心头两侧的电阻值,达到输出电信号的目的。

由于泥浆并未充满管道,泥浆流对挡板的作用面积以及泥浆在挡板处的流通面积本身都是泥浆流量的函数,泥浆流对挡板的作用力的合力的大小以及作用点和转轴的距离也都是流量的函数,而且都会影响挡板的转角,因而定量推导流量和挡板角位移之间的关系既复杂也无必要。定性地说,挡板受力不仅和流体的流速成平方关系,而且与作用在挡板上的流体的质量(从而与流体密度和作用面积)有关。因而,这种流量计测得的流量与流体的密度有关。输出信号转换为流量时要考虑密度的影响。其次,由于流通面积本身也是流量的函数,因而更无法根据流速直接求流量了。

挡板流量计直接安装在架空管线上,使用比较方便。其输出信号为由电位器取出的电压信号,便于和事先由操作人员给定的报警电平加以比较以发出越限报警信号。如果输出信号自建立循环起长期不变,则说明井下情况是正常的;若有明显的增加或减少,则说明井下有某种异常,应予以严密监视。

该流量计的另一个作用是在起钻时自动发出泥浆溢出井口信号,以实现补灌泥浆作业的自动控制。

11.2　钻井泥浆压力的测量

泵压是计算钻井水力参数及压力损耗的重要参数。正确地选择泵压对于提高钻井效率有重大影响。此外,它也是反映钻井安全的一个重要参数,可以反映钻柱的冲洗、钻头堵塞、扭断、岩层变化以及泵是否有故障等多种情况。因此,成套钻井仪表几乎都要测量泵压,有的还要测量出口(返回)泥浆的压力。

泥浆压力虽然已经是液体压力,不需经传感器进行物理量的变换,但由于泥浆中含有固相,且有强烈的腐蚀性,因而不宜直接送往液动压力表和记录机构中,以免引起堵塞或仪表零件的腐蚀。此外,由于井上循环系统通常采用往复式容积泵,因此泥浆压力有较大的脉动,如果直接把压力引入表头,不仅读数困难,而且还会损坏仪表零件。在钻机工作时,整个循环系统的管汇也处于强烈的机构振动中,如果把管线与表头通过硬管线连接,则会把管汇的振动传给仪表,影响仪表的正常工作。所有这些因素都必须在泵压或泥浆出口压力测量装置中予以考虑。

为了防止泥浆直接进入仪表,各种泵压表均通过隔离传压装置间接测量钻井泥浆压力。隔离传压装置如图 11.2 所示。该装置在某些厂家的产品说明书中也被称为传感器,但在这里并没有发生物理量的转换,其作用仅仅在于实现液压介质的转换。

隔离室内的壳体由快速接头压紧产焊接在被测钻井泥浆循环管道上,并用橡胶隔离套隔开钻井泥浆。在橡胶隔离套的一端是钻井泥浆液,另一端有两个接头,一个与阻尼器相连,另一个则用于对隔离套上部(包括阻尼器、仪表管路等)充以清洁的变压器油或排出其中的油。由于橡胶隔离套具有弹性,因而可以把钻井液的压力无损耗地转换为变压器油的压力,从而实现钻井泥浆液压力到变压器油压力的转换。

在隔离室与阻尼器间用一高压软管相连,软管把隔离室本身随钻井泥浆管汇的振动减至最小,使阻尼器尽可能小地受到振动的影响。图 11.3 为阻尼器的结构图。

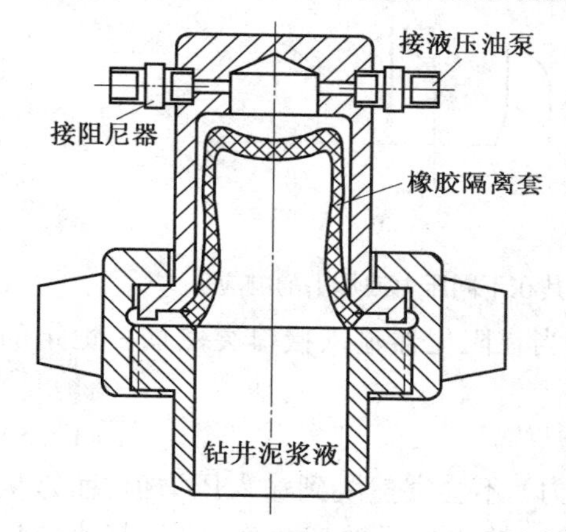

图 11.2　隔离传压装置

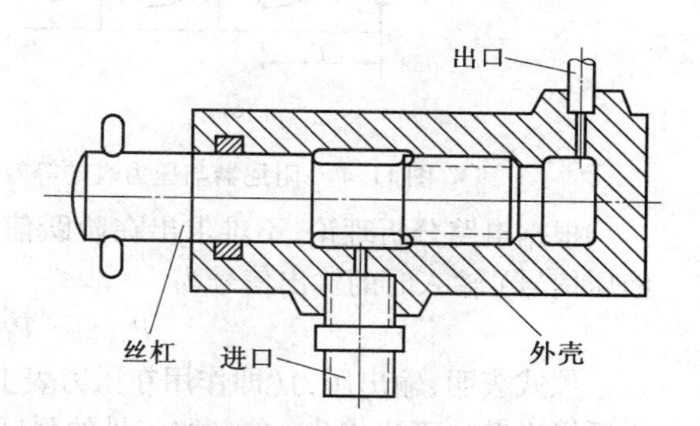

图 11.3　阻尼器的结构图

其进口和出口之间有一段螺杆螺母配合,液体通过螺纹的间隙流向出口,该螺纹间隙形成对液体流动的阻力,其阻力的大小既与外螺纹和内螺纹配合的精密程度有关,也与配合段的长度有关。因此,通过丝杠调节螺杆旋入螺母的长度便可调节阻力的大小,定义单位流量变化需要的两侧压差的变化量为液阻,即

$$R = \frac{\mathrm{d}\Delta p}{\mathrm{d}q_{\mathrm{M}}} \tag{11.1}$$

式中　R—— 液阻;

Δp—— 阻尼器两侧的液压差;

q_{M}—— 过阻尼器的质量流量。

阻尼器的出口通过管道与压力表或其他转换器相连,这些管道或仪表均有一定的容积,由于在压力作用下会引起管道或其他容器的弹性变形,因而使容积会产生微量的变化。定义单位压力变化所引起的表头及连接管道中液体质量变化为液容,即

$$C = \frac{\mathrm{d}M}{\mathrm{d}p} \tag{11.2}$$

式中　C—— 液容;

M—— 表头及连接管道中液体的总质量。

由上述分析可以看出，把阻尼器与仪表构成的测压系统等效成为一个滤波器，其作用相当于电路中的一阶阻容滤波器。图 11.4 为阻尼器与压力表的等效电路及其在不同压力波形下的响应。

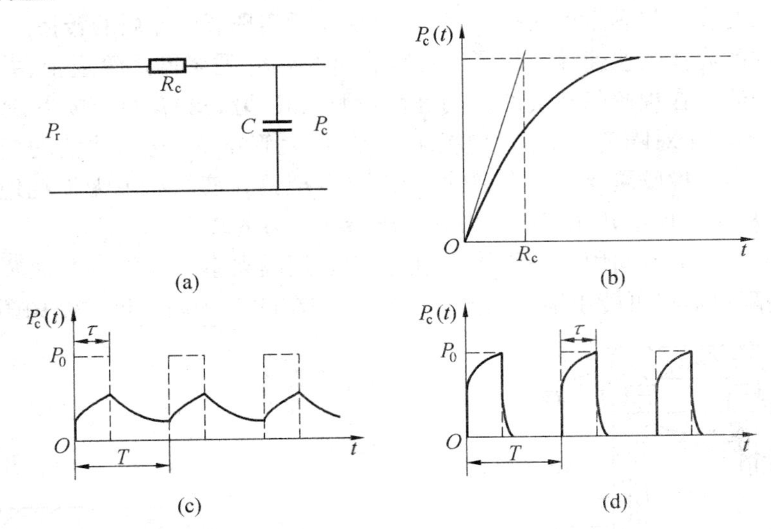

图 11.4　阻尼器与压力表的等效电路及其在不同压力波形下的响应

根据电路分析理论，不难求出在阶跃信号（相当在阻尼器输入接口突然加一恒定的液压信号）输入时的输出信号为

$$P_c(t) = P_r(1 - e^{-t/RC}) \tag{11.3}$$

该式表明，输出压力（即作用在压力表上的压力）不会突然跳到输入压力值，而是从零缓慢上升。不难求出，在突加信号的瞬间（$t=0$），输出信号的变化率最高，其值恰为 $1/RC$。随着时间的推移，输入和输出之差按指数规律衰减，最终趋于零。通常最大输出幅度为输入幅度的98%（即误差为2%）时所对应的上升时间作为评价响应时间长短的标准，此时 $t=4RC$。称 RC 为时间常数，时间常数越大，则过渡过程越长，响应速度越慢。该式还表明，输出信号最终将达到输入信号的幅度。这说明，该系统对直流信号无衰耗。对于这里讨论的液压系统而言，这一点不难理解。因为在阻尼器两侧的液体毕竟是相通的，故在输入信号压力维持不变的情况下，最终总可以通过液体的渗流达到两侧压力的平衡。图 11.4(b) 为该系统在单位阶跃压力作用下的输出响应曲线。很显然，阻尼器不是衰减器。

当阻尼器输入为脉动压力时（进口泥浆压力正是属于这种情况），由于液阻和液容的存在，在输出端的压力脉动幅度将大为减小。

当输入信号是幅度为 P_0、脉宽为 τ、周期为 T 的矩形波时，其稳态输出波形如图 11.4(c) 和(d) 所示。当 $RC \gg \tau$ 时，在输入脉冲作用期间，输出信号来不及上升到输入信号值。而在输入脉冲停止作用期间，输出信号也来不及下降到零。因此，输出压力脉冲的幅度远小于输入压力脉冲的幅度，但两者的平均值相等。这种情况如图 11.4(c) 所示。如果 $RC \ll \tau$，那么输出压力将很快地跟踪输入压力，这时，系统不起削弱压力脉冲的作用,如图 11.4(d) 所示。RC 的值越大,上述滤波作用就越明显。显然,在所述测压系统中,液容很小,因此,为了有效地滤除泵压的脉动,则需要很大的液阻。阻尼器可以有很大的液阻。

实际上,泵压并非真正的脉冲波,上述分析只是一种极端的情况。由于液阻和液容的存在,当阻尼器输入为脉动压力时,在输出端的压力脉动幅度将大为减小,从而起到阻尼作用。如果要将泵压信号变为电信号传至电动记录仪,可选择压力传感器把压力信号变成电信号。

11.3　泥浆液位和体积的测量

地面泥浆总体积的变化也可以早期发现井漏、井涌和井喷,因此它也是一项重要的安全参数。几乎所有的成套钻井和录井仪表中都具有泥浆总体积累计装置。

当盛泥浆的容器(槽、池、桶)的截面一定时,各容器中泥浆体积是该容器中泥浆液位的单值函数。因此,只要测出各池中泥浆液位,就可换算出各池中泥浆的体积,进而求出所有泥浆池中的地面泥浆的总体积。应当指出的是,这些容器可能是变截面的,例如所谓鹅颈形泥浆池,这就要求体积运算电路具有相应的功能。

泥浆液位传感器一般都由一个浮子感受液位的变化,然后通过适当的传动系统将其变化转换为电阻或电位的变化。

11.3.1　浮杆式液面传感器

浮杆式液面传感器的结构如图 11.5 所示。在泥浆槽的侧壁上,固定着一个支座,由支座上伸出支臂。在支臂端部固定着一个空心金属球,金属球可以浮在泥浆液面上。支臂与支座间形成某个角度 α。当液面变化后,浮球随之上下运动,从而改变支臂与支柱间的夹角。为了取得与液面变化成正比的位移信号,在支臂的中部找一 B 点,与另外两个连杆组成一平行四边形 $BFGC$,使 BF 保持在垂直方向做往复运动。液面变化前后,各点的位置如图 11.6 所示。

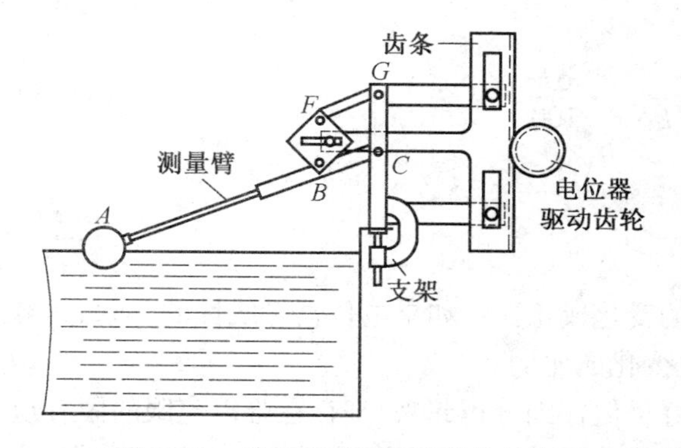

图 11.5　浮杆式液面传感器的结构

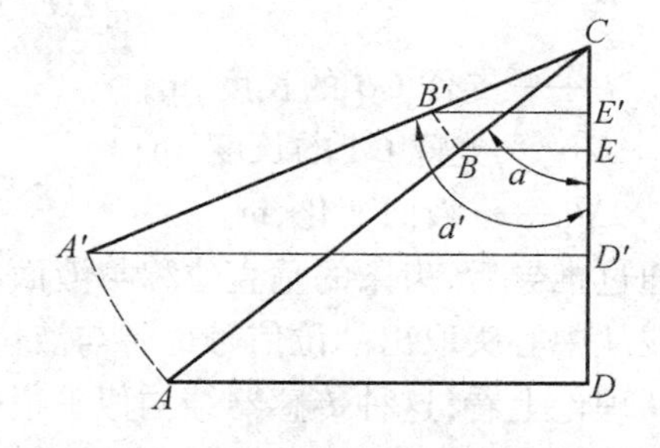

图 11.6　浮杆式液面传感器各点的位置

液面变化前,浮杆位置为 CA;液面变化后,浮杆位置变成 CA',自 C 点作垂线 CD,与 CA 形成直角三角形 CAD。液面高度 $CD = CA'\cos\alpha$。液面变化后,D 点上升至 D'。

$$CD' = CA'\cos\alpha'$$

液面的变化为

$$DD' = CD - CD' = CA(\cos\alpha - \cos\alpha') \quad (11.4)$$

由 B 点作水平线 BE,液面变化面变为 $B'E'$。

$$CE = CB\cos\alpha$$

$$CE' = CB'\cos\alpha'$$

$$EE' = CB(\cos\alpha - \cos\alpha') \quad (11.5)$$

将式(11.4) 代入式(11.5) 中,化简后得

$$EE' = \frac{CB}{CA}\cdot DD' \quad (11.6)$$

由式(11.6) 可以看出,B 点的垂直位移 EE' 与液面的变化 DD' 成正比。在 BF 的中间开出水平滑槽,以带动齿条和电位器齿轮,如图 11.7 所示。

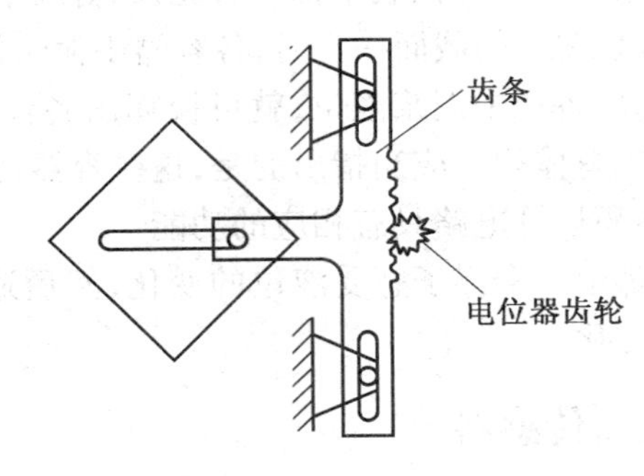

图 11.7　滑槽齿条的结构

电位器的转角 $\Delta\varphi$ 与滑槽的垂直位移保持下列关系:

$$\Delta\varphi\cdot r = EE'/100 \quad (11.7)$$

式中　$\Delta\varphi$—— 电位器转角,r;

r—— 电位器齿轮的节圆半径,mm;

EE'——BF 间的垂直位移,m。

把式(11.6) 代入式(11.7),化简为

$$\Delta\varphi = \frac{l}{L\cdot r}\cdot\frac{\Delta h}{100} \quad (11.8)$$

式中　l—— 支臂 CB 的长度,m;

L—— 支臂 CA 的长度,m;

Δh—— 液面变化,m。

通过推导后,齿条的垂直位移与液面的变化成正比。如果电位器是线性的,那么其电阻值或从中心头取出的位信号也将与液位变化成比例。

从理论上看,这种传感器结构似乎很好。但仔细分析起来,却存在难以克服的固有缺点,即测量臂本身的质量是由浮力和铰链共同分担的,而且随着测量臂倾斜角的变化,分担的比例也不同。因此,浮球浸和液体的深度将受到测量臂本身质量的影响,且这种影响是随液位而变化的。这将不可避免地引起系统误差,而且这种误差的大小将随着测量臂

自重的增加而增加。从图11.5和11.6可见，测量臂的长度至少应等于泥浆池的深度。例如，当泥浆池深为5 m时，测量臂长度至少为5 m。对这样长的测量臂，既要保证臂的刚度，又要使其对质量的影响小到可以容许的地步是不容易的。正因为如此，目前比较先进的钻井和录井仪表中很少采用这种传动方案。

11.3.2　磁力驱动机构

图11.8为美国Martin－Sccker公司采用的一种非接触式磁耦合驱动液位传感器的原理结构。在用硬泡沫塑料做成的浮子中嵌有一个环形磁铁，整个浮子套在非铁磁物质制成的密封管壳上，当泥浆液位变化时，浮子随之上下运动。在管内装有铁制滑块，滑块受浮子中磁铁的吸引而随着液位的高低上下运动。系在滑块上的珠链也随之转动并驱动电位器驱动轮，从而把液位的变化转换为电位器中心头位置的变化。导向管用于保证滑块有良好的导向性能。

图11.9是法国Geoservices公司生产的TDC综合录井仪中的一种磁力驱动式液位传感器的原理结构。与图11.8所示结构不同的是，这里采用分别印在印刷板两边的印刷电阻代替通常的旋转电位器。当浮子上下运动时，滑块上装置的触头将两边对应点短接，这样，假如将这两个印制电阻的上端引出，则两引出线之间的电阻值将随着泥浆液位的增高而减少。注意：这种传感器只有两个输出端。显然，这两种传感器均可消除杠杆传动中存在的固有系统误差。

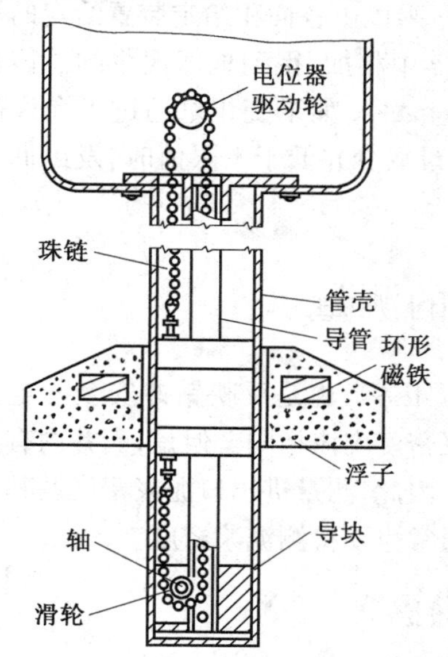

图11.8　磁力驱动式液位传感器(1)

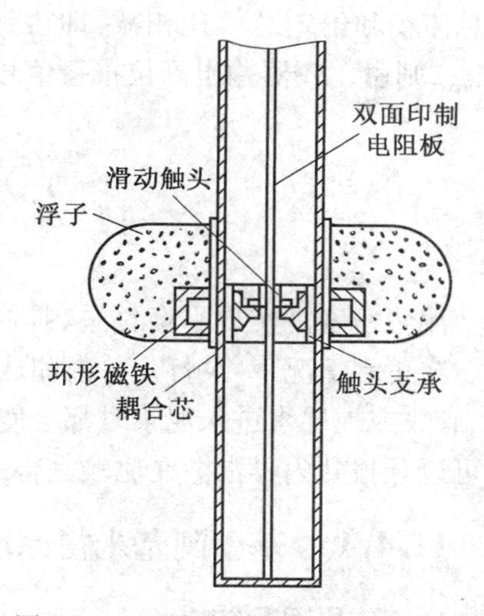

图11.9　磁力驱动式液位传感器(2)

11.3.3　带轮传动机构

图11.10为带轮传动式液位传感器的结构图。

浮标内部装有一环形磁铁，浮标随液面上下浮动。立管为一无磁管，其内部有一垂直链条，其上固定一个铁块。链条上、下端装在两个小齿轮上。上端小齿轮与电位器齿轮啮

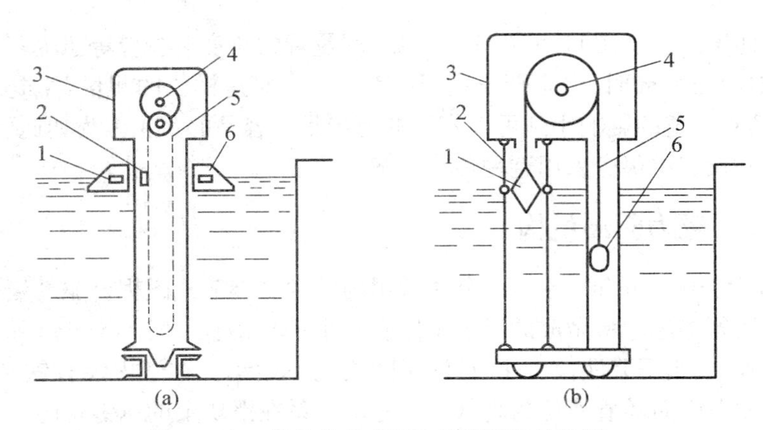

图 11.10　带轮传动式液位传感器的结构图

(a) 中:1— 环形磁铁;2— 铁芯;3— 防爆护壳;4— 电位器轴;5— 链条;6— 浮漂

(b) 中:1— 浮漂;2— 导向绳索;3— 防爆护壳;4— 电位器轴;5— 钢丝绳;6— 平衡锤

合。当浮标随液面上下浮动时,磁铁带动立管内铁块,与链条一道上下动作,同时通过齿轮的啮合传动与变速,带动多圈电位器做相应转动,并送出与液面变化成比例的电信号。该电信号经放大后,通往液位显示仪表,显示液位。

11.3.4　地面泥浆总体积及其变化量的计算

各泥浆池传感器产生的正比于其液位的电压信号乘以由各面积给定装置给定的池截面积,得到各池中泥浆体积。然后,这些体积在加法器中相加,得到地面泥浆的总体积。该总体积和给定总体积相减,即得到地面泥浆变化量 ΔV。如果变化量超过了允许范围 ΔV_{max},则由比较器输出高位报警信号。同样,钻井液量减少并低于下限值时,发出低位报警。

11.4　泥浆密度的测量

泥浆密度是实现平衡钻进、提高钻井效率的重要因素,也是反映钻井安全的重要参数。在正常情况下,泵打入井内和从井内返出的泥浆密度应该相同。但是,当井内有高压层、有气或地层水进入泥浆时都会使泥浆密度减小。因此,测量进出口泥浆密度及其差值也可以预报井内异常。在比较完善的钻井仪表中,通常也要检测泥浆密度。

11.4.1　基于阿基米得原理的泥浆密度传感器

1. 工作原理及结构

根据阿基米得原理,浸在液体中的物体受到液体的浮力,其大小等于该物体排开的液体的质量。当物体的体积一定时,该浮力大小与液体的密度成正比。因此,只要测出该物体所受的浮力,便可换算出液体的密度。图 11.11 为两种基于阿基米得原理的泥浆密度传感器原理结构圈。

这两种形式都可以把球体自重与浮力的差值绝对值成正比地转化为对力测量元件的

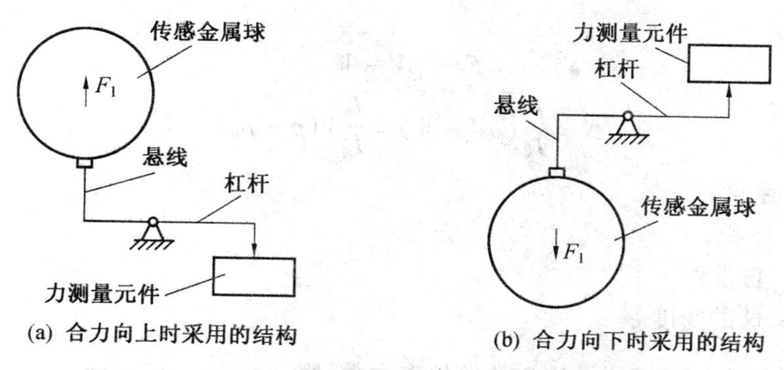

图 11.11　两种基于阿基米得原理的泥浆密度传感器结构图

作用力。图 11.11(a) 所示结构全部都要淹没在泥浆中，因而要求有很好地密封，而图 11.11(b) 所示结构只有球体淹没在泥浆之内，力测量元件处于空中，才没有密封或抗泥浆腐蚀之类的问题，从而更易于实现。

图 11.12 为美国 Martin – Dccker 公司采用的泥浆密度和温度传感器结构图。它主要由球、连杆、支架、力敏传感器以及外壳等组成。其工作原理可以用图 11.11(a) 表示，这里由连杆组成 11.11(a) 中的杠杆，而滚压膜片则起杠杆支点的作用。当球体受浮力的作用向上浮起时，连杆的末端下压，并通过压力垫圈滚珠压在力敏元件连接在一起的按钮上。这样便把浮力与自重的合力转换为对力敏元件的压力。

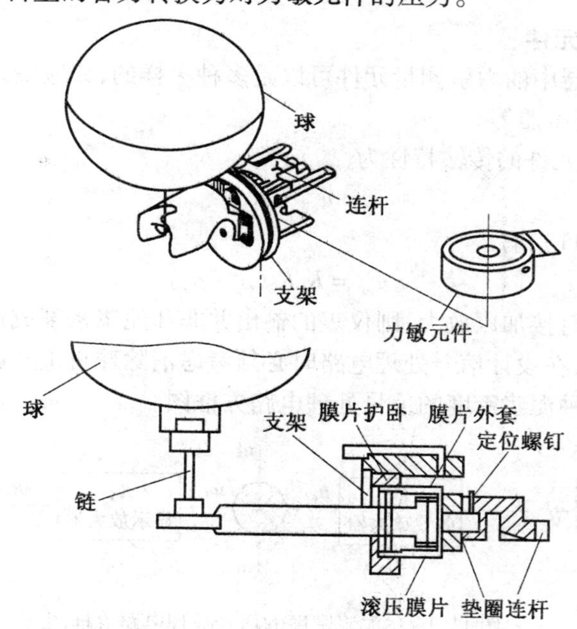

图 11.12　泥浆密度和温度传感器的结构图

图 11.13 为杠杆受力情况。其中 F_1 为球对杠杆向上的拉力；N 为力敏元件对杠杆的反作用力；I_F、I_N 分别为杠杆支点到力 F_1 和 N 的距离。根据静力学原理易于求得

$$N = \frac{I_F}{I_N} F_1 \tag{11.9}$$

根据

$$F_1 = \rho V - W$$

$$N = \frac{I_F}{I_N}(\rho V - W) = \frac{I_F}{I_N}V(\rho - \rho_0) \tag{11.10}$$

式中 ρ——密度；

V——体积；

W——自重；

ρ_0——球的密度。

令 $K_1 = \frac{I_F}{I_N}V$ 为与传感器结构有关的仪表常数，则

$$N = K_1(\rho - \rho_0) \tag{11.11}$$

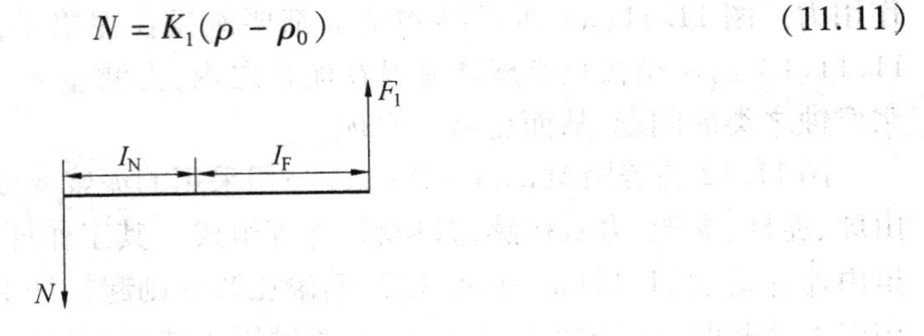

图 11.13 杠杆的受力情况

2. 力－电转换元件

泥浆密度传感器中的力敏测量元件可以是多种多样的，如应变式压力传感器、固态压阻式传感器、差动变压器等。

设力－电转换元件的传输特性为

$$u_{c1} = K_2 N \tag{11.12}$$

考虑到式(11.11)，有

$$u_{c1} = K_1 K_2(\rho - \rho_0) \tag{11.13}$$

如果将此信号直接加以放大，则仪表的输出并非和泥浆密度成正比，因而不能直接显示泥浆密度。为此，在设计信号处理电路时必须考虑消除球自重的影响。

图 11.14 是一种泥浆密度的信号处理电路方框图。

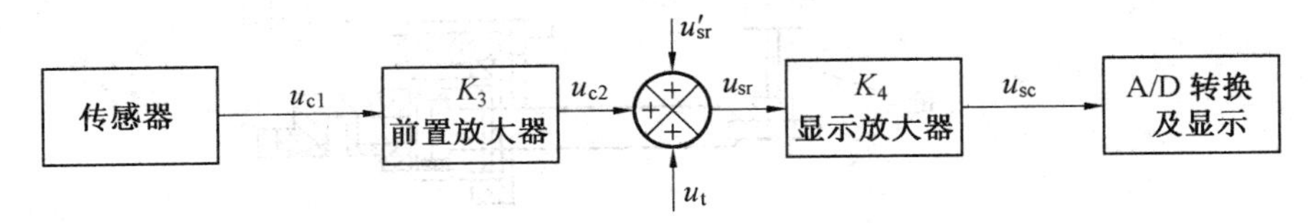

图 11.14 泥浆密度的信号处理电路方框图

3. 球体自重影响的消除方法

现讨论如何在不需外加设备的条件下，利用该系统消除球体自重的影响的方法和原理。

根据图 11.13 可以写出

$$u_{sc}=K_4u_{sr}=K_4(u_{c2}+u_t)=K_4(K_3u_{c1}+u_t)=$$
$$K_4(K_1K_2K_3(\rho-\rho_0)+u_t)=$$
$$K_4(K_1K_2K_3\rho+u_t-K_1K_2K_3\rho_0) \tag{11.14}$$

式(11.14)表明,只要人工调节 u_t 为

$$u_t=K_1K_2K_3\rho_0$$

则

$$u_{sc}=K_1K_2K_3K_4\rho=K\rho \tag{11.15}$$

实际上,由于温度漂移等各方面的影响,即便传感器输出为0,u_t 为0,u_{sc} 也会有微小的漂移,把这种漂移折合到显示放大器的输入端,设为 u'_{sr}。为使整个测量系统工作正常,u_t 还应抵消该漂移的影响,即

$$u_t=K_1K_2K_3\rho_0-u'_{sr} \tag{11.16}$$

可按下述步骤实现 u_t 的正确给定:

(1)置传感器于空气中,让球在上部,并保证球体清洁、干燥。这时,测力元件不受力的作用,因而 $u_{sc1}=0$,调整 u_t,使显示为零,此时必有

$$u_t=-u'_{sc}$$

(2)将传感器在空中倒置。此时,测力传感器受力为 $K_1\rho_0$(球体自重产生的力),必有

$$u_{sc}=K_4(K_1K_2K_3\rho+u_t-u'_{sr})=K_1K_2K_3K_4\rho=u_0$$

(3)调节 u_t,使 $u_{sc}=2u_0$,则此时必有

$$u_t=K_1K_2K_3\rho-u'_{sr}$$

实际上,由于杠杆本身力矩的不平衡等因素的影响都可能使 u_{sc} 中产生与泥浆密度无关的常数项,这个常数项都可以通过调节 u_t 方便地加以消除。如果 u_{c2} 是送往记录仪,则也可以通过记录仪本身的基线调节装置消除这种常数的影响。实际的测量仪除了能进行上述调节外,还通过改变 K_4 来实现量程标准。

11.4.2 泥浆密度的同位素检测

上述泥浆密度仪只能检测泥浆池内常压下的泥浆密度,而无法检测处于高压下的入口泥浆的密度,也不好检测含有切屑和天然气的出口泥浆密度。国外有些公司现在采用放射性同位素检测泥浆密度,这不仅使上述问题得到解决,而且还具有传感器与泥浆无直接接触、测量精度与泥浆黏度、温度、天然气压力等无关,测量范围大、灵敏度高等优点。

图11.15为法国Geoservices公司1978年生产的TDC综合录井仪中的 γ 射线泥浆密度计的原理,其中,放射源是铯^{137}(Cs^{137}),探测器用电离室。电离器采用恒温调节装置维持恒温,可以在45 ~ 60 ℃之间调节,正常工作温度为45 ±1 ℃,电离室所需 -2 000 V DC高压,由振荡器和多级倍压整流电路供给。高压源本身为一闭环调节系统,具有很高的稳压精度(优于 5×10^{-3})和温度稳定性(30 ℃时的温度稳定系数为 1.5×10^{-3})。

当放射源和探头的相对位置固定之后,电离室的输出电源为

$$i=i_0e^{-k_1\rho} \tag{11.17}$$

式中 i——电离室的输出电流(管道中有泥浆);

i_0——管道中无泥浆时电离室的输出电流;

ρ——管道中泥浆的密度;

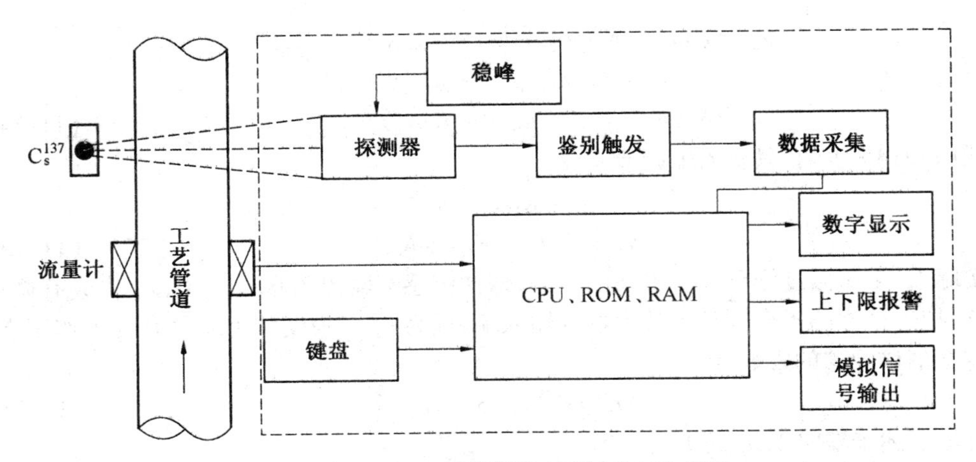

图 11.15　γ 射线泥浆密度计的工作原理

k_1—— 与泥浆管道尺寸和泥浆对 γ 射线的质量吸收系数有关的常数。

该电流十分微弱，一般为 $10^{-3} \sim 10^{-12}$ mA，且电离室输出阻抗很高，故在进一步处理之前，插入了具有很高的输入阻抗、很小的温度漂移的特殊前置放大器，其作用是把电离室输出的微弱电流信号转换为具有较低的输出阻抗的电压信号，故实际上是一个电流/电压变换器和阻抗变换器，在分析时，该电路可认为起一个电阻的作用，其输出电压为

$$u_1 = i_0 R_k e^{-k_1\rho} = u_0 e^{-k_1\rho} \tag{11.18}$$

式中　R_k—— 该级电流/电压转换系数，具有电阻的量纲；

$u_0 = i_0 R_k$—— 管道中无泥浆时的输出电压。

对数放大器是为了使输出电压和泥浆密度之间的关系线性化，其输出和输入电压之间的关系一般可表示成

$$u_2 = -K_2 \lg(K_3 u_1) \tag{11.19}$$

将式(11.18) 代入式(11.19)，并整理可得

$$u_2 = A' + K'\rho \tag{11.20}$$

式中　$A' = -K_2 \lg(K_3 u_0)$—— 常数；

$K' = K_1 K_2 / \ln 10$—— 常数。

对数放大器的输出经过比例放大器的进一步放大，即输出到仪表箱中进行显示和记录前的进一步处理。设其放大倍数为 K_4，则有

$$u_3 = K_4(A' + K'\rho) = A + K\rho \tag{11.21}$$

式中　$A = K_4 A'$—— 常数；

$K = K_4 K'$—— 常数。

式(11.21) 表明，探头的输出信号是一含有一个恒定基值的与泥浆密度成正比的电压信号。该信号通过仪表箱中的放大及量程变换电路，得到多种用途的输出信号。一是计算机用 0 ~ 10 V 直流输出信号，一是 0 ~ 1 500 mV 数字电压表输入信号，还有可供记录仪使用的 0 ~ 100 mV 直流电压信号或适当的电流信号。

11.4.3　定液位筒式密度传感器

这种传感器的结构如图 11.16 所示。为了在稳定的流态下测量泥浆密度，这种传感

器有一个独立的供浆装置 —— 挤压式泥浆泵。它由橡胶软管和偏心滚轮组成。这种泵没有阀和缸体，完全依靠偏心滚轮挤压软管而排出泥浆，靠橡胶软管自身的弹性吸入泥浆。因此，这种泵可在恶劣环境下工作。

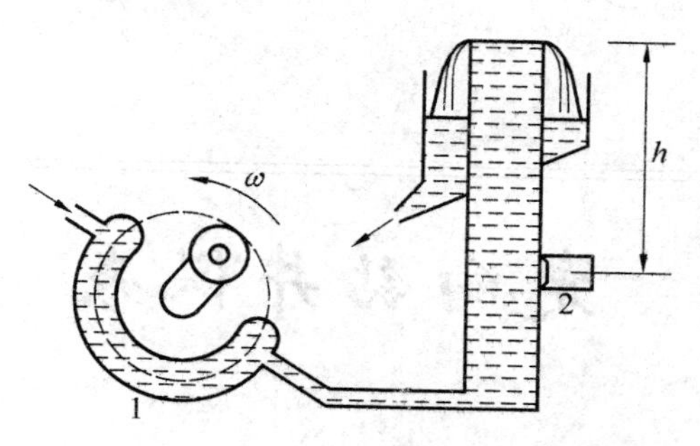

图 11.16　定液位筒式密度传感器的结构

定液位筒是具有一定高度的圆筒。泥浆由底部流放，充满圆筒后，由顶部溢出到环形空间后排出。

压力传感器装在距定液位筒上沿一定距离的侧壁上。传感器处的液体压强应为

$$P = \frac{\rho h}{10} \tag{11.22}$$

式中　P—— 泥浆内部的压强；

ρ—— 泥浆的密度；

h—— 定液位筒的高度。

压力传感器种类很多，具体可参考相关资料。

第12章 定向钻井仪表

随着定向钻井技术的广泛应用及日益发展，许多先进的定向井测量仪表相继研制成功并投入使用，更加促进了定向钻井技术的日臻完善。

近年来，国内外已经研制生产出多种类型的定向井仪表，如虹吸测斜仪、磁性测斜仪（单、多点照相测斜仪，电子测斜仪，随钻测斜仪）、陀螺测斜仪等。下面将分别予以介绍。

12.1 虹吸测斜仪

目前有些油田还在使用虹吸测斜仪，但今后它将被新的测斜仪所取代。下面对虹吸测斜仪的结构、工作原理及使用方法作一简要介绍。

12.1.1 虹吸测斜仪的工作原理

我们利用虹吸测斜仪内墨水液面永远保持水平的特性及仪器轴线与井眼轴线相一致的规律，推导出该仪器的工作原理，如图12.1所示。

O_1O_2 为仪器及井眼纵向轴线，O_3O_4 为铅垂线。当井眼倾斜时，仪器也随之一起倾斜，则仪器轴线与垂线间有一个夹角，即 $\angle\alpha$，它是 O_1O_2 线与 O_3O_4 线的夹角，同时 $\angle BAB'$ 即 $\angle\alpha$ 等于井斜角。该角在记录纸上，对应高度为 BB'，即墨水痕迹最高点 B 与最低点 $B'(A)$ 之间所占的格数，就对应于井斜角的大小。如果 BB' 刚好占一小格，每小格间距为0.55 mm，记录筒内径 AB' = 31.5 mm，则

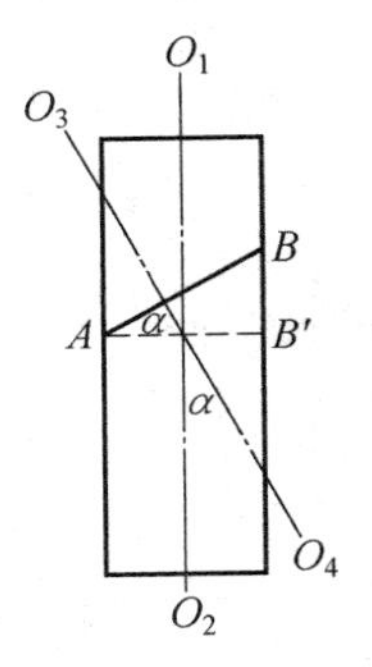

图12.1 虹吸测斜仪的工作原理

$$\alpha = \arctan\frac{0.55}{31.5} = \arctan 0.0175 = 1°$$

说明井斜角 α 为1°。

12.1.2 虹吸测斜仪的结构

虹吸测斜仪的结构如图12.2所示。该仪器分为外筒与内筒两大部分。外筒用无缝

耐压钢管制成，外径为 66 mm，长度为 1.85 m，壁厚为 4～5 mm，可承受井下高温，用来保护内筒。内筒共分为四个室(筒)。

(1)阻流筒。

位于内筒顶部，内部可容 500 ml 墨水，筒底装有一个带微孔的滴嘴，用来控制墨水流出的时间。

(2)大虹吸筒。

内部装有一个大虹吸管，其作用是经过一段时间后，由滴嘴滴下来的墨水液面达到大虹吸管顶端时，发生虹吸作用，一次将墨水吸入下面的记录室内。

(3)记录筒。

筒内装有带小横格的记录卡片，卷成圆筒形，紧贴筒内壁。筒内还装有一个小虹吸管。当记录室的墨水面升到小虹吸管顶端时，就在记录卡片上留下一个痕迹。与此同时，由于小虹吸管的虹吸作用，使墨水一次就从小虹吸管流进下面的储墨水筒中。这样就可以保证印在卡片上的墨水痕迹只有一个而不会有两个，所以能够保证印痕的清晰与准确。

(4)储墨水筒。

它是专门用来储存由记录筒流下来的墨水，墨水经过滤后可重复使用。

该虹吸斜测仪只适用于浅井(2 000 m 以内)，当井深超过 2 000 m 后，随着井深的增加，测斜成功率越来越低。为了能在深井中正常使用它，应对其进行改进，使测斜成功率为 90%。

改进方法是在内筒下边装一个弹簧，在阻流筒内装一个凡尔，用来控制墨水下流的速度。仪器到达井底时，外筒碰到钻头台肩，内筒受惯性作用使弹簧压缩，弹簧向上反弹内筒。当上部的冲击头冲击外筒顶盖时，将销子剪短。凡尔弹簧把凡尔弹起，墨水便迅速流入记录筒内。仪器到井底后一分钟，即可测斜完毕。

该仪器可投测，也可吊测，且不受井深限制，其结构如图 12.3 所示。

12.1.3 注意事项

(1)根据井深选用合适的滴嘴孔径。如先用 1 mm 嘴需 1～6 min；选用 0.7 mm 嘴需 13 min；选用 0.5 mm 嘴需 27 min 等。

(2)内筒每使用一次后，要反复冲洗干净，并用气瓶吹干，以防脏物堵塞微孔，造成测量失误。

(3)大小虹吸管一般不要随便卸开，防止虹吸管外封闭不严，造成墨水渗漏，污染记录卡片。

(4)外筒上、下堵头要加钢垫扭紧，以防泥浆渗入。

(5)要经常检查防震弹簧，防止其落井，使测斜仪遇卡，造成测斜失败。

(6)防止积存墨水从内筒平衡气孔中倒灌入内筒，污染卡片，使测斜失败。

(7)读卡片前先检查卡片是否装正，然后选出对称的高低两点的格数差值，读准夹角。

(8)测斜墨水一定要保持干净，以防堵塞微孔。

(9)测斜仪使用后，应检查外筒有无弯曲变形，不可凑合使用，以防造成井斜误差。

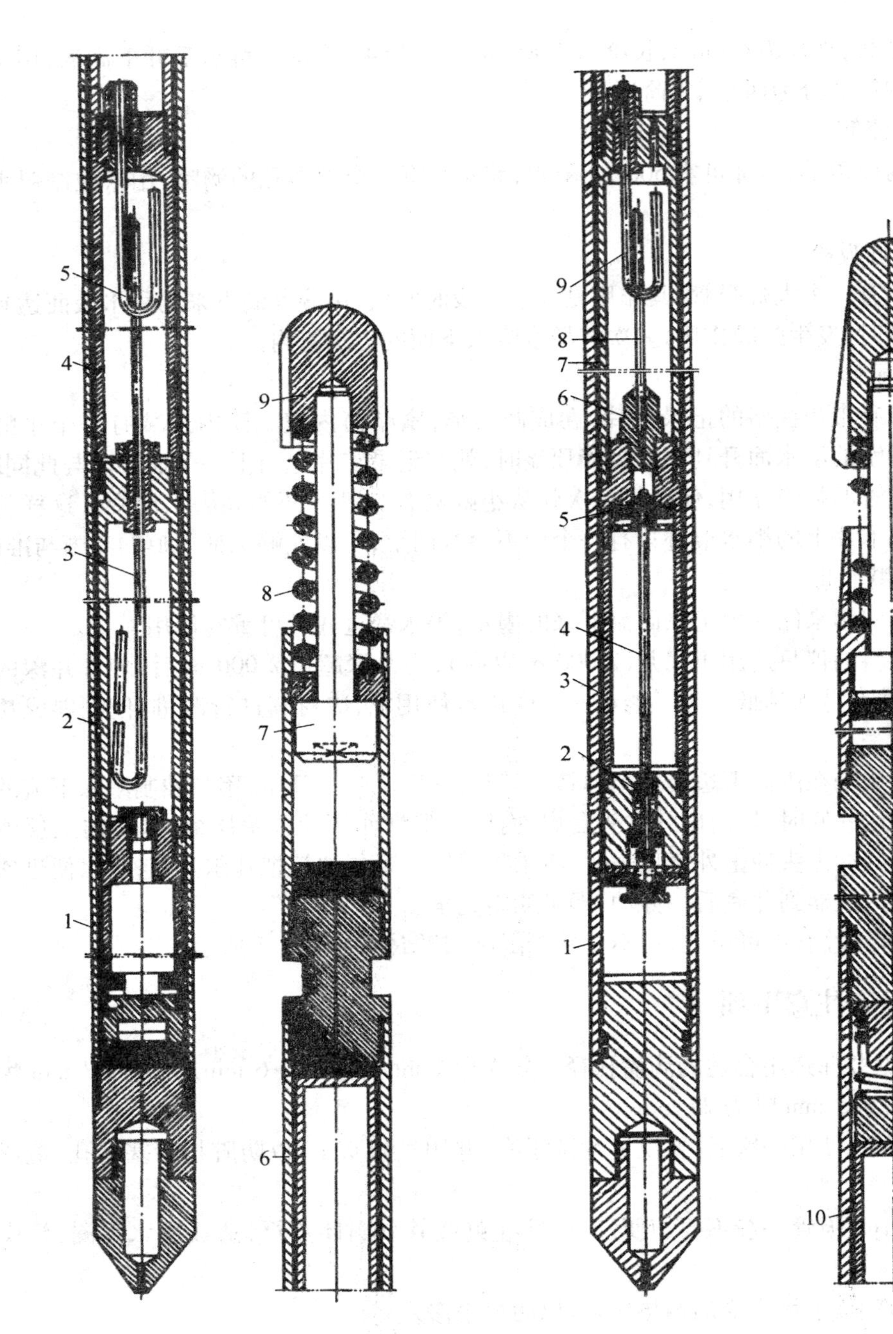

图 12.2　虹吸测斜仪的结构

1—阻流筒;2—虹吸筒;3—进水虹吸管;4—记录筒;5—排水虹吸管;6—储墨水筒;7—缓冲杆;8—弹簧;9—弹簧压帽

图 12.3　井底打开式深井虹吸测斜仪的结构

1—外筒;2—凡尔弹簧;3—阻流筒;4—凡尔杆;5—凡尔胶皮;6—滴嘴;7—记录筒;8—导液管;9—虹吸管;10—储墨水筒

12.2 单点照相测斜仪

照相测斜仪既可用于裸眼井中,也可在无磁钻铤中使用。通过拍摄,在胶片上能同时记录井眼的井斜角、方位角及工具面角。随着技术的进步,很多早期测斜仪器都不再使用了,但单点机械照相测斜仪因其准确可靠,仍经常被用作校验其他现代测斜仪的依据之一。使用时,可采用吊测(用钢丝绳吊入井中)、投测(直接投入井中)方式,进行测斜或定向测量。

12.2.1 照相测斜仪的组成

单点照相测斜仪由机芯、外保护总成及配件、附件组成。机芯包括充电电池筒、单点控制器(单点定时器、无磁传感器、运动传感器)、单点照相机和罗盘(0°~10°、0°~20°、15°~90°)等零件,如图12.4所示。外保护包括绳帽头、旋转挂头、铜接头、保护筒、加长杆、定向杆及底部减振器。配件、附件包括充电器、暗袋、打片器、显影罐、读片器及摩擦管钳等。

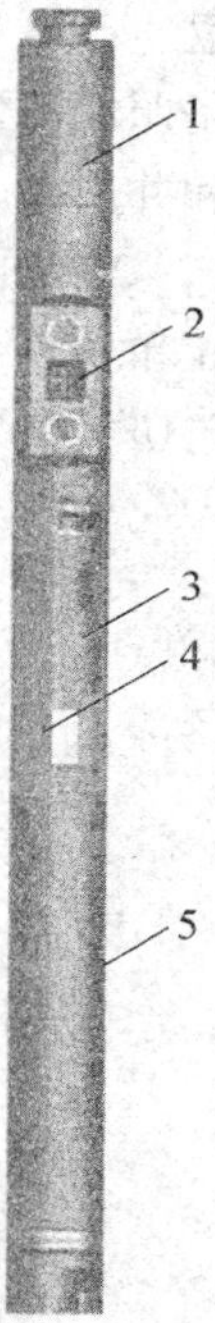

图12.4 照相测斜仪机芯结构图

1—充电电池筒;2—单点定时器;3—单点照相机;4—相机外筒;5—罗盘

12.2.2 照相测斜仪的工作原理

1. 机芯

机芯是测斜仪的核心部分,有直径为ϕ32 mm和ϕ27 mm两个系列,可与不同规格的罗盘搭配使用。机芯的技术指标见表12.1。

表12.1 机芯的技术指标

参 数	技术指标
使用温度	-40 ~ +105 ℃
供电电压	DC 3.8 ~ 6 V
定时时间	0 ~ 99 min
曝光时间	10 s
外形尺寸	ϕ31.75×117.5 mm、ϕ27×140.5 mm

充电电池筒与单点定时器连接,为单点照相测斜仪机芯提供电源,能够适应高温、振动、冲击的恶劣环境。专用充电器可反复充电800次以上。

单点定时器用于控制照相测斜仪机芯的工作时间,让其在设定的时间内照相,定时时间为0~99 min。单点定时器一端与电池筒连接,另一端与单点照相机连接。其上的“定时”和“启动”按键用于设置定时时间和命令定时器开始工作。单点定时器除具备抗振性外,还具备定时重显功能(仪器工作后重显定时时间)、定时记忆功能(记忆并保留前一次的定时时间)和电池能量测试功能(当电量不足时,控制器面板显示“E”,提醒工作人员换电池)。

2. 单点照相机

单点照相机由机身、相机外筒等组成。机身内有装胶片的暗室、灯座(中间有感光小孔)、光源(三个灯泡)、后电极等。

使用时,先将相机灯座与罗盘连接,用打片器将胶片打入相机的暗盒内,再将相机外筒拧在罗盘的外螺纹上,最后将相机外筒与单点定时器连接,使相机的后电极端与定时器的电极端接触,形成工作系统。工作时,定时器控制照相机工作,灯泡发光,罗盘内的测角装置的影像通过感光小孔(小孔成像原理)成像于胶片上。胶片感光后,在借助显影罐冲洗成像。

3. 罗盘

罗盘是照相测斜仪的主要测量仪器(图 12.5)。罗盘利用地磁和重力原理,测量井眼的方位角和井斜角,与定向部件配合使用,还可测量工具面角。根据测量范围,罗盘分为 0°~10°、0°~20°和 15°~90°三种规格,应根据所测井斜角的可能范围来选用。罗盘外径有 ϕ32 mm 和 ϕ27 mm 两个系列;工作方式有普通式与自浮式两大类。测量范围:方位角 0°~360°和 0°~90°。测量精度见表 12.2。

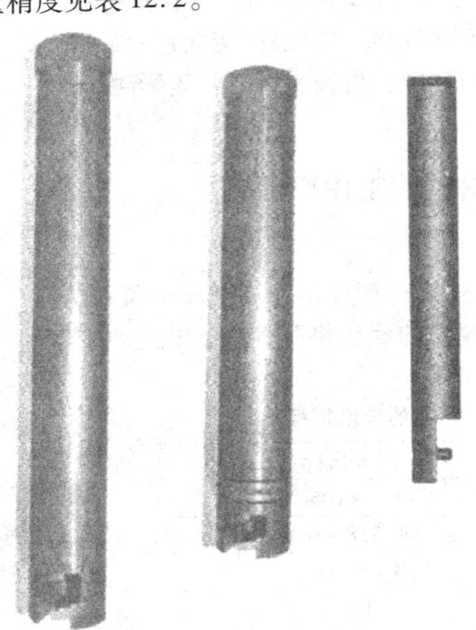

图 12.5 罗盘

表 12.2 照相测斜仪罗盘的测量精度

罗盘类型	精度	
	方位角	井斜角
0°~10°(直井角单元)	—	±2°
0°~10°	±0.5°	±2°
0°~20°	±0.5°	±2°
15°~90°	±0.5°	±0.25°

(1)0°~10°罗盘(图 12.6)。

罗盘主要由吊环(即重锤)总成、阻尼油、倾角刻度盘、罗盘和轴尖以及波纹管等组成。吊环用一根很细的金属丝吊在一根与仪器轴线垂直的金属丝上,可以自由摆动。但是只要仪器静止下来,吊环就在重力的作用下总是指向地心。

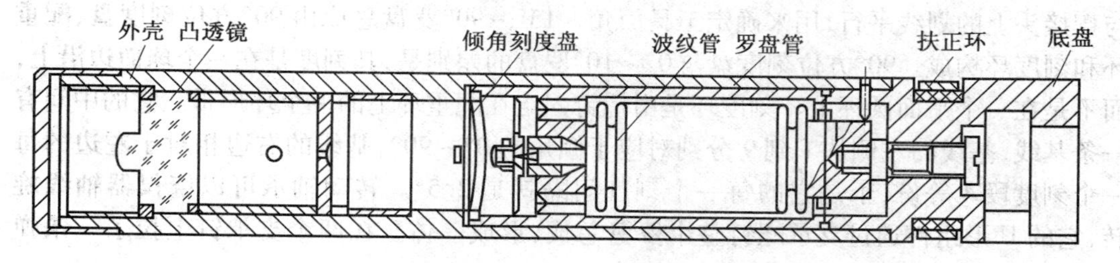

图 12.6 照相测斜仪罗盘的结构图

井斜刻度盘面是刻有 10 个同心圆的圆盘(图 12.7),从中心的圆点到第 10 个同心圆分别对应仪器倾角 0°到 10°。方位刻度盘面与井斜刻度盘的圆心重合,方位的刻度在最外面的一个环上。把这个环分 72 等份,每等份为 5°。圆环的下面平行地固定了两根条形小磁针,它们的极性指向同一方向,方位盘面上的 0°N 和 180°S 与下面小磁针的南、北磁极相同。整个方位盘面通过宝石座支承在仪表轴尖上,使它可以自由地绕轴尖旋转。

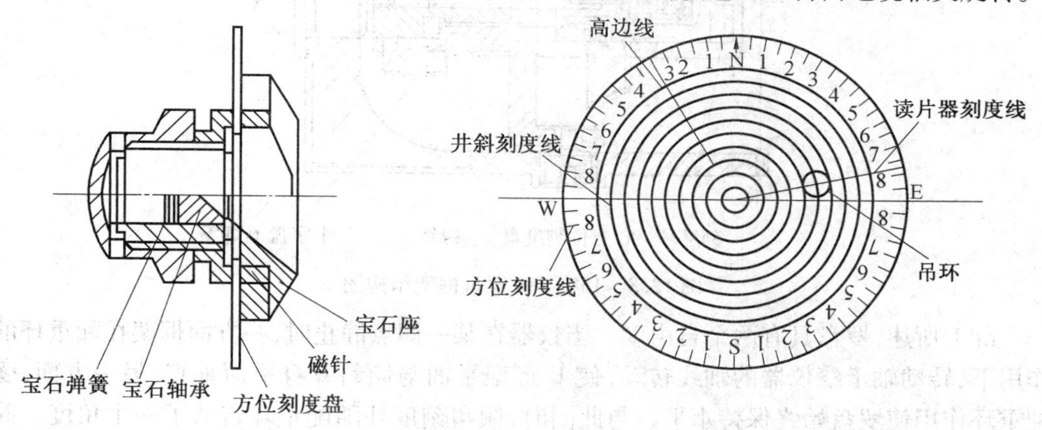

图 12.7 照相测斜仪的刻度盘

当仪器静止在某一测点时,方位盘面在阻尼液的作用下很快静止下来,并保持在水平面上。同时,方位盘面下边的小磁针在地磁场的作用下,使方位盘面上的刻度 N 和 S 对准地磁场的南、北极,并使罗盘面上刻度的 W 和 E 对准地磁场的东和西。为什么罗盘面上的刻度与实际的地磁场方向相反呢?这并不是由于小孔成像的缘故,而是由于井眼的倾斜方向是井眼高边的指向,而测量仪器中吊环的指向总是在低边,两者正好是相反的。所以在仪器的罗盘上刻度时,人为地让它与实际地磁场方向相反。这样,胶片上成像的井眼倾斜方向就与实际的井斜方位一致了。

当仪器垂直时,吊环的十字交叉点投影在罗盘刻度盘的圆心上。此时的方位角无法确定,也无意义。当仪器倾斜一定角度时,方位才有意义。例如,图 12.7 胶片中显示仪器的井斜角为 6°,方位 N77°E,那么吊环的十字交叉线将投影在井斜刻度盘的第 6 个圆上,

并且落在实际地磁方向的S77°W那条线上。由于预先刻度时方位盘上的刻度与实际地磁方向相反,所以胶片上读出的方位仍然是N77°E。

(2)15°~90°罗盘(图12.8)。

15°~90°罗盘除了框架和高边针之外,其余各部分都与0°~10°的罗盘相同。高边针与弯接头上的划线平行,用来确定工具面角。15°~90°罗盘总成由90°方位刻度盘、配重环和刻度环构成。90°方位刻度盘与0°~10°罗盘的差别是,其刻度是在一个球面边沿上,而不是在一个平面圆环上。刻度环是由螺钉固定在配重环上的一个环形带。它的中间有一条基线,基线的左侧从1到9分别对应于倾角的0°~90°,基线的右边相对于左边的每一个刻度段4等份,于是它的每一个刻度间隔就是2.5°。转动轴承可以绕仪器轴线旋转,它的U形组件通过支承螺钉整个罗盘总成,形成一体。在两个支承钉上拉了一条弹簧拉丝,把它称为测线。

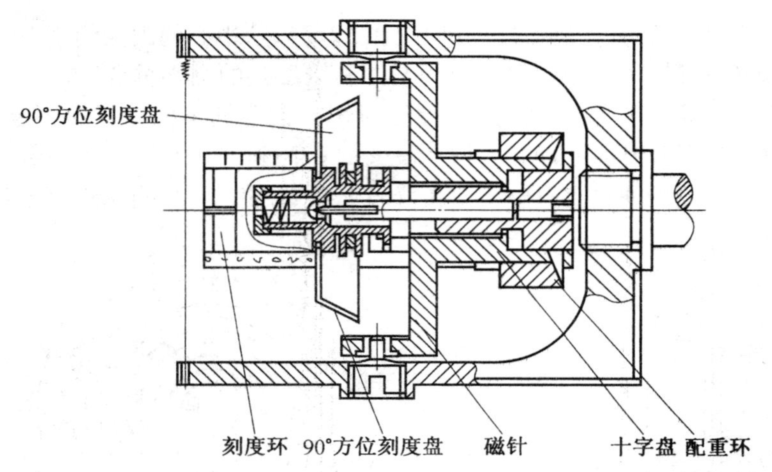

图12.8　15°~90°罗盘框架结构图

综上所述,罗盘具有两个自由度。当仪器在某一测点静止时,一方面框架在配重环的作用下,转动轴承绕仪器的轴线转动,使U形架平面与倾斜井身平面垂直;另一方面,受配重环作用使罗盘始终保持水平。与此同时,倾角刻度环随配重环转动了一个角度。此时,测线在刻度环上的投影指示出仪器的倾斜角;倾角刻度环上的基线投影到罗盘球面,与罗盘刻度的交点指示出仪器的倾斜方向。它的成像原理与0°~10°的罗盘完全相同。

4. 外保护总成

外保护总成的作用是装载、保护机芯(图12.9),保证其在井下的恶劣条件下正常工作。标准配套时,各部件的作用如下:

绳帽头:投测时与打捞器配合,回收测斜仪。

旋转接头:防止钢丝绳拧结。

铜接头:连接机芯与外保护总成,密封外保护筒。

定向接头:定向减震接头、加长杆、定向引鞋的组合。

引鞋:引导仪器座于弯接头的键块上。

此外,还有图12.9中画出的加长杆(调节机芯位置,以保证机芯处在无磁钻铤中最

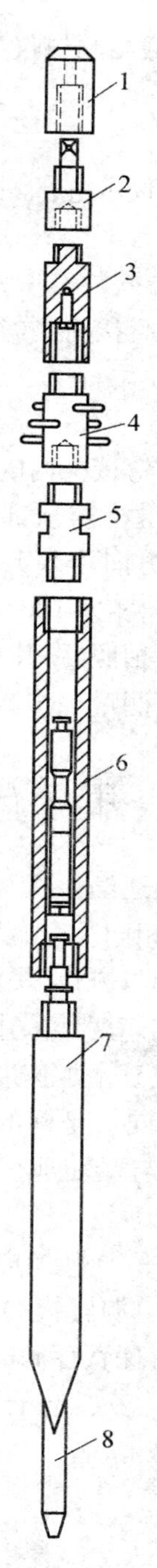

图 12.9　外保护总成

1—绳帽头;2—穿绳孔接头;3—旋转接头;4—扶正体;5—铜接头;6—机芯;7—定向接头;8—引鞋

小磁干扰的测量位置)和底部减振器(减少测斜仪下井时的振动冲击)。

12.2.3 测斜或定向钻进作业

根据外保护总成的不同搭配,测斜仪可进行测斜、定向作业两种方式的测量。

1. 测斜方式

测斜方式有吊测和投测两种作业方式。其中,吊测是用钢丝绳把仪器吊入井中,测量结束后再用钢丝绳把仪器回收;投测是直接将测斜仪投入井中进行测量,仪器回收则有两种方式:一是起钻换钻头时回收,二是使用打捞矛进行回收。

2. 定向作业方式

定向时,定向杆总成的引斜键槽与弯接头内的定向键配合,而弯接头定向键的方向即为井身的弯曲方向。定向杆总成引斜键槽与顶部定位键轴T形头上的刻线在一条直线上,罗盘T形接头(与罗盘中的高边针方向相差180°)与定位键轴的T形头配合,即罗盘高边针方向与定向杆总成的引斜键方向相差180°,也与弯接头弯曲方向相差180°。由于照相机的成像原理是小孔成像原理,经拍照后,胶片上罗盘的高边针的方位正好是弯接头的弯曲方位。连接完毕,即可下井进行测量工作。

12.3 电子测斜仪

随着传感器技术日趋成熟,测斜仪逐渐由机械式向电子式迈进。各油田广泛使用的各类电子测斜仪探管的工作原理基本相同。它们大都采用重力加速度计作倾角传感器测量井斜,用磁通门作方位参数传感器测量方位,用温度传感器测量温度。

为了适应井下的恶劣环境,石英加速度计采用了特殊的结构设计,具有精度高、抗冲击、响应速度快的特点。探管中两个或三个加速度计分别安装于符合右手定则的 Ox、Oy、Oz 轴方向。三个磁通门也分别安装于同一坐标的 Ox、Oy、Oz 轴方向,其中 x 轴沿切口轴线方向且指向切口,z 轴沿井轴方向且与 x 轴垂直,y 轴为 xOz 平面的法线方向,且 xyz 系统符合右手定则。

数据采集与处理电路使用高精度A/D转换电路,通过微控制器将传感器信号转换为数字信号。电源电路将充电电池筒的电源转换为多路直流电源,给探管供电。当探管工作完成后,由地面仪器通过通信电缆将探管存储的信息读出。

电子测斜仪包括单点电子测斜仪、多点电子测斜仪和自浮式电子测斜仪三大系列。这里只介绍前两种。

12.3.1 单点电子测斜仪

单点电子测斜仪,顾名思义,一次下井测量只能采集一个测点的参数(如井斜、方位、工具面、磁倾角、磁场强度等)。单点电子测斜仪包括井下仪器和地面仪器。井下仪器包括机芯和外保护总成,其中机芯包括充电电池筒和单点电子探管。

地面仪器包括:控制器、探管通信电缆和充电器等。控制器可对电子探管进行性能检测、参数设置、数据接收等控制。外保护总成的标准配置包括:绳帽头、绳挂头、旋转接头、径向缓冲器、铜接头、橡胶悬挂器、橡胶保护器、外保护筒、加长杆、多元缓冲器、底部减震器、定向引斜等部分。在标准配置的基础上增加或替换部分部件便可实现定向测量或高温要求下的测量。

完成连接与设置的测斜仪,可采用吊测、投测、自浮等方式对井眼进行测量。

1. 单点电子探管

单点电子探管及其控制部分的外观如图 12.10 所示。为适用于不同工况,探管有 $\phi32$ mm、$\phi27$ mm 和 $\phi25$ mm 三种外径规格。单点电子探管的测量范围与精度见表 12.3。

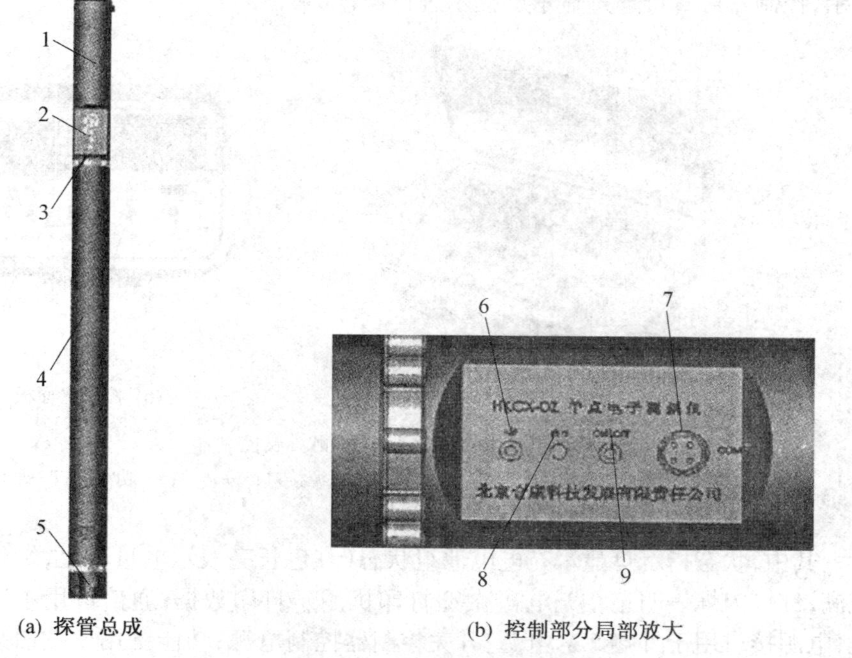

(a) 探管总成　　(b) 控制部分局部放大

图 12.10　单点电子探管及其控制部分外观图

1—充电电池筒;2—控制部分;3—减震环;4—电路保护筒;5—T 形头;6—启动按钮;7—通信端口;8—状态指示灯

表 12.3　单点电子探管的测量范围与精度

项　目	测量范围	精　度
井斜	0° ~ 55°/0° ~ 180°	±0.2°
方位	0° ~ 360°	±1.5°(井斜大于等于 6°)
高边工具面	0° ~ 360°	±1.5°(井斜大于等于 6°)
磁性工具面	0° ~ 360°	±1.5°(井斜小于等于 8°)
温度	−10 ~ +125 ℃	±2 ℃

电子探管的使用步骤:

①测试:用控制器测试探管性能。

②设置:用控制器设置探管工作延迟时间,工作延迟时间 = 辅助时间+测斜仪在井内的下行时间+1 分钟。

③工作:打开探管电源开关,指示灯呈红色,按下启动按钮直到指示灯变为绿色,此时探管开始计时工作。

④数据接收:探管工作完毕,指示灯变为绿灯闪烁,持续按下启动按钮,指示灯变为红色,关闭电源开关。连接控制器与探管,进入“数据接收”界面,进行数据接收。

2. 电子测斜仪控制器

电子测斜仪控制器是单点探管进行控制的一种装置,它能实现对探管的检测,具有高边修正、设置、数据接收、直接显示、打印、存储和导出等功能。其外观及面板如图 12.11 所示,控制器可直接通过显示屏提示进行操作。

(a) 控制器外观

(b) 控制器面板

图 12.11　电子测斜仪控制器

1—状态指示灯;2—微型打印机;3—通信口;4—电源接口;5—开关;6—功能键;7—复位键;8—液晶显示屏

其中,状态指示灯显示充电电池组状态(红色长亮表示电量不足,绿灯长亮表示电已充满,红灯闪烁表明正在充电);微型打印机用于打印数据;通信口用于连接探管或计算机;电源接口用于外接 5 V 电源;开关控制器控制电源;功能键用于按照显示屏提示实现不同功能;复位键使控制器重新启动;液晶显示屏显示指令及数据。

3. 外保护总成

单点电子测斜仪的外保护总成种类较多,按测量方式分为吊测、投测和自浮式三类;按作业方式分为测斜和定向两类;按工作温度分为常温(125 ℃以下)和高温(125 ~ 250 ℃)两类。根据不同测量井况的工作要求,可进行组合配置。

单点电子测斜仪的外保护总成与照相测斜仪的外保护总成兼容,只是在连接结构上(图 12.12)增加了径向缓冲器和多元缓冲器;定向作业时,定向杆总成改为由定向减振接头、加长杆、定向引鞋组合而成的部件,它们相互之间通过螺纹连接。由于现场螺纹连接时,很难保证定向减振接头的定位键轴与引鞋的定向键槽完全在一条直线上,因此在定向作业时,必须借助控制器对连接后的探管进行高边修正,用软件进行数字处理,满足定位键轴与定向引鞋的键槽在一条直线上的要求。

12.3.2　多点电子测斜仪

多点电子测斜仪是相对单点电子测斜仪而言的。一次下井测量,能根据设置的间隔

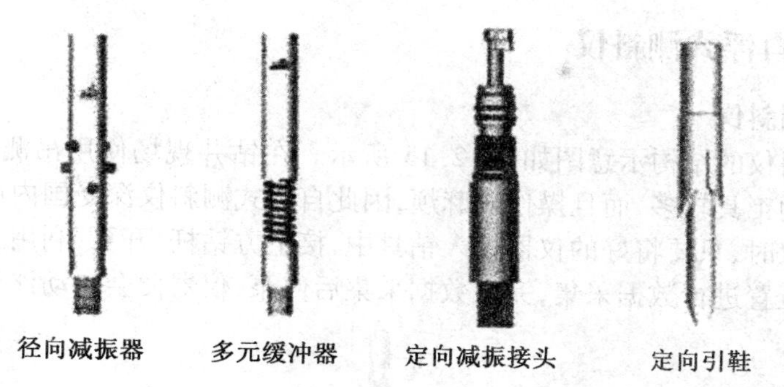

图 12.12　外保护总成

时间采集多个测点(最多为 2 000 个点)的参数(如井斜、方位、工具面、磁倾角、磁场强度等)。与单点电子测斜仪类似,多点电子测斜仪包括井下仪器和地面仪器。

井下仪器包括机芯和外保护总成。其中机芯包括充电电池筒和单、多点电子探管。

外保护总成的标准配置包括绳帽头、绳挂头、旋转接头、径向缓冲器、铜接头、橡胶悬挂器、橡胶保护器、外保护筒、加长杆、多元缓冲器、底部减振器、定向引鞋等部分。在标准配置的基础上增加或替换部分部件便可实现定向测量或高温要求下的测量。除不用于自浮方式外,其他外保护总成与单点电子测斜仪的相同。

地面仪器包括数据处理机、数据记录仪等,也可采用吊测、投测等方式进行井眼轨迹测量。

1. 电子探管

多点电子测斜仪机芯中的电子探管与单点仪器相似,而此仪器既可设定为单点探管工作方式,也可设定一次下井采集多个点。采用多点方式时,使用数据处理仪控制,最小间隔设定为 20 s,最多能采集 2 000 个数据。

多点方式的工作步骤如下:

①测试与设置。测试探管性能并设置探管延迟工作时间(到达井底时间)和间隔时间。

②连接并启动探管工作。控制面板的操作与单点相同,记录仪器的起钻静止时间。

③结束工作。仪器工作完毕,取出探管,如采集点数不到 2 000 点,指示灯呈红、绿交替闪烁。在指示灯为绿色时,按下启动按钮,直至指示灯变红,结束探管工作,关闭电源。

④数据处理。连接数据处理仪,进行数据采集,根据记录的起钻静止时间选择有效数据,然后输入井眼相关数据进行运算、绘制井眼轨迹。

2. 充电电池筒

使用专用智能充电器一次充电能连续工作 12 小时以上。

3. 电子测斜仪操作软件

使用专用电子测斜仪操作软件对单、多点电子探管进行多点方式设置。该软件可对探管进行测量、高边修正、设置、数据接收等控制,并处理数据、绘制井眼的设计轨迹和实钻轨迹。

12.3.3 自浮式测斜仪

1. 自浮式测斜仪

自浮式测斜仪的结构示意图如图 12.13 所示。在钻井现场使用吊测、投测方式测斜需要配备的辅助工具较多，而且操作较麻烦，因此自浮式测斜仪深受国内用户的欢迎。采用自浮式测斜仪时，只要将好的仪器投入钻具中，接上方钻杆、开泵，利用泵冲将仪器送至井下钻具托盘位置进行数据采集，完成数据采集后停泵，仪器便会自动浮至地面。

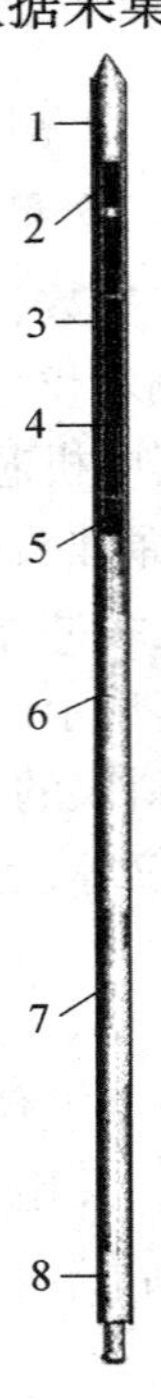

图 12.13 自浮式测斜仪的结构示意图

1—仪器仓密封接头；2—橡胶悬挂器；3—仪器仓；4—机芯；
5—橡胶保护器；6—浮力仓；7—下浮力仓；8—缓冲器

自浮式测斜仪具有以下特点：

①简化测井过程，减轻劳动强度，节约测井成本。不需测井绞车，一人即可完成测井工作。

②节约测井时间。测井前不用循环调整泥浆，操作过程大大简化。

③有效预防钻井事故。在整个测井过程中，可随时开泵，提放转动钻具，可正常起钻，从而避免钻卡事故的发生。

④可提高测井深度。仪器在测点经受的只是钻井液循环温度，因此在满足仪器最大抗温能力的条件下，提高仪器的可下井深度。

自浮式测斜仪包括地面仪器、井下仪器及附件。井下仪器包括机芯、自浮载体；地面仪器根据配置机芯与对应的照相、电子测斜仪相对应。

2. 机芯

机芯是自浮式测斜仪的心脏部分，它可以与照相测斜仪的机芯或电子测斜仪的机芯配合使用，完成数据采集。

由于自浮式测斜仪是在开泵情况下进行井眼数据测量，因此机芯是在动态下工作的，相对于吊测、投测工作方式的机芯在动态性能上有一定区别。

自浮式罗盘为了提高动态下各构件的稳定性，采用大阻尼的阻尼液，使仪器到达测量点时，吊环、罗盘面在阻尼液的作用下缓慢静止下来，罗盘面保持在水平面，吊环指向地心。由于阻尼液的作用，可在振动条件下准确反映测量点井斜角、方位角。

为了确保自浮照相测斜仪在振动环境下能拍摄出清晰的照片，对与自浮式罗盘配套作用的自浮定时器、照相机都做了相应改进。对电子探管，要降低加速计对外界振动的敏感性，通过增加电阻尼来提高加速计的动态性能，从而准确获取测量点数据。

3. 自浮式载体

自浮式载体是自浮式测斜仪的重要组成部分，它装载和保护仪器，保证仪器在井底恶劣的环境中能稳定、准确、可靠地工作，并在停泵时能在钻井液中浮起。

自浮式载体包括仪器仓密封接头、仪器仓、浮力仓、下浮力仓、缓冲器及衬管。其中，浮力仓提供浮力，使载体能自行上浮；下浮力仓连接浮力仓与缓冲器，提供浮力，使载体能自行上浮；缓冲器通过液压缓冲，为载体提供抗震保护，使机芯能正常完成数据采集。

载体最大抗压能力（单位为 MPa）为

$$(P+0.0098h\gamma)\leqslant 45\sim105$$

式中　P——泥浆泵的出口压力，MPa；

h——被测井的深度，m；

γ——泥浆的密度，g/cm^3。

4. 载体使用

（1）测量准备及仪器组装。

①安装托盘，检查机芯。

②组装自浮式载体，用摩擦管钳上紧载体的各连接部分。

③连接组装仪器，设置定时时间。定时时间≈$V/Q+T$。其中，V 为钻具内容积；Q 为泵排量；T 为组装仪器时间。若泥浆密度大于 1.4，则下行时间延长，请留出时间余量。

④将仪器装入仪器仓。将仪器挂在橡胶悬挂器上，启动仪器，套上衬管，装入仪器仓，用摩擦管钳上紧。

（2）自浮式测量。

①投放仪器。卸开方钻杆，将仪器缓冲器朝下投入钻具内；接上方钻杆，开泵循环，此时自浮式照相测斜仪下行。

②机芯工作。到定时时间前约 2.5 min，应停止活动钻具，将钻具在吊卡上座稳，等待照相；照相后，继续等待 1～1.5 min，然后停泵。

③仪器上浮，取出仪器。停泵后仪器自动上浮，估计仪器已浮到井口时，卸开方钻杆，将方钻杆慢慢提起，取出仪器。

④读取数据。首先查看铅模是否剪断，若剪断，则说明仪器是在井底工作，若没有剪断，则应查找原因。卸开仪器，取出仪器，检查仪器是否已正常工作，确认后接收并处理数据，整个测量过程结束。

第13章 国内外典型钻井仪表

在前面章节中，分别讨论了主要物理量的检测原理，各种传感器或单参数仪表的结构特点及其用法。在这一章中，将纵观国内外钻井仪表发展的现状及几个著名钻井仪表生产厂生产的典型钻井仪表的情况。

13.1 国内外多参数钻井仪的发展现状

在钻井生产施工中，仅用单一参数的检测结果很难，甚至不可能描述或约束复杂的钻进过程，因此还必须研究多参数综合监测的问题。同时也必须看到，单参数仪表是钻井工程走向科学化、现代化进程中的一个必然阶段，正是这些单参数仪表为研制多参数的综合监测仪表奠定了基础。

13.1.1 对钻进过程进行多参数综合监测的意义

1. 钻进过程的复杂性要求随时了解各参数的变化情况

由于岩石性质差异很大，加之钻杆柱（可以看作是一根细长的柔性轴）的传递特性受许多随机因素的影响，所以钻进效果是众多因素综合作用的结果。与已经初步实现自动检测与监控的机械制造业对比，钻井行业还未建立起一套比较完整而成熟的对生产实践有指导意义的物理模型和数学模型。对这样一个复杂过程的描述与研究，必须借助现代工程数学中的随机过程的理论与方法，去寻找统计规律，进行时域和频域的信号分析，而进行这些工作的基础则必须有大量的、实时的、能反映钻进过程的自变量和因变量的原始数据。这些变量又往往不是单独起作用，而是相互之间存在着交互作用，因此必须在同一时间域上把它们同时检测出来。

2. 实现多参数的综合监测将为合理选择钻进规程（进行优化钻进）创造条件

最优化钻井技术是石油钻井行业近20多年来逐渐成熟并得以推广的技术。《钻井工艺原理》一书中指出："由于各地区的地质条件变化很大，井下情况又难确切掌握和完全一致，现有的各种钻井数学模型尚属统计相关的数学方程，它还不是任何条件下都能用的精确公式。在采用最优化钻井技术时，首要任务是取全、取准各种钻井参数的资料，作为制订该地区优化钻井方案的客观依据，并以后续施工井的实际资料不断检验和修正最优化程序。"技术上较先进的石油钻井尚且如此,那么对于优化钻井起步较晚、所钻岩层和工艺方法更具多样性(石油钻井基本是在沉积岩中进行无岩芯钻进)的地质钻探来说,更应强调取全、取准各种钻进参数的信息,才可能促进优化钻进技术的进步。

3. 实时地监测与分析各参数的变化情况有助于识别孔内工况和预报事故

由于井内工况复杂,所以国际上公认石油钻井是一个风险行业,往往因为井内异常工况不能被及时识别而酿成恶性事故。专家们普遍认为,在钻进过程中一旦出现异常,就必须快速地进行识别。实际上,这种识别仅靠一个具体参数的信号(如功耗增大)是不可能的,这将导致对井内工况及其产生原因的错误判断。通常,井内异常工况都伴随着某些参数特征的同步改变。因此,为了提高工况识别和事故预报的可靠性,必须对钻进过程的各种信号进行全面记录与分析。

当发生工况异常时,钻井参数仪检测到钻进参数的动态信息,每隔一定时间(如8~10 s)对钻进参数建立时间序列模型,按下述参考模式编制识别软件。

(1)正常钻进。

各主要参数的时间序列模型具有平稳性,即模型的自回归系数特征方程的所有根的模大于1,或格林函数有界。参数的噪声的方差 σ_{α}^{2} 恒定,小波系数近似为0,曲线的趋势部分和脉动程度在钻进中无显著变化。

(2)换层。

硬变软或软变硬时,钻速、钻压、扭矩曲线的趋势部分显著变化;由完整地层进入破碎带时,各主要参数曲线由平稳变为剧烈脉动。换层时时间序列模型具有非平稳性,即存在模型的自回归系数特征方程根的模小于1,或格林函数无界,模型的小波系数在突变时刻不为0。例如,由软变硬时,钻速降低,则钻速的一阶方差将为小于零的常数,自回归系数将减小。

(3)孔内事故。

岩芯堵塞、烧钻、钻杆裂纹、断钻、卡钻都伴有钻速、扭矩、泵压等曲线的相应变化特征。时间序列模型具有非平稳性,即存在模型的自回归系数特征方程根的模小于等于1,或格林函数无界,模型的小波系数在突变时刻不为0。例如,烧钻和卡钻时,虽然扭矩曲线都在上升,但烧钻曲线一阶差分大于卡钻曲线的一阶差分。

总之,可综合分析所有检测的钻进参数的时间序列模型的特征函数及小波系数来识别孔内典型工况。

4. 多参数综合监测的结果可辅助操作者判断地层变化的情况

钻探的目的在于探清地下矿体的形态、埋深以及围岩性质等确切地质资料。如果能在钻进过程中实时监测到各参数的变化情况,则可辅助操作者判层,防止打丢矿层。例如,河南某勘探队在应用DDW-3型钻探微机监测系统的过程中总结了下述规律:钻进均质完整地层时,钻速、泵压、扭矩、钻压的回次过程曲线平稳;钻进破碎地层时,曲线脉动剧烈;钻进软硬互层地层时,曲线也有相应的变化。他们在勘探石英脉型金矿时,发现钻进监测系统显示的曲线剧烈脉动、钻速同步下降的情况,便及时调整参数限制回次进尺,提钻后果然已进入矿化带。四川某队在勘探芒硝矿时利用记录的各参数同步变化曲线(扭矩下降,钻速增大,钻压跳跃),正确预报了钻至薄矿夹层的信息,与及时取上来的岩芯完全吻合。因此,地质技术人员也欢迎对钻进参数实现综合监测,能对保证好的地质效果起到辅助作用。

13.1.2 国内外多参数钻探仪表的发展趋势

随着随钻测量(MWD)等技术的出现,国际钻井界非常重视钻进信息的综合检测与应用。近几十年来,世界上不少国家已生产并应用了许多功能各异的钻探仪表。最具代表性的主要是美国 MD TOTCO 公司、英国 Rigserv 公司和加拿大 Datalog 公司等,它们的主要服务对象是石油钻井,而在固体矿产岩芯钻探领域比较成熟。对我国影响比较大的是俄罗斯的 KYPC 系列钻探仪表。

上海的神开钻井参数仪表在国内石油钻井单位的普及率比较高。江汉石油仪器仪表有限公司采用美国派创公司(Petron Inc.)技术研制的 IDS 系列钻井多参数仪、天津海科信达石油技术有限公司采用西门子数据采集器运用 Profibus-DP 实现与主机的通信,其他国内公司引进消化国外技术研发的钻井仪表不胜枚举。

上述钻井参数仪表的发展趋势及存在的问题主要表现为:

(1)以检测钻场地表参数为主。

国内外产品和成果基本都是检测钻场地表参数,但真正的钻进过程是发生在地下深处,所以检测井底钻探参数的意义更加重要,同时难度也更大。它不仅要解决井下恶劣环境下的参数检测问题,还要解决井底信号向地表传输的问题。近年来,美国、英国、加拿大和俄罗斯等国的一些钻井仪器公司和国内的中国石油总公司石油勘探研究院、中国地质大学(武汉)都推出了可完成井内钻井参数检测的仪器。其中,美国、英国、加拿大等国和中石油钻井工程技术研究院的产品均采用泥浆脉冲方式向地表传输钻井参数和角度参数信号;俄罗斯的伏尔加钻井参数检测系统检测孔(井)底钻压、液体压力、扭矩和温度等钻进参数,并通过电磁波方式向地表传输信号;中国地质大学研制的井底钻探参数检测仪则采用井底先储存信号,起钻后向地表回放的方式,非实时地获取上个回次的井底钻进信息,使成本大大降低。

(2)目前钻井参数仪表的发展趋势。

石油、地质钻探对钻井参数仪表提出了新的要求,检测技术、电子技术、计算机技术、通信技术和网络技术的进步也推动着钻井参数仪表的发展。目前,钻井参数仪表正由过去的机械、液压仪表向数字化、模块化、智能化、集成化和网络化方向发展;一次仪表向集成、高精度、低漂移发展;二次仪表向计算机处理、绘图成像、智能方向发展;程序软件向人机界面图符化、处理信息大型化、多功能化发展;数据传输向网络化、Internet 方向发展。

(3)目前国内多数钻井队使用钻井参数仪表的现状。

美国、英国、加拿大、俄罗斯的钻井参数仪表(系统)价格昂贵,目前国内多数钻井队还是使用靠气、液介质驱动,靠表盘显示,笔记录的钻井八参数或六参数记录仪。这类仪表精度不高,不能输出电信号与计算机相连,因此无法进行信息转储、远距离传输和信号分析等工作。另外,国外最新的钻井参数仪器仪表就是花大价钱也买不来,因为它只租不卖。而且有些国外的钻参仪虽然可以引进,但其部分功能仍不适应我国钻探工作者的操作习惯与我国的国情(如井底钻具组合方式、国家管材标准等)。

13.2　上海神开钻井多参数仪

上海神开石油化工装备股份有限公司始创于1993年,经过近二十年的发展,已经成为我国石油化工装备制造业的骨干企业之一,其产品涉及石油勘探开发上游到石油产品加工下游,在我国石油化工装备业拥有较高知名度,在国内同行业中处于领先地位。

SK-2Z16钻井参数仪是上海神开科技工程有限公司继SK-2Z01、SK-2Z09、SK-2Z11系列钻井仪表之后研制、开发的最新一代的钻井仪表。

13.2.1　SK-2Z16钻井参数仪的硬件系统

1. 总体介绍

钻井监视仪单元作为整个系统采集、处理、储存的中心,监视仪内置嵌入式计算机系统,采用TFT液晶显示,触摸屏操作,钻井监视仪既可作为一个独立的使用单元,进行数据的采集、显示、设置运算和存储回收,也可传输与后台计算机终端连接,进行实时数据监测。利用后台计算机上安装的SK-2ZWIN监控系统,提供钻井工程参数方面的相关报表和原始资料等。

该仪器还配套提供指重表、泵压表组合使用,为了适应用户的需求,钻井监视仪有多款安装样式可选,仪表安装有立式、台式机架形式可选。用户还可选配转盘扭矩表、大钳扭矩表等机械表盘。

2. 功能、原理及系统组成

SK-2Z16钻井参数仪是由CAN总线型传感器PC/104嵌入式计算机、TFT大屏幕液晶显示器以及触摸屏为主体的钻井监视仪,和后台计算机构成的数据采集、监测、处理系统。该仪器由CAN总线传感器实时采集井场物理量的变化,并将其量化成总线数据送至钻井监视仪,经PC/104嵌入式计算机采集运算,TFT液晶显示器显示输出,通过触摸屏直接进行各种操作,包括数据初始化和传感器标定、切换监控画面和进行钻井参数设置,使软件正常运行,得到精确的工程数据,司钻可及时了解钻井情况。

SK-2Z16钻井参数仪可采集可达64道传感器的数据,派生出更多的参数,如悬重、泵压、钻压、大钩位置、泵冲和总泵冲次、转盘转速、出口流量、转盘扭矩、井深、钻时、大钳扭矩、钻头用时等17项参数。司钻可选择数据显示、曲线显示和仪表仿真等监测画面,设置相关参数的报警门限,可进行声光报警。

(1)SK-2Z16钻井监视仪立式安装效果图如图13.1所示;台式安装效果图如图13.2所示。

(2)系统组成框图如图13.3所示。系统的连接示意图如图13.4所示。

3. 技术指标

(1)电源条件。

安全控制:配有过载、漏电等强电系统。

电源输入:电压为208 V AC,频率为60 Hz。

UPS电源输出:电压为220 V AC,频率为60 Hz。

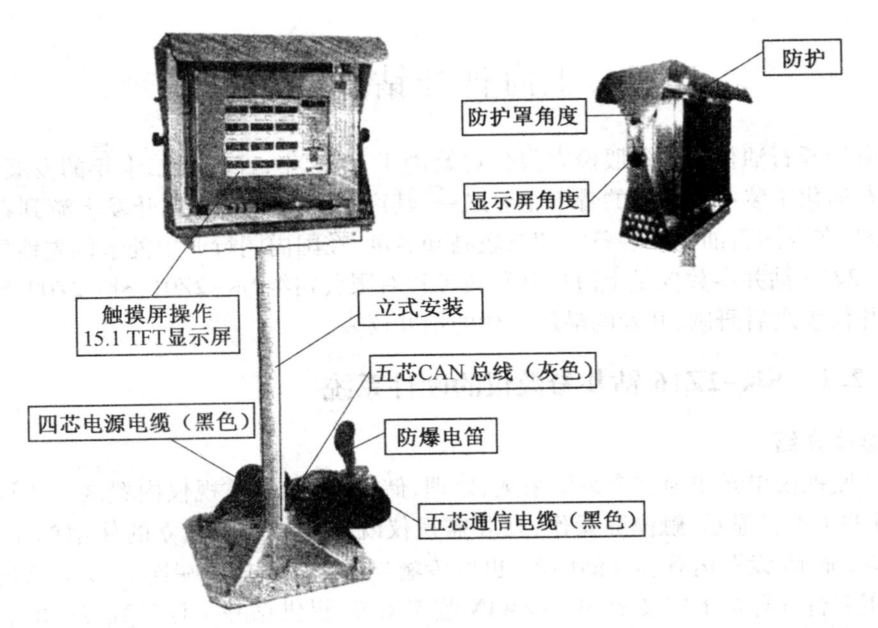

图 13.1　SK-2Z16 钻井监视仪立式安装效果图

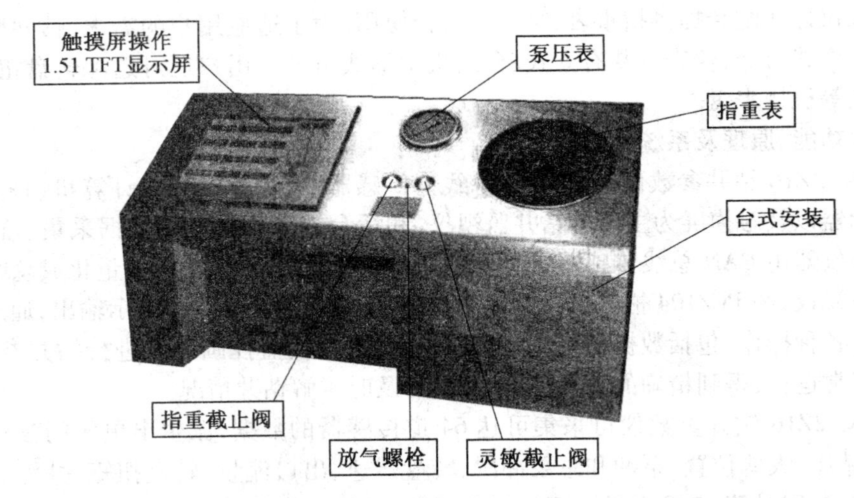

图 13.2　SK-2Z16 钻井监视仪台式安装效果图

(2)环境指标。

室外环境温度:-40 ~60 ℃。

室外相对湿度:小于 90%。

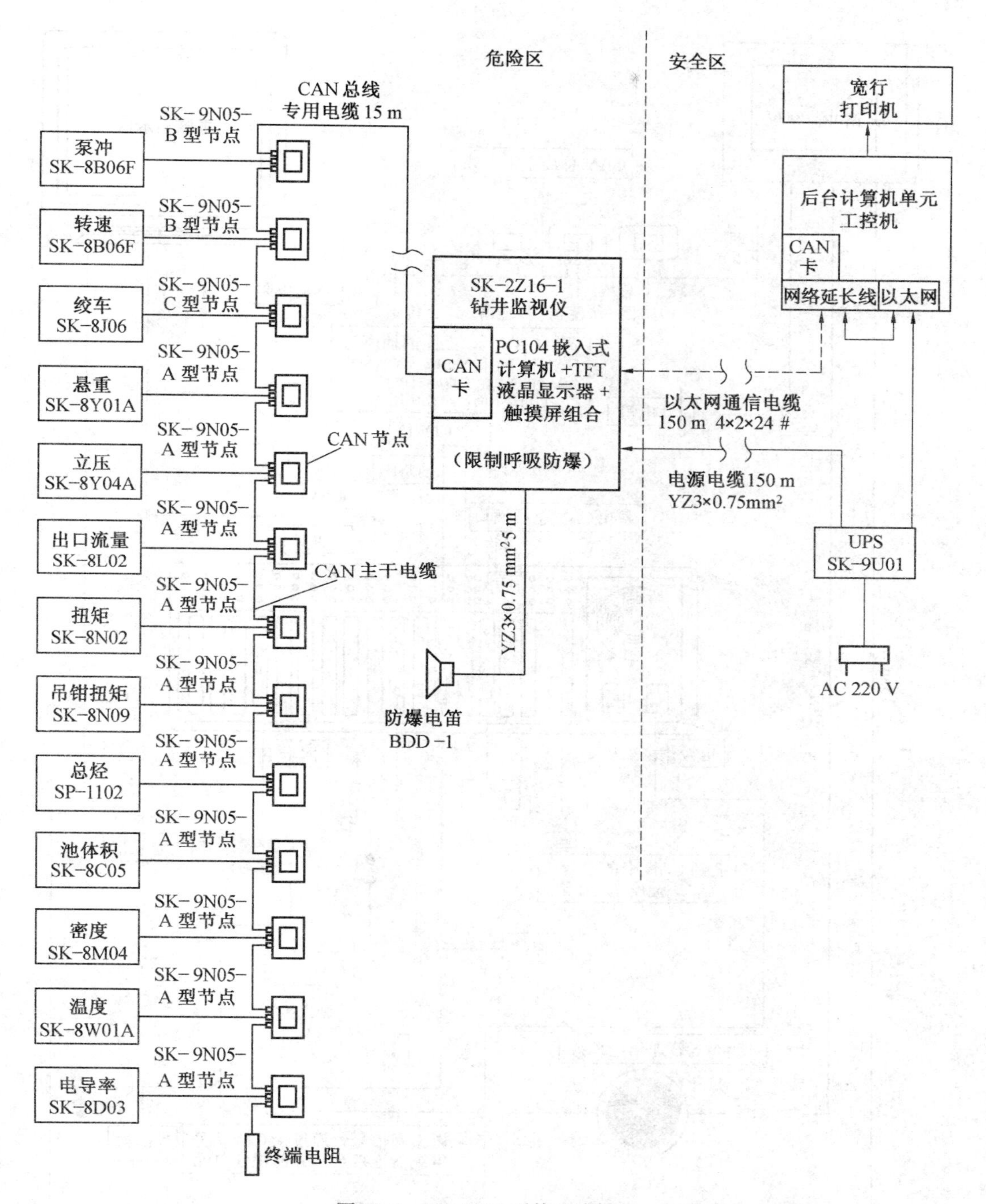

图 13.3　SK-2Z16 系统组成框图

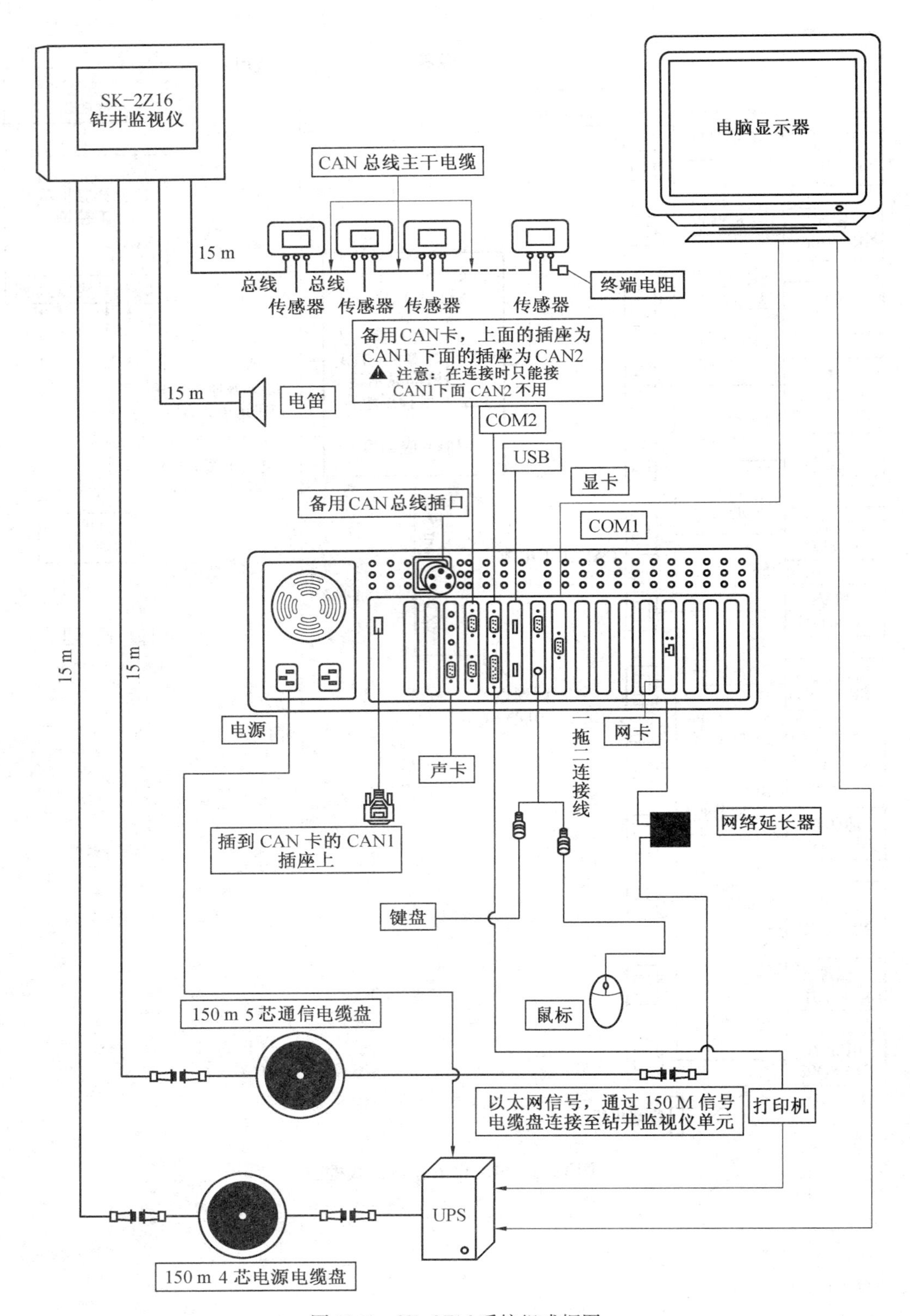

图 13.4　SK-2Z16 系统组成框图

(3)传感器。

①泵冲、转盘转速单元(图 13.5)。

测量范围:30、60、120、240、480、1920 冲次可选。

测量精度:1%。

输出信号:4 ~20 mA。

图 13.5　泵冲传感器

②深度单元(井深传感器如图 13.6 所示)。

井深测量范围:0 ~9 999.99 m;

精度:±1%(单根)。

显示大钩高度:0 ~50 m。

显示步长:0.01 m。

钻时测量范围:0.1 ~600 min/m。

精度:±1%。

大钩初始位置参数置入由计算机过程控制,具有输入锁定功能。

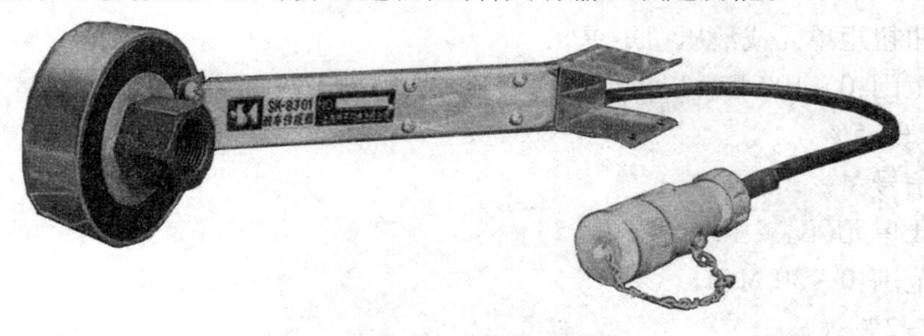

图 13.6　绞车井深传感器

③大钩悬重单元。

测量范围:0 ~2 000 或 4 000 kN。

精度:±2%。

④泥浆出口流量单元(图 13.7)。

测量范围:0 ~100%(相对流量)。

精度:5%。

输出信号:4 ~20 mA。

⑤转盘扭矩单元(图 13.8)。

图 13.7 泥浆出口流量传感器

测量范围:0 ~ 50 kN · m;

精度:±2%。

输出信号:4 ~ 20 mA。

图 13.8 转盘扭矩传感器

⑥吊钳扭矩单元或液压扭矩单元。

测量范围:0 ~ 100 kN(以尾绳拉力表示)或 30 MPa。

精度:±2.5%。

输出信号:4 ~ 20 mA。

⑦立压单元(配减压缓冲器 1 : 5)。

测量范围:0 ~ 30 MPa。

精度:±2%;(F · S)。

温漂:1%。

输出信号:4 ~ 20 mA。

(4)钻显单元(钻井监视仪)。

工作温度:-40 ~ 60 ℃。

PC/104 嵌入式计算机,CAN 卡,预装有 2Z16-WIN 专用软件,TFT 液晶触摸屏。

TFT 液晶显示屏:触摸屏。

(5)计算机硬件配置。

①钻井监视仪单元的 PC/104 嵌入式计算机的配置。

主机:Crusco TM5800,800 MHz。

内存:表贴 256 MB。

显示:LCD/VGA 同步方式。

双 Flash 电子盘 4 G DOM-Flash Disk(主存),512 CF-Flash Disk(备份)。

②后台计算机的配置。

CPU:PIV1.7GB。

内存:512 MB。

硬盘:80 GB、集成显卡、100 MB 网卡、CAN 总线适配卡(PCI)、52×32 速 CD-RW。

③实时打印机,即宽行彩色喷墨打印机。

④工业以太网或无线网络系统。

13.2.2　SK-2Z16 钻井参数仪的软件系统

1. 操作系统

中文版 Windows 98/NT,智能化钻井工程参数软件——数据采集系统为 SK-DLS2000 版本,2Z11 钻台触摸屏安装 MS-DOS 操作系统。

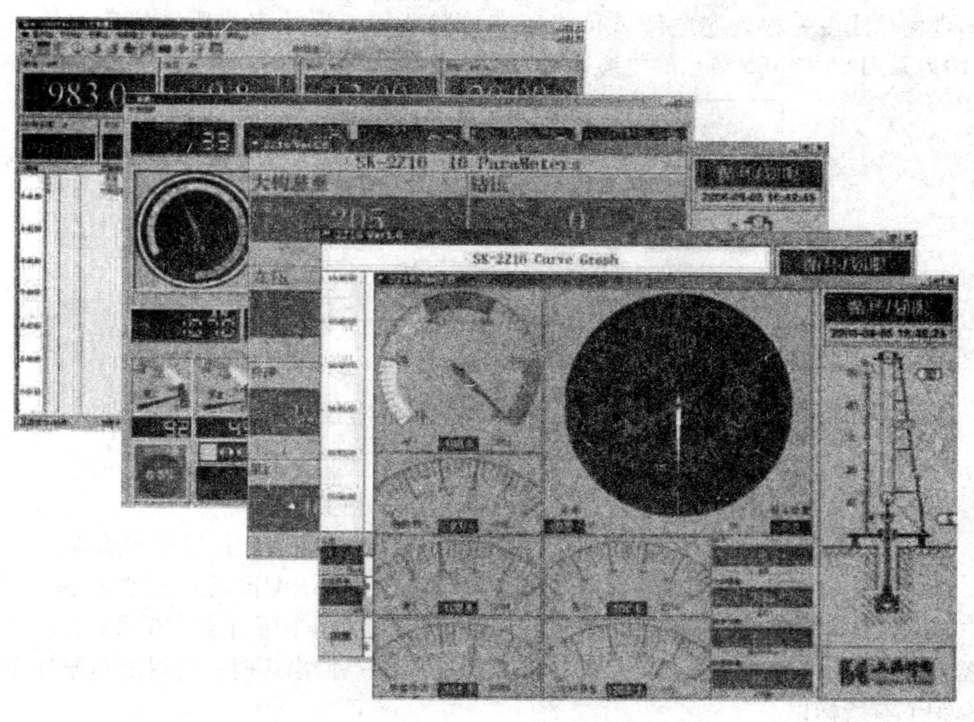

图 13.9　SK-2Z16 钻井参数仪界面示例

2. 功能

具有自动实时数据采集、处理、输出、自动保存、自动声光报警等多种功能;可以实时监测、远距离传输通信、显示功能;提供钻井动画、曲线监测和回收、仪表仿真等多个画面;实现中英、中俄文自由转换,公英制单位的切换。

3. 资料输出方式

打印:可以按时间间隔打印工程参数报表或曲线图。

显示:能显示参数数据屏幕及动画,可设置多种屏幕,通过字母、数字及图曲线等方式显示。可通过计算机控制大屏幕液晶显示和光柱趋势显示,视觉效果良好。可以打印钻井液和钻井工程班报表资料。

4. 操作使用

该软件可由程序图标菜单来控制,操作便捷、简单。程序由钻井动画、钻井主要参数、网络设置、系统初始化、采集卡测试、传感器标定、起下钻、系统报警、钻具管理、钻井曲线、气测解释、色谱谱图、远程显示等模块组成,用鼠标点取图标菜单,即可调用这些功能模块进行操作。

13.2.3 CAN 现场总线

1. 现场总线的组成及连接

CAN 现场总线由传感器(节点)、CAN 主干电缆及终端匹配电阻等组成。

现场总线由一根四芯电缆就可将所有传感器均连通并完成所需信息的传输。图 13.10为采用 SK-9N05 节点的电缆连接方法示意图。

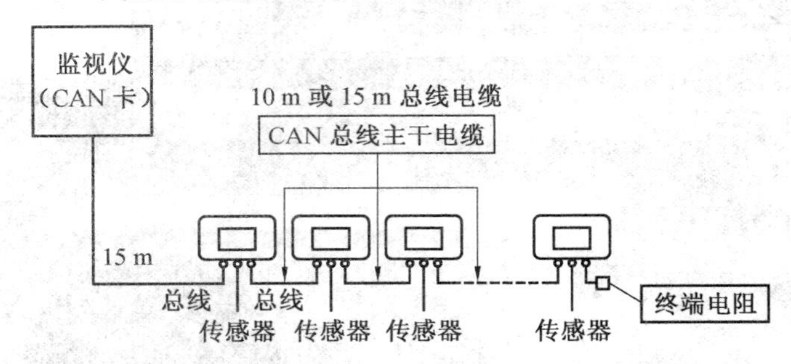

图 13.10 采用 SK-9N05 节点的电缆连接方法示意图

2. CAN 总线型传感器的分类

根据处理信号的不同,目前使用的防爆隔离栅共分为三种:

(1)SK-9N05-C 型 CAN 总线节点,俗称 C 型节点,只用于配接绞车传感器。

(2)SK-9N05-B 型 CAN 总线节点,俗称 B 型节点,用于配接泵冲、转盘转速传感器。

(3)SK-9N05-A 型 CAN 总线节点,俗称 A 型节点,用于所有 4 ~20 mA 输出信号传感器。A 型节点又分为二线制、三线制和顶驱客户端三种,出厂时在防爆隔离栅外壳不锈钢标牌上有所标识。

注意:三线制 A 节点仅用于配接 SK-8N07 电扭矩传感器、SK-8N08 万向轴扭矩传感器,其余均为二线制。顶驱转速、顶驱扭矩为顶驱客户端型,其接线方法又有所不同。

3. CAN 总线节点使用说明

(1)主要用途及适用范围。

CAN 总线防爆节点是 CAN 现场总线系统的重要组成部分,传感器直接连接在该节点上,传感器信号经 CAN 节点内的网关处理后,转换成 CAN 总线协议的串行编码进行传输。

根据处理信号的不同，CAN 总线节点又分为 A、B、C 三类。A 类节点主要处理 4 ~ 20 mA电流信号，通常称为模拟量节点，如悬重、立管压力等；B 类节点处理接近开关量脉冲信号，通常称之为泵冲节点，如转盘转速、泵冲速；C 类节点处理判断方向的编码或脉冲信号，通常称为绞车节点，如绞车。

总线盒采用密封防水、防腐、防爆设计，传感器输出为编码信号。

(2)主要规格及技术参数。

工作电压：24 V DC。

CAN 通信口：1 个。

CAN 通信速率：125 kbps。

标配的系统中包括两块 CAN 适配卡，适配卡上包括两个 CAN 总线插口。

CAN 总线插口最多可连接 64 个节点，总线长度不超过 500 m，CAN 总线卡上设有 125 Ω 的终端电阻，其作用是吸收信号线上电脉冲的多余能量，防止反射形成信号混淆，而信号混淆将导致通信错误。频繁的通信错误，会导致 CAN 总线重置。如此循环将使 CAN 总线根本无法正常通信。

13.3 湖北江汉钻井参数仪

湖北江汉石油仪器仪表股份有限公司，是由中国石化集团江汉石油管理局仪表厂于 2004 年 9 月改制建立的，有四十多年的发展历程。目前主要的钻井参数仪有：IDS2000 型钻井多参数仪（与美国派创 Petron Inc. 公司共同研制生产）；SZJ－Ⅰ、SZJ－Ⅱ和 SZJ－Ⅲ系列产品（部分引进国外马丁·代克钻井仪表技术），在近十年的发展中，已形成 SZJ 型系列产品，能满足国内国外不同用户、不同钻机、不同性价比的钻修井多参数仪。

13.3.1 SZJ 系列钻井参数仪的硬件系统

1. SZJ－Ⅰ型钻（修）井多参数仪

SZJ－Ⅰ型钻（修）井多参数仪主要用来测量显示钻机或修井机在作业过程中大钩悬重、钻压、转盘扭矩、立管压力、吊钳扭矩、动力钳扭矩、转盘转速、1#泥浆泵冲速、2#泥浆泵冲速、3#泥浆泵冲速、泥浆泵累计泵冲数、泥浆入口排量、泥浆总注入量、泥浆回流、1# ~ 6#泥浆罐体积或液面、总泥浆罐体积、全烃含量、硫化氢含量、游车位置、井深等参数的变化情况，帮助司钻掌握钻机的工作状态。

在采用计算机记录方式下，整套系统包括司钻仪表显示台、采集器、计算机终端及软件、各种传感器及安装电缆和液压管线等，可以分别在司钻仪表显示台、远端队长办公室实时显示用户要求的所有参数的工程值。在远端队长办公室的计算机终端上，以软件表盘、数字或曲线的形式实时显示，并可以存储、打印、查询，同时可实现 GPRS/CDMA 数据网络传送，为现场优化钻井、故障判断和排除提供依据，为钻后提供历史数据。

在不采用计算机记录方式下，整套系统包括司钻仪表显示台、各种传感器及安装电缆和液压管线等，指重、转盘扭矩、吊钳扭矩、立管压力采用液压表盘指示，转盘转速、泥浆泵冲速等电量参数采用低温背光密封防爆数字表显示。

2. SZJ-Ⅱ型钻井多参数仪

SZJ-Ⅱ型钻井多参数仪是为配套钻机设计生产的参数仪表,主要用于测量显示钻机在作业过程中各种参数的变化情况,帮助司钻掌握钻机的工作状态。

该系统由传感器、总线节点、前台钻显单元(由 PC104 嵌入式计算机、触摸式液晶显示器)和队长办公室计算机终端等组成。

3. SZJ-Ⅲ型钻井多参数仪

SZJ-Ⅲ型钻井多参数仪是在原有Ⅰ型和Ⅱ型的基础上,进一步提高硬件的高集成性、稳定性以及可维护性,通过音频、视频、测量数据的监测、控制以及无线远程传输和数据挖掘,建立一套完整的钻井井场数字化信息共享平台。整套系统的技术代表了油田数字化建设的发展方向。

4. SZJ 型系列钻修井多参数仪的类型

从系统组成上,SZJ 型系列钻修井多参数仪可分为如下几种类型:

(1)SZJ 普通型。

由司钻显示台、传感器及管线组成,没有参数记录功能(指重表记录选配),可用在低端配置的修井机、小型或改造钻机上,其司钻显示台由各规格液压机械表、低温背光密封防爆数字表组成,一般采用平放或吊装在钻台上,如图 13.11 所示。(建议:7 参数以上需采用集散型或总线型)

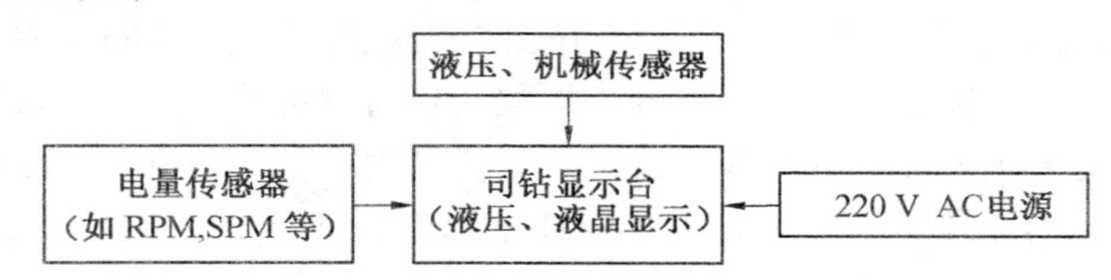

图 13.11 SZJ 普通型钻井多参数仪系统示意图

(2)SZJ 集散型。

由司钻显示台、传感器、采集器、队长办公室计算机终端、安装支架及管线组成。其司钻显示台典型采用液压、液晶数显一体式,可安装在钻台上或司钻操作房内,也可根据用户需要采用液压、液晶显示分体式,还可采用触摸屏显示。所有传感器的信号经过采集器处理分两路:一路送给液晶显示部分;另一路送给队长办公室计算机终端显示、记录、打印,同时借助第三方系统可实行 GPRS/CDMA 数据网络传送。该系统可以处理常规钻井所需要的 20 个原始参数。

SZJ 集散型钻井多参数仪系统示意图,如图 13.12 所示。

(3)SZJ 总线型。

由司钻显示台(前台)、传感器、队长办公室计算机终端(后台)、安装支架及管线组成,其司钻显示台典型采用液压、PC104 采集+触摸屏分体式,可安装在钻台上或司钻操作房内,也可采用全一体式(主要在司钻操作房内使用)。所有传感器通过总线模块串在 CAN 总线电缆上,分别在前台触摸屏、后台工控机显示所有参数的实时数字及曲线并记录、打印,同时可实现 GPRS/CDMA 数据网络传送,并可支持一定的钻井自动控制。SZJ

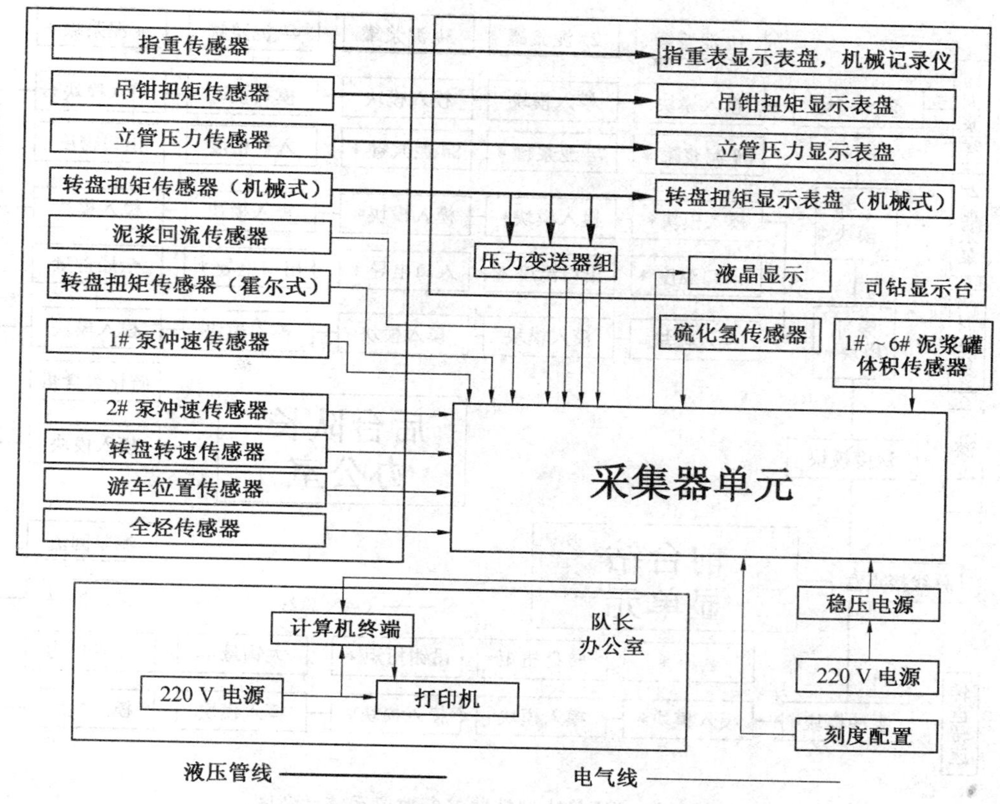

图 13.12 SZJ 集散型钻井多参数仪系统示意图

总线型钻井多参数仪系统示意图,如图 13.13 所示。

5. 系统的特点

(1)实现模块化结构设计,易于扩充,可根据用户需要配置各种参数。

(2)以 PC/104 嵌入式计算机为核心,进行数据采集和处理,可靠性高。

(3)前台监控软件可直接采集处理参数达 30 项,派生参数达 20 多项,并可设置相关参数报警门限,实现声光报警。

(4)监控软件实现人性化设计,司钻可根据个人习惯自主选择仪表仿真、数据显示和曲线显示等界面。

(5)采用 TFT 大屏幕触摸式液晶显示屏,人机对话操作,视觉效果好。

(6)后台监控软件可实时监控,声光报警,远程显示,各种参数报表和曲线可实时显示、存储并打印。

(7)系统各部分之间采用 CAN 总线连接,现场安装调试简单,易维护。

(8)系统工作电压范围宽,稳定性好,抗干扰能力强,可长时间无故障使用。

(9)整套系统防腐,安全性好。

6. 主要技术指标

(1)悬重钻压:0 ~500×10 kN ±1.5% F·S。

(2)转盘扭矩:0 ~40 kN·m 或 0 ~500 刻度 ±5% F·S。

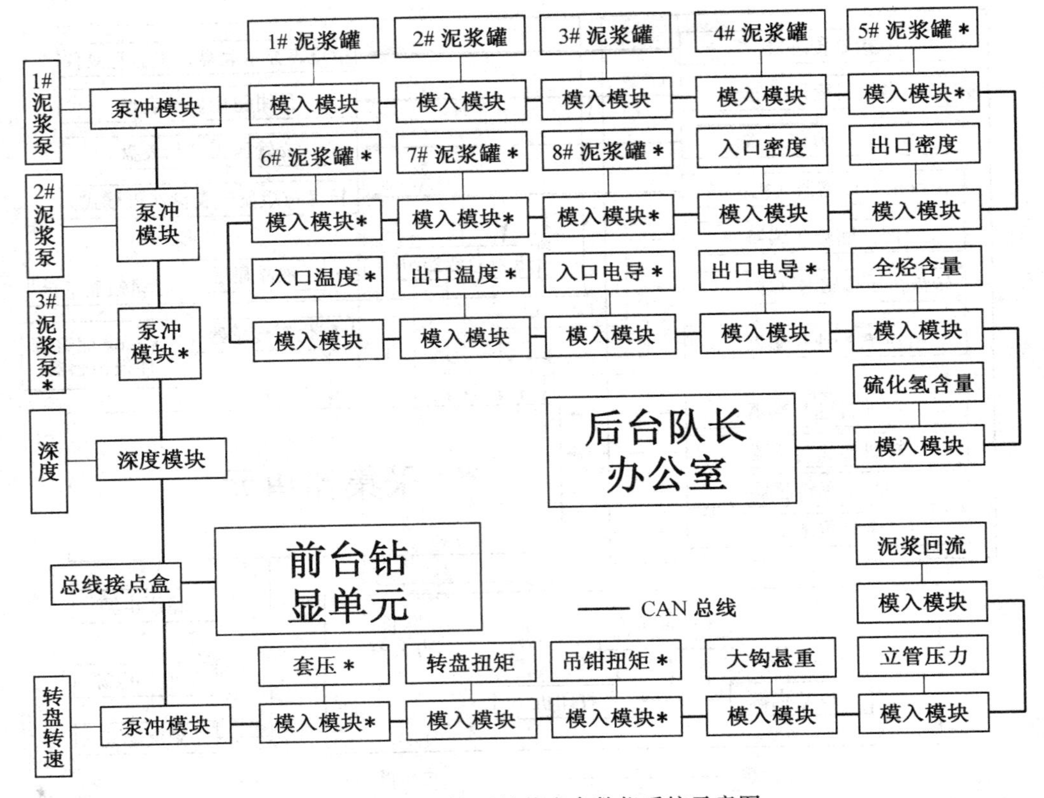

图 13.13　SZJ 总线型钻井多参数仪系统示意图

(3)吊钳扭矩:0 ~ 100 kN(以尾绳拉力表示) ±2.5% F·S。

(4)立管压力:0 ~ 40 MPa ±1.5% F·S。

(5)钻深:0 ~ 9 999.9 m。

(6)转盘转速:0 ~ 300 r/min。

(7)泵冲速:0 ~ 300 s/min。

(8)泥浆回流:0 ~ 100% ±2% F·S。

(9)泥浆罐体积:0 ~ 999.9 m^3。

(10)全烃含量:0 ~ 100% LEL ±0.5% F·S。

(11)硫化氢浓度:0 ~ 100 ppm ±0.5% F·S。

(12)相对湿度:0 ~ 90%。

(13)相对湿度:0 ~ 90%。

(14)工作电压:85 ~ 264 V AC,47 ~ 63 Hz,9 ~ 36 V DC。

(15)工作温度:-30 ~ 70 ℃。

7. 传感器

(1)指重测量系统。

指重测量系统由死绳固定器(图 13.14)、质量指示仪、压力变送器、连接管线和电缆等组成。其中,指重传感器是死绳固定器的主要部件之一,它将死绳的拉力通过膜片挤压液体而转换为压力信号,传递给质量指示仪和记录仪。

质量指示仪内分别有指重、灵敏弹簧管各一根,弹簧管在液体压力的作用下产生自由端位移,通过放大机构的连杆及伞形齿轮转动齿轮轴,使指针产生偏转,从而指示出大钩悬重和钻压。短指针为质量指针(黄色),长指针为灵敏指针(红色)。SZJ 普通型司钻显示台箱体如图 13.15 所示。

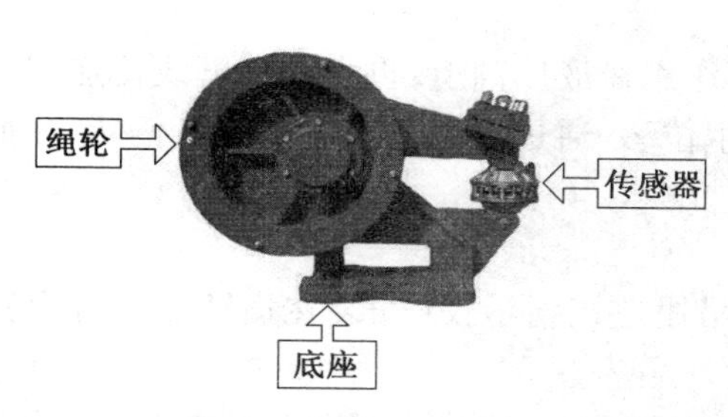

图 13.14 死绳固定器

图 13.15 SZJ 普通型司钻显示台箱体

为了采集到电信号,需要通过压力变送器将液压信号转换为 4 ~ 20 mA 电流信号,该变送器一般安装在司钻台箱体内。指重表传感器获得的液压信号通过三通或四通驱动压力变送器,压力变送器输出的电流信号通过变送器电缆进入数据采集器进行处理,由钻台通信电缆将悬重、钻压及其他数据传到液晶屏显示,由计算机通信电缆将数据传到远端计算机显示并记录。

(2)转盘扭矩测量系统。

机械钻机转盘扭矩测量系统由惰轮式转盘扭矩传感器、转盘扭矩指示仪(安装在司钻显示台内)、总线模入模块、连接管线和电缆组成。常用的有卡式霍尔转盘扭矩传感器,如图 13.16 所示。

图 13.16 卡式霍尔转盘扭矩传感器

在钻井过程中,柴油发动机通过一系列传动装置,经传动链条带动绞车和转盘,转盘驱动钻具,实现钻进。传动链条的张紧程度可对应于转盘的扭矩,当井下钻具发生异常或地层岩性发生变化时,转盘扭矩产生变化,从而影响到链条张紧力的变化。根据这一原理,转盘扭矩测量系统通过测量转盘驱动链条的张紧力,间接反映转盘扭矩。将转盘扭矩传感器安装在转盘驱动链条紧边下面,传感器上的惰轮顶起链条,形成一个夹角;当转盘对钻杆施加扭矩时,链条对惰轮产生一个与转盘扭矩成正比的向下压力,此压力通过传感器上的液压系统产生一个压强,再由连接管线传递到转盘扭矩指示仪的弹簧管上,弹簧管的自由端产生位移,通过放大机构带动表针偏转,从而指示出转盘扭矩。

对于电动钻机,转盘扭矩测量系统由霍尔传感器及电动转盘扭矩指示仪组成,霍尔传感器卡在主电机电源线上,转盘产生扭矩反映电机电流的改变,系统根据电机电流与扭矩的变化关系曲线计算出转盘扭矩的具体数值。

(3)立管压力测量系统。

立管压力测量系统由立管压力传感器、立管压力指示仪(安装在司钻显示台内)、总线模入模块、连接管线和电缆组成。

立管内的泥浆压力通过传感器中的胶杯作用在液压油上,再由连接管线传递到立管压力指示仪的弹簧管上,弹簧管的自由端产生位移,通过放大机构带动表针偏转,从而指示出立管压力。

(4)串钳扭矩测量系统。

吊钳扭矩测量系统由吊钳扭矩传感器、吊钳扭矩指示仪(安装在司钻显示台内)、总线模入模块、连接管线和电缆组成。

吊钳扭矩传感器安装在吊钳尾绳上,当钻杆上扣时,在吊钳尾绳上产生一个与上扣扭矩成正比的拉力,这个拉力通过传感器中的活塞作用在液压油上,再由连接管线传递到吊钳扭矩指示仪的弹簧管上,弹簧管的自由端产生位移,通过放大机构带动表针偏转,从而指示出吊钳尾绳拉力。

(5)深度测量系统。

深度测量系统由深度传感器、总线深度模块和传输线组成。根据安装位置的不同,深度传感器可分为滚筒式和天车式。

滚筒式传感器主要由光电编码器组成,光电编码器安装在滚筒轴上,当滚筒转动时,光电编码器将输出两组相位差为 90 °的电脉冲信号,由微处理器进行采集。

天车式传感器由两组接近式感应开关组成,安装在天车快轮对面,一组梯形金属片(8 ~ 12 个)固定在快轮上,当金属片随快轮转动时,会分别穿过两只接近开关,产生相位差为 90 °的两组电脉冲信号,通过电缆送入微处理器进行采集。

(6)转盘转速和泵冲速测量系统。

转盘转速采用无接触方式测量,系统由接近式感应开关、总线泵冲转速模块和电缆组成。

金属物体在传感器的感应面附近划过,产生脉冲信号,通过电缆送入微处理器,由后者处理、计算出当前转盘转速,在司钻台和队长办公室计算机终端显示。

泵冲速测量系统的组成和工作原理与转盘转速测量系统相同。

(7)泥浆回流和泥浆罐体积测量系统。

泥浆回流和泥浆罐体积测量系统均采用无接触测量方式。系统由超声波液面探测器(图 13.17)、总线模入模块和传输线组成。

随着泥浆回流管或泥浆罐内泥浆液面的变化，由超声波液面探测器发出脉冲声波，经液体表面反射折回，反射回波被同一探测器接收，探测器可将脉冲发送和接收的时间差转换成电信号，通过微处理器处理后显示或记录。

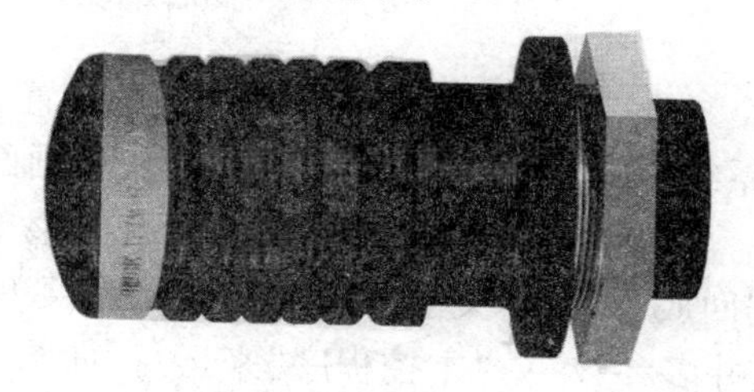

图 13.17　超声波液面探测器

(8)泥浆密度测量系统。

密度测量系统主要采用电容式/压力、差压原理监测钻井过程中出口泥浆和入口泥浆的密度。它主要由密度传感器、总线模入模块和传输线组成。

工作原理:介质产生的压力通过隔离膜片和硅油传递给位于 δ 室中心的测量膜片，测量膜片是一个张紧的弹性元件，它随两边的压力差而产生相对位移。测量膜片的位移与压力差成正比，最大位移为 0.1 mm，由它两侧的电容极板检测，再由电子线路把测量膜片和电容极板之间的差动电容转换为二线制 4 ~20 mA 的 DC 输出信号，该信号由取样电阻转换成电压信号，供 A/D 转换和 CPU 进行采集、处理、传输给总线。

其公式为

$$\Delta P = \rho \cdot g \cdot \Delta h$$

式中　ΔP—— 压差，Pa；

g—— 重力加速度，9.81 m/s^2；

Δh—— 距离，m(在该系统中，固定为 0.6 m)；

ρ—— 密度。

(9)总烃含量和 H_2S 含量检测系统。

总烃含量检测系统主要用于监测钻井过程中，钻井液返回地面时，夹杂的可燃性气体向空气中扩散时浓度的变化，及时显示、报警，预防事故的发生。它主要由气体检测探头、总线模入模块和传输线组成。

气体检测探头由两种元件组成:一种为检测元件;另一种为补偿元件。两种元件都具有电热效应，分别构成电桥的两个桥臂，当气体接触到传感器时，检测元件开始催化燃烧，补偿元件保持不变，因而电桥的桥臂电阻发生变化，产生一个失衡电压，该电压的大小与可燃性气体的浓度成正比，经电路的预处理变成 4 ~20 mA 的电流输出，该电流信号送到总烃含量变送器节点进行 A/D 转换，采集处理，最后通过 CAN 总线送入前台计算机控制单元处理、显示、保存数据。

13.3.2　SZJ 系列钻井参数仪的软件系统

1. 软件运行环境

软件要求运行在 Windows 98 或更高版本的操作系统。

2. 软件组成

软件由主程序、显示记录与刻度、报警与曲线显示子系统、查询与数据回放四部分组成。

(1)主程序。

主程序负责启动整个系统,它一般在软件安装时已经设置为可以自启动。在计算机启动进入 Windows 操作系统后,出现欢迎画面,稍等一会,该画面消失,然后在任务条右边通知区内生成一个图标。用户点击该图标,将弹出本系统的菜单,里面包含有显示记录与刻度子系统、查询与数据回放子系统、关于本系统及退出等菜单项。该主程序也可选“开始”→“所有程序”→“钻井多参数”→“主控程序”来运行,如图 13.18、13.19 所示。

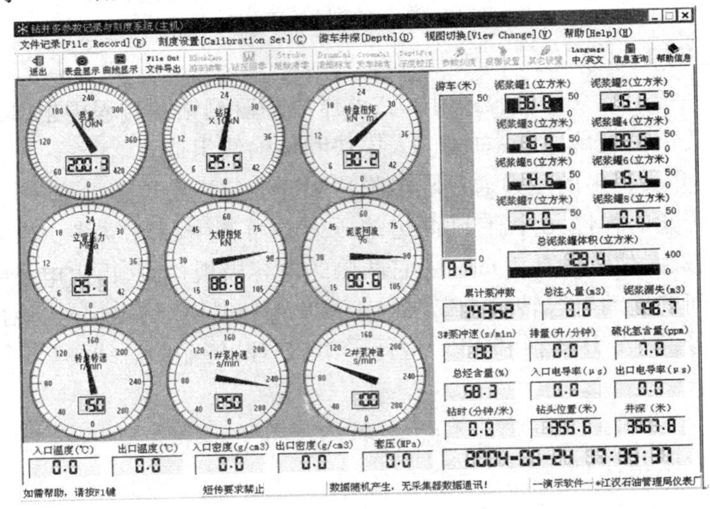

图 13.18　钻井多参数仪主界面(集散型)

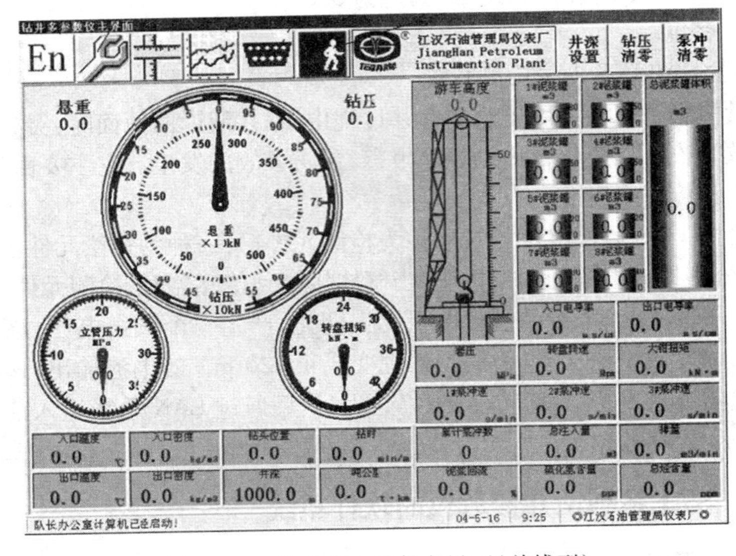

图 13.19　钻井多参数仪主界面(总线型)

各菜单命令如下：

显示记录与刻度：负责启动“显示记录与刻度子系统”。

查询与数据回放：负责启动“查询与数据回放子系统”。

(2)显示记录与刻度子系统。

在该系统里面，操作主要为鼠标操作，方式有菜单、工具条、快速菜单(即弹鼠标右键即可出现菜单)三种主要操作，如图 13.20 所示。

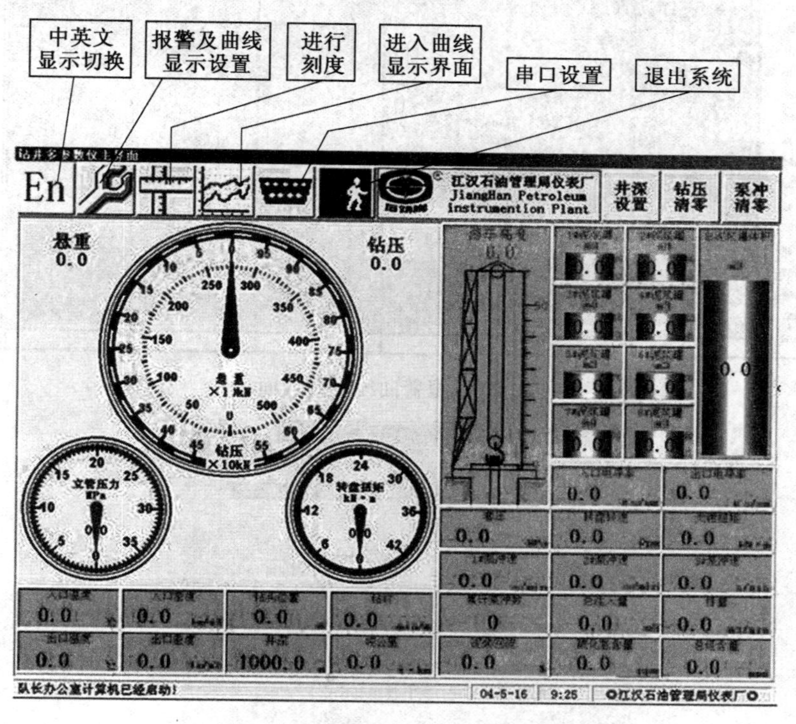

图 13.20　显示记录与刻度子系统界面

(3)报警与曲线显示子系统。

该界面主要用线条的方式显示参数数据的变化，如图 13.21 所示。

(4)查询与数据回放子系统。

查询与数据回放子系统如图 13.22 所示。

钻井多参数软件系统是由前台计算机控制单元软件和后台计算机接收单元软件共同组成，都运行在中文 Windows 操作系统上。这两种软件主界面相似，功能有所不同。前台计算机控制单元软件(以下称为控制软件系统)以软件表盘、数字、曲线实时显示所有参数；还可对各种信号进行刻度并设置报警参数。后台计算机接收单元软件(以下称为接收软件系统)接收前台计算机控制单元发送的各种信号和刻度系数，以软件表盘、数字、曲线实时显示所有参数，并可以存储、查询和曲线打印。

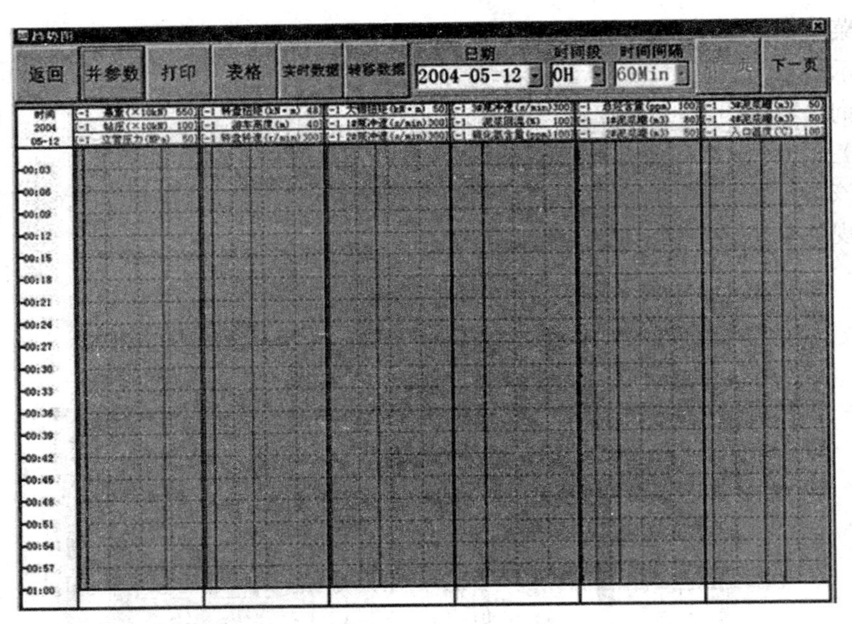

图 13.21　报警曲线设置界面

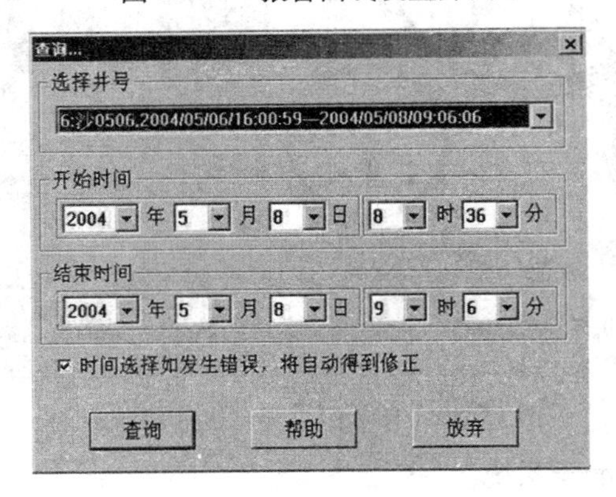

图 13.22　查询界面

思　考　题

1. 什么是钻压？它是通过什么方法进行测量的？

2. 简述指重表的结构及工作原理。

3. 钻井进尺测量信号是如何取得的？

4. 简述绳索式进尺传感器的工作原理。

5. 转盘扭矩是通过什么方式进行测量的？通常采用哪几种方式测量电枢电流？

6. 转盘转速测量系统由哪几部分组成？

7. 简述转盘过桥轮式扭矩传感器的工作原理。

8. 大钳扭矩是如何测量的？

9. 试述开关式泵速传感器工作原理。

10. 试述非接触式泵速传感器工作原理及安装须知。

11. 简述泥浆密度的测量方法？哪种更具优势？

12. 试述泥浆流充满度的测量原理？

13. 泥浆压力通常指的是什么？泥浆压力传感器由哪几部分组成？简述传感器的测量原理。

14. 简述挡板流量计的结构及工作原理。

15. 泥浆出口流量注入系统由哪几部分组成？各有什么特点？

16. 磁力驱动式泥浆液位传感器有哪几种类型？各有什么特点？

17. 试述虹吸测斜仪的工作原理。

18. 试述神开、江汉公司钻井参数仪的主要特点。

第三篇

采油仪表

第二篇

宋尚以来

第14章　井下压力计

井下压力是油、气田开发过程中的一项重要参数。它是研究油气层特性、掌握油、气田动态的主要依据。它目前用于井下压力测量的仪表，如弹簧管式井下压力计、弹簧式井下压力计、振弦式井下压力计、应变式井下压力计和石英式井下压力计等。

14.1　弹簧管式井下压力计

弹簧管式井下压力计是一种弹性式压力计。目前，国内各油田使用的弹簧管式井下压力计有许多种型号，但其工作原理基本相同，仪表结构大同小异。CY613-A 型弹簧式井下压力计的结构如图 14.1 所示。现以这种压力计为例，分析弹簧管式井下压力计的结构和工作原理。

14.1.1　压力计的结构

弹簧管式井下压力计一般由绳帽部分、钟机系统、测量部分、记录装置和最高温度计五部分组成。

(1)绳帽部分。

绳帽部分用于穿引钢丝，吊挂压力计下井测试，在其端部加工有齿形沟槽，以备钢丝被拨断造成压力计落井时，便于进行打捞。

(2)钟机系统。

钟机系统由钟机压紧接头、钟机、联轴器等组成。其中，钟机是给压力计记录装置提供动力的装置，采用常规发条摆轮式机械时钟，其输出轴转角与时间成正比。顺时针旋转其输出轴，给钟机上满发条后装入钟机外壳里，其下端顶在凸台上。上端由压紧接头压紧，钟机输出轴即逆时针匀速旋转，驱动记录装置。联轴器是记录装置与钟机的传动连接部分，有摩擦轮式、牙嵌式、磁耦合式等形式，这里采用的是摩擦轮式联轴器。

(3)测量部分。

测量部分由隔离波纹管、中间接头、传压毛细铜管、多圈螺旋弹簧管组成，它们形成一个封闭系统，内充工作液(通常为邻苯二甲酸二丁酯、甲苯、乙基苯等液体)。这里，波纹管的作用有三个：一是传递被测压力给弹簧管；二是起隔离作用，不让被测井液直接作用

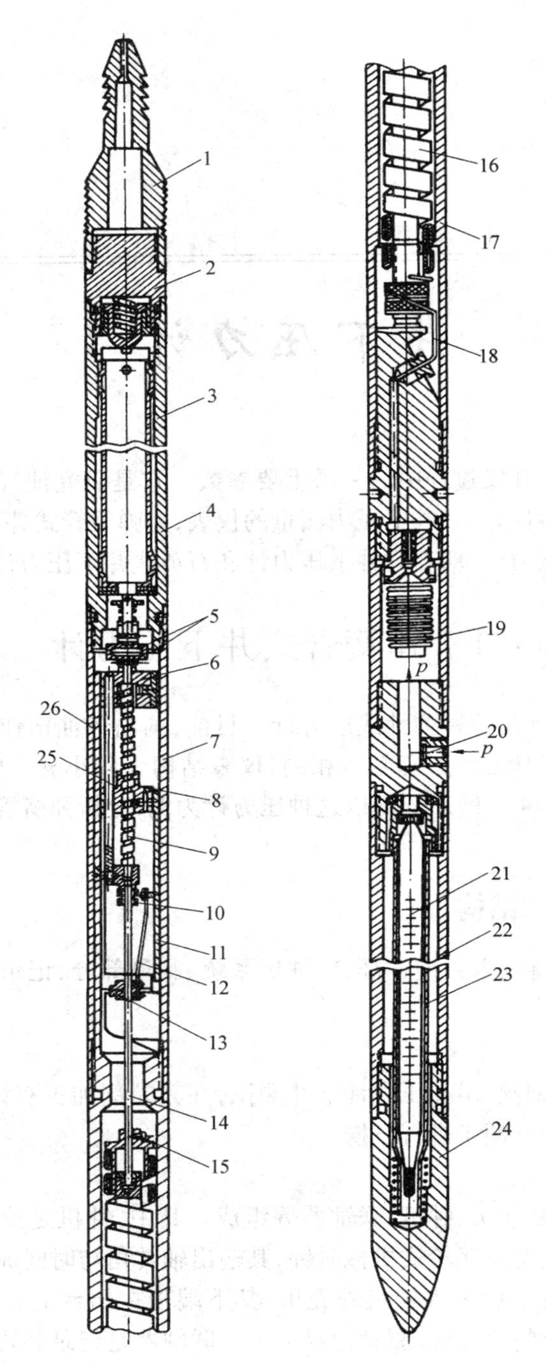

图 14.1　CY613-A 型弹簧式井下压力计

1—绳帽;2—钟机压紧接头;3—钟机;4—钟机外壳;5—摩擦轮;6—螺杆上支承;7—记录装置外壳;8—记录筒固定套;9—螺杆;10—螺杆支承;11—记录筒;12—记录笔;13—固定螺钉;14—记录笔杆;15—记录笔杆承套;16—多圈螺旋弹簧管;17—测量部分外壳;18—传压毛细铜管;19—波纹管;20—滤网;21—最高温度计;22—温度计外壳;23—金属护套;24—尾锥;25—导轨;26—靠背支架

于弹簧管内腔，以免弹簧管被污物堵塞；三是有一定的温度补偿作用，即压力计下入较高温度的井下时，工作液体积膨胀，使波纹管伸长，容积相应地增加而补偿工作液的体积膨胀。不至于使封闭系统压力因温度升高而增加，以减小温度误差。

螺旋弹簧管一端固定在中间接头上，并连接毛细铜管，与波纹管想通，承受被测压力。另一端封闭，为自由端，并通过笔杆承套固定记录笔杆。螺旋弹簧管在被测压力作用下变形时，其自由端带动记录笔杆旋转相应的角度。

(4)记录装置。

CY613-A 型井下压力计记录装置如图 14.2 所示，它由螺杆、记录笔筒、记录笔、靠背支架等组成。螺杆通过联轴器在钟机带动下逆时针方向转动时，使记录纸筒由上往下匀速移动。这是由于记录纸筒受导轨的限制，能上下移动而不能旋转。记录纸筒为半筒形；用埋头螺钉固定在记录纸筒固定套上，贴其内壁可装记录纸。

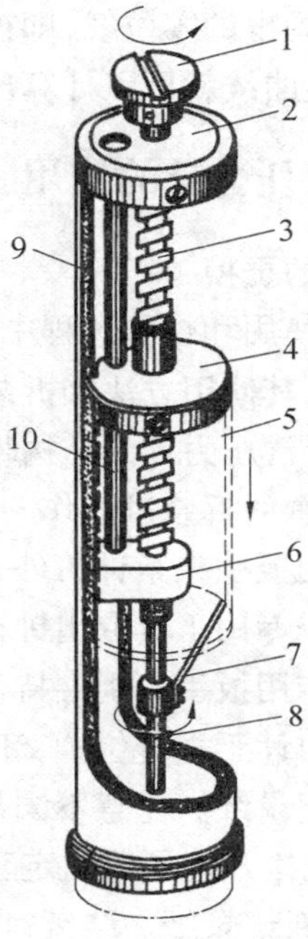

记录笔杆下端与弹簧管自由端连接，上端安在螺杆下支承圆孔内，其上固定带有弹簧片的记录笔。记录笔压在记录纸上并随弹簧管自由端绕轴转动。

井下压力计所使用的记录纸，是在纸基上涂敷一层墨粉后，再涂上一层白色蜡膜而制成的防水纸。当记录笔尖划去白色蜡膜后，就在记录纸上留下一条黑色印痕来。

图 14.2　CY613-A 型井下压力计记录装置

1—摩擦轮；2—螺杆上支承；3—螺杆；4—记录纸筒固定套；5—记录纸筒；6—螺杆下支承；7—记录笔；8—记录笔杆；9—靠背支架；10—导轨

(5)最高温度计部分。

最高温度计部分由最高温度计室里的温度计和尾锥组成。最高温度计装在金属护套内，其两端装有橡胶垫圈及弹簧减振装置。最高温度计是一种玻璃水银温度计。经过特殊处理后，像医用体温计一样可以测出在测量过程中仪表所遇到的最高温度，在使用过程中，为了减小热惯性、加快传热速度，通常在压力计外壳与温度计之间灌入机油或金属屑。

整个压力计外壳由不锈钢制成，各段均用螺纹连接。各段之间用橡胶垫圈和 O 形密封圈密封。外壳制有网纹滚花或铣有两平面，以便于拆装。

14.1.2　压力计的工作原理

压力计下入井内后，井内液体由进液口通过滤网进入波纹管室，被测压力作用于波纹管上。由于整个波纹管、毛细钢管、多圈螺旋弹簧管所组成的封闭系统内的工作液具有不可压缩性，因此压力经毛细钢管后传递给多圈螺旋弹簧管，多圈螺旋弹簧管的自由端将产生一个与被测压力成正比的中心角位移 $\Delta\alpha$。由于多圈螺旋弹簧管灵敏度较高，故当压力计承受测量上限压力时，其自由端角位移可达280°。多圈螺旋弹簧管自由端的角位移通过与之固连的记录笔杆、带动记录笔旋转，并在记录筒内记录纸上画出一段弧线印痕。此弧线长度与被测压力成正比。同时，记录筒通过螺杆，在钟机带动下匀速向下移动，移动距离与时间成正比。这样，在展开的记录纸上就形成了以时间-压力为直角坐标系的记录曲线。

测量完毕，将压力计从井下提出，取出记录纸后，测量记录纸上记录的自基线（压力计下井前人工画出的零位线，即被测压力为零时，记录笔所画的一条直线）至各点的垂直距离，借助校验曲线就可以计算出各记录点所代表的压力值。

14.1.3 压力计的使用

1. 记录纸的更换

压力计在使用和校验过程中需要经常拆装记录纸，甚至整个压力计。由于各型压力计的结构不同，其使用方法和拆装顺序也各不相同。所以，在使用时，要首先根据压力计使用说明书，弄清压力计的结构特点，然后方可进行拆装操作。下面仅就更换记录纸时，压力计记录装置的拆装过程作一简要介绍。更换记录纸的步骤如下：

（1）用专用扳手夹紧钟机外壳钢花处，将绳帽和钟机压紧接头卸下。

（2）用钟机专用工具取出钟机。

（3）使用专用扳手分别夹持住记录装置和钟机外壳，卸下钟机外壳。

（4）置压力计于垂直位置，卸下记录装置外壳。

（5）更换记录纸。注意不同型号的压力计在换纸时有着不同的要求。对于CY613-A型压力计，应先松开记录筒固定套的螺钉，只有卸下记录筒并取出卡纸圈后，才可取出旧记录纸或装上新记录纸。装纸时须将记录纸推到记录筒上边槽缝里，下边装上卡纸圈。

（6）装好记录纸后，按相反的顺序组装好压力计。在安装时应注意检查记录装置各部件配合的间隙是否合适，记录笔与记录纸的压力调节是否适当，以记录笔在记录纸上能顺利滑过留下连续印痕为宜。

2. 画基线

基线是压力计在被测压力为零时的记录线。它在压力-时间坐标系上起指示时间坐标轴的作用，在测量中十分重要。基线是在压力计下井前画出的。此时，测量系统所受表压力为零。

14.1.4 压力计的校验

由于弹簧管式井下压力计在测量时记录的曲线不能直接表示压力，因此要确定实际被测压力，还要预先确定记录笔位移与所对应压力的关系，这一关系是压力计在使用前进行校验时确定的。

井下压力计通常使用比其精度高两级的活塞压力计井下校验。校验内容包括室温校验和高温校验两方面。校验时，压力计应垂直放置，并按照合适的压力间隔，从测量下限压力到测量上限压力间选择5～10个校验压力。

1. 室温校验

校验时，首先用连接管线和接头将压力计与活塞压力计连接起来。给井下压力计换号记录纸并画出基线。按活塞式压力计的使用方法，将压力计波纹管室、连接管线和活塞压力计活塞筒内灌满油。然后在活塞压力计的砝码托盘上依次放置砝码，使其压力等于选定的各校验压力。每改变一次校验压力，按照正-反-正的方向转动画线指示器，使被校压力计画记录"台阶"，依次记录下各校验压力下的位移值，直到记录完上限压力后，再逐渐减压。按此方法，按正、反行程顺序反复校验三次，所得压力校验记录曲线如图14.3所示。

根据所记录的校验曲线进行校验资料整理，确定压力计最大测量误差、变差和温度特性。当被校压力计在所有校验压力下的最大绝对误差均小于压力计允许最大绝对误差时，压力计即为合格。将校验数据在直角坐标系中，以平均值为纵坐标，以校验压力 p 为横坐标，绘出校验曲线（图14.4），做完以后压力按计实测压力时的标准使用。

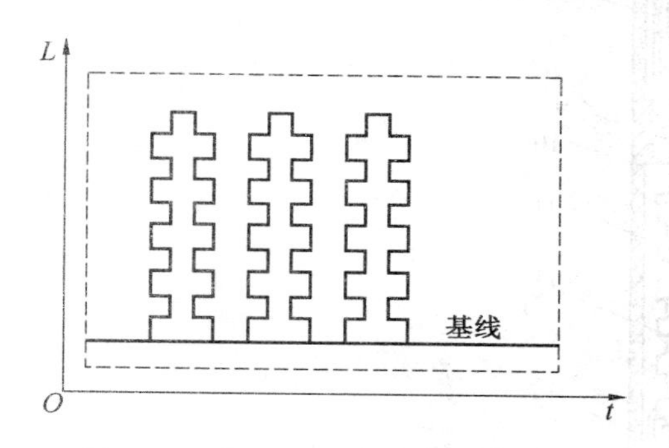

图14.3　井下压力计校验记录曲线

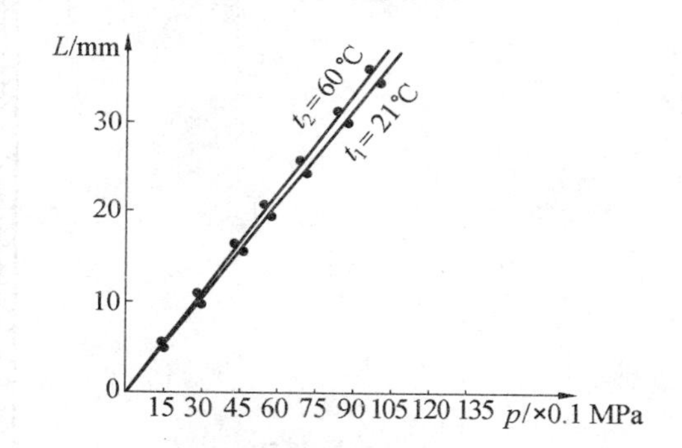

图14.4　井下压力计校验曲线

2. 高温校验

为了求得井下压力计在井温下的记录压力以及不同温度下的压力修正量需进行高温校验。将压力计置于恒温油浴中，将油浴升温至最高使用温度，恒温40～45 min后进行校验，校验方法与室温校验方法相同。

14.1.5　其他型号弹簧管式压力计简介

各种型号的弹簧管式井下压力计的结构及工作原理基本相同。但是为了适应不同的测量条件和环境，在具体结构上又各有相异之处。下面对几种常用压力计的结构特点作简要介绍。

1. CY70-2型井下压力计

CY70-2型井下压力计的结构示意图如图14.5所示。该压力计外径较细，适用于测量 $1\frac{1}{2}$ in以上油管内压力，或用来测量小眼井和多管分采的井下压力。

CY70-2型井下压力计由绳帽、钟机系统、测量部分、记录装置和最高温度计等组成。同CY613-A型压力计一样，测量部分采用螺旋222弹簧管作压力检测元件，用波纹管作传压隔离元件，只是记录装置与CY613-A型压力计不同。

CY70-2型井下压力计的记录筒（图14.6）与螺旋弹簧管连接，由弹簧管带动做旋转

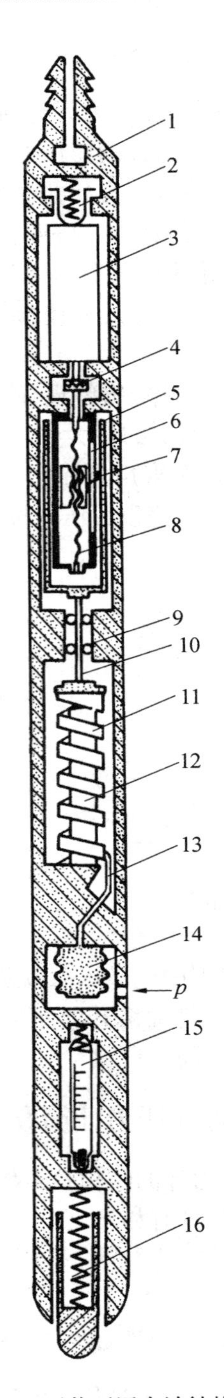

图 14.5　CY70-2 型井下压力计结构示意图

1—绳帽;2—钟机压紧接头;3—钟机;4—摩擦轮联轴器;5—记录纸筒;6—记录笔导向管;7—记录笔;8—螺杆;9—轴承;10—记录筒轴;11—螺旋弹簧管;12—中心柱;13—毛细管;14—波纹管;15—最高温度计;16—尾锥弹簧减震装置

运动。而记录笔与螺杆装在记录筒内的记录笔导向管里，记录笔在钟机带动螺杆做匀速旋转时，受导向管上竖向槽孔的限制只能沿槽孔做轴向匀速移动。当然，记录结果与CY613-A型压力计相同，记录曲线高度表示时间，记录曲线(弧)长度表示压力。这样做，记录筒运动范围小，钟机负载轻，记录纸取放容易。另外，CY70-2型井下压力计的尾锥部分采用了弹簧减振装置，以减小压力计下到井底时的振动。

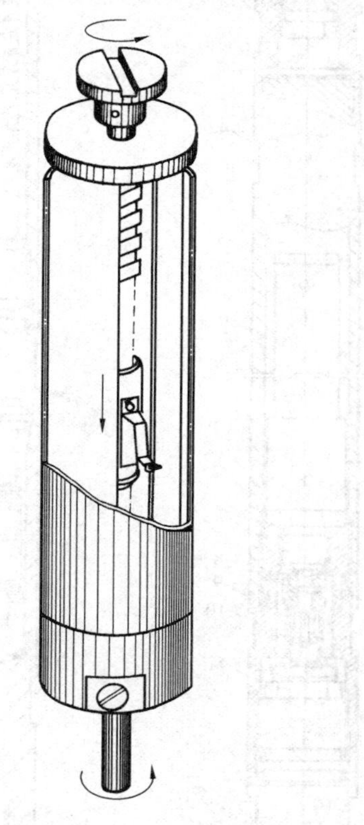

图14.6　CY70-2型井下压力计记录装置示意图

2. SY4型井下压力计的结构

SY4型井下压力计(图14.7)主要由绳帽、钟机系统、减速器、记录装置、测量部分、最高温度计和尾锥等组成。它与CY613-A型井下压力计相比有许多独特之处。

SY4型井下压力计的绳帽中有一用来固定录井钢丝的滑套。录井钢丝可以在穿过绳帽后通过滑套打二环扣由滑销固定，而不必像使用其他压力计那样在绳套内打个大疙瘩。这样固定容易，不易脱落。油浴滑套可以自由转动，这有助于防止录井钢丝在井内打转、打结。

压力计的钟机通过螺纹连接固定在外壳上，可以保证钟机在测量过程中相对位置固定，以提高整机的可靠性。

钟机系统增加了一个齿轮变速器。变速器有速比为1∶1、1∶2、2∶1三种形式，可用来改变测压时间范围，也可增加钟机负载能力(使用2∶1)变速器时。

记录装置由中空螺杆、记录笔导套、外齿环、导孔等组成，如图14.8所示。

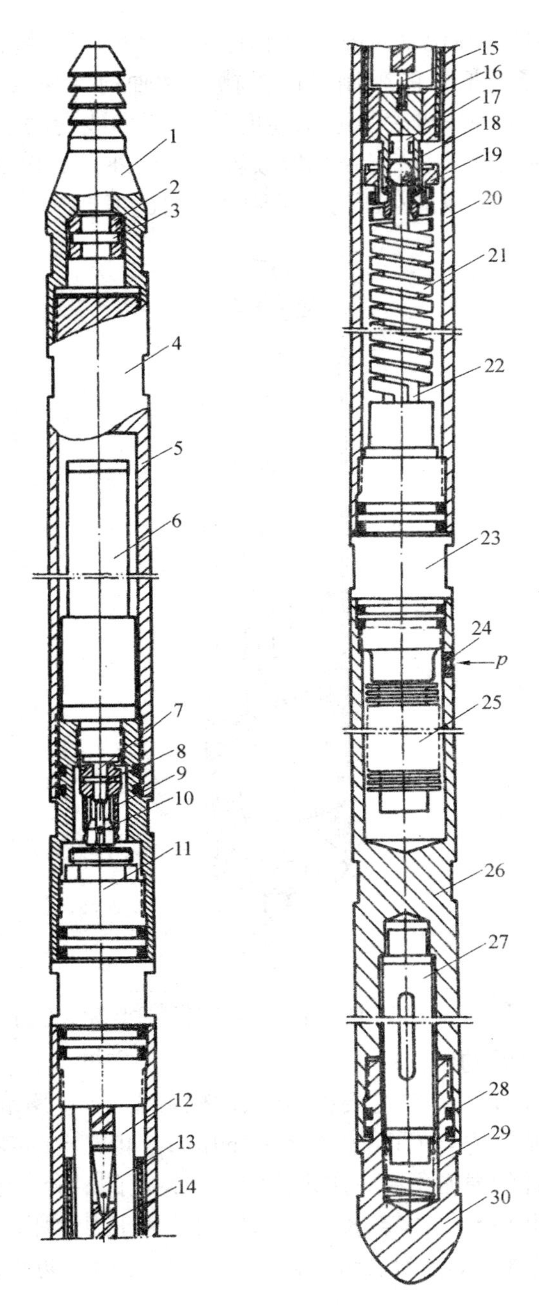

图 14.7　SY4 型井下压力计示意图

1—绳帽;2—固定钢丝滑套;3—滑销;4—短节;5—钟机部外壳;6—钟机;7—钟机输出轴;8—销子;9—花键联轴器;10—销子;11—变速器;12—记录笔导套;13—弹性记录笔;14—中空螺杆;15—缩回记录笔导孔;16—记录筒子;17—调整块;18—外齿环;19—内齿圈;20—弹簧管部外壳;21—多圈弹簧臂;22—中心柱;23—短节;24—进液孔;25—隔离波纹管;26—短节;27—最高温度计;28—O 形密封圈;29—减震弹簧;30—导锥

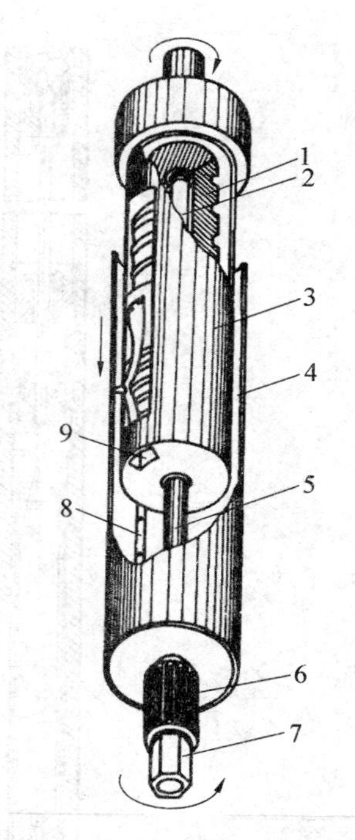

图 14.8 SY4 井下压力计记录机构示意图
1—中空螺杆;2、5—定位杆;3—记录笔导套;4—记录纸筒;6—外齿环;7—中空六角螺钉;8—卡纸片;9—导孔

14.2 弹簧式井下压力计

弹簧式井下压力计也是一种弹性式压力计。与弹簧管式井下压力计相比,其区别就在于弹簧式井下压力计的检测元件是柱塞-弹簧装置。该类压力计型号较多,但结构、工作原理基本相同。下面仅以 CY641 型进行结构原理分析。

14.2.1 压力计的结构

弹簧式井下压力计一般由绳帽、钟机系统、测量部分、记录装置和最高温度计五大部分组成。由于弹簧式井下压力计在测量时需要被测介质和测压元件——柱塞直接接触,所以,弹簧式井下压力计首先要解决被测介质如何进入压力计以及对介质的过滤、隔离问题。CY641 型弹簧式井下压力计的结构如图 14.9 所示。这里钟机、最高温度计和绳帽等部分的结构与作用与弹簧管式压力计的相应部分基本相同,这里不再重复介绍。下面只对测量部分、记录装置着重予以分析。

1. 测量部分

测量部分由过滤隔离元件、拉伸弹簧、柱塞等组成。拉伸弹簧 9 和柱塞 10 装在压力计中段的中部连接管 8 里。整个连接管内部灌有工作液(特制植物油),拉伸弹簧和柱塞全部浸在工作液中。中部连接管上部装有隔离套 5 和过滤管 6,用来隔离、过滤、沉降井

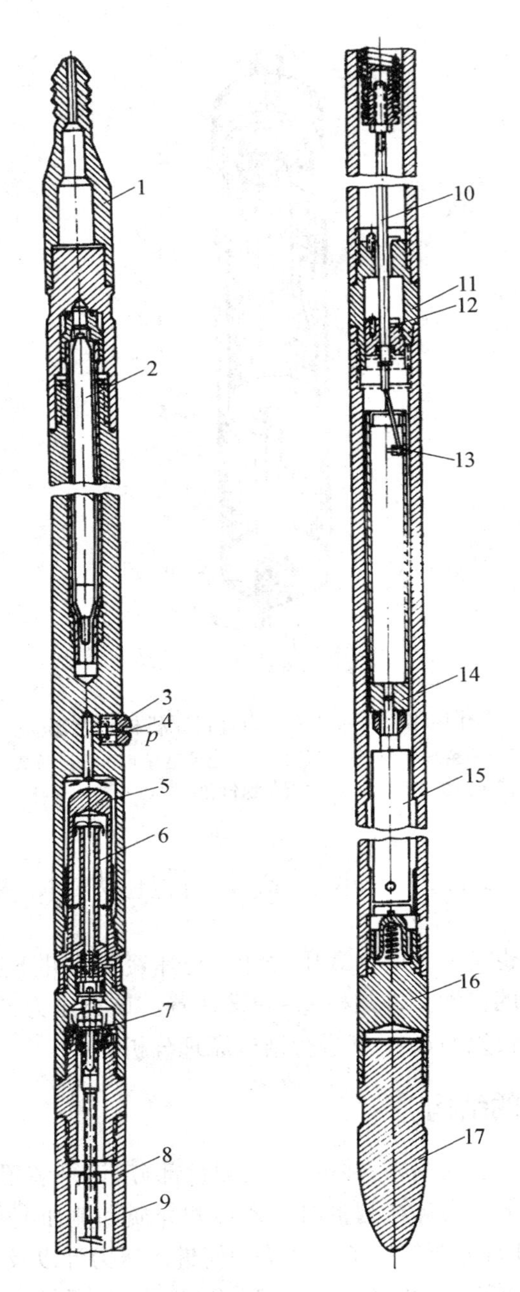

图 14.9　CY641 型弹簧式井下压力计结构图

1—绳帽;2—最高温度计;3—进油口;4—过滤网;5—隔离套;6—过滤管;7—弹簧压板;8—中部连接管;9—拉伸弹簧;10—柱塞;11—缸体;12—密封圈;13—记录笔;14—记录筒;15—钟机;16—压紧接头;17—导锥

内被测介质。被测介质通过进油口 3、过滤网 4 后,经过隔离套 5 下部的小孔,进入过滤管 6 上口,在过滤管 6 里再通过 2 个滤芯过滤,经过弹簧压板 7 周围小孔进入中部连接管 8。被测介质通过反复过滤和迷宫式通道,得到沉淀和清洁,并把被测压力传给工作液,作用到柱塞上。

拉伸弹簧9被吊装在弹簧压板7上,下端固定柱塞。柱塞下端自由,套在缸体11中,并装有记录笔13,缸体内有2个密封圈12,起密封上部工作液和扶正柱塞之用。密封圈把压力计隔离成压力不同的两部分。密封圈上部充有工作液,承受被测压力;密封圈下部无工作液,下部压力为大气压力,2个压力之差作用于柱塞,使柱塞上下移动。

2. 记录装置

装在压力计最下部的钟机,通过螺帽与记录筒固定连接。钟机直接带动记录筒做匀角速旋转,柱塞下端的记录笔则随着被测压力的大小做上下移动。记录笔依靠其上弹簧片的压力,压在记录筒内壁的记录纸上。

14.2.2　压力计的工作原理

被测压力通过工作液作用在柱塞上端面上,而下端所受压力认为是大气压力。柱塞在压力差 $\Delta p = p - p_a = p_{表}$($p_{表}$ 为被测表压力)作用下,受到一个向下的力 $F = p \cdot A$(A 为柱塞端面积),从而使得柱塞从上向下移动 ΔL,同时,将量程弹簧拉伸,并产生一个方向与 F 相反的弹性反力 $F' = C \cdot \Delta L$,(C 为弹簧的刚度)。在一定的被测压力下,作用在柱塞上的各个力达到平衡时,柱塞停止移动,在新的位置稳定下来。此时有

$$F' + f = F + G \tag{14.1}$$

$$C \cdot \Delta L = p \cdot A + G - f \tag{14.2}$$

$$\Delta L = p \cdot \frac{A}{C} + \frac{G - f}{C} \tag{14.3}$$

式中　ΔL—— 柱塞下移的距离;

G—— 柱塞的重力(可忽略);

f—— 密封圈对柱塞的摩擦力。

由此可以看到:柱塞杆向下移动的距离也就是弹簧被拉伸的长度,与被测压力成正比。随着柱塞的移动,柱塞杆另一端的记录笔即在记录筒内的记录纸上进行轴向位移、记录。同时,钟机带动记录筒做匀角速转动,这样,记录笔在记录纸上画出的轴向位移与时间成正比;且画出的轴向长度与被测压力成正比。因而在记录纸上面即可得到压力-时间记录曲线。

由上式还可以看到,密封圈与柱塞杆摩擦力的大小及变化是影响压力计精度、变差、灵敏度的主要因素。弹簧的刚度系数 C 的温度特性也会对压力计性能及压力计温度特性有较大影响。

14.2.3 压力计的校验和使用

为了保证压力计的精度、灵敏度、变差等特性,应定期对柱塞的密封性能、弹簧的状态进行检查。对压力计的整机精度和温度特性也应定期予以校验,校核内容有如下三个方面。

1. 柱塞密封性能检查

单独将柱塞插入缸体后直立,在保证密封的条件下,柱塞应能徐徐下滑,否则应对密封圈进行调节。调好后进行总体压力试验,在保证试压下不漏、变差不超过测量上限的1.5%时,即达到调节要求。

2. 压力计初始压力的确定

调节弹簧的固定螺帽,用活塞式压力计给井下压力计加压,将相当于测量范围上限的5% ~10% 的压力加到井下压力计上,以记录曲线台阶在基线以上 1 ~1.5 mm 为宜。

3. 压力计精度及温度特性校验

校验时将压力计垂直于恒温油浴中,一般在基温(60 ℃)、高温(150 ℃)两种状态下各校验三次。

首先将恒温油浴加热至 60 ℃做基温校验。用专用接头和导管连接压力计与活塞压力计,卸掉钟机并装上划线指示器,待压力计在油浴中恒温 20 min 后,即可进行校验。

做完基温校验工作后,将恒温油浴温度升到 150 ℃,并使压力计感温 20 min 后,按基温校验的方法进行高温校验,其具体校验方法、校验资料整理及使用问题与前面所讲的弹簧管式压力计相同。

14.3 振弦式井下压力计

振弦式井下压力计多用于抽油不起泵测试井底压力。与前面介绍的弹簧管式、弹簧式井下压力计相比,其结构简单,使用方便,可靠、体积小、质量轻。由于压力计将被测压力变成电信号通过电缆传至井上显示记录,因而具有长期在油、气、水介质中工作的特点,没有频繁起、放压力计和取、装记录纸麻烦的问题。

14.3.1 压力计的工作原理

振弦式井下压力计如图 14.10 所示。

振弦式井下压力计由井下压力传感器和二次仪表组成。压力传感器主要由膜片、磁钢、激励(感应)线圈、软铁、钢弦等组成。钢弦一端固定在传感器外壳上,另一端固定在膜片上。钢弦的中间固定着一块圆柱形软铁(纯铁)块,磁钢的一极就对着软铁。磁钢与线圈组成一个电磁铁,它们用来激发钢弦振动,并把钢弦振动变为电脉冲信号传送出去。传感器下到井下时,被测压力直接作用到膜片。膜片受到压力作用就会产生挠曲变形,并把张紧了的钢弦放松,钢弦的振荡频率随即发生变化。被测压力越高、钢弦越颂,振荡频率越低,钢弦的振动频率及变化由线圈感应成电脉冲信号传至地面由频率计显示,根据测定的频率值确定井下压力。

钢弦的振动频率 f 与钢弦的张力 σ 之间的关系为

$$f=\frac{1}{2l}\sqrt{\frac{\sigma}{\rho}} \tag{14.4}$$

式中 l—— 钢弦的长度;

σ—— 钢弦的张力;

ρ—— 钢弦线的密度。

被测压力 p 与钢弦振动频率 f 之间关系如图 14.11 所示。

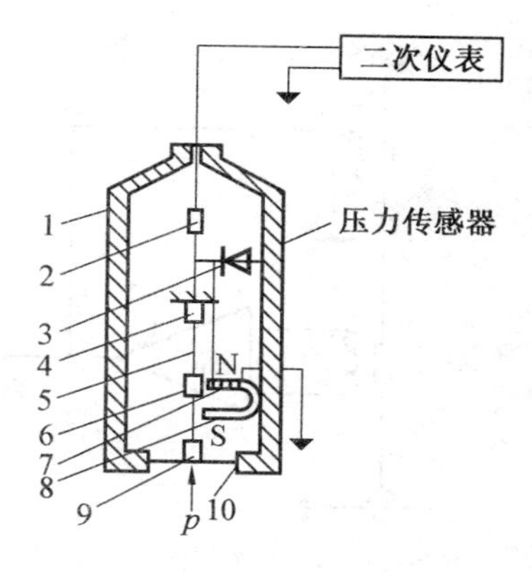

图 14.10　振弦式井下压力计

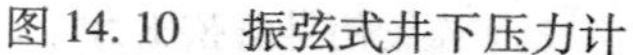
1—外壳;2—电阻;3—稳压管;4—钢弦夹头;5—钢弦;
6—软铁;7—线圈;8—磁铁;9—钢弦夹头;10—膜片

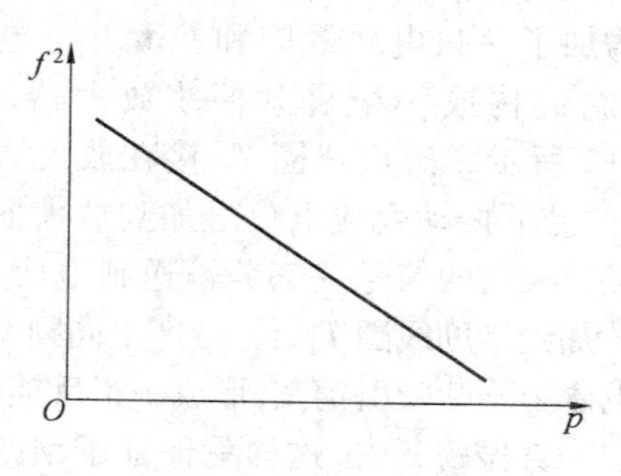

图 14.11　$p-f$关系曲线

为了维持钢弦持久的振荡,可不断激发钢弦。钢弦激发时靠电磁铁不时地吸引钢弦上的小软铁块来实现的。当给电磁铁线圈中通入一脉冲电流时,磁钢的磁性大大增强,软铁块被电磁铁吸牢。但当脉冲过后电流突然为零时,电磁铁磁性突然减弱,软铁块在钢弦张力租用下脱离磁钢吸引,并在其自身惯性作用下,按钢弦的固有振荡频率振动起来。由于软铁块随钢弦振动时,使软铁块与磁钢组成的磁回路的磁阻发生周期性变化,其磁路中的磁通随之发生周期性变化。这一磁通的变化即会在感应线圈中感应出交变电动势 e,即

$$e=-n\frac{\mathrm{d}\varphi}{\mathrm{d}t} \tag{14.5}$$

式中　n——线圈匝数;

$\frac{\mathrm{d}\varphi}{\mathrm{d}t}$——磁通变化率。

电动势 e 的频率与钢弦振动频率 f 相同。但是,弦的振荡是阻尼振荡,因而信号也是衰减的。在压力测量过程中,频率测量时从产生敲弦脉冲后 100 个波的周期进行计算,并且每隔一定时间向井下发送一个敲弦脉冲,以维持连续测量。当然,敲弦脉冲的发送和振荡电信号的频率计数都由地面二次仪表来完成。这样由二次仪表测出感应电动势的频率(也就是振弦频率)即可由 $p-f$ 关系确定被测压力,完成对井下压力的测量。

稳压二极管和电阻起稳定激发电压、保护线圈的作用。稳压管与电磁感应线圈并联,使夹在线圈上的激发电压稳定在管子击穿电压(9 V)上,以消除电压变化引起的误差,保护线圈不被烧坏。如地面仪器接反,给线圈加一负激发脉冲时,稳压管正向导通使线圈两端电压很小(0.7 V),可以防止磁钢退磁。

间歇激发振荡式振弦压力计有两个不可克服的缺点:一是钢弦每次激发时,弦的振动状态无法保持相同,在同一过程中,振动初期同后期弦的状态不能完全一致;二是每次弦受激发的振动是衰减的,不能进行连续测量。上述问题造成了弦的振动频率不稳定,重复测量误差较大。为了解决这个问题,近年来对振弦压力计本体及二次仪表都做了必要的改进,使之成为连续振荡式压力计。

改进后的压力计结构基本不变，不同的是增加了一只电磁线圈和一套井下电子线路，它们构成一个自激振荡放大器，如图14.12所示。感应线圈 T_1 接在放大器输入端，将弦的振动变成电信号加到放大器上。而经放大器的信号一部分输送到地面，另一部分加到激励线圈 T_2，使 T_2 产生同频率变化的电磁力不断吸引钢弦，形成一正反馈过程，使之一直振荡下去，这样就保证了钢弦的连续振荡。

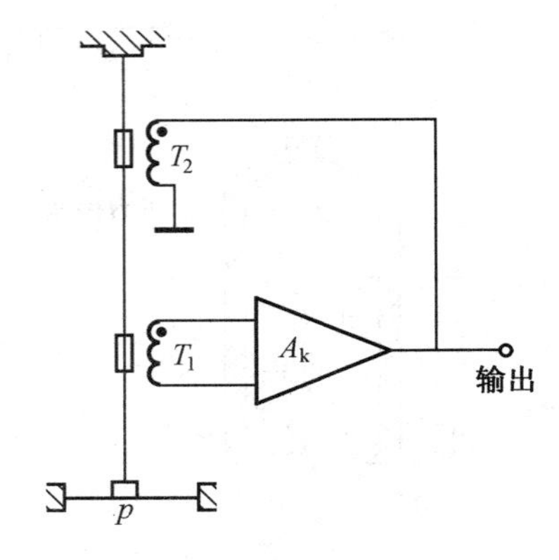

图14.12 连续信号振弦压力计原理图

14.3.2 压力计的结构

振弦式压力计的结构如图14.13所示。膜片和膜片上的钢弦夹头是直接在下封头上加工出来的。因为钢弦对膜片的变形要求并不大，这样有利于传感器的密封盒装配，膜片材料要求具有较高的机械性能和较低的蠕变性，并具有较高的加工精度。为了保证传感器的密封，膜片（下封头）与外壳的连接是利用紫铜密封圈分别经高低温处理后，在热状态下反复拧紧而成的。其上部输出引线与外壳的密封，是将封头绝缘子采用陶瓷金属化处理后焊接在外壳上的。传感器采用如此严格的密封措施，其目的是避免油、气进入传感器内腔，影响钢弦的振动频率。钢弦在传感器中是一个比较关键的元件，采用 $\phi0.1$ mm 瑞士钢丝，两端用两个夹头夹紧固定，并使之绷紧。软铁的大小对信号输出幅度的衰减时间有很大的影响，现采用 $\phi1$ mm × 1mm 的圆柱形纯铁制成，中心钻 $\phi0.1$ mm 的小孔，以穿引和固定钢弦。由于传感的使用环境温度较高，所以对膜片、支架、夹头、钢弦等零件的结合、线膨胀率温度补偿、稳定性等都有严格的要求和特殊处理的方法，使用中不得随便拆卸和更换。

14.3.3 压力计的校验和使用

振弦式井下压力计的校验与普通井下压力计基本相同，但不必定期进行，仅需在下井使用前标定好就能长期在井下工作，其性能不会有明显变化。

校验时所用的仪表装置有地面二次仪表（十进位频率仪）、恒温油浴、活塞式压力计。在地面模拟井下工作条件（温度、压力）时，绘制出在一定温度下压力 p 与频率 f 的关系曲线，作为今后使用的标准和依据。

由于

$$f = \frac{1}{2l}\sqrt{\frac{\sigma}{\rho}}$$

$$f^2 = \frac{\sigma}{4l^2\rho} \tag{14.6}$$

$$\sigma = 4l^2\rho f^2 \tag{14.7}$$

钢弦长度 l 随压力 p 的增加稍有缩短，但可忽略不计，认为 σ 正比于 f。

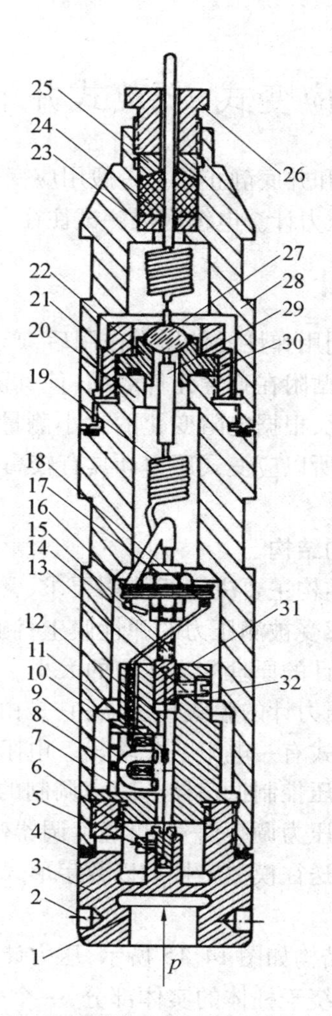

图 14.13　振弦式井下压力计的结构

1— 膜片;2— 沉孔;3— 下封头;4— 垫圈;5— 下夹头;6— 螺钉;7— 磁钢座;8— 螺钉;9— 磁钢;10— 线圈;11— 软铁;12— 钢弦;13— 螺钉;14— 螺钉;15— 衬套;16— 管座;17— 稳压管;18— 焊片;19— 导线;20— 外壳;21— 垫片;22— 密封头;23— 下压垫;24— 密封圈;25— 上压垫;26— 压帽;27— 玻璃绝缘;28— 上盖;29— 套管;30— 压紧螺母;31— 支架;32— 上夹头

当 $p=0$ 时,有

$$\sigma_0 = 4l^2\rho f_0^2 \tag{14.8}$$

则

$$\sigma_0 - \sigma = 4l^2\rho(f_0^2 - f^2) \tag{14.9}$$

由于 p 和 $\Delta\sigma$ 成正比,所以

$$p = K(f_0^2 - f^2) \tag{14.10}$$

式中　K—— 传感器系数,常数。

这样,压力计在井下正常工作时,根据地面二次仪表测得的频率值,查 $p-K(f_0^2-f^2)$ 关系,或利用式(14.10)即可确定相应的被测压力值。

14.4　应变式、石英式井下压力计

目前,测量井内流动压力和井底静止压力一般用应变式井下压力计,不稳定试井则常用较高精度的石英晶体井下压力计。电缆底层测试往往同时用两种压力计测量。

14.4.1　应变式压力计

应变式压力计的作用是利用弹性元件压力作用后,产生一点变形,为了测量这个变形的大小,将金属丝应变电阻片贴附在弹性元件表面,使其随弹性元件一起变形,这个变形应力将引起金属丝的电阻变化,根据电阻变化的大小测量未知压力。在测量过程中由于只需弹性元件极微小的变形,所以应变式压力计具有较高的固有频率,能够测量快速变化的压力。

1. 应变式压力计传感器的结构

应变式压力计传感器的结构主要决定于使用要求,常设计成膜式和测力计式。所谓膜式即应变电阻片直接贴在感受被测压力的弹性膜上;测力计式则是把被测压力转换成集中力以后,再用应变式测力计的原理测出压力的大小。

图 14.14 所示为应变式压力计的膜式传感器,它是由膜片直接感受被测压力而产生变形,使贴在膜片表面的应变式有一电阻变化输出。电阻的变化采用惠斯登电桥差分测量,经放大后用于控制一个电压控制振荡器。频率调制的压力信号经电缆送至地面仪表面板内一个带通滤波器,滤出压力调频信号,再经解调器变换为直流电压。最终信号以模拟形式显示于记录仪上,并被送往模数转换后以数字形式显示压力值。

2. 测力计式应变压力计

测力计式应变压力计的结构如图 14.15 所示,压力计由一个柱体构成,底部含有一个筒状压力空腔,一个参考线圈绕于柱体的实体部分,一个应变线圈绕于压力空腔部分,压力计外部置于大气压力下,当压力空腔承受压力时,空腔的外部筒体产生弹性形变。这一形变传递至应变线圈,使线圈的直流电阻稍有改变,并由惠斯登电桥进行差分测量,如上述膜式应变压力计的信号那样被传至地面记录、显示。

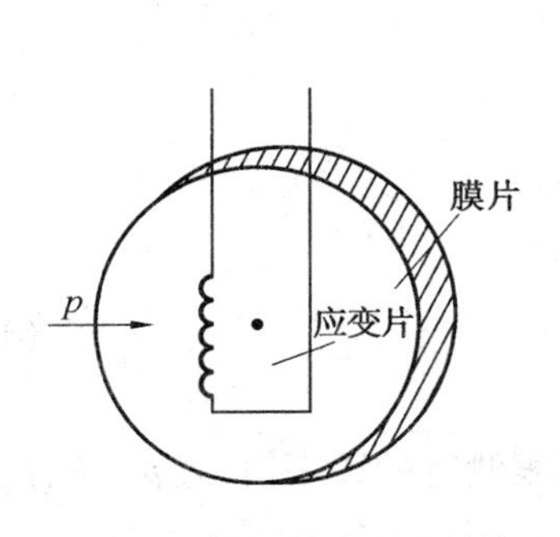

图 14.14　膜式传感器的结构

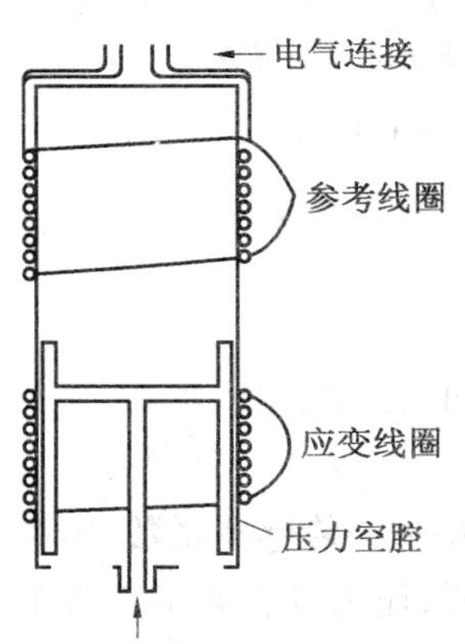

图 14.15　测力计式应变压力计的工作原理

3. 测量结果的影响因素

应变式压力计的读数主要受温度影响和滞后影响。温度影响主要是由于镍铬合金丝的电阻率随温度变化而变化。尽管压力计同一骨架绕有相同的参考线圈和应变线圈进行温度补偿,但由于温度突然改变后需要一定时间才能达到热平衡,两个线圈之间会存在温差而导致压力读数的偏差。因为线圈升温比降温过程容易得多,故应变式压力计下放测量比上提测量稳定得更快。滞后影响取决于施压方法。在压力增加过程中应变式压力计的读数将有过低的趋势;反之,压力降低过程中读数有过高的趋势。如果压力测井过程中下放测量,滞后影响比上提测量要小。

如果压力计、地面指示仪、井下电子单元作为一个系统进行标定并做温度校正,将提高一定的测量精度。应变式压力计的刻度是用一个可变温度的空腔与一个静重压力器相连接,选择不同温度和压力进行测量,以静重压力器的标准值作为横坐标,仪器读数与标准值的差值作为纵坐标,作出图 14.16 所示不同温度下的校正曲线。测井过程按照实际井温由刻度图确定压力校正值,对测值校正后再输出压力读数。

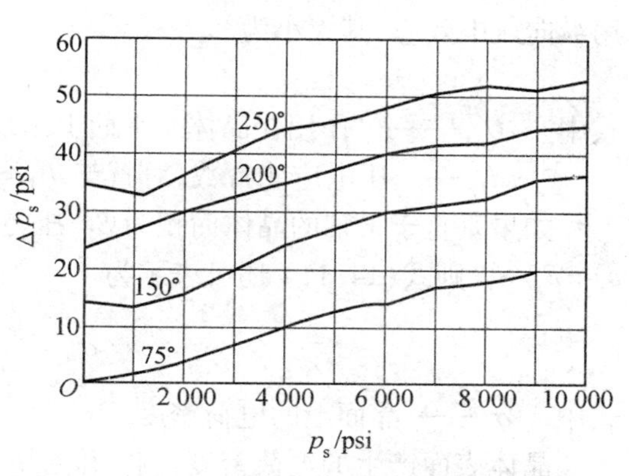

图 14.16　应变式压力计的刻度图

14.4.2　石英晶体井下压力计

石英晶体井下压力计是以压电效应为基础设计的。石英是一种压电晶体,在受外力作用后,其内部正负电荷中心发生相对位移,因而产生极化现象,电极表面将呈现出与被测压力成正比的束缚电荷。将石英晶体传感器接入振荡电路,响应频率的变化变反映压力的变化。

1. 石英晶体的压电特性

石英是一种结晶的二氧化硅,自然形态为正六棱柱。假想在晶体上取出一个晶体单元,如图 14.17(a)所示,其横截面不受外力的自然状态下为正六边形,整个单元电荷互相平衡且呈中性。

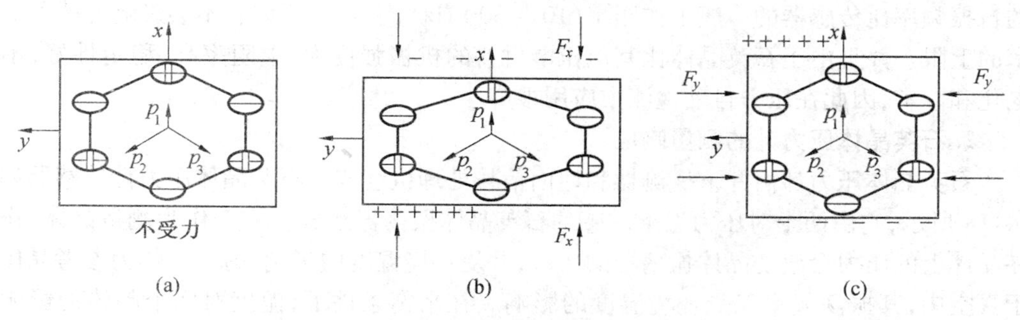

图 14.17　石英晶体压电效应原理

(1) 纵向压电效应。

如果沿图示的 x 轴(电轴)和 y 轴(机械轴)方向对晶体切片,并沿 x 轴对晶片施加压力迫使晶格变形,如图14.17(b)所示,硅离子由于晶格压缩而贴近上表面,使上表面出现正电荷,而下表面由于氧离子的贴近面出现负电荷,于是产生纵向压电效应。

(2) 横向压电效应。

如果压力是沿 y 轴方向作用,如图14.17(c)所示,将使晶格产生纵向伸长变形,上、下表面由于离子的突出接近而出现负、正电荷,产生横向压电效应。

如果去掉压力,晶格重新恢复正六边形,电荷自然消失。压电式压力传感器主要是利用纵向压电效应,其大小为

$$Q_{11} = d_{11}F_x \tag{14.11}$$

式中 Q_{11}——F_x 作用在晶体 x 平面上出现的电荷大小;

d_{11}——压电应变常数,对石英 $d_{11} = 2.31 \times 10 - 12$ C/N。

如果垂直于 x 轴的晶体面积为 S_1,压力 F_x 均匀作用在这个平面上,即相当于压力为 $p_x = F_x/S_1$,则式(14.11)还可表示为

$$\sigma_x = \frac{Q_{11}}{S_1} = d_{11}p_x \tag{14.12}$$

式中 σ_x——晶面上的电荷密度。

晶体表面产生的电荷密度与作用在晶体上的压力成正比,与晶体的尺寸(厚度、面积)无关。

但是,压电晶体的自振频率与厚度有关;对厚 h 的石英晶体,其共振频率为 $f_0 = 28\ 650\ h$。在石英晶片上施加压力时,其振荡频率为

$$f = \frac{1}{2h}\frac{C_x}{\rho} \times 0.5 \tag{14.13}$$

式中 h——晶片的厚度;

ρ——体积的密度;

C_x——弹性刚度系数。

当振子受压力作用时,h 相当于泊松比变化,ρ 相当于体积变化,因而 C_x 为影响 f 的主要因素。传感器的自振频率越高,则它可测出的压力变化频率越高。由于石英晶体本身的自振频率比传感器的一般工作频率(10 ~ 30 kHz)高得多,所以它不会影响传感器的频率的上限。并且由于石英晶体比其他压电材料的机械强度大,电阻率高,稳定性好,不易老化和潮解,因此在压力自动检测中应用很广。

2. 石英晶体压力计的测量响应

石英晶体压力计由井下探测器和地面信号处理机组成。石英晶体压力计传感器如图14.18所示,它由两个对压力温度敏感的石英晶体振荡器组成。一个作为测量晶体,作用在晶体上的压力会改变晶体振荡器的频率,并受环境温度的影响;另一个作为参考晶体置于真空中,其振荡频率仅受环境温度的影响。在平衡条件下,温度对两个晶体的影响相同。刻度时,两者形成一个配对晶体。

压力测量时,一起将所测频率信号通过电缆传输到地面计算机,由计算机把接收的

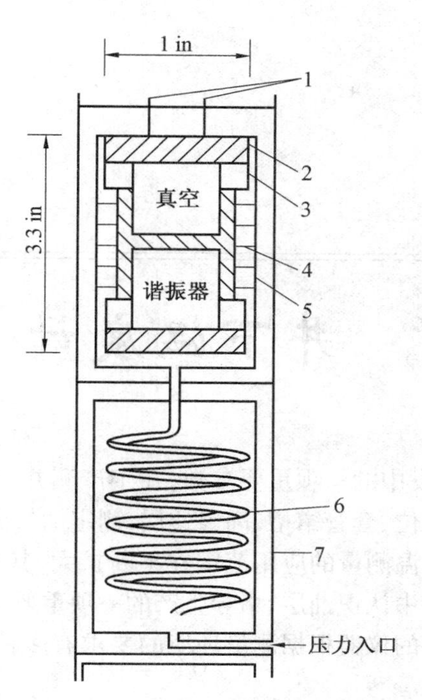

图 14.18　石英晶体压力计传感器简图

1— 电气连接;2— 传感器总成;3— 端帽;4— 单片石英晶体传感器;5— 导热板;6— 缓冲管;7— 缓冲管壳

信号频率转换相应的压力值并记录,同时通过阴极射线管描绘成压力曲线。通常,地面仪器就能根据所测温度自动进行压力的温度校正。由此,所测压力具有很高的精度。

但是石英压力计在实际测井过程中仍会受温度和压力急剧变化的影响。精密测量要求参考晶体和测量晶体的温度差别小于0.1 ℃;由于参考晶体置于真空中,热平衡需要的时间更长些,这就意味着要得到稳定的读数必须等待数分钟,以便仪器达到稳定。

再者,当压力急剧变化时,在两个晶体之间因为油的隔热产生一个温度差异,也必须花费一定时间才能达到读数平衡。因此,石英晶体压力计适用于定点压力测井。

石英晶体压力计是目前精度和分辨率最高的井下压力计。

第15章 井下温度计

井下温度是油田开发中的一项重要参数,在生产测井中其使用价值很高。它可用来探测产气或产油、产水层位、套管窜槽、高渗透层、测定油气界面位置及测定注水剖面。由于计算机的广泛应用,井温测量的应用范围在不断扩大,其作用也日益提高。因此,井下温度测试是油、气田开发中认识油层、指导生产的一项重要工作。

目前,测量井下温度的仪器根据测量环境的要求有多种,常用的有压力式、双金属片式、电阻式和热电偶式。

电阻式和热电偶式在前面已有详细分析讲解。在此主要分析压力式和双金属片式井下温度计。

15.1　压力式井下温度计

压力式井下温度计是根据封闭系统内液体受热后压力变化的性质,通过测量系统压力间接测量温度的。CY-614 型井下温度计就是一种压力式井下温度计。

15.1.1　结构

CY-614 型井下温度计的结构如图 15.1 所示。它主要由绳帽、钟机系统、记录装置、感温系统和最高温度计等部分组成。CY-614 型井下温度计除感温系统的温包外,其他部分与 CY613-A 型弹簧管式压力计基本相同,这里就不多作介绍了。温度计的感温系统由温包、毛细管、螺旋弹簧管等组成。弹簧管上端固定着记录笔杆,温包通过毛细管与螺旋弹簧管相连通,它们组成一个定容封闭系统,其内充满工作液(甲苯)。温包段外壳上钻有许多小孔,可以使被测介质直接传温到温包上。在温度计外壳和螺旋弹簧管间充满机油,以减少弹簧管内工作液与被测介质间的传温时间。

15.1.2　工作原理

在感温系统与被测介质达到热平衡时,整个感温系统及工作液的温度与被测温度相等。当被测温度升高时,感温系统中工作液的体积膨胀。由于整个感温系统是封闭的,容积基本不变,因而系统对工作液体积膨胀的限制,会使封闭系统内工作液的压力增大。工

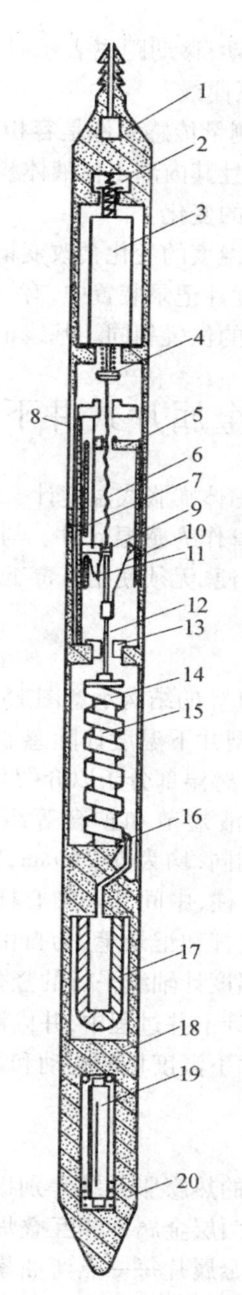

图 15.1　CY-614 型井下温度计结构

1—绳帽；2—钟机压紧接头；3—钟机；4—联轴器；5—记录筒；6—螺杆；7—导轨；8—靠背支架；9—螺杆下支承；10—记录笔；11—固定记录笔；12—记录笔杆；13—扶正圈；14—螺旋弹簧管；15—中心杆；16—毛细管；17—温包；18—温度计外壳；19—最高温度计；20—尾绳

作液压力的变化，使螺旋弹簧管的自由端产生中心角位移 $\Delta\alpha$。$\Delta\alpha$ 与工作液的压力成正比，与被测温度也近似地成正比。弹簧管自由端通过记录笔杆带动记录笔在水平面内转动同样的角度，并在记录纸上画出相应的一段弧线，弧线长度表示被测温度的高低。同时,记录筒相对于记录笔匀速向下移动,移动距离表示时间长短。因而,在记录纸上得到的就是油水井静香温度和时间的关系曲线。

综上,CY-614 型井下温度计的测量传感元件是容积不变的温包,因为温包及感温系统内腔的容积基本不变,当温度变化且其内部工作液体积膨胀时,感温系统内的压力才有变化,从而能够间接地反映被测温度的变化。

对于井下温度计来说,由于环境温度的变化会改变记录笔的位置,画出的基线只能表示画基线时的环境温度。所以在温度计记录装置中,有一个位置固定的基线记录笔,它的位置与活动记录笔在校验室温 T_0 下的位置相同。基线记录笔画出的基线表示温度 T_0。

15.2 双金属片式井下温度计

双金属片式井下温度计是一种固体膨胀式温度计。使用螺旋形热双金属片代替压力式井下温度计中的温包和螺旋弹簧管作为感温元件。与压力式井下温度计相比,它具有质量轻、量程宽、感温时间短、使用方便、无须使用有毒工作液(甲苯)等特点。

15.2.1 结构

SW-150 型双金属片式井下温度计的结构示意图 15.2 所示。

由图 15.2 可以看出,SW-150 型井下温度计除感温部分外,其余部分与 CY-614 型井下温度计基本相同,所以下面仅就感温部分予以介绍。

感温部分由螺旋双金属片、进液短节和护套等组成。螺旋形双金属片的内层为 2Cr3Ni32,外层为 Ni36。两层厚度相同,均为 0.21 mm,宽为 5.5 mm,被卷成外径为 8.4 mm、螺距为 6 mm、约 20 圈的直螺旋柱,中间穿一中心杆,起扶正作用。螺旋双金属片下端固定在护套上,上端固定着记录笔杆和记录笔,为自由端。为了增大热交换面积、缩短感温时间,在进液短节上加工了与温度计轴线平行的竖孔,导锥上打有通孔。井液可直接通过护套向双金属片传热。在温度计下井过程中,井内液体可以从导锥底部进入,从护套四周流出,以减小温度计移动时对井下温度场的扰动和影响。

15.2.2 工作原理

螺旋形双金属片内外两层材料的热膨胀系统差别极大。当双金属片的温度升高时,内外两层的膨胀长度也不相同。在两层金属片相互叠焊不能自由伸长的条件下,便会向膨胀系数小的一侧弯曲。螺旋形双金属片每一点弯曲累计的结果,其自由端就会产生一定的角位移,角位移的大小与温度变化成正比。

SW-150 型井下温度计被测温度变化 10 ℃时,螺旋形双金属片每圈角位移约为 1°,自由端总角位移约为 20°。螺旋形双金属片的自由端位移时,带动记录笔杆,记录笔绕轴旋转,记录笔尖在记录纸上画出的弧线长度与温度变化成正比。当记录纸随记录筒在钟机带动下,沿螺杆匀速向下移动时,记录笔在记录纸上所画出的曲线就是一条温度随时间变化的 $T-t$ 关系曲线。

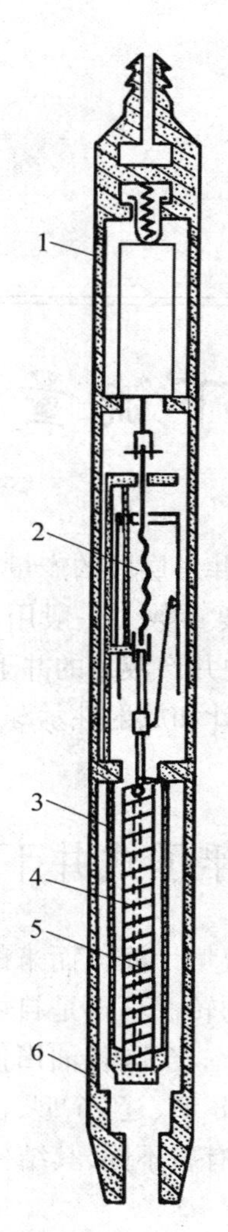

图 15.2　SW-150 型井下温度计的结构示意图

1—钟机系统;2—记录装置;3—护套;4—螺旋形双金属片;5—中心杆和记录笔杆;6—进液短节及导锥

第16章 井下流量计

井下流量计用于测量分采、分注井各层段的产量、注水量。井下流量是表征油井动态变化和评价油层生产特性的一个重要参数。一般用于测量注水井注水流量的井下流量计，习惯称为井下流量计；用于测量油井产液量的井下流量计称为井下产量计。目前应用最普通的是浮子式、涡轮式井下流量计和放射性示踪仪。本章主要讨论浮子式、涡轮式井下流量计的工作原理和测量技术。

16.1 浮子式井下流量计

浮子式井下流量计是从转子式流量计演化而来的。其区别是锥形管上细下粗，与转子流量计相反。并且作为节流元件的转子不再是自由的，而是与弹簧连接，俗称为浮子，这种流量计便称为浮子式井下流量计。全国各油田使用的浮子式井下流量计型号很多，如庆106型、庆104型、凸轮式、胜108型、辽76型、江101型、江102型和新疆双弹簧型等。它们适用的测量条件、测量环境有所不同，其结构各有差异，但其工作原理基本相同。

16.1.1 工作原理

浮子式井下流量计的工作原理如图16.1所示。浮子式流量计是利用与被测试管柱配套的密封及定位装置密封，并定位于被测层段的配水器上，使注入地层的全部液体流量通过仪器的椎管。当通过流量计椎管时，冲击椎管里的浮子，使浮子带动记录笔向下移动，同时拉伸吊装弹簧。这样，流体对浮子的向下作用力使浮子下移，而吊装弹簧被拉伸时又产生向上的反作用力。当流体作用力与弹簧反力相平衡时，浮子及记录笔就相对稳定于某一位置。由于钟机带动记录筒及记录纸不停地匀速转动，因此记录笔就可在记录纸上画出一定高度的台阶状曲线。曲线的高度表示流量的大小；在不同的流量下，划出的台阶高度也不同，于是便可记录出流量的变化。

浮子井下流量计的流量方程式可由分析转子受力而推导出来，具体方法与前述转子流量计相同。流过椎管的体积流量 q_v 与浮子位移 h 之间的关系为

$$q_v = 2\alpha \tan\beta \sqrt{\frac{2\pi K}{\rho}} \cdot h^{1.5} = a h^{1.5} \tag{16.1}$$

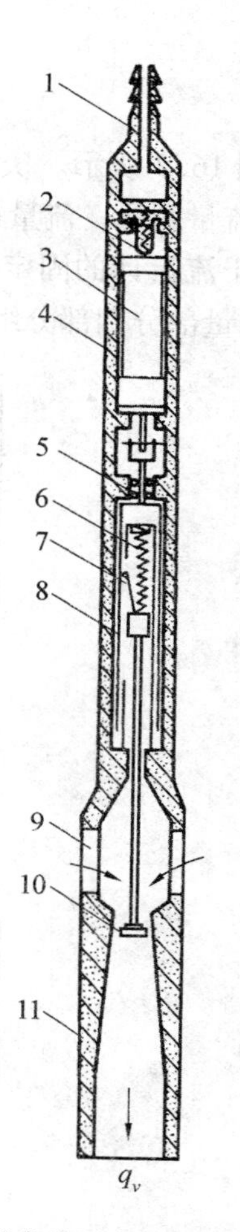

图 16.1　浮子式井下流量计工作原理示意图

1—绳帽；2—钟机压紧接头；3—钟机；4—钟机外壳；5—钟机密封接头；6—弹簧；7—记录笔；8—记录纸筒；9—进注液管；10—浮子；11—锥管

式中　q_v—— 通过椎管的体积流量；

K—— 弹簧刚度；

β—— 椎管的半锥角；

h—— 浮子的位移；

α—— 流量系数。

由式(16.1)可以看出，理论流量 q_v 与浮子位移 h 之间的关系是非线性的。q_v 与流体性质、流态、弹簧刚度 K、椎管结构等因素有关。所以，被测流体的流态变化、弹簧特性的改变对流量测量精度都有较大影响。因此，在流量计校验、测定 q_v-h 关系曲线时，应尽量模拟所测井的实际情况，以减少测量误差。

16.1.2 结构

庆106型浮子式井下流量计如图16.2所示。庆106型浮子式井下流量计与偏心配水管柱配套,对注水井进行分层注水流量测量。流量计在配水器上的定位与密封,由与配水器配套的测试密封段来完成,不属于流量计的固定组成部分。庆106型浮子式井下流量计由绳帽、钟机系统、记录装置及测量部分四部分组成。

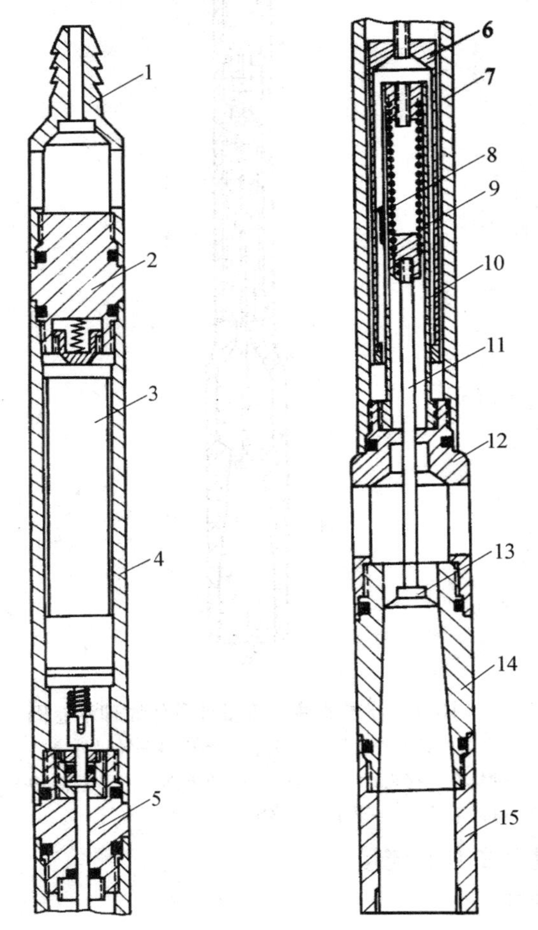

图16.2 庆106型浮子式井下流量计

1—绳帽;2—钟机压紧接头;3—钟机;4—钟筒;5—密封接头;6—记录筒;7—记录纸;8—记录笔;9—弹簧;10—记录笔杆;11—导向管;12—进液管;13—浮子;14—锥管;15—接头;16—护丝

绳帽用来连接钢丝,吊挂流量计,上部制有打捞头。

钟机通过销式联轴器与记录筒轴连接,带动记录筒做匀角速度旋转。

记录装置由记录筒、导向管和记录笔等组成。导向管装在记录筒内,下端固定在进液管上,一侧开有供记录笔上下移动的竖孔,里面吊装着弹簧、记录笔杆和记录笔。记录笔通过竖孔伸出导向管,压在记录筒内壁的记录笔上。

测量部分由弹簧、椎管、浮子、记录笔杆等组成。测量时,浮子带动记录笔沿竖孔向下运动，记录筒匀角速旋转，记录笔即可在记录纸上画出流量随时间变化的关系曲线。

其他浮子式井下流量计的技术规范见表16.1。

表16.1　浮子式井下流量计的技术规范

项目	庆106型	凸轮式	胜108型	辽76型	江101型	新双型	江102型
直径/mm	上38 下44	最大45	35.5	最大44	36	35	42
长度/mm	960	1 520	1 000	1 050	770	1 228	690
质量/kg	6	8.5	4		3.5	7.5	4.3
最高温度/℃	80		80		120		150
量程/m^3	700	5～350	5～320	0～800	60～190	0～100	15～130
最高压力/MPa	25		35		45		50
记录笔位移/mm	100						105
精度等级	2.5		2.0		2.5		
其他			弹簧长160 mm，钢丝外径长1.4 mm和1.2 mm		密封外径为54 mm、52 mm、44 mm、40 mm、38 mm、32 mm		

16.1.3　注水井分层注水测量

注水井注水层的选择和各层注水流量的控制由分层配水管柱完成，井下流量计的分层注水流量测量也在配水管柱内进行。分层配水管柱由油管连接各层封隔器、配水器组成。分层配水管柱因配水器的不同，可分为偏心配水管柱、空心活动配水管柱和固定式配水管柱。

下面简要介绍偏心配水管柱的分层注水流量测量原理。

偏心配水管柱由封隔器、偏心配水器、撞击筒、底部单流阀组成，如图16.3所示。

在进行分层注水流量测量时，浮子式井下流量计下接一个专用测试密封段，一起下入偏心配水器中，靠测试密封段流量计定位于配水器上，并将流量计与配水器件的环形空间密封，使注水全部通过流量计。

1. 测试密封段

测试密封段由定位和密封聚流两部分组成，如图16.4所示。密封聚流部分由一个空心管和一对密封圈组成。密封圈下有三个长形出液孔。定位部分的定位爪8收拢后可以由顶杆挂7挂住，如果向上推动座开帽11，使顶杆9及顶杆挂7上移，顶杆挂则脱开定位爪挂钩，在弹簧6的作用下定位爪自动张开，以便在配水器中定位。

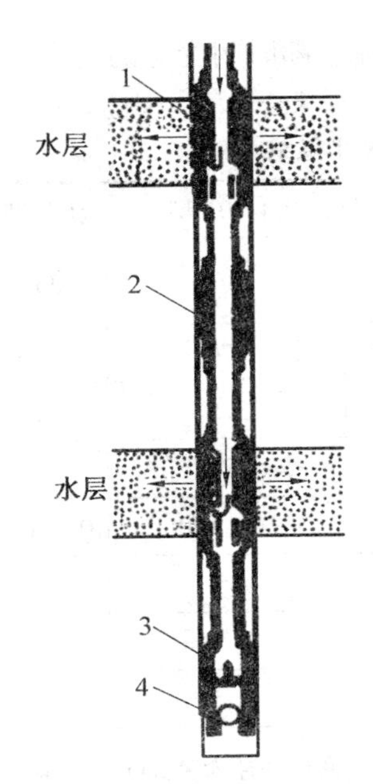

图 16.3 偏心配水管柱示意图

1—偏心配水管柱;2—封隔器;3—撞击筒;4—底部单流阀

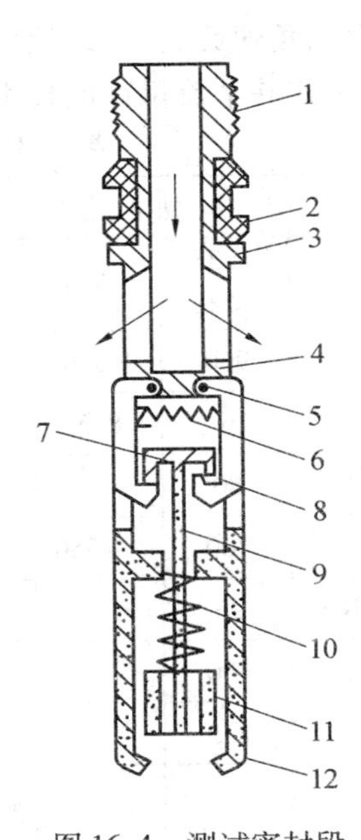

图 16.4 测试密封段

1—接头;2—人字形密封圈;3—防松帽;4—定位器座;5—定位爪轴;6—弹簧;7—顶杆柱;8—定位爪;9—顶杆;10—弹簧;11—座开帽;12—护套

2. 偏心配水器

偏心配水器由工作筒和堵塞器两部分组成(图 16.5)。堵塞器安装在工作筒一侧的偏心孔里。工作筒主要由工作筒主体、扶正体、导向体、导向体外套及上下接头组成。主体一侧有一直径 20 mm 的偏心孔,供组装堵塞器用,偏心孔外壁开有宽为 12 mm 的出液孔。

主体中心有直径为 46 mm 的主通道,可以让流量计及测试密封段通过。堵塞器上有三个出液孔,出液孔上下各有两道 O 形密封圈。密封圈将偏心孔内堵塞器的出液孔上、下封死,使注入水通过水嘴进入注水层,水嘴可以控制该层注水量的大小。

3. 分层测量原理

测量时,将定位爪收拢,测试密封段接在浮子式井下流量计椎管下面,从井口下入油管中。下到井底后,井底撞击筒的撞击头推动座开帽,使顶杆挂上移,放开定位爪。定位爪在弹簧作用下自动张开(参阅图 16.3、图 16.4)。然后上提流量计至配水器工作筒以上2 ~ 3 m 处再下放,使定位爪沿工作筒扶正体和主通道滑落到导向体外套上端卡住,使流量计定位。这时,密封段的密封圈恰好处于配水器主通道内,依靠密封圈的弹性密封环形空间,使注水全部通过流量计和测试密封段。注水从密封段出液孔流出后,沿密封段与主通道间环隙流出主通道,进入本层堵塞器水嘴,并往下进入到下面各注水层。

在上提流量计时,定位爪半收拢后通过该层配水器主通道(此时顶杆挂锁不住定位爪),进入上层配水器。如此反复,由下而上逐层进行测量。流量计测到的流量包括该层及以下各层注水流量之和(称为视流量)。该层视流量减去下一层视流量,即可得到该层实际注水流量。流量计一次下井,即可在不停注的情况下得到所有层段的注水流量。

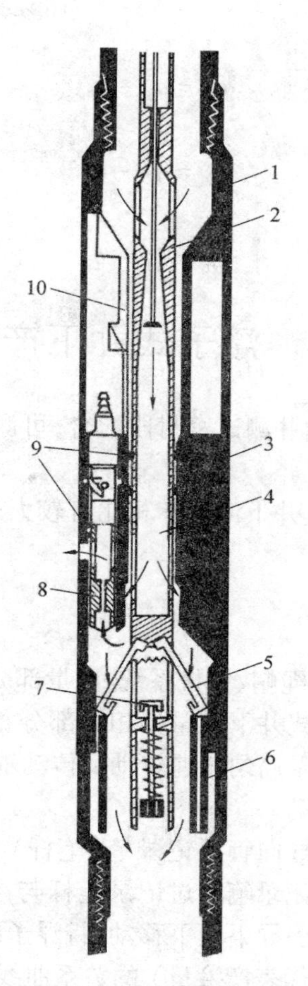

图 16.5　偏心配水管柱分层测量示意图

1—工作筒;2—浮子式井下流量计;3—工作筒主体;4—测试密封段;5—定位爪;6—导向体外套;7—顶杆柱;8—堵塞器(水嘴);9—密封圈;10—扶正体

4. 记录曲线与流量计算

浮子式井下流量计的记录曲线形状如图 16.6 所示。根据流量记录曲线就可以测量各点记录笔位移(台阶高度 h),查标准校验曲线(浮子流量计 $q_v - h$ 曲线)求出各层段视流量,然后自上而下逐层计算出各层的注水流量。

图 16.6 所示为全井共有四个注水层段的记录曲线,由四个台阶高度 h_1、h_2、h_3、h_4 分别可求出四个层段视流量为 q_1、q_2、q_3、q_4,则各层段注水流量为:

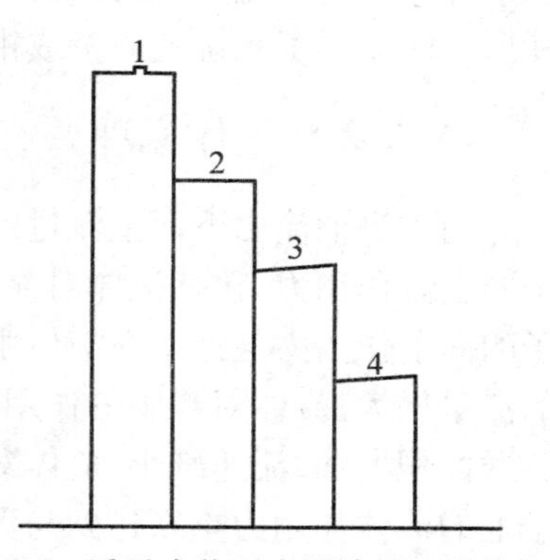

图 16.6　浮子式井下流量计的记录曲线

第四层注水流量

$$q_{v4} = q_4$$

第三层注水流量

$$q_{v3} = q_3 - q_4$$

第二层注水流量

$$q_{v2} = q_2 - q_3$$

第一层注水流量

$$q_{v1} = q_1 - q_2$$

16.2 浮子式井下产量计

浮子式井下产量计与专用油井测试密封段配合,可测量有配产器的自喷油井内各层段的产液量。

浮子式井下产量计与浮子式井下流量计相比有较大的差别。204 型浮子式井下产量计结构如图 16.7 所示。

16.2.1 结构

204 型浮子式井下产量计由绳帽、钟机系统、测量部分、记录装置等部分组成。

绳帽、钟机系统与前述浮子式井下流量计相应部分相同。联轴器采用摩擦轮式联轴器,钟机通过传动轴直接带动记录筒匀角速转动。传动轴上装有密封圈和双向止推轴承,以密封钟机,防止记录筒上下窜动。

记录装置由记录筒、记录笔导向管及记录笔(笔杆)组成,它与庆 106 型井下流量计相似,但导向管内无吊装弹簧。记录笔通过记录笔杆与浮子连接。流体冲击浮子上下移动时,记录笔随之在导向管竖孔引导下上下移动,将浮子的轴向位移记录在转动着记录纸(筒)上,画出时间与浮子位移(代表产液量)的关系曲线。

测量部分由锥形管、浮子、出液管及浮子零位支架组成。由于井下油流是自下而上流过产量计的,所以其锥形管上粗下细,与井下流量计椎管相反。另外,浮子系统(浮子、记录笔杆、记录笔)是靠流体的冲击作用自由悬浮在产量计中的,没有弹簧的作用。可见,测量部分与转子流量计的结构相同。由于浮子系统自身质量较大,故将浮子做成空心圆柱形。改变浮子系统的质量或椎管锥度,可以改变产量计的量程。

16.2.2 工作原理

当被测油流由下而上流过产量计椎管与浮子之间的环形空间时,流体对浮子产生一个向上的作用力,包括流体对浮子的静压差作用力、动压作用力和黏滞摩擦力。流体对浮子的向上作用力与浮子在液体中的重力相平衡时,浮子稳定漂浮在某一高度。如果流体的流量增大,流体对浮子的作用力随之增大,使浮子向上移动,由于浮子上移,流体的环形流通面积增加,流速减小,流体对浮子的作用力随浮子的升高而下降,直到在新的高度,浮子上的流体作用力重新达到与浮子在流体中的重力相平衡为止。浮子的稳定高度与被测量相对应,这与转子流量计的工作原理完全相同。

流过椎管的体积流量 q_v 与浮子位移 h 之间的关系为

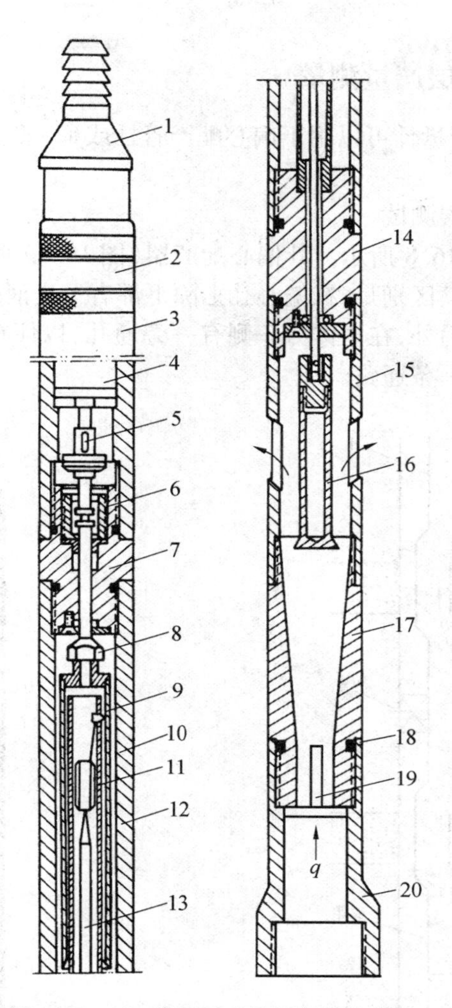

图 16.7　204 型浮子式井下产量计结构

1— 绳帽;2— 钟机压紧接头;3— 钟机部外壳;4— 钟机;5— 联轴器;6— 止推轴承;7— 钟机密封接头;8— 记录筒固定帽;9— 记录筒;10— 导向管;11— 记录笔;12— 记录部外壳;13— 记录笔杆;14— 接头;15— 出液管;16— 浮子;17— 锥形管;18—O 型密封圈;19— 支架;20— 短节

$$q_{v} = 2\alpha\tan\beta\sqrt{\frac{2\pi g V_{f}(\rho_{v} - \rho)}{\rho}} \cdot h = ah \tag{16.2}$$

式中 $a = 2\alpha\tan\beta\sqrt{\frac{2\pi g V_{f}(\rho_{v} - \rho)}{\rho}}$,在一定条件下,$a$ 为常数,则被测流量与浮子高度呈线性关系。

浮子高度由记录笔记录下来,从记录曲线上测出浮子高度后,利用校验作出 $q_{v} - h$ 标准曲线,即可求出被测流体的流量。

16.2.3 油井分层产量测量

204 型浮子式井下产量计可以用于偏心配产管柱或625 型、635 型配产管柱的油井，测量各油层产液量。

1. 偏心配产管柱分层测试

偏心配产管柱如图 16.8 所示。其偏心配产器（图 16.9）除主体外，其余部分与偏心配水器的工作筒相同。其区别是，在偏心孔上除下部有一进液孔外，中部有一向里开孔的出液孔与主通道相通。另外，在主体另一侧有一旁通孔，以便在产量计测量该层产量时，为下面各层的油流提供一条通路。

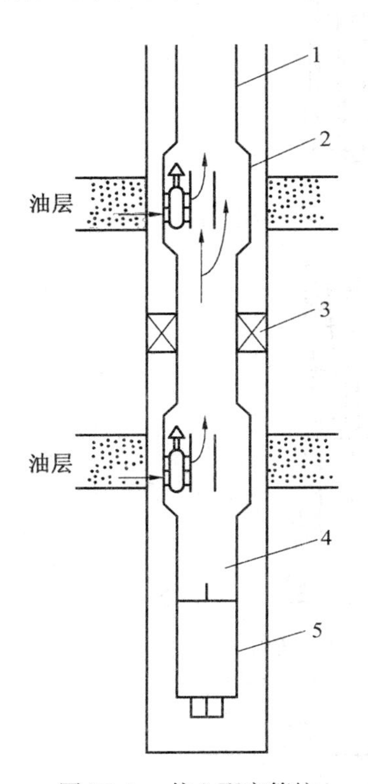

图 16.8 偏心配产管柱

1— 油管；2— 偏心配产器；3— 封隔器；4— 撞击筒；5— 尾管

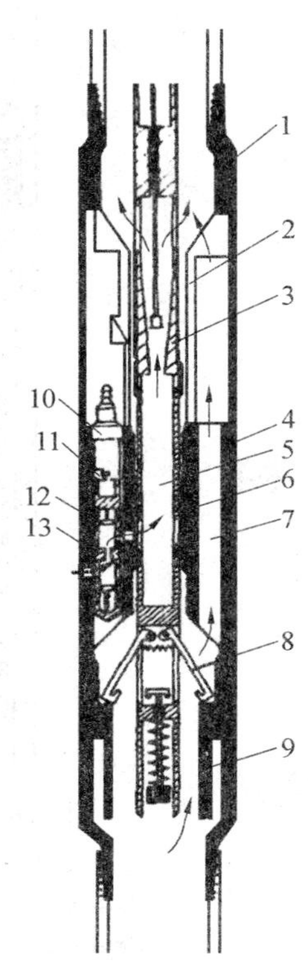

图 16.9 偏心配产管柱分层测量示意图

1— 偏心配产器；2— 扶正体；3— 产量计；4— 工作筒主体；5— 主通道；6— 测试密封段；7— 旁通孔；8— 定位爪；9— 导向器；10— 堵塞器；11— 堵塞器定位机构；12— 密封圈；13— 油嘴

油井测试密封段与水井测试密封段的区别是，测试密封段上有两组密封圈，分别装在密封段进液孔上、下，密封进液孔上、下环隙；使油流只能从进液孔进入密封段内腔，并向上流出流量计，而下层油流直接在旁通中流过，不经过流量计。由此可以看出，产量计记录的是该油层产液量，无须另行推算。

2. 625 型配产管柱分层测试

堵塞器 1 是活动的，可以从井口投入、捞出。堵塞器内装油嘴，对该层油层起配产作用。当堵塞器座在油层工作筒主通道上后，其上密封圈密封主通道，下部油层的油流从旁通道流过该工作筒。

625 型配产器如图 16.10 所示。

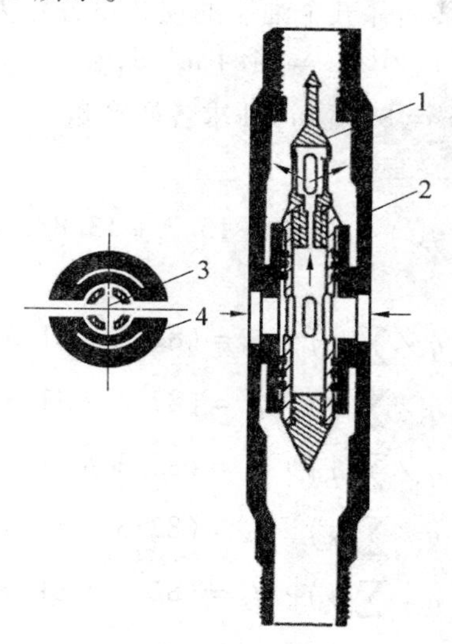

图 16.10　625 型配产器结构示意图
1— 堵塞器；2— 工作筒；3— 主通道；4— 旁通道

由于堵塞器装在主通道上，所以各油层堵塞器及主通道直径不同。由上到下，堵塞器直径由大到小。投入堵塞器时，只能自下而上逐级投放，而且出堵塞器时顺序相反。

测量前，将 204 型浮子式井下产量计接到堵塞器上。此时，堵塞器上端打捞头及出液孔已被卸去，以保证油流进入堵塞器后全部通过产量计。

测量时，将组装好的流量计用钢丝绳吊挂下入井中。当堵塞器座入工作筒后，靠堵塞器上端的台阶定位。并且在堵塞器上的密封圈封闭主通道与堵塞器间的环隙，该油层油流被导流且由进液孔进入堵塞器内腔，向上进入产量计锥管后流出。而该油层以下各层的油流则从旁通中流过该层配产器。所以，产量计所记录的流量只是该油层的单层产量。

测试其他油层产液量时，只要换上相应外径的堵塞器及油嘴，就可以按上述步骤测出其单层产量。

3. 浮产式井下产量计分层产量计算

由于产量计精度的限制或其他一些因素的影响，会产生由产量计记录的各层段产量 q_i（称为视产量）之和 $\sum q_i$，不等于从井口测到的全井真实产量 $\sum q_v$。因此，需对各层视产量进行修正，得到各油层的核实产量 q_{vi}。具体步骤如下：

首先，用测量台镜或卡规测量卡片上各层段所对应的台阶高度（误差不大于 0.3 mm）。

再在产量计校验曲线上查出相应的各层视产量 q_i，求出全井视产量 $\sum q_i$ 后，就可以根据井口测得的真实全井产量 $\sum q_v$ 求出各层段核实产量为

$$q_{vi} = \frac{\sum q_v}{\sum q_i} \times q_i \tag{16.3}$$

例　已知经测量并查出某油井五个油层的视产量分别为

$q_1 = 15.7\ m^3/d, q_2 = 13.8\ m^3/d, q_3 = 14.4\ m^3/d, q_4 = 17.8\ m^3/d, q_5 = 19.6\ m^3/d$

而全井实际总产量为 $\sum q_v = 82.3\ m^3/d$ 求各层产量。

解　全井视产量为

$$\sum q_i/(m^3 \cdot d^{-1}) = q_1 + q_2 + q_3 + q_4 + q_5 = 15.7 + 13.8 + 14.4 + 17.8 + 19.6 = 81.3$$

则各层核实产量为

$$q_{v1}/(m^3 \cdot d^{-1}) = (\sum q_v/\sum q_i) \cdot q_1 = (82.3 \div 81.3) \times 15.7 \approx 15.893$$

$$q_{v2}/(m^3 \cdot d^{-1}) = (\sum q_v/\sum q_i) \cdot q_2 = (82.3 \div 81.3) \times 13.8 \approx 13.969$$

$$q_{v3}/(m^3 \cdot d^{-1}) = (\sum q_v/\sum q_i) \cdot q_3 = (82.3 \div 81.3) \times 14.4 \approx 14.577$$

$$q_{v4}/(m^3 \cdot d^{-1}) = (\sum q_v/\sum q_i) \cdot q_4 = (82.3 \div 81.3) \times 17.8 \approx 17.019$$

$$q_{v5}/(m^3 \cdot d^{-1}) = (\sum q_v/\sum q_i) \cdot q_5 = (82.3 \div 81.3) \times 19.6 \approx 19.841$$

16.3　涡轮井下流量(产量)计

涡轮式井下流量(产量)计由井下涡轮流量变送器和记录仪组成。目前常用的涡轮井下流量(产量)计有油井涡轮产量计、水井涡轮流量计、港 I 型回放式井下涡轮流量计以及 SL－80 型井下数字流量计等。

各种涡轮式井下流量计与本书所介绍的涡轮流量计的工作原理基本相同。只是它们对涡轮流量传感器输出的脉冲信号的处理方式不同,其结构与组成也不相同。譬如,港 I 型回放式井下涡轮流量计是在井下将涡轮轴输出的脉冲信号进行预处理后寄存在流量计内的位移寄存器中,待从井下起出流量计后,在地面上用回放器取出寄存信号。SL－80 型井下数字流量计本身带有电池、计数器、数字打印机、电子钟等,在井下直接对涡轮感应脉冲信号进行处理、记数并打印。下面我们仅就油井涡轮产量计和水井涡轮流量计进行简要介绍。

这两种流(产)量计,其涡轮流量变送器在井下将被测介质的流量变为涡轮感应脉冲电信号,通过电缆送到地面,由记录仪进行显示与记录。

水井涡轮流量计是在油井涡轮产量计的基础上改造而成的。所以它们的结构、原理、使用与校验方法等基本相同。下面我们以油井涡轮产量计为例予以介绍。

16.3.1　涡轮流量变送器的结构与工作原理

涡轮流量变送器由涡轮传感器、皮球集流器、电磁振动泵和泄压阀组成。其结构如图 16.11 所示。

1. 涡轮传感器

涡轮传感器由涡轮、宝石轴承、永久磁铁、感应线圈和导流器组成。涡轮及螺旋形叶

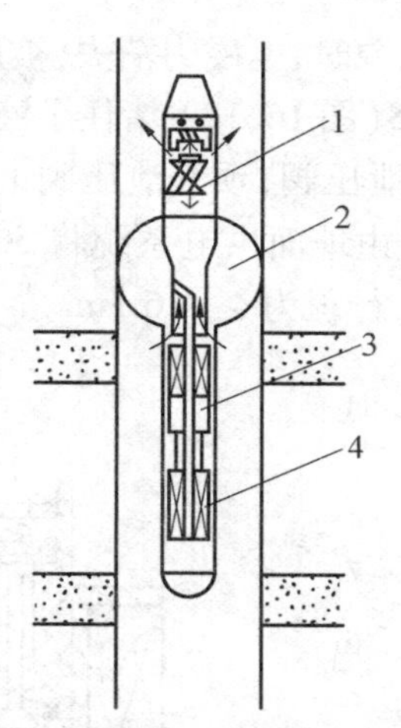

图 16.11　涡轮流量变送器的结构示意图

1— 涡轮传感器;2— 皮球集流器;3— 池压阀;4— 电磁振动泵

片用不导磁的铝合金材料制成。涡轮轴用人造宝石轴承支承,涡轮上装一条形永久磁铁随涡轮转动。感应线圈绕在铁芯上,被封装在涡轮上方的导流器内。

当井内液体流经涡轮时,冲击涡轮旋转,涡轮转速与流量的关系为

$$n = \xi(Q - a) \tag{16.4}$$

式中　n—— 涡轮转速;

ξ—— 涡轮常数;

Q—— 被测流量;

a—— 启动流量。

在涡轮旋转时,其上磁铁便不断地扫过绕有线圈的铁芯,使通过线圈中的磁通发生周期性变化,从而在线圈上感应出交变电信号。感应信号的频率与涡轮的转速相同。

2. 皮球集流器

皮球集流器位于涡轮传感器下方,用来密封流量计与套管间的环形空间,使套管中的液体全部流过流量计,即起集流作用。皮球集流器由内胎和外胎两层组成。内胎用 1010 尼龙压制而成,外胎用尼龙针织品制成,皮球胀开后外径为 144 ~ 160 mm,可在 5 ~ 6 in 的套管中使用。

3. 电磁振动泵和泄压阀

电磁振动泵的作用是向皮球集流器内压油,以胀起皮球、封隔套管和流量计之间的环形空间。泄压阀是在流量计进行分层流量测量、移动变送器变换测点时,放出皮球集流器内液体,使皮球收缩。泄压阀装在电磁振动泵上方,电磁振动泵打出的油是经泄压阀挤入皮球。电磁振动泵与泄压阀结构分别如图 16.12、16.13 所示。

电磁振动泵由电磁铁和柱塞泵组成。当给电磁绕组通入电流时,由挡铁和衔铁组成的闭合磁路内的磁场突然加强,挡铁与衔铁间的电磁力使衔铁带动柱塞向下运动,并通过传递杆压缩弹簧。此时由于泄压阀的单流阀 7(图 16.13) 关闭,柱塞向下运动时,柱塞与泄压阀内腔被抽成负压,原来储存在衔铁内腔的液体冲开单流阀 8(图 16.12),进入阀上

方的柱塞筒内。切断电磁绕组电源时,电磁力消失,被压缩的弹簧2(图16.12)把衔铁和柱塞一起弹回原位,由于单流阀8(图16.12)堵住了液体向下的通道,这时已流过单流阀的液体受到挤压向上流动,进入泄压阀,顶开泄压阀上的单流阀7(图16.13)进入皮球,完成一次泵液周期。电磁铁绕组由地面供电系统将50 Hz交流电经半波整流后供给,故柱塞往返动作的频率为50次/s,行程为4 ~6 mm。

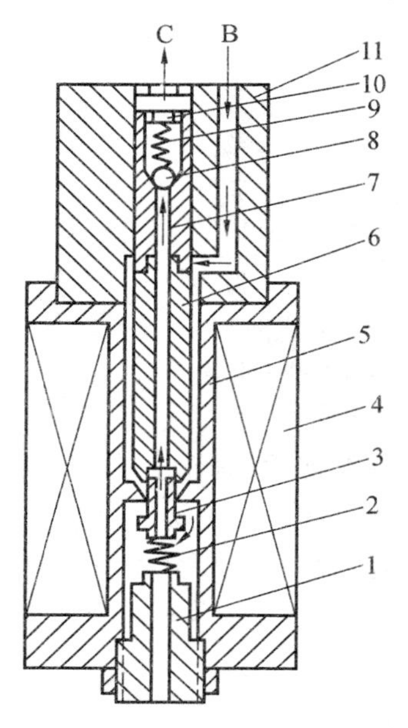

图16.12 电磁振动泵结构示意图

1—挡铁;2—弹簧;3—传递杆;4—电磁铁绕组;5—非磁性筒;6—衔铁;7—柱塞;8—单流阀;9—小室弹簧;10—压片;11—泵头

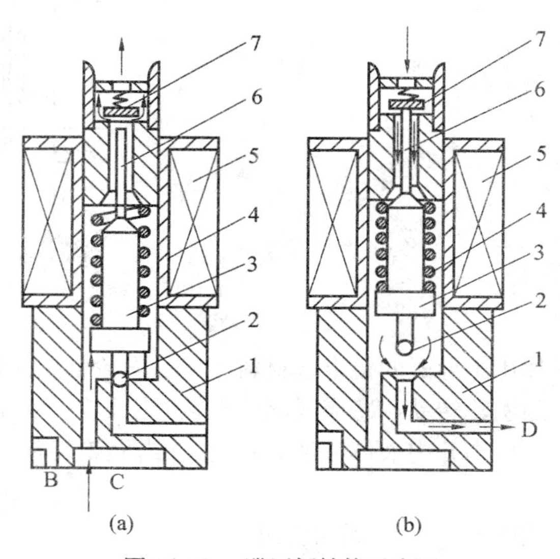

图16.13 泄压阀结构示意图

1—阀室;2—球阀;3—衔铁;4—弹簧;5—电磁铁绕组;6—顶针;7—单流阀

4. 泄压阀的工作过程

泄压阀也是利用地面供给的电源,由泄压阀电磁铁控制阀芯开关的。

在注液状态(图16.13(a)),电磁铁绕组没有电流通过,弹簧使衔铁带动球阀下移,球阀关闭。原来的油液从进液口C经泄压阀中心孔顶开单流阀7进入皮球集流器。

在排液状态(图16.13(b)),给泄压阀电磁绕组通以直流电流,在电磁力作用下,衔铁上移,其顶针6顶开单流阀7。同时,球阀离开其阀座而开启,皮球内油液即可由排液口D排出,使皮球收缩。此时即可上提变送器到另一油层。

16.3.2 记录仪

地面记录仪由放大器、数字频率计和电源组成。其作用是将涡轮变送器送进来的脉冲信号进行放大、整形,并测出其频率。

涡轮式井下流(产)量计,在下井前均进行单机校验,并根据校验数据,绘出脉冲信号频率(涡轮转速n)与流量Q的关系曲线。因而记录仪只要测出涡轮感应脉冲信号的频率n即可。故其电路比较简单,这里就不多作介绍了。

16.3.3　涡轮式井下流量(产量)计的校验与作用

涡轮式井下流量(产量)计校验的目的是为了校验变送器、集流器、振动泵、泄压阀的工作情况,绘制脉冲频率 n 与流量 Q 的关系曲线,并根据曲线求出涡轮常数 ξ、启动流量 a。

校验工作通常在模拟井内进行。校验时把流量变送器下到模拟井中,启泵后,调节校验流量,待流量稳定后记录下校验流量(标准流量计指示)及相应的脉冲频率 n。把每组 n、Q 值标在坐标纸上,圆滑连接各点,即得到该流(产)量计的 $n-Q$ 关系曲线(图16.14)。曲线与横轴交点即为启动流量 a,曲线的平均斜率即为涡轮常数 ξ。此曲线就作为以后测量时电脉冲频率确定被测流量的依据。

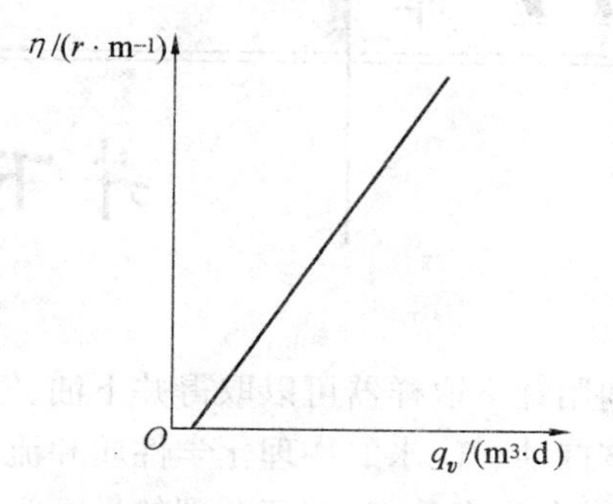

图16.14　$n-Q$ 关系曲线

第17章 井下取样器

利用井下取样器可以取得井下油、气、水样品。通过对井下油、气、水样的化验分析，可以掌握油、气、水的物理化学性质和流动特性，也可以确定产液的含水率、气体组分和水质，对掌握生产动态、制订合理的生产管理制度都有十分重要的意义。

井下取样器的形式很多，但样筒的结构大体相似，主要围绕适应井下采油工艺和流体特性在关闭阀的方式上有所区别。其类型可以分为：锤击式、挂壁式、压差式、钟机式、座开式等；按取样层数可分为一次取样器和分层取样器。这里，仅对锤击式和座开式（也称为提闭式）一次取样器作简要介绍。

17.1　锤击式取样器

国产CY612-A型、CY612型、CY731型、SQ-400型井下取样器均属于锤击式取样器。它们的结构相似，都有一个液样管，液样管上、下各有一个阀芯，阀芯在井上用控制机构锁住，使它们处于开启状态。在取样器下到井下后，在井口放下一个撞击锤，撞击取样器的控制机构，使两个阀芯同时关闭，液样就被密封进液样管提到地面上。下面以SQ-400型深井取样器为例介绍这类取样器的结构、工作原理与使用方法。

17.1.1　取样器的结构及工作原理

SQ-400型取样器是为适应井下温度150 ℃、压力50 MPa的油水井设计的，如图17.1所示。它主要由控制器、上下阀芯、液样管、连杆、搅拌器、尾端等组成。

控制器包括上、下两部分，上部分包括：击杆1、打捞帽2、弹簧4、绳帽5、滑套及挂针6、钢球8、顶杆组11等；下部分包括：阀挂球座及钢球15、钢丝挂箍16、上阀芯14等。控制器的作用是控制上、下阀芯在下井过程中开启，以便让液样进入取样器，并在受锤击后及时关闭，密封油样。上下阀组包括：上、下阀座及上、下阀芯和弹簧，阀芯上有O形密封环，保证阀芯压在阀座上后液样不漏。液样管、连杆、搅拌器处于取样器中断，搅拌器的作用是使进入液样管的液样均匀。

打捞帽2与下面的接头及滤网10固连组成取样器外壳。打捞帽中装有活动击杆1，击杆可推动滑套及挂针6沿打捞帽内壁及滑套内的绳帽5下移。击杆的中间是空的，滑

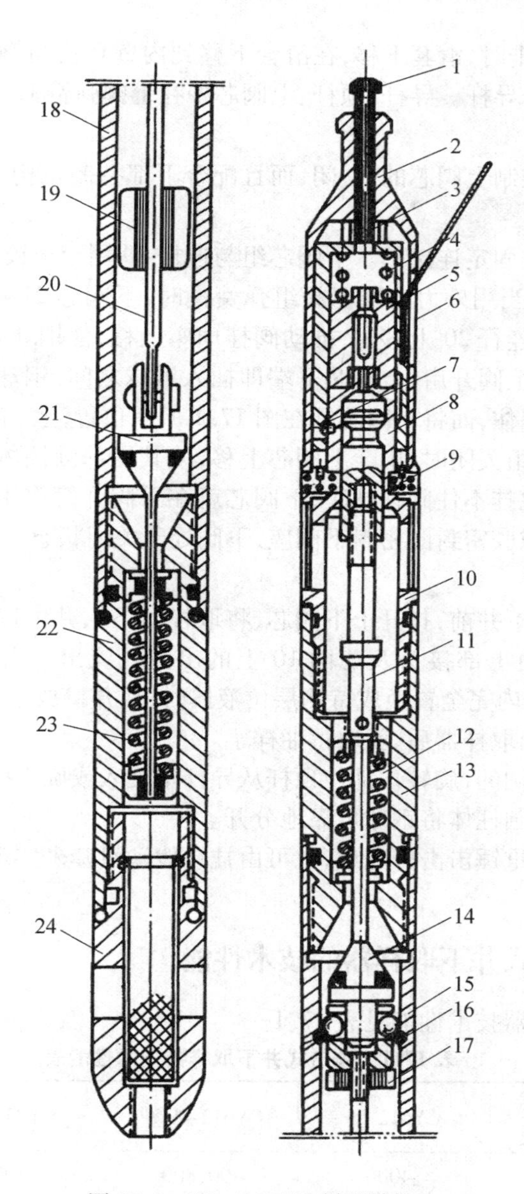

图 17.1　SQ-400 型取样器结构

1—击杆；2—打捞帽；3—帽；4—弹簧；5—绳帽；6—滑套及挂针；7—定位螺钉；8—钢球；9—按钮；10—接头及滤网；11—顶杆组；12—上阀弹簧；13—上阀座；14—上阀芯；15—阀挂球座及钢球；16—钢丝挂箍；17—扶正器；18—液样管；19—搅拌器；20—连杆；21—下阀芯；22—下阀座；23—下阀弹簧；24—导锥及过滤器(尾端)

套顶部有孔，录井钢丝穿过击杆与滑套，固定在绳帽里，绳帽相对于取样器外壳是固定的。顶杆组 11 顶部固定一导杆，导杆端部有颈状槽，里边装有钢球 8。导杆的移动控制上、下阀芯的启、闭，但导杆在移动时受钢球 8 控制。

当用外力下压导杆时，导杆迫使顶杆组与上阀芯下移，打开上阀组，压缩上阀弹簧。此时导杆颈部对准钢球，滑套在弹簧 4 的作用下上移，迫使钢球离开滑套上的环沟而挤入导杆的颈状槽，由于钢球无法退回，导杆、顶杆组及上阀芯被锁住，使上阀芯保持开启状态。但当击杆受到撞击时，滑套下移，在滑套下移到内壁环沟与钢球相遇的位置，钢球就会进入滑套环沟，放开导杆。导杆、顶杆、上阀芯即在上阀弹簧 12 的作用下迅速上移而关闭上阀。

导杆、滑套不但控制上阀芯的启、闭，而且配合下部控制机构，对下阀芯的启、闭起控制作用。

上、下阀芯组不是固定连接的。下阀芯组与连杆 20 用销子铰接，连杆 20 上端固定有阀挂球座及钢球 15。当用外力上推下阀组弹簧座时，下阀芯 21 上移，下阀弹簧 23 被压缩，下阀开启。同时，连杆 20 上移时，推动阀挂球座上移，使钢球处于钢丝挂箍 16 之上，此时如下压顶杆组使上阀开启，上阀芯下端即插入钢球之间，钢球无法退回。这样，阀挂球座被钢丝挂箍 16 挡住，而将下阀芯锁在图 17.1 所示位置，上、下阀组均处于开启状态。

当锤击杆使上阀组关闭时，由于上阀芯上移，使其尾部圆柱体从钢球中抽出，钢球失去支撑，钢丝挂箍再也挂不住阀挂球座，下阀芯就在下阀弹簧作用下迅速下移，坐在下阀座上，依靠阀芯上的橡胶密封圈密封下阀座，下阀处于关闭状态。这样，上、下阀同时关闭就密闭了液样管。

取样是在取样器下井前，打开上下阀芯，将取样器下入井内以后，井内液样由尾端滤网进入液样管，并可由上部接头及滤网 10 上的出液孔流出。当下入预定深度时，停留 10 ~ 15 min，待液样筒内完全置换成待测层位液体时，从井口放下撞击锤，撞击击杆，使上下阀芯同时关闭，提出取样器后，就取得油样了。

顶杆的长度是可调的，旋转顶部使顶杆从导杆中旋入或旋出一些，可以保证上阀芯完全开启及上阀芯底部圆柱体将钢球可靠地分开。

滑套的下滑可由重锤击击杆完成，也可由挂针拨动滑套来实现，所以本取样器也可以用挂壁法进行取样。

17.1.2 锤击式井下取样器的技术性能

锤击式井下取样器技术性能见表 17.1。

表 17.1 锤击式井下取样器技术性能表

项目 \ 型号	CY612 型	CY612-A 型	CY731 型	SQ400 型
取样器容积/mL	400	400,800	300	400
最高工作压力/MPa	30	30	30	45 ~ 50
最高工作温度/℃	100	100	100	120 ~ 150
外形尺寸/mm	ϕ36×1 383	ϕ36×1 420	ϕ28×1 180	ϕ38×1 800
质量/kg	5.5	5,7.8	2.5	7
适用油管直径/mm	ϕ50 以上	ϕ50 以上	ϕ38 以上	ϕ50 以上

17.1.3 取样器的使用方法

这里我们只介绍阀芯打开的使用方法。

(1)用扳手卸下尾端。

(2)用螺丝刀顶住下阀弹簧座。

使下阀芯、连杆、阀挂球座一起上升,使阀挂球座上的钢球进到钢丝挂箍之上。同时用螺丝刀顶住顶杆组导杆向下推,使上边控制部分的钢球进入凹槽、上阀芯尾端挤入下钢球之间,上、下阀芯即锁紧于开启状态。

(3)装好尾端。

拧紧各连接部分,敲击取样器,检查上、下阀芯是否锁牢,之后即可下井取样。

17.2 座开式取样器

座开式取样器(也称为提闭式)的结构比较简单,如图 17.2 所示。使用时,将取样筒内充满水,并根据不同的取样深度选择一加重杆旋拧在上短节 1 上,吊挂取样器下井。

整个取样器吊挂在顶杆 5 上,液样管等处于顶杆最下部,上、下阀芯在弹簧作用下关闭,井内液体在取样器与油管环形空间中流出。当取样器座入井内工作筒后,取样器不动,加重杆的质量向下作用在顶杆上,顶杆下移,将上阀芯压开,筒内液体压力失去平衡井内油液随即压开下阀芯,进入液样筒,排出原来充注的液体。排出的液体可以经顶杆的侧孔进入中空的顶杆内腔流出取样器进入油管。上提取样器时,加重杆、顶杆上移,松开上阀芯,上阀芯靠弹簧的作用关闭,取样筒内外压力平衡,下阀芯随即在弹簧作用下关闭,密封液样。

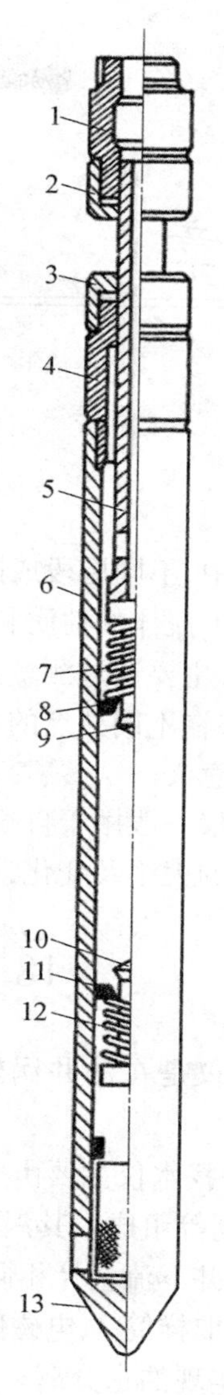

图 17.2　座开式取样器结构示意图

1—上短节;2—上压盖;3—下压盖;4—下短节;5—顶杆;6—液样管;7—上阀弹簧;8—上阀座 9—上阀芯;10—下阀芯;11—下阀座;12—下阀弹簧;13—尾端图

第18章 油井找水仪

在生产井中，不同层段或同一厚层的不同部位，可能产出不同性质的流体。准确判断井底任意深度下流体的性质和对于评价产层特性，求解各相流量，都是非常重要的。在油田开发过程中，主要通过测量井内液体的密度、含水率以识别流体；及时找出油层出水层位，搞清各油层在不同井点的含水比率，对于采取有效的增产措施，制订调整挖潜方案具有十分重要的意义。

油井找水仪一般用于自喷油井分层产液量和分层含水率的测量。通过检测各油层产液量和含水比的大小及变化，以确定出水层位和出水量。

18.1 油井找水仪的结构

油井找水仪是在油井涡轮产量计的基础上发展改进制成。73 型油井找水仪如图 18.1 所示。

73 型油井找水仪主要由电容式含水比率计、取样器、涡轮传感器、皮球集流器、电磁振动泵、泄压阀等组成。其涡轮传感器、皮球集流器、电磁振动泵及泄压阀的结构与工作原理和涡轮式井下流量计相同，这里不再重复介绍。

取样器由取样筒 3、电磁阀组 4 组成。取样器用来控制井内油液的流道，对油液进行取样，并对其实现油水分离。

其中，流道的改变和油液取样是通过电磁阀组的动作来完成的。电磁阀组示意图如图 18.2 所示。取样时，对电磁阀励磁绕组 7 通以直流电流，使绕组中产生很强磁场，挡铁 8、衔铁 4 被磁化，磁力吸引衔铁带动球阀芯 2、锥阀芯 3 向下移动，并将弹簧 5 压缩。这时，球阀芯 2 离开阀座，球阀处于开启状态；锥阀芯 3 则将找水仪外壳上的旁路出油孔封死。这样，从涡轮传感器来的油液，通过锥阀芯上的竖孔和球阀，进入取样筒，并将取样筒内已经测量过含水率的旧液样从取样筒顶部的单向阀排出。经过一定时间，取样筒内液样被完全替换后，切断励磁绕组电源，阀组内电磁力消失，弹簧将球阀—锥阀阀芯推向上方。球阀密封通往取样筒的通路，完成取样工作；锥阀芯同时打开旁路出油孔，使井内油液从旁路出油孔中流出。

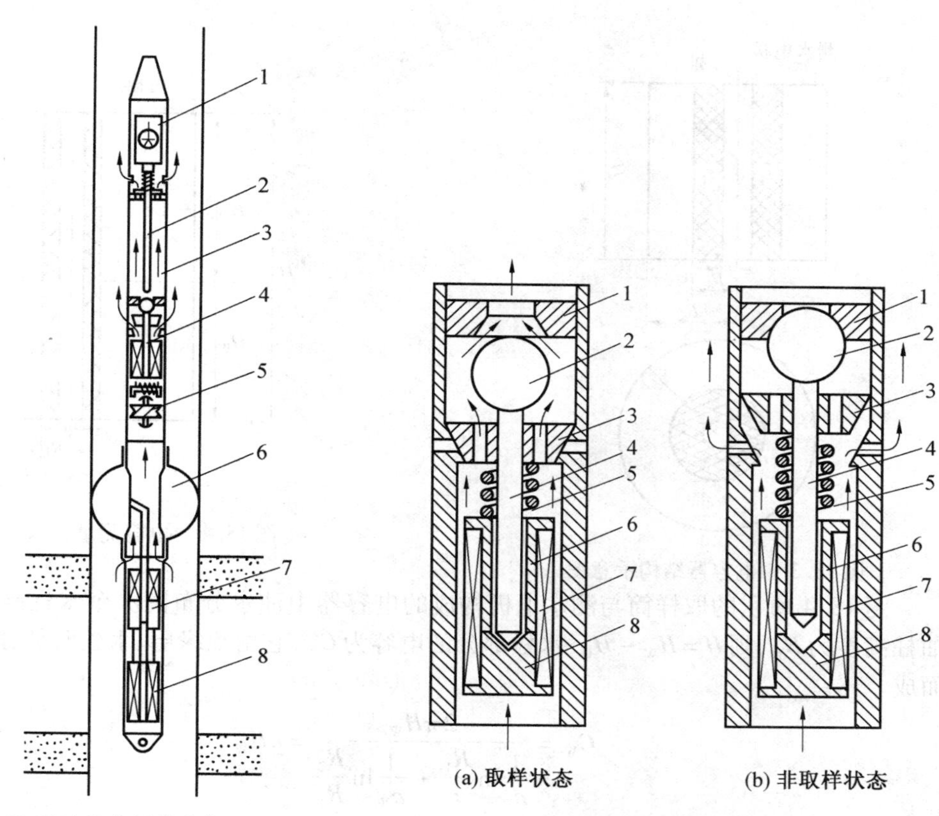

图 18.1　73 型油井分层找水仪

1—电子线路;2—测水电极;3—取样筒;4—电磁阀组;5—涡轮传感器;6—皮球集流器;7—泄压阀;8—电磁振动泵

图 18.2　电磁阀组

1—密封座;2—球阀芯;3—锥阀芯;4—衔铁;5—弹簧;6—非磁性筒;7—励磁绕组;8—挡铁

井内油液被取样后,液样在取样筒内进行油水分离。由于井内液体油水乳化程度轻,原油中的游离水较容易进行沉降分离,水逐渐沉降在取样筒下部。通过含水率测出取样筒内沉降谁的高度(表示含水量),即可求出原油含水率,并转换成电压信号输出。

18.2　油井找水仪的工作原理

通过检测取样筒与测水电极间的电容量的大小,间接测量油液含水比率。含水比率计由测水电极和电子转换电路组成。

测水电极是一根外面包覆聚四氟乙烯绝缘套管的金属棒,并与取样筒同轴,构成圆柱形电容器,如图18.3所示。对于中心电极半径为r、圆筒内径为R_1之间介质的介电常数为ε的圆柱形电容器,其电容量C与圆柱高度H的关系为

$$C=\frac{2\pi H}{\frac{1}{\varepsilon}\ln\frac{R}{r}} \tag{18.1}$$

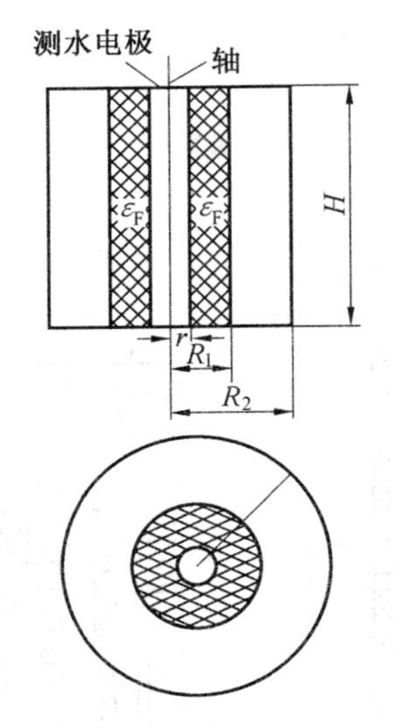

图 18.3　电容器结构示意图

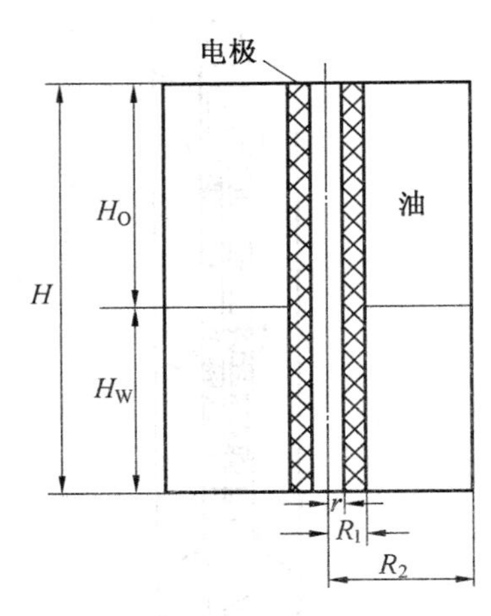

图 18.4　电容测量含水示意图

图 18.4 所示的取样筒与测水电极构成的电容器中油水分布图。令水柱高度为 H_W、油柱高度为 H_O，则 $H = H_W - H_O$；水柱部分的电容为 C_W，它由绝缘层、水柱两部分电容串联而成

$$C_W = \frac{2\pi H_W}{\frac{1}{\varepsilon_F}\ln\frac{R_1}{r} + \frac{1}{\varepsilon_W}\ln\frac{R_2}{R_1}} = aH_W \tag{18.2}$$

而水面以上被原油充满的圆筒部分的电容量为 C_O，它由绝缘层、油柱两部分电容串联而成

$$C_O = \frac{2\pi(H - H_W)}{\frac{1}{\varepsilon_F}\ln\frac{R_1}{r} + \frac{1}{\varepsilon_O}\ln\frac{R_2}{R_1}} = b(H - H_W) \tag{18.3}$$

式中　ε_F—— 绝缘材料的介电常数；

ε_W—— 沉降水的介电常数；

ε_O—— 原油的介电常数；

r—— 测水电极的外半径；

R_1—— 取样筒衬套的外半径；

R_2—— 取样筒的半径。

取

$$\frac{2\pi}{\frac{1}{\varepsilon_F}\ln\frac{R_1}{r} + \frac{1}{\varepsilon_W}\ln\frac{R_2}{R_1}} = a \qquad \frac{2\pi}{\frac{1}{\varepsilon_F}\ln\frac{R_1}{r} + \frac{1}{\varepsilon_O}\ln\frac{R_2}{R_1}} = b$$

取样筒总电容量为 C_W、C_O 的并联值，所以总电容量为

$$C = C_W + C_O = aH_W + b(H - H_W) = bH + (a + b)H_W \tag{18.4}$$

因取样筒内液体体积含水率 Y 为

$$Y = H_w \cdot S/H \cdot S$$

式中　S—— 电极与取样筒间的环形截面积。

则

$$C = bH + (a - b)H \cdot Y$$

一般的,沉降水和原油的介电常数变化不大,认为 a、b 均为常数。电容量 C 与油样的体积含水率 Y 成正比。

找水仪中检测取样筒电容大小的电路如图 18.5 所示。晶体三极管 BG 与 C_1、C_2 等组成一个振荡器,产生频率 f、幅度 E 一定的交流电压 u,经变压器耦合到由二极管 D_1、D_2 和取样筒电容 C 组成的脉冲检波器上。通过电容 C 的充放电过程,将交流信号变成与电容量 C 成正比的直流电压信号,再通过电缆送到地面记录仪上进行显示与记录。

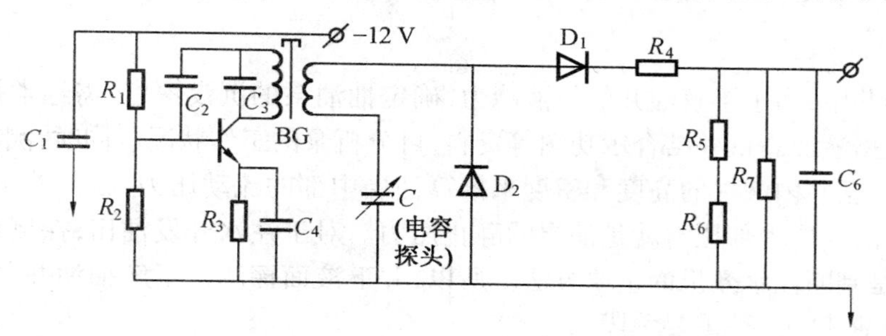

图 18.5　含水比率计电路图

电路的工作过程是:在振荡器输出电压 u 为正半周时,D_2 截止、D_2 导通,u 通过 D_1,$R_4 \sim R_7$ 对电容 C 充电到 $u_0 = E$,在电压 u 的负半周,D_1 截止,D_2 导通,电容 C 被反向充电,如此反复进行。由于只有正向充电电流流过二极管 D_1 及电阻 $R_4 \sim R_7$,故在一个周期 T 内,其平均充电电流为

$$I = \frac{Cu_c}{T}CfE \tag{18.5}$$

所以电流 I 与在电阻 $R_5 \sim R_7$ 及负载电阻上的压降(输出电压)u 及电容量 C 成正比。

第19章 抽油井井下探测与示功图测试

在抽油井中，为了了解油井的供液能力，确定抽油泵的沉没深度，需经常探测套管内的液面。根据液面高低并结合示功图等资料，可分析泵的工作状况。同时，测得了液面的高低，还可根据井内液柱的高度和密度来推算油层中部的流动压力，若井处于停产状态，此时推算出的油层中部压力就是油层的静止压力。对于注水开发油田，探测抽水油井液面的变化，是判断注水效果的重要方法。所以，井下液面探测是了解抽油井井下状况，分析和管好抽油井的一种重要手段。

为了管好抽油井，随时掌握抽油机深井泵在井下的工作状况，一个最常用的手段就是测取示功图，通过示功图的测试来了解深井泵的工作情况。在示功图上不仅可以反映出深井泵工作中的异常现象，而且还可以结合有关资料，来分析判断油井工作是否合理，从而找出影响泵效或抽不出油来的原因，以拟定合理的采油工艺措施和检泵周期。

19.1 井下液面探测

19.1.1 回声法测量原理

当声波从一种介质向另一种介质传播时，声波在两种密度不同、声速不同介质的分界面上便有一部分被反射，另一部分被折射。如果声波在气体介质中传播时，遇到液体、固体介质或在相反的情况下，由于两种介质密度相差悬殊，声波几乎会做全部反射（图19.1）。如果在井口向井下深处发射一声短促的脉冲波时，若测出回声反射回的时间t和声波传播的速度v，就能确定井下液面与井口声源之间的距离。其表达式为

$$H=\frac{vt}{2} \tag{19.1}$$

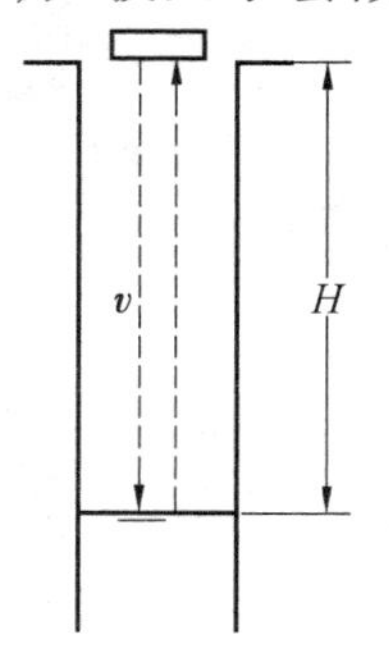

图19.1　回声法测量液位示意图

但是，如果要准确地测量液面高度，则必须精确地确定声音在井内气相介质中的传播速度v。实际上这是很难做到的，气体中声速

表达式为

$$v = \frac{\sqrt{KRT}}{\sqrt{\mu}} \tag{19.2}$$

式中　K—— 气体的绝热指数；

μ—— 气体相对分子质量；

R—— 普适气体常数；

T—— 绝对温度。

可以看出，由于油井内气相介质的组成、温度随深度不同而不同，即 K、μ、T 是各处不相同的，所以很难精确地求出能反映气体穿越整个气相介质的平均声速。因而在实际测量时都是采用固定距离标志法进行的。

测量前，先在井内油管、套管间环形空间的一定深度处装上回音标。回音标的作用时确定声波在井筒中传播的平均速度。会音标是在下油管时套在（或焊接在）油管接箍台肩上的一个空心圆柱体（图 19.2）。回音标的端面积一般以遮挡油管、套管环形截面 50% ~ 70% 为宜，回音标的下入深度是在下油管时精确测量过的。

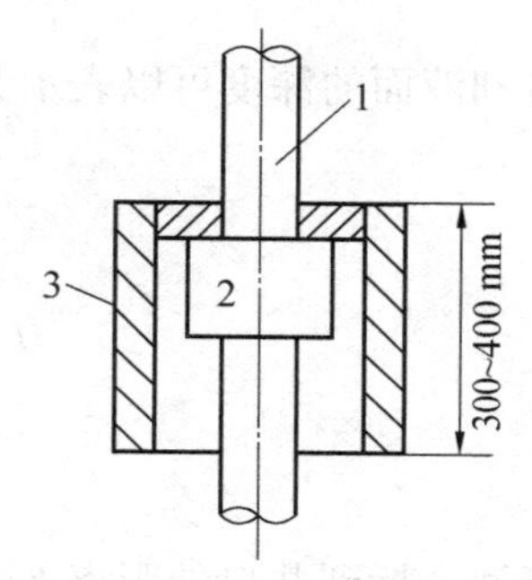

图 19.2　回音标的结构图

1— 油管；2— 接箍；3— 回音标

测量时，通过专门的声波发生装置（发声器）发生一个声脉冲，使它沿着油管、套管间的环形空间传向井底。声脉冲在传播过程中遇到会音标、液面时，随即有反射回声波反射到井口，被收声器接受，并转换成电信号经过放大器送到记录装置记录下来。回声法测距原理方框图如图 19.3 所示。

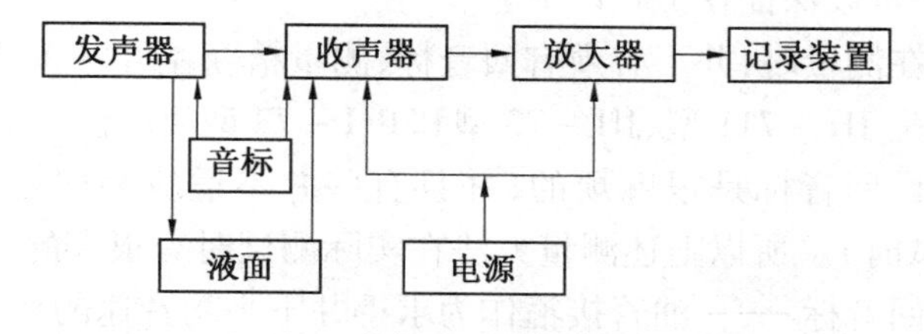

图 19.3　回声法测距原理方框图

根据测到的如图 19.4 所示的回声记录曲线就能计算出液面深度。如果 L_0 是图中记录曲线上反射声脉冲波峰到回音标反射声脉冲波峰的距离，L 是反射声波峰到液面反射声脉冲波峰的距离，已知记录纸走纸速度为 v_0，可以得出如下计算式。

声波由井口传到回音标所需的时间为

$$t = \frac{L_0}{2v_0}$$

声波由井口传到液面所需的时间为

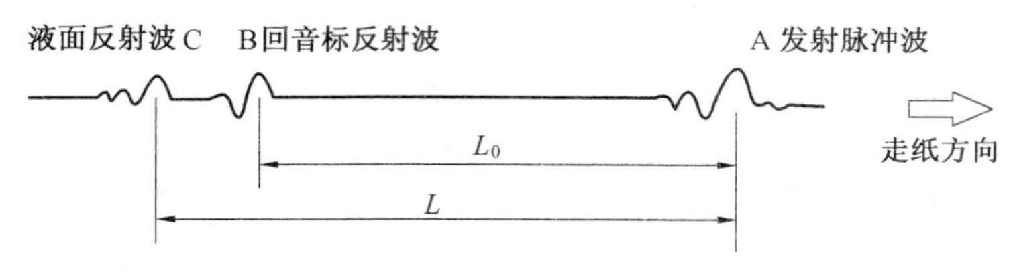

图 19.4　液面回声记录曲线

$$T = \frac{L}{2v_0}$$

声波在井筒中的平均传播速度为

$$v = \frac{h_0}{t}$$

井口到液面的深度可以表示为

$$H = v \cdot T$$

所以

$$H = \frac{h_0}{t} \cdot \frac{L}{2v_0} = \frac{h_0}{L_0/2v_0} \cdot \frac{L}{2v_0}$$

$$H = \frac{L \cdot h_0}{L_0} \tag{19.3}$$

由于回音标到井口的距离 h_0 是油井作业时预先精确测量过的,因而可以方便地由记录曲线计算出井下液面深度。

这个测量过程实际上是用声波在井口到回音标之间的平均传播速度,作为井口到液面间的平均传播速度,回音标的位置在很大程度上影响测量精度。当然,回音标越接近液面,测量误差越小,测量精度越高。通常,回音标最好在井口至预计动液面距离的 90% 的地方,这样测量误差可以保证在 1% 以下。

上述测量方法在测量时,井下必须有回音标,测量精度才可以满足分析要求。具有代表性的回声探测仪是 JH – 711 型、JH – 73 型和 BH – 73 型回声仪。但是有些油井只为了测试井下液面而装设回音标是很麻烦的,并且有些并不适应装回音标或不能装回音标(如作偏心井口测试时)。所以上述测量方法在实际测试时有很大的局限性。

利用油管自然回音标 —— 油管接箍作为求得井下平均音速的标志,测量井下液面深度的仪表迅速发展起来,如 SH2 型、CJ – 1 型回声测深仪等。它们一般根据油管接箍反射信号与液面反射信号的频率差异分成两个通道,分别对接箍反射信号和液面、回音标等反射信号进行处理与记录。其中 CJ – 1 型测深回声仪是用一枝记录笔先记录一段接箍波,转而用一通道转换电路进行通道自动延时转换,使记录笔再记录液面反射波。总之它们既能记录液面、回音标或其他大反射物的反射信号,又能记录接箍反射信号。在有回音标时,可用前述计算方法进行计算,在没有回音标或回音标被淹没时,则可用数接箍的方法计算液面深度。双通道回声仪典型记录曲线如图 19.5 所示。

如果从发射声波到液面反射声波波形间所有接箍信号波形都很清晰时,可数出总油管根数,并可根据油井资料累加得到实际液面深度 H_0。当然这是最理想的了,得到 H 误差最小，但这往往是很困难的。

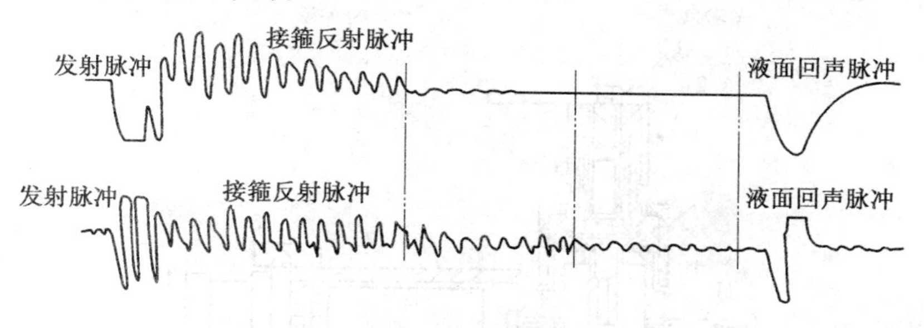

图 19.5　双通道回声仪典型记录曲线

如果不是所有的接箍信号都清晰可辨，而井下有回音标时，可以用前述方法得液面深度，即

$$H = \frac{L}{L_0} h_0 \tag{19.4}$$

当油管内没有回音标或回音标被液面淹没时，可以选择接箍波记录曲线上接箍反射信号波形最清晰的一段（一般为第3个接箍反射波到第40个接箍反射波）作为基准，量出该基准段曲线长度 L_0，并根据油管根数查油井资料计算出所代表的实际距离 h_0，测出液面深度。

不难理解，利用式(19.4)求液面深度是把基准段所代表的井内区域的声速作为全井平均声速来计算的。因而基准段取得越长，计算误差就越小。所以在取基准段时，包含的接箍信号越多越好，否则应进行修正。

当油管长度比较一致时，也可以用每根有油管的平均长度 L 乘以基准段内油管根数 n（等于接箍波峰数减 1）得到基准段所代表的实际长度（$h_0 = L \cdot n$）。

19.1.2　井下液面探测仪表

井下液面探测仪俗称回声（测深）仪，现在各油田用得较多的是 CJ－1 型、SH2 型回声测深仪，已经基本取代了 JI－71 型、JH－731 型、BH－73 型回声测深仪器。所以，在这里我们就只对 CJ－1 型双频道回声测深仪和 SH2 型回声测深仪作简要介绍。

回声测深仪一般由井口连接器和记录仪组成。井口连接器用来向油管、套管间的环形空间发射一短促的声脉冲，并把此声脉冲进行放大、滤波，分别将接箍反射信号及液面、回音标反射信号记录下来。

1. 井口连接器

如上所述，井口连接器由发声器、发声电转换器（微音器）组成。现用井口连接器有子弹式和气枪式两种。

(1)子弹枪式井口连接器

子弹枪式井口连接器的结构如图 19.6 所示。它主要由枪机、枪体、异径接头、微音器等组成。枪机里装有枪栓、撞针和凸轮。扳动引爆扳手使枪栓带动撞针顺时针转动 3/4 圈时，撞针侧面的凸柱沿凸轮逐渐上升到预备击发位置，弹簧被压缩。再转动 1/4 圈时，由于凸轮形状突然改变，使撞针在弹簧作用下突然击向子弹，撞针尖撞击子弹底火引爆发声。连接器所使用的子弹是一种无烟黑火药无头子弹。

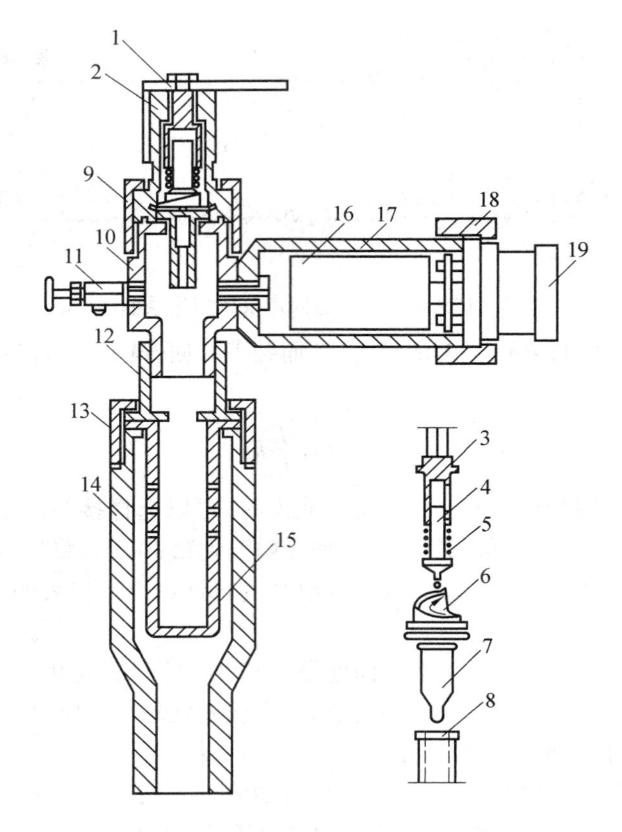

图 19.6　子弹枪式井口连接器的结构

1—引爆扳子;2—枪机;3—枪栓;4—撞针;5—弹簧;6—凸轮;7—子弹;8—弹簧;9—连接件;10—枪体;11—放气阀;12、13—连接件;14—异径接头;15—药渣清除器;16—微音器;17—微音器室;18—连接件;19—电缆接头

枪体和枪机是靠连接件 9 连接的。使用时,只要拧下连接件 9,拿下枪机 2,即可往弹膛里装子弹。其中枪栓、弹簧、撞针以及凸轮一起被一个有孔盖板和卡簧压在枪机里。枪体侧面装有排气阀和微音器室,枪体下端有药渣清除器和专用异径接头。使用时异径接头拧到井口的2 in 套管闸门出口内,其用途是提供一个气体膨胀空间,以防止万一套管闸门没有打开而引爆子弹时出现的高压冲击波。药渣清除器可以通过卸下连接件 13 后拿出。其作用:一是起缓冲(压力液)作用;二是防止药渣进入套管。

微音器室与枪体是通过螺钉连接的,此螺钉有一 T 形小孔,声波是从此小孔进入微音器室的,不可堵塞。

微音器是声——电换能装置,其外部用高分子化合物封装,内部装有环状压电陶瓷,如图 19.7 所示。由于压电陶瓷具有压电效应,所以若在压电陶瓷的某一方向上施加外力时,则在与此垂直的表面上就会由电荷及电势产生。测量时就能把声脉冲波(即压力液)变成相应的电信号。

还有一种三发式井口连接器,枪体内有三个弹膛,撞针是偏心的,枪机可以转动,一次击发三颗子弹。

(2)气枪式井口连接器。

气枪式井口连接器的结构如图 19.8 所示。与子弹枪式相比,气枪式井口连接器有体积小、质量轻、使用安全、操作方便等优点,具有很好的发展前途。

气枪式井口连接器是利用高压气体瞬间膨胀时产生声脉冲的原理工作的。气枪式井口连接器在套压低于 0.4 ~0.7 MPa(约 4 ~7 kgf/cm^2)时,可以利用高压气瓶向气室灌注的高压气体向油管环形空间瞬间释放的方式产生正压声脉冲;而当套压高于 0.4 ~0.7 MPa(约 4 ~7 kgf/cm^2)时,就可以利用套管内高压气体通过气室向大气瞬间释放的方式,在井内产生负压声脉冲。后一种工作方式不用外界气源,省时、省力,应尽量采用。

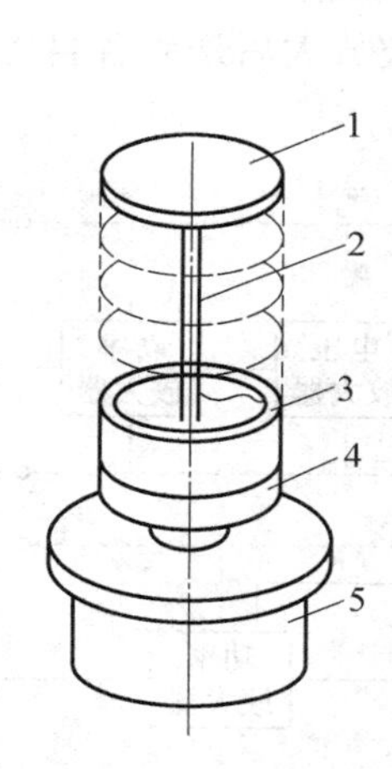

图 19.7　微音器结构示意图

1、4—上、下压盖;2—连接螺钉;3—压电陶瓷环;5—接头

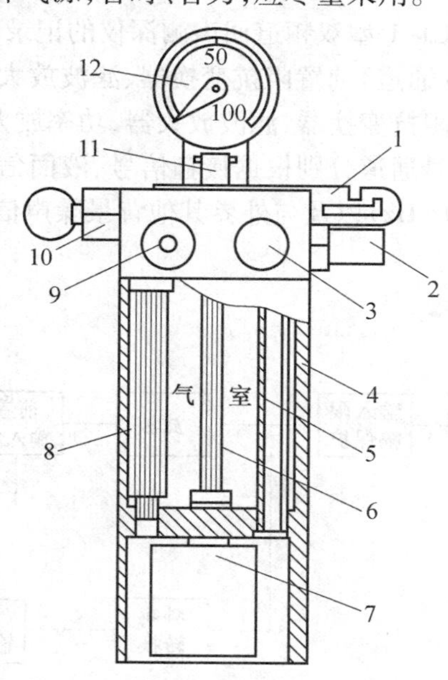

图 19.8　气枪式井口连接器的结构

1—节气杠杆;2—快速测(套)压接头;3—放套压阀;4—壳体;5—通气管;6—导线管;7—微音器;8—气阀;9—充放气阀;10—拉杆组件;11—电缆插座;12—压力表

图 19.8 中,壳体 4 为方形,一端车有螺纹,供进口固定用。中间由一横隔连接器分为两个部分,左边形成气室,右边装微音器。

气室内装有通气管、导线管和气阀芯。通气管用来接通套压和快速测(套)压接头。测压接头内装有一高压气门芯,平时可阻止套管内气体泄出。需测出套压时,将备用低压压力表接头迅速插入测压接头内,用力一推,使高压压气门打开,在低压表上即可读出套压值。

气阀 8 同时受节气杠杆 1 和拉杆组件 10 控制。抬起节气杠杆,就能压下气阀,使气室与套压隔离。而拉动拉杆组件的拉环,即可打开气阀产生声脉冲。

连接器上有两个旋钮:一个是充放气阀,一个是放套压阀。充放气阀与气室连通,用来对气室充气或放气。当气室需充气时,可逆时针转动旋钮关闭气阀(气室→大气),将气瓶气嘴压在旋钮的气门芯上,即可充气;当要排出气室内气体时,顺时针转动旋钮打开此阀即可。放套压阀与通气管连通,可放出套管内气体,逆时针转动开启,顺时针转动关闭。

压力表用来指示气室压力或套管压力,即气阀 8、充放气阀 9 关闭时表示气室压力,而气阀 8 开着时表示套管内压力。

气枪式连接器的微音器与子弹枪式有所不同,这是一种双圆盘式压力补偿换能器,外形为方形,但原理是一样的。

3. 记录仪

(1)CJ-1 型双频道回声测深仪

CJ-1 型双频道回声测深仪的记录部分原理方框图如图 19.9 所示。它主要由接通通道(B 通道)前置阻抗变换器、滤波放大器、电压放大器、功率放大器、液面通道(A 通道)前置阻抗变换器、滤波放大器、功率放大器、逆变电源、走纸机构、电磁记录笔等组成。两个信号通道分别根据接箍信号、液面信号的频率差异(接箍信号 10 ~ 30 Hz,液面信号小于 101 Hz)以及与外界其他背景噪声信号的差异井下滤波放大后送到各自的电磁记录下来。

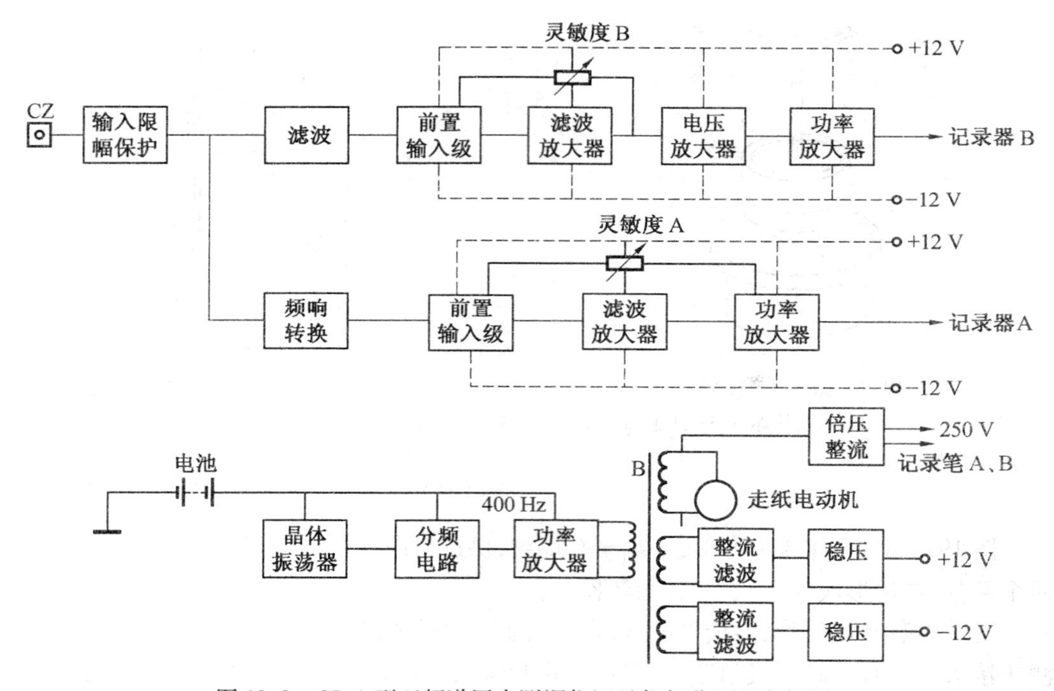

图 19.9 CJ-1 型双频道回声测深仪记录仪部分原理方框图

(2)SH2 型回声测深仪。

SH2 型回声测深仪的记录部分与 CJ-1 型相比有所不同,其简化电路如图 19.10 所示。它虽然也对接箍信号和液面信号进行分离,分别进行放大与控制,但是,最后是通过一支记录笔进行记录的。这考虑到,一般油井只是离井口近的接箍反射信号与比较清楚,而下面的接箍反射信号已不易分辨。这样就可以利用剩下的这段记录纸来记录液面信号通道的液面反射信号,从而可少用一支记录笔。

SH2 型回声测深仪的记录仪是由 A、B 通道阻抗变换器、滤波放大器、电压放大器、功率放大器、控制通道(C)的滤波放大器、延时器及可控硅开关组成。

A 通道(液面通道)的作用时在微音器送来的信号中选出液面信号使之顺利通过并加以放大,而对非液面信号有一定的抑制能力。

B 通道(接箍通道)的作用则是选出并放大接箍信号,对非接箍信号进行抑制和衰减。

C 通道(控制通道)的作用是对两通道信号进行转换,按选定的时间(2 ~3 s)按顺序把 B、A 通道的信号送入记录器中。

在图 19.10 中,由 BG 等组成的场效应管自举电路,具有很高的输入电阻和很低的输出电阻,从而能使微音器和滤波放大器的阻抗能很好地匹配,以减少输入信号的损失。前面的 R_1、C_2 组成高频滤波器,可以滤除高频噪声信号,控制井口大信号,本阻抗变换器对 A、B、C 三通道是共用的。

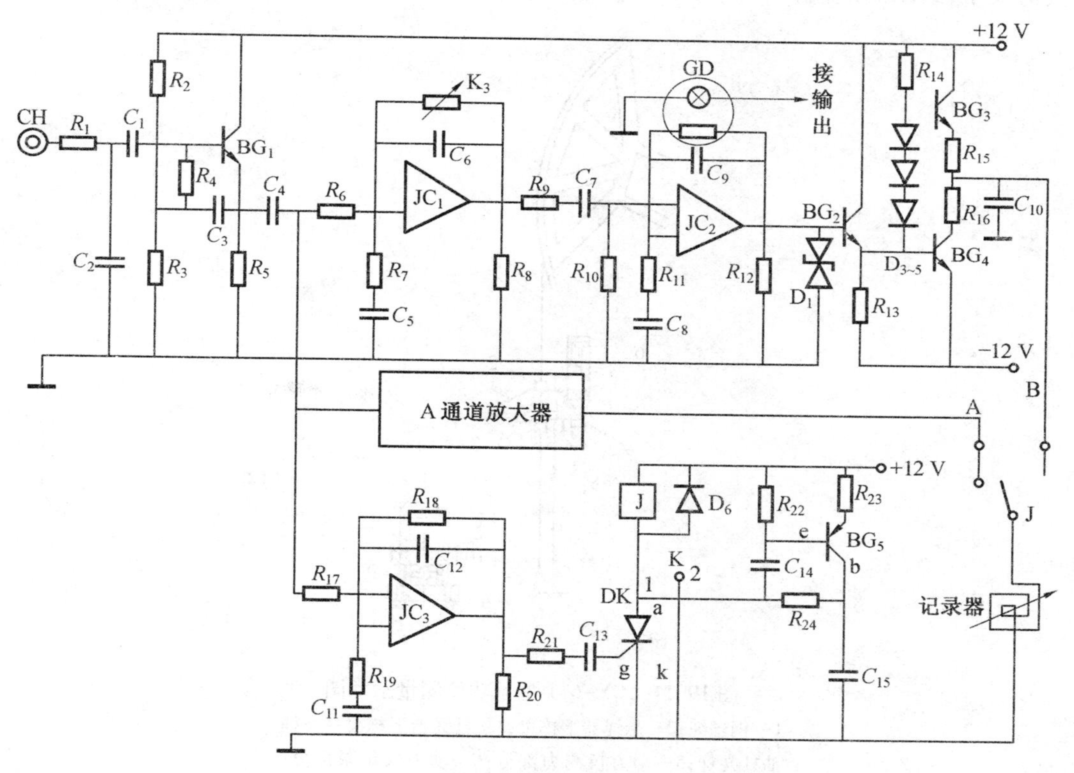

图 19.10　SH2 型回声测深仪电路原理图

19.2　深井泵示功图测试

深井泵示功图测试仪俗称示功仪,是测取抽油机光杆冲程与承受负荷关系曲线图的仪器,也称为动力仪。示功仪有水力机械式和电子式两类。

19.2.1 CY-611 型水力动力仪

1. CY-611 型水力动力仪的结构与工作原理

CY-611 型水力动力仪是一种机械式深井示功图测试仪，由测力部分和记录部分组成。测量时，动力仪安装在抽油机的悬绳器上（图 19.11），整个井下负荷包括深井泵活塞以上部分的液体质量、抽油杆质量及动荷载等负荷，就是光杆在悬绳器处所受力的总和。通过光杆、悬绳器的上、下横梁压在示功仪的测力部分。

抽油机在抽油过程中，动力仪将抽油机光杆不同位置时的负荷及变化，变成测力系统内工作液体的压力变化，送到记录装置。在记录装置中，一方面将此压力变成记录笔的横向位移，同时通过行程变换机构，把光杆的运动及位置变成记录台的纵向位移，并保证光杆往复运动一周后，就可在记录纸上得到一个封闭的曲线，此曲线表示光杆的每一位置的负荷大小，封闭曲线面积表示泵在一个动作周期中所做的功。

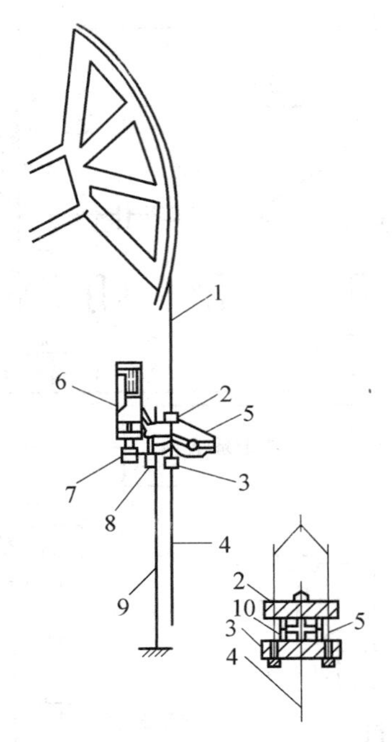

图 19.11　CY-611 型示功仪测量示意图

1—钢丝绳；2—悬绳器上栋梁；3—悬绳器下栋梁；4—抽油杆光杆；5—动力仪测力部分；6—动力仪记录部分；7—动力仪传动轮；8—动力仪导向轮；9—拉线；10—悬绳器顶丝

（1）CY-611 型水力动力仪测力部分的结构。

CY-611 型水力动力测力部分的结构如图 19.12 所示。它由液压座、膜片、支点销、支承、传力钢球、针形阀和导向轮等组成。抽油机悬绳器的上、下横梁就夹持在液压座 3 的凹槽内和支承 6 上。

动力仪的测力部分实际上是一个力 F—— 压力(p) 变换器，它利用杠杆的变换作用

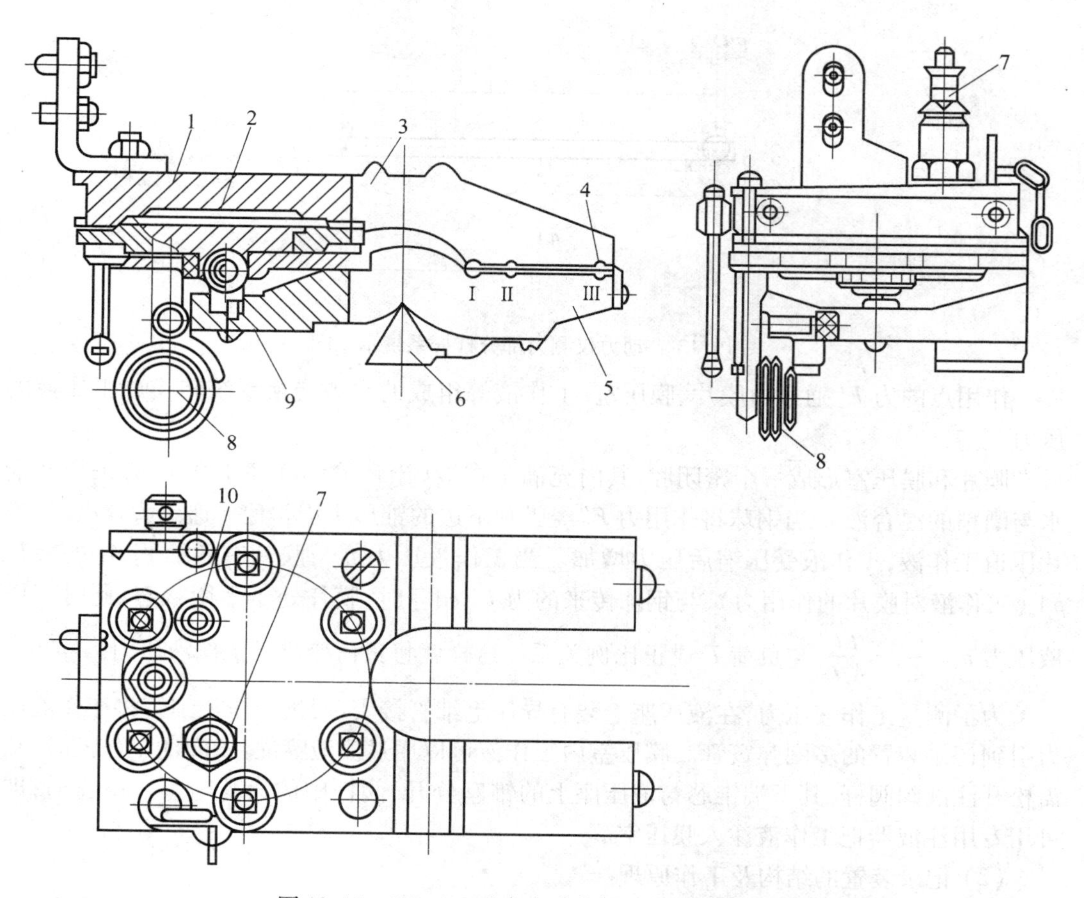

图 19.12　CY-611 型水力动力仪测力部分结构图

1—膜片;2—膜压室;3—液压座;4—支点销;5—压板;6—支承;7—针形阀;8—导向轮;9—传力钢球;10—导压毛细管接头

将深井泵光杆处的负荷转到液压座上,膜压室内工作液的压力被送到记录装置以便于记录。

压板5、支承6、支点销4及钢球9组成一个杠杆系统。这里,压板实际上就是一个杆,只是为了保证测力的准确性,压板被做成了弯曲形状。支承、支点销和钢球组成杠杆力点、支点、作用点。光杆的负荷 F 通过支承6作用于压板上,经钢球传至膜片,转变为工作液压力。

杠杆系统的支点销有三个位置(图 19.13)。改变支点销的位置,就可以改变杠杆的力臂 l 与作用臂的长度比 l/L,使相同负荷 F 下作用到膜片上的力不同 $\left(F' = \frac{l}{L}F\right)$。所以,使用同一测压元件就可以适应三种不同的测量范围,即改变了量程。Ⅰ、Ⅱ、Ⅲ 三个不同支点位置所对应的最大测量负荷之比为1∶0.75∶0.53,对于同一固定负荷 F,使用 Ⅰ、Ⅱ、Ⅲ 三个不同支点时,传给膜片上的力 F' 之比为1∶1.335∶1.903。知道了动力仪量程范围的比例关系,就可以根据不同油井的负荷选用合适的支点,以调节传至膜片的力的大小,从而画出满意的图形。

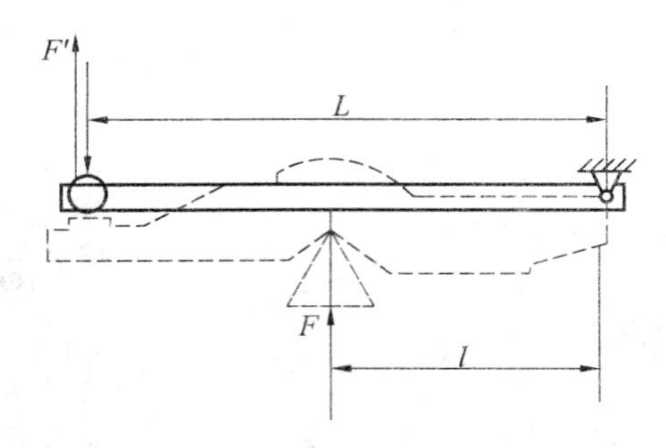

图 19.13　动力仪测力部分杠杆系统示意图

作用点的力 F' 通过由膜片、膜压室、工作液等组成的水力变换系统转换成工作液的压力。

膜片和膜压室形成一个密闭腔,其内充满工作液(当环境温度高于 0 ℃ 时采用蒸馏水与酒精的混合液),当钢球将作用力 F' 经膜片下边的锥形块均匀地传递到膜片上时,膜片压迫工作液,工作液受压缩后压力增加。当工作液压力 p 与膜片有效面积 A_e 的乘积 pA_e(工作液对膜片的作用力),与钢球传来的力 F' 相等时,膜片处于平衡状态,此时工作液压力 $p=\dfrac{F'}{A_e}=\dfrac{Fl}{A_eL}$,与负荷 F 成正比例关系。这样就将负荷变成了工作液压力。

为了测量工作液压力,在液压座上装有导压毛细管接头,通过导压毛细管将工作液压力引到记录装置的多圈弹簧管。膜压室内工作液可以通过注液嘴灌注,灌注工作液时,只需松开注液阀阀杆,其下端锥芯与液压座上的锥座分开,阀杆中的通孔与膜压室连通,即可用专用注液器把工作液注入膜压室。

(2) 记录装置的结构及工作原理。

记录装置固定在测力部分的一侧,它由多圈弹簧管系统、光杆行程变换系统、卷纸机构等组成(图 19.14)。

多圈弹簧管系统用来测量膜压室内工作液的压力及变化。多圈弹簧管下端(压力输入端) 固定在记录装置的支承支架上,上端(角位移输出端) 与处于弹簧管中心的芯轴连接。芯轴两端装在支架的轴眼内,上面固定着应力记录笔。在膜压室传来的压力作用下,多圈弹簧管自由端带动芯轴旋转,记录笔随之在圆弧形记录台的记录纸上横向位移,记录下工作液压力(即光杆负荷) 的大小。

应力记录笔的记录还受记录笔控制架的控制。当把机壳外的偏心轮手把抬起时,其偏心轮抬起控制架,控制架则托起应力记录笔杆,使记录笔尖离开记录纸。放下手把时,控制架落下,记录笔靠弹性笔杆的弹性压在记录纸上,又进行记录。

为了确定动力仪无负荷时应力记录笔的位置,记录装置上装有固定不动的基线记录笔。基线记录笔由装在护罩上的控制栓控制,落下控制栓时,控制栓压下记录笔杆,强迫笔尖与记录纸接触,从而画出基线。测量时,必须使两记录笔在无负荷时重合,以便于对示功图井下(负荷) 定量解释与分析。行程变换系统由减程轮、螺杆、记录台、返回弹簧和齿轮组成。它们装在多圈弹簧管的上面。这实际上就是一个减程变换机构,用来将抽油机光杆的上、下行程变换为记录台的上、下位移,保证光杆的位置与相应的负荷有一一对

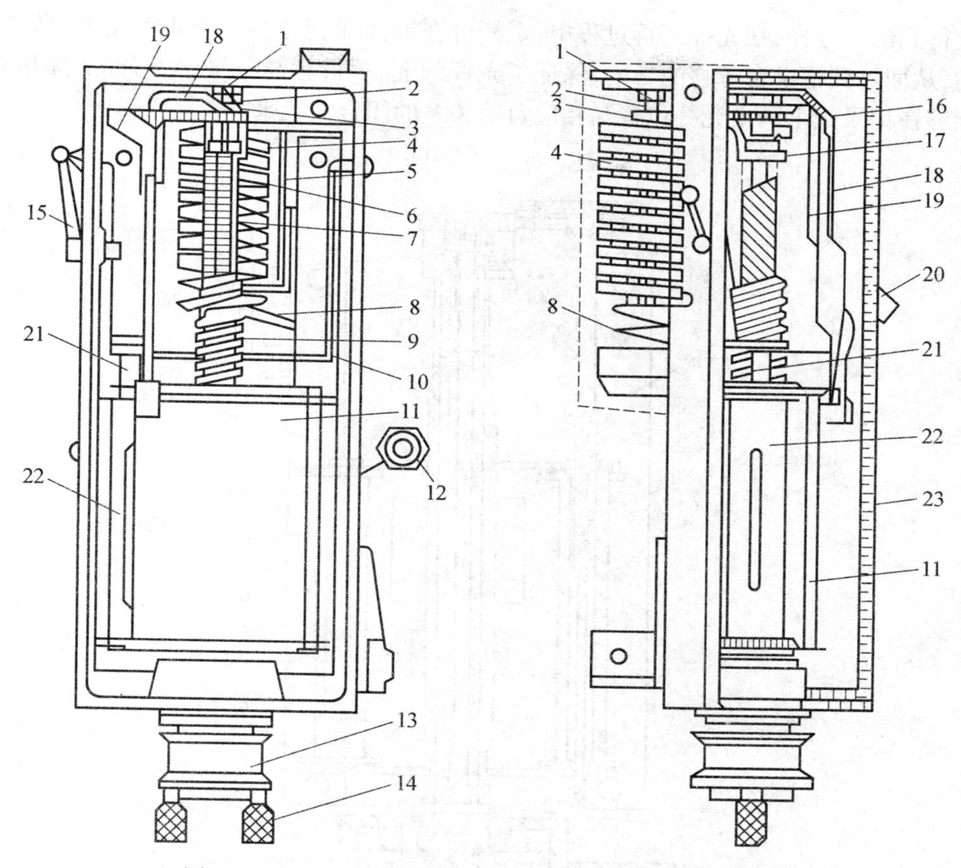

图 19.14　CY－611 型水力动力仪记录装置结构示意图

1－中心螺栓(芯轴上支承);2－芯轴;3— 应力记录笔固定块;4— 多圈弹簧管;5— 弹簧管支承支架;6— 中心轴;7— 返回弹簧;8— 毛细管;9— 双头螺杆;10— 记录笔控制架;11— 记录台;12— 毛细管接头;13— 减程轮;14— 辅助减程轮固定螺钉;15— 偏心轮手把;16— 主动齿轮;17— 支承板;18— 应力记录笔;19— 基线记录笔;20— 控制栓;21— 卷纸辊轴;22— 卷纸辊;23— 有机玻璃罩

应关系。

当动力仪随光杆运动时,缠绕在传动轮上的拉线即会使传动轮转动,并通过滑键带动螺杆旋转,从而使螺杆上的“滑块”(螺母)拖动记录台上升或下降。由于记录台两边由滚珠卡在导轨的V形槽内滑动,记录台受导轨限制,致使滑块不能转动而只能带动记录台沿螺杆的上、下做直线运动。

螺杆是中空的,里边装有中心轴和返回弹簧(图 19.15);返回弹簧式用直径为1 mm的白钢丝绕制的多圈扭力弹簧,它套在中心轴上,其下端固定于中心轴,上端固定于外壳上的套筒上。当中心轴随螺杆传动时,就会使弹簧“多圈” 扭转变形。

当光杆上行时,由于拉线下端已拴在井口密封套上,故缠绕在传动轮上的拉线即会使传动轮和螺杆以顺时针方向旋转,驱使滑块带动记录台上行,同时,扭紧了返回弹簧。当光杆从上死点向下运动时,拉线所受外拉力消失。要使记录台随光杆下行移动时,必须有一个使螺杆逆时针方向旋转的力矩。这个力矩是返回弹簧被顺时针扭转时所积蓄的扭力释放得到的。这样，在光杆下行过程中，螺杆可在返回弹簧弹性反力矩作用下，做逆时针转动，从而达到记录台下移的目的，保证了光杆的上、下行程与记录台上升、下降相对应，才能够在记录纸上画出光杆位置与相应负荷关系的闭合曲线来。

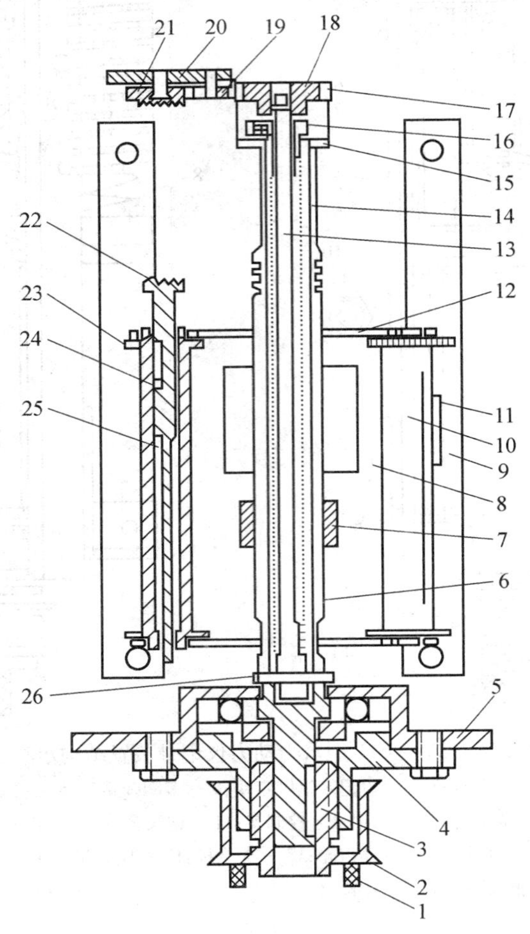

图 19.15　记录装置原理图

1—辅助减程轮固定螺钉；2—减程轮；3—滑键；4—轴承盖；5—机壳；6—双头螺杆；7—滑块；8—记录台拖板；9—导轨；10—储纸辊；11—压纸簧片；12—小支架；13—中心轴；14—返回弹簧；15—支承板；16—套筒（弹簧上支承）；17—主动轮；18—销子；19—中间传动齿轮；20—支承板；21—上棘轮；22—下棘轮（卷纸辊轴）；23—卷纸辊；24—限位销；25—弹簧；26—销子

减程轮一套有三个，其外径分别为 ϕ144 mm、ϕ86 mm、ϕ43 mm。减程轮直径越大，减程比就越大。ϕ144、ϕ86、ϕ43 三个减程轮上分别标有 1∶45、1∶30、1∶15 字样，就是指该减程轮的减程大小，其意义是记录台移动 1 mm 时相当于光杆移动的毫米数。这样，有三种不同减程轮，就可以根据抽油井光杆行程的不同选用合适的减程轮，以便既能得到足够长的横轴，又不超出记录纸的示功图。

减程轮座旋转运动的同时，还做轴向运动。这是因为减程轮与螺杆的连接是通过滑键连接，而减程轮轴套与外壳上的轴承盖是用螺纹配合的。滑键连接是一种动配合，保证了减程轮能带动螺杆转动，而减程轮转动时又能在螺纹引导下沿轴向移动。减程轮每转1周，沿轴向移动距离1.5 mm，这样做的目的是为了拉线能均匀地缠绕在减程轮上，避免绕乱，以保证行程变换的精确性。

在记录台上，右侧装有一储纸辊，左侧装有一卷纸辊。记录纸铺过记录台面后，卷在卷纸辊上，但整个卷纸系统均随记录台移动。

为了能连续地测量示功图，设置了自动换纸机构。在记录纸上记录好一个示功图后，如要进行下一个示功图记录，就需要将已记录了示功图的那一段记录纸卷到卷纸辊上去，使一段新记录纸铺到记录台面上。

在记录台升至上顶点时，用手拉紧拉线，使记录台再继续上升一点，则卷纸辊上端的齿轮与自动卷纸机构的固定齿轮相啮合。由于此固定齿轮是通过齿轮与螺杆内中心轴上的主动齿轮相咬合的，一旦两齿轮咬合，通过螺杆转动就会使卷纸辊卷进一段记录纸。这时记录台会随螺杆转动而继续上移，但由于卷纸辊齿轮轴与纸辊也是用滑动销连接的，卷纸辊随记录台向上移动时，齿轮轴便被压进纸辊轴内，不至于损坏。但受记录台超行距离限制，每次卷纸不会太多，需如此卷纸2～3次才能卷过一个示功图长度。在正常测量时，不故意拉扯拉线，记录台是不会上升到两齿轮咬合的位置的。在测某个示功图时，记录装置的记录纸相对于记录台是不动的。

2. CY－611型水力动力仪的使用方法

（1）测量前的准备工作。

①为了保证动力仪的测量过程中不发生故障，测量前需对动力仪各传压元件的密封情况、支承的位置、测力部分中上、下压板之间的间隙、返回弹簧性能、自动卷纸机构的工作情况等进行详细检查。

②全面了解被测井的情况，如泵深、泵径、冲程、抽油杆及油管规范等，以便根据光杆冲程选用减程轮，根据估算负荷选取支点，见表19.1、19.2。

表19.1　光杆冲程与应选减程轮优选表

光杆冲程/mm	<0.9	0.9～108	>1.8
应选减程轮	1∶15	1∶30	1∶45

表19.2　动力仪不同弹簧管及不同支点的最佳负荷表

弹簧管支点	Ⅰ	Ⅱ	Ⅲ
约5 MPa(50 kgf/cm^2)	3 200～2 400	2 400～1 500	1 500～600
约8 MPa(80 kgf/cm^2)	5 000～4 000	4 000～2 500	2 500～1 000
约10 MPa(100 kgf/cm^2)	6 500～4 800	4 800～3 200	32 300～1 000
约12 MPa(120 kgf/cm^2)	8 000～6 000	6 000～4 000	4 000～1 500

③装好记录纸，调整应力记录笔和基线记录笔，使之在无负荷时重合在同一直线上。

④用通针疏通笔尖并向记录笔储墨槽加注墨水。当环境温度高于0 ℃时采用普通墨水；当低于0 ℃时，采用防冻墨水(60 mL普通墨水加入10 mL甘油及20 mL酒精)。

(2)安装。

①抽油井若是间歇开井,应开井后待抽油机运转正常时再停抽安装。安装动力仪时,必须将抽油机驴头停在下死点,并刹好刹车。

②将专用撬杠轮插入悬绳器两边顶丝孔内,逆时针转动两个顶丝使之交替上升,至两横梁间距比测力部分厚度高 2 ~7 mm。

③将动力仪测力部分平稳放入横梁间,注意不要碰坏支承块的连接簧片。

④用撬杠顺时针交替转动两顶丝,使上横梁缓慢下降,动力仪逐渐受力,直到全部受力顶丝不起作用为止,并挂上保险链。

⑤检查导向轮方向,使导向轮上沿与传动轮下沿基本水平,以防卡断拉线。

(3)测试。

①抬起偏心轮手把和控制栓,使记录笔抬起,开井工作几个周期后再开始测图。当抽油机驴头接近下死点时用手同时压下偏心轮手把和控制栓,使基线记录笔和应力记录笔笔尖压在记录纸上即开始记录。驴头往复 1 个周期后,先推上控制栓,抬起基线记录笔,待应力记录笔所画曲线完全闭合后再扳动偏心轮把手,抬起应力记录笔。

②进行记录纸移位、测量下一个示功图,须待驴头行至上死点。用手拉紧拉线,使记录纸移位,如此 2 ~3 次,即能一处测过的示功图。一般每次测试需测出不少于 5 个有代表行的示功图。注意:在记录纸移位时不可将拉线扯住不放,也不可猛松拉线,以免损坏记录装置。

19.2.2 电子示功仪

近年来,抽油井管理自动化程度不断提高,抽油井分析、诊断能力逐步加强,用水力动力仪手工测量示功图,越发显得不能适应目前高黏度、多参数总和分析的需要,电子示功仪就是为了满足新生产形势的需要逐步发展起来的。

电子示功仪运用了先进的电子技术,功能齐全,操作简单,使用方便,测量精度高,并且可以测量、综合分析所需要的几种参数。

下面我们就以 SG3 型电子示功仪为例作一介绍。

SG3 型电子示功仪,可用于测量有杆抽油机的光杆负荷 F、行程位移 L、电动机电流 I、冲程、冲速等参数,以及检查固定阀(SV)、游动(TV)的漏失和抽油机平衡状况。测量结果可以绘制成负荷 F-位移 L、电流 I-位移 L 示功图;也可由一汽内的时间扫描电路驱动,绘制成负荷 F-时间 T、位移 L-时间 T、电流 I-时间 T 展开图。被测参数的记录比例、记录曲线的位置可以在记录仪上设定或改变,以调整记录纸上图形、曲线的大小与位置。

SC3 示功仪由光杆负荷、光杆位移及电动机电流三种传感器(称一次仪表)以及专用 X、Y 记录仪等组成,如图 19.16 所示。

1. 一次仪表结构与原理

负荷传感器是将光杆负荷转换为电信号的装置,其结构如图 19.17 所示。

在负荷传感器上,承力梁两端固定在垫块上,中间悬空。其上贴有电阻应变片;与固定电阻组成一应变式测力电桥。

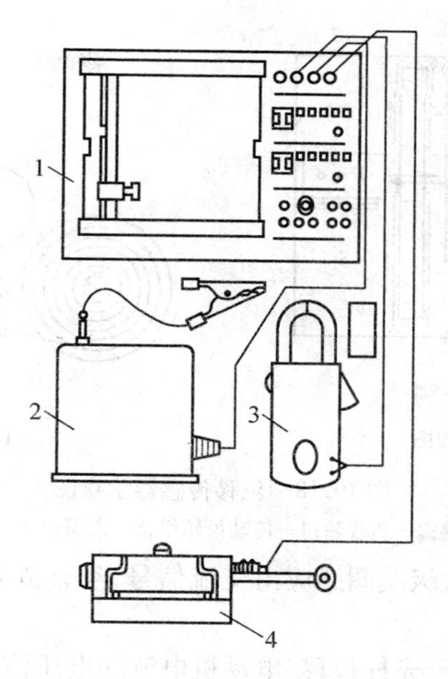

图 19.16　SG3 型示功仪的组成

1—X、Y 记录仪；2—位移传感器；3—电流传感器；4—负荷传感器

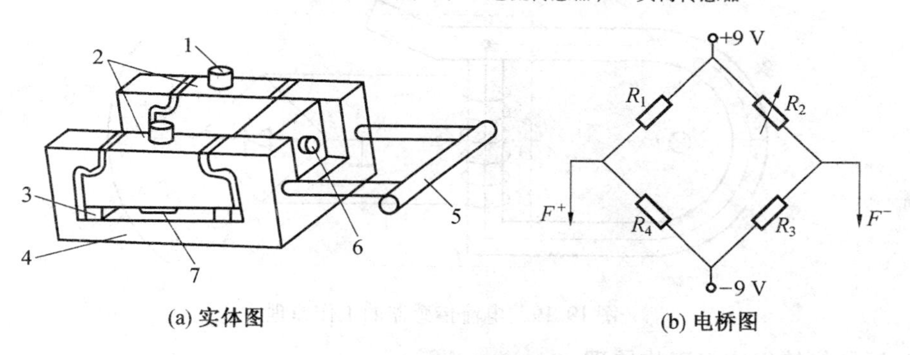

图 19.17　负荷传感器结构图

1—支承；2—承力梁；3—垫块；4—传感器座；5—把手；6—电缆连接插座；7—应变片

使用时，将传感器加入悬绳器上、下横梁之间，光杆负荷通过支承加在承力梁上，使承力梁产生与负荷大小成正比的弹性弯曲变形。应变片与承力梁一起变形时，其电阻值发生相应的改变，测力电桥失去平衡，输出端便有与负荷对应的不平衡电压输出。

位移传感器是将光杆位移量变换为电信号的装置（图 19.18）。传感器上装有绕线轮、电位仪以及在光杆下行程时自动收线的发条弹簧轮。使用时，传感器放在地上，把拉线用夹子夹在负荷传感器的把手上随光杆上、下运动，从而带动绕线轮及电位仪轴转动，电位仪阻值发生相应的改变，使电位仪上分压与光杆位移成正比，作为位移转换信号输出。

电流传感器用来将抽油机动力电动机的负荷电流转换为电压信号送给记录仪。实际使用的电流传感器就是一个钳型电流表。测量时，张开钳形导磁铁芯，将被测导线卡入钳口内，作为铁芯的初级线圈。当导线中有交流电流通过时，导线周围产生交变磁场。磁力

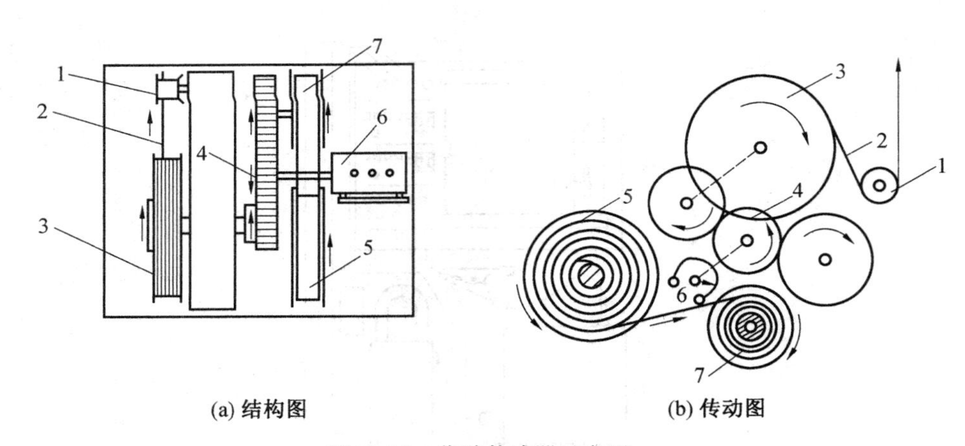

图 19.18　位移传感器示意图

1—导向轮;2—拉线;3—绕线轮;4—传动齿轮组;5—大簧轮;6—电位仪;7—小簧轮

线通过绕在钳形铁芯上的次级线圈感应出交流信号,经整流后输出。电流传感器的工作原理如图 19.19 所示。

三种传感器将表示负荷、光杆位移、电动机电流的电压信号,通过电缆输往专用 X-Y 记录仪进行记录、作图。

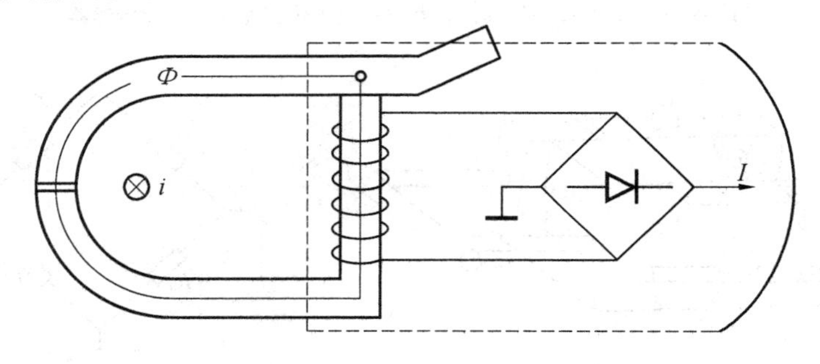

图 19.19　电流传感器的工作原理

2. 记录仪的组成与工作原理

SG3 型示功仪的工作原理方框图如图 19.20 所示。

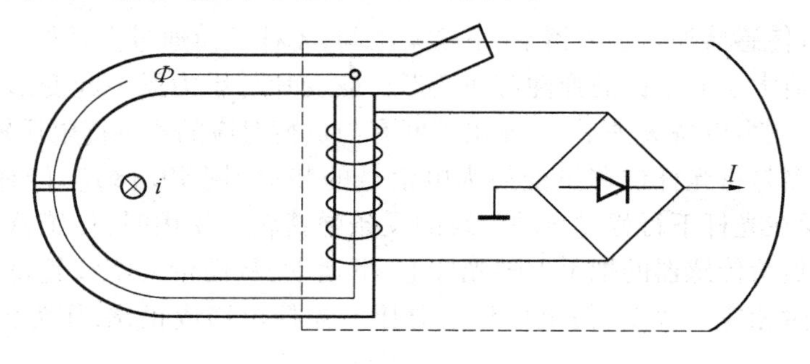

图 19.20　SG3 型示功仪的工作原理方框图

负荷传感器、位移传感器、电流传感器的输出电压信号送入记录仪后,分别经过各自的前置放大器放大,送入测量选择开关。按所要绘制的图形,将负荷信号或位移信号 L

或电流信号 I 或时间信号 T 分配到 X 通道和 Y 通道。在 X、Y 两通道中，通过前置放大和比例选择电路衰减，得到大小合适的信号电压后，送入两通道的伺服放大器进行功率放大。放大后的信号推动可逆电动机分别带动 X 轴的记录笔架左右移动或 Y 轴的记录笔架上下移动，画出所需要的图形。

三个前置放大器采用 1 ~ 2 级集成放大器，电路简单，可靠性强，工作稳定。输出信号 F、L 除送到测量选择开关参加选择分配外，通过插座 MC 还可以输出给计算机或井口数据采集装置进行储存、回放与记录。通过 MC 插座也可以将外接信号送入记录仪的 X、Y 通道输入端，把记录仪作为通用 X-Y 记录仪使用。

测量选择开关 K_1 用以选择记录仪的绘图功能。当此开关置于 Y-X 挡时，如前所述，记录仪可以记录外接 X、Y 信号，成为通用记录仪。

开关置于 F-L 挡时，负荷 F 信号、位移 L 信号分别被接入 Y、X 通道。记录仪绘制“负荷-位移”示功图。

当此开关置于 I-L 挡时，电流 I 信号、位移 L 信号分别被接入 Y、X 通道。记录仪绘制“电流-位移”示功图。

置于 F-T、L-T、I-T 时，时标 T 信号被接入 X 通道，负荷 F 或位移 L 或电流 I 信号被接入 Y 通道，记录仪绘制 F、L、I 参数随时间变化的关系曲线，即“负荷-时间”、“位移-时间”、“电流-时间”展开图。

时间电路输出的时标信号是一线性增加的锯齿波电压信号，以控制 X 轴电动机带动记录笔架等速移动，使记录仪绘制出“参数-时间”曲线。

测量选择开关选择的信号，送入 X、Y 通道经一级集成放大器放大，进行比例选择，以确定绘制曲线的比例尺，即单位坐标（cm）所代表的参数的大小（t、m、A）。

比例选择由三位小数点选择键、两位十进制数字键数字共同设定。分别按下标有 0.01、0.1、1 的小数选择键时，可以十倍率改变放大倍数或输入分压，同时，位于二个数字轮间的发光二极管指示出小数点的位置。二个数字轮带动波段电位器对输出信号进行倍率衰减，设定时，按一下数字轮窗口上方的键，数字轮转动 1/10 周，数字显示增加一字，而按一次窗口下方的键，数字显示减小一字，如图 19.21 所示。

X、Y 通道的伺服放大器相同，其作用一是将被测信号进行功率放大，使之足以推动可逆电动机转动；二是使记录笔的 X、Y 轴向位移与被测信号的大小相对应，所以不能只简单地将信号放大，还必须具有记录笔位置反馈电路。伺服放大器中，在记录笔产生 X（或 Y）向位移的同时，带动一电位器（图 19.20 中的 W_3、W_4）移动，将记录笔位移变成相应的电压信号反馈回伺服放大器输入端，与被测信号比较，当记录笔位移使反馈电压信号与被测信号相等时，两信号差为零，电动机停止转动。这样就保证了记录笔的 X、Y 向位移与 X、Y 通道的被测信号大小成正比，并随其变化而变化。

伺服放大器中的 W_1、W_2 用于调整记录笔的起始位置，即测量信号为零时的记录笔位置。所以在测 L-I、F-L 示功图时，可利用 X 轴电位器 W_1 画出基线，也可以适当移动图形的上下、左右位置，在一张记录纸上画出几种图形或几口井的示功图。

图 19.20 中的高压电路用以产生直流高压，加在记录仪记录台板上，对记录纸产生一静电吸力固定住记录纸。

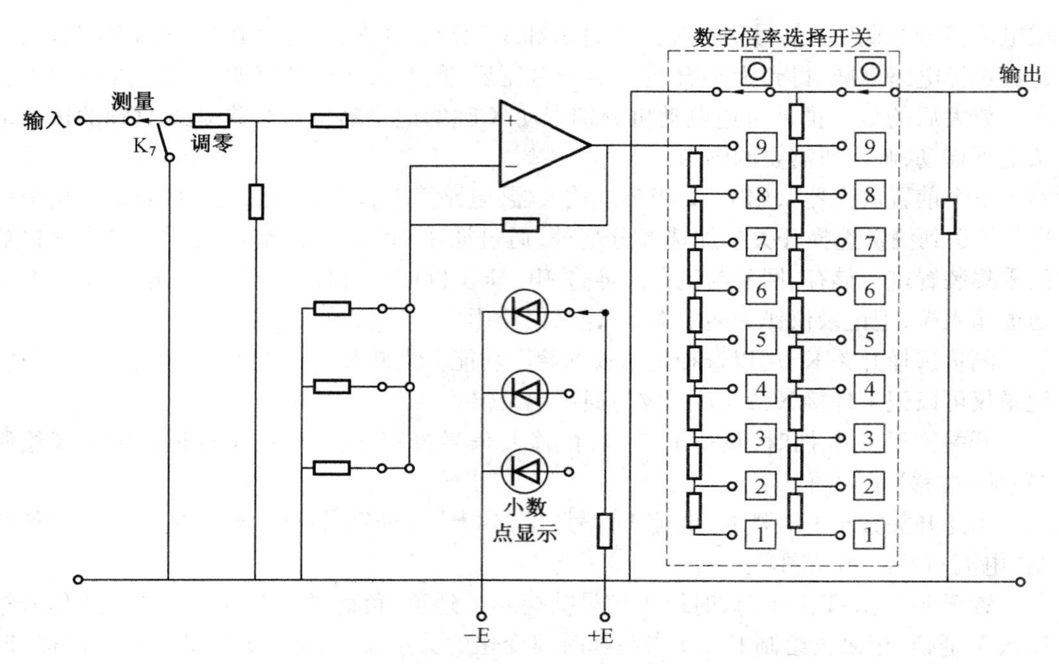

图 19.21　前置放大器与比例尺选择电路原理图

笔驱动器是控制记录笔抬笔、落笔的装置,要落笔记录时,笔驱动器给落笔电磁线圈通一电流,通过线圈对笔架的电磁吸力将笔架吸下。

在 SG3 型记录仪中,还装有额定电压为 12 V 镍镉电池组、电池充电电路和放电低压报警电路等。

思 考 题

1. 井下生产测试包括哪些内容?

2. CY613-A 型井下压力计由哪几部分组成? 波纹管的作用是什么?

3. 简述弹簧管式井下压力计的工作原理。

4. 什么叫做基线? 为什么井下压力计下井前要画好基线? 基线的作用是什么?

5. 井下压力计为什么要校验? 为什么要进行高温校验?

6. 简述弹簧式井下压力计的工作原理。

7. 弹簧式与弹簧管式井下压力计在结构上和原理上有何异同?

8. 弹簧式井下压力计产生误差的主要原因是什么?

9. 振弦式井下压力计的工作原理是什么? 怎样将钢弦的振动变成电信号? 弦的激发有哪两种形式? 各有何特点?

10. 浮子式井下流量计由哪几部分组成? 它们的作用是什么?

11. 简述浮子式井下流量计的工作原理。

12. 写出浮子式流量计的流量公式,并说明其公式为何与转子流量计流量公式不同。

13. 浮子式井下流量的检验目的是什么? 怎样校验?

14. 简述 204 型浮子式井下产量计的组成。在结构上它与转子流量计、浮子式井下流量计有何区别?

15. 某油井用 204 型浮子式井下产量计测试,进行分层配产调整。经过测试,得到四个油层的视产量分别为:q_{v1} = 12.38 m^3/d,q_{v2} = 47.23 m^3/d,q_{v3} = 31.96 m^3/d,q_{v4} = 60.08 m^3/d。地面测得井口实际流量 q_v = 148.60 m^3/d,求各油层的核实产量。

16. 涡轮式井下流(产)量计由哪几部分组成? 各部分的作用是什么?

17. 涡轮传感器是如何进行信号转换的? 与前述涡轮流量计的磁电转换方式相比有什么不同?

18. 73 型油井找水仪由哪几部分组成? 简述各部分的作用。

19. 怎样计算分层产液量和分层含水率? 写出各步骤的计算公式。

20. 试简述 CY614 型井下温度计的工作原理。

21. SQ-400 型井下取样器由哪几部分组成? 各部分的作用是什么?

22. 怎样打开上、下阀芯将其锁住? 简述锤击式取样器的取样过程。

23. 回声测量的工作原理是什么? 用于井下液面测量时为什么可以直接实现?

24. 用回音标或油管反射波测量井下液面的工作原理是什么?

25. CY-611 型示功仪由哪几部分组成? 各部分的作用是什么?

26. SG3 型电子示功仪由哪几部分组成? 各传感器的作用是什么?

附　　录

附表 1　常用压力表规格及型号

名称	型　号	结　构	测量范围/MPa	精度等级
弹簧管压力表	Y-60	径向	-0.1 ~ 0,0 ~ 0.1,0 ~ 1.6,0 ~ 0.25,0 ~ 0.4,0 ~ 0.6,0 ~ 1,0 ~ 1.6,0 ~ 0.25,0 ~ 4,0 ~ 6	2.5
	Y-60T	径向带后边		
	Y-60Z	轴向无边		
	Y-60TQ	轴向带前边		
	Y-100	径向	-0.1 ~ 0,-0.1 ~ 0.06,-0.1 ~ 0.15,-0.1 ~ 0.3,-0.1 ~ 0.5,-0.1 ~ 0.9,0.1 ~ 1.5,-0.1 ~ 2.4,0 ~ 0.1,0 ~ 0.16,0 ~ 0.25,0 ~ 0.4,0 ~ 0.6,0 ~ 1,0 ~ 1.6,0 ~ 2.5,0 ~ 4,0 ~ 6	1.5
	Y-100T	径向带后边		
	Y-100TQ	轴向带前边		
	Y-150	径向		
	Y-150T	径向带后边		
	Y-150TQ	轴向带前边		
	Y-100	径向	0 ~ 10,0 ~ 16,0 ~ 25,0 ~ 40,0 ~ 60	1.5
	Y-100T	径向带后边		
	Y-100TQ	轴向带前边		
	Y-150	径向		
	Y-150T	径向带后边		
	Y-150TQ	轴向带前边		
电接点压力表	YX-150	径向	-0.1 ~ 0.1,-0.1 ~ 0.15,-0.1 ~ 0.3,-0.1 ~ 0.5,-0.1 ~ 0.9,-0.1 ~ 1.5,-0.1 ~ 2.4,0 ~ 0.1,0 ~ 0.16,0 ~ 0.25,0 ~ 0.4,0 ~ 0.6,0 ~ 1,0 ~ 1.6,0 ~ 2.5,0 ~ 4,0 ~ 6	1.5
	YX-150TQ	径向带前边		
	YX-150A	径向	0 ~ 10,0 ~ 16,0 ~ 25,0 ~ 40,0 ~ 60	
	Y-150TQ	径向带前边		
	YX-150	径向	-0.1 ~ 0	
活塞式压力计	YS-2.5	台式	-0.1 ~ 0.25	
	YS-6	台式	0.04 ~ 0.6	
	YS-60	台式	0.1 ~ 6	
	YS-600	台式	1 ~ 60	

附表 2　铂铑$_{10}$-铂热电偶分度表

分度号　S　　　　（参比端温度为 0℃）

温度/℃	0	1	2	3	4	5	6	7	8	9
	热电动势/μV									
0	0	5	11	16	22	27	33	38	44	50
10	55	61	67	72	78	84	90	95	101	107
20	113	119	125	131	137	142	148	154	161	167
30	173	179	185	191	197	203	210	216	222	228
40	235	241	247	254	260	266	273	279	286	292
50	299	305	312	318	325	331	338	345	351	358
60	365	371	378	385	391	398	405	412	419	425
70	432	439	446	453	460	467	474	481	488	495
80	502	509	516	523	530	537	544	551	558	566
90	573	580	587	594	602	609	616	623	631	638
100	645	653	660	667	675	682	690	697	704	712
110	719	727	734	742	749	757	764	772	780	787
120	795	802	810	818	825	833	841	848	856	864
130	872	879	887	895	903	910	918	926	934	942
140	950	957	965	973	981	989	997	1 005	1 013	1 021
150	1 029	1 037	1 045	1 053	1 061	1 069	1 077	1 085	1 093	1 101
160	1 109	1 117	1 125	1 133	1 141	1 149	1 158	1 166	1 174	1 152
170	1 190	1 198	1 207	1 215	1 223	1 231	1 240	1 248	1 256	1 264
180	1 273	1 281	1 289	1 297	1 306	1 314	1 322	1 331	1 339	1 347
190	1 356	1 364	1 373	1 381	1 389	1 398	1 406	1 415	1 423	1 432
200	1 440	1 448	1 457	1 465	1 474	1 482	1 490	1 499	1 508	1 516
210	1 525	1 534	1 542	1 551	1 559	1 568	1 576	1 585	1 594	1 602
220	1 611	1 620	1 628	1 637	1 645	1 654	1 663	1 671	1 680	1 689
230	1 698	1 706	1 715	1 724	1 732	1 741	1 750	1 759	1 767	1 776
240	1 785	1 794	1 802	1 811	1 820	1 829	1 838	1 846	1 855	1 864
250	1 873	1 882	1 891	1 899	1 908	1 917	1 926	1 935	1 944	1 953
260	1 962	1 971	1 979	1 988	1 997	2 006	2 015	2 024	2 033	2 042
270	2 051	2 060	2 069	2 078	2 087	2 096	2 105	2 114	2 123	2 132
280	2 141	2 150	2 159	2 168	2 177	2 186	2 195	2 204	2 213	2 222
290	2 232	2 241	2 250	2 259	2 268	2 277	2 286	2 295	2 304	2 314
300	2 323	2 332	2 341	2 350	2 359	2 368	2 378	2 387	2 396	2 405
310	2 414	2 424	2 433	2 442	2 451	2 460	2 470	2 479	2 488	2 497

续附表 2

温度/℃	0	1	2	3	4	5	6	7	8	9
	热电动势/μV									
320	2 506	2 516	2 525	2 534	2 543	2 553	2 562	2 571	2 581	2 590
330	2 599	2 608	2 618	2 627	2 636	2 646	2 655	2 664	2 674	2 683
340	2 692	2 702	2 711	2 720	2 730	2 739	2 748	2 758	2 767	2 776
350	2 786	2 795	2 805	2 814	2 823	2 833	2 842	2 852	2 861	2 870
360	2 880	2 889	2 899	2 908	2 917	2 927	2 936	2 946	2 955	2 965
370	2 974	2 984	2 993	3 003	3 012	3 022	3 031	3 041	3 050	3 059
380	3 069	3 078	3 088	3 097	3 107	3 117	3 126	3 136	3 145	3 155
390	3 164	3 174	3 183	3 193	3 202	3 212	3 221	3 231	3 241	3 250
400	3 260	3 269	3 279	3 288	3 298	3 308	3 317	3 327	3 336	3 346
410	3 356	3 365	3 375	3 384	3 394	3 404	3 413	3 423	3 433	3 442
420	3 452	3 462	3 471	3 481	3 491	3 500	3 510	3 520	3 529	3 539
430	3 549	3 558	3 568	3 578	3 587	3 597	3 607	3 616	3 626	3 636
440	3 645	3 655	3 665	3 675	3 684	3 694	3 704	3 714	3 726	3 733
450	3 743	3 752	3 762	3 772	3 782	3 791	3 801	3 811	3 821	3 831
460	3 840	3 850	3 860	3 870	3 879	3 889	3 899	3 909	3 919	3 928
470	3 938	3 948	3 958	3 968	3 977	3 987	3 997	4 007	4 017	4 027
480	4 036	4 046	4 056	4 066	4 076	4 086	4 095	4 105	4 115	4 125
490	4 135	4 145	4 155	4 164	4 174	4 184	4 194	4 204	4 214	4 224
500	4 234	4 243	4 253	4 263	4 273	4 283	4 293	4 303	4 313	4 323
510	4 333	4 343	4 352	4 362	4 373	4 382	4 393	4 402	4 412	4 422
520	4 432	4 442	4 452	4 462	4 472	4 482	4 492	4 502	4 512	4 522
530	4 532	4 542	4 552	4 562	4 572	4 582	4 592	4 602	4 612	4 622
540	4 632	4 642	4 652	4 662	4 672	4 682	4 692	4 702	4 712	4 722
550	4 732	4 742	4 752	4 762	4 772	4 782	4 792	4 802	4 812	4 822
560	4 832	4 842	4 852	4 862	4 873	4 883	4 893	4 903	4 913	4 923
570	4 933	4 943	4 953	4 963	4 973	4 984	4 994	5 004	5 014	5 024
580	5 034	5 044	5 054	5 065	5 075	5 085	5 095	5 105	5 115	5 125
590	5 136	5 146	5 156	5 166	5 176	5 186	5 197	5 207	5 217	5 227
600	5 237	5 247	5 258	5 268	5 278	5 288	5 298	5 309	5 319	5 329
610	5 339	5 350	5 360	5 370	5 380	5 391	5 401	5 411	5 421	5 431
620	5 442	5 452	5 462	5 473	5 483	5 493	5 503	5 514	5 524	5 534
630	5 544	5 555	5 565	5 575	5 586	5 596	5 606	5 617	5 627	5 637
640	5 648	5 658	5 668	5 679	5 689	5 700	5 710	5 720	5 731	5 741

续附表2

温度/℃	0	1	2	3	4	5	6	7	8	9
	热电动势/μV									
650	5 751	5 762	5 772	5 782	5 793	5 803	5 814	5 824	5 834	5 845
660	5 855	5 866	5 876	5 887	5 897	5 907	5 918	5 928	5 939	5 949
670	5 960	5 970	5 980	5 991	6 001	6 012	6 022	6 033	6 043	6 054
680	6 064	6 075	6 085	6 096	6 106	6 117	6 127	6 138	6 148	6 159
690	6 169	6 180	6 190	6 201	6 211	6 222	6 232	6 243	6 253	6 264
700	6 274	6 285	6 295	6 306	6 316	6 327	6 338	6 348	6 359	6 369
710	6 380	6 390	6 401	6 412	6 422	6 433	6 443	6 454	6 465	6 475
720	6 486	6 496	6 507	6 518	6 528	6 539	6 549	6 560	6 571	6 581
730	6 592	6 603	6 613	6 624	6 635	6 645	6 656	6 667	6 677	6 688
740	6 699	6 709	6 720	6 731	6 741	6 752	6 763	6 773	6 784	6 795
750	6 805	6 816	6 827	6 838	6 848	6 859	6 870	6 880	6 891	6 902
760	6 913	6 923	6 934	6 945	6 956	6 966	6 977	6 988	6 999	7009
770	7 020	7 031	7 042	7 053	7 063	7 074	7 085	7 096	7 107	7 117
780	7 128	7 139	7 150	7 161	7 171	7 182	7 193	7 204	7 215	7 225
790	7 236	7 247	7 258	7 269	7 280	7 291	7 301	7 312	7 323	7 334
800	7 345	7 356	7 367	7 377	7 388	7 399	7 410	7 421	7 432	7 443
810	7 454	7 465	7 476	7 486	7 497	7 508	7 519	7 530	7 541	7 552
820	7 563	7 574	7 585	7 596	7 607	7 618	7 629	7 640	7 651	7 661
830	7 672	7 683	7 694	7 705	7 716	7 727	7 738	7 749	7 760	7 771
840	7 782	7 793	7 804	7 815	7 826	7 837	7 848	7 859	7 870	7 881
850	7 892	7 904	7 915	7 926	7 937	7 948	7 959	7 970	7 981	7 992
860	8 003	8 014	8 025	8 036	8 047	8 058	8 069	8 081	8 092	8 103
870	8 114	8 125	8 136	8 147	8 158	8 169	8 180	8 192	8 203	8 214
880	8 225	8 236	8 247	8 258	8 270	8 281	8 292	8 303	8 314	8 325
890	8 336	8 348	8 339	8 370	8 381	8 392	8 404	8 415	8 426	8 437
900	8 448	8 460	8 471	8 482	8 493	8 504	8 516	8 527	8 538	8 549
910	8 560	8 572	8 583	8 594	8 605	8 617	8 628	8 639	8 650	8 662
920	8 673	8 684	8 695	8 707	8 718	8 729	8 741	8 752	8 763	8 774
930	8 786	8 797	8 808	8 820	8 831	8 842	8 854	8 865	8 876	8 888
940	8 899	8 910	8 922	8 933	8 944	8 956	8 967	8 978	8 990	9 001
950	9 012	9 024	9 035	9 047	9 058	9 069	9 081	9 092	9 103	9 115
960	9 126	9 138	9 149	9 160	9 172	9 183	9 195	9 206	9 217	9 229
970	9 240	9 252	9 263	9 275	9 286	9 298	9 309	9 320	9 332	9 343

续附表 2

温度/℃	0	1	2	3	4	5	6	7	8	9
	热电动势/μV									
980	9 355	9 366	9 378	9 389	9 401	9 412	9 424	9 435	9 447	9 458
990	9 470	9 481	9 493	9 504	9 516	9 527	9 539	9 550	9 562	9 573
1000	9 585	9 596	9 608	9 619	9 631	9 642	9 654	9 665	9 677	9 689
1 010	9 700	9 712	9 723	9 735	9 746	9 758	9 770	9 781	9 793	9 804
1 020	9 816	9 828	9 839	9 851	9 862	9 874	9 886	9 897	9 909	9 920
1 030	9 932	9 944	9 955	9 967	9 979	9 990	10 002	10 013	10 025	10 037
1 040	10 048	10 060	10 072	10 083	10 095	10 107	10 118	10 130	10 142	10 154
1050	10 165	10 177	10 189	10 200	10 212	10 224	10 235	10 247	10 259	10 271
1 060	10 282	10 294	10 306	10 318	10 329	10 341	10 353	10 364	10 376	10 388
1 070	10 400	10 411	10 423	10 435	10 447	10 459	10 470	10 482	10 494	10 506
1080	10 517	10 529	10 541	10 553	10 565	10 576	10 588	10 600	10 612	10 624
1090	10 635	10 647	10 659	10 671	10 683	10 694	10 706	10 718	10 730	10 742
1100	10 754	10 765	10 777	10 789	10 801	10 813	10 825	10 836	10 848	10 860
1 110	10 872	10 884	10 896	10 908	10 919	10 931	10 943	10 955	10 967	10 979
1 120	10 991	11 003	11 014	11 026	11 038	11 050	11 062	11 074	11 086	11 098
1 130	11 110	11 121	11 133	11 145	11 157	11 169	11 181	11 193	11 205	11 217
1 140	11 229	11 241	11 252	11 264	11 276	11288	11 300	11 312	11 324	11 336
1 150	11 348	11 360	11 372	11 384	11 396	11 408	11 420	11 432	11 443	11 455
1 160	11 467	11 479	11 491	11 503	11 515	11 527	11 539	11 551	11 563	11 575
11 70	11 587	11 599	11 611	11 623	11 635	11 647	11 659	11 671	11 683	11 695
1 180	11 707	11 719	11 731	11 743	11 755	11 767	11 779	11 791	11 803	11 815
1 190	11 827	11 839	11 851	11 863	11 875	11 887	11 899	11 911	11 923	11 935
1 200	11 947	11 959	11 971	11 983	11 995	12 007	12 019	12 031	12 043	12 055
1 210	12 067	12 079	12 091	12 103	12 116	12 128	12 140	12 152	12 164	12 176
1 220	12 188	12 200	12 212	12 224	12 236	12 248	12 260	12 272	12 284	12 296
1 230	12 308	12 320	12 332	12 345	12 357	12 369	12 381	12 393	12 405	12 417
1 240	12 429	12 441	12 453	12 465	12 477	12 489	12 501	12 514	12 526	12 538
1 250	12 550	12 562	12 574	12 586	12 598	12 610	12 622	12 634	12 647	12 659
1 260	12 671	12 683	12 695	12 707	12 719	12 731	12 743	12 755	12 767	12 780
1 270	12 792	12 804	12 816	12 828	12 840	12 852	12 864	12 876	12 888	12 901
1 280	12 913	12 925	12 937	12 949	12 961	12 973	12 985	12 997	13 010	13 022
1 290	13 034	13 046	13 058	13 070	13 082	13 094	13 107	13 119	13 131	13 143
1 300	13 155	13 167	13 179	13 191	13 203	13 216	13 228	13 240	13 252	13 264

续附表 2

温度/℃	0	1	2	3	4	5	6	7	8	9
	热电动势/μV									
1 310	13 276	13 288	13 300	13 313	13 325	13 337	13 349	13 361	13 373	13 385
1 320	13 397	13 410	13 422	13 434	13 446	13 458	13 470	13 482	13 495	13 507
1 330	13 519	13 531	13 543	13 555	13 567	13 579	13 592	13 604	13 616	13 628
1 340	13 640	13 652	13 664	13 677	13 689	13 701	13 713	13 725	13 737	13 749
1 350	13 761	13 774	13 786	13 798	13 810	13 822	13 834	13 846	13 859	13 871
1 360	13 883	13 895	13 907	13 919	13 931	13 943	13 956	13 968	13 980	13 992
1 370	14 004	14 016	14 028	14 040	14 053	14 065	14 077	14 089	14 101	14 113
1 380	14 125	14 138	14 150	14 162	14 174	14 186	14 198	14 210	14 222	14 235
1 390	14 247	14 259	14 271	14 283	14 295	14 307	14 319	14 332	14 344	14 356
1 400	14 368	14 380	14 392	14 404	14 416	14 429	14 441	14 453	14 465	14 477
1 410	14 489	14 501	14 513	14 526	14 538	14 550	14 562	14 574	14 586	14 598
1 420	14 610	14622	14 635	14 647	14 659	14 671	14 683	14 695	14 707	14 719
1 430	14 731	14 744	14 756	14 768	14 780	14 792	14 804	14 816	14 828	14 840
1 440	14 852	14 865	14 877	14 889	14 901	14 913	14 925	14 937	14 949	14 961
1 450	14 973	14 985	14 998	15 010	15 022	15 034	15 046	15 058	15 070	15 082
1 460	15 094	15 106	15 118	15 130	15 143	15 155	15 167	15 179	15 191	15 203
1 470	15 213	15 227	15 239	15 251	15 263	15 275	15 287	15 299	15 311	15 324
1 480	15 336	15 348	15 360	15 372	15 384	15 396	15 408	15 420	15 432	15 444
1 490	15 456	15 468	15 480	15 492	15 504	15 516	15 528	15 540	15 552	15 564
1 500	15 576	15 589	15 601	15 613	15 625	15 637	15 649	15 661	15 673	15 685
1 510	45 697	15 709	15 721	15 733	15 745	15 757	15 769	15 781	15 893	15 805
1 520	15 817	15 829	15 841	15 853	15 865	15 877	15 889	15 901	15 913	15 925
1 530	15 937	15 949	15 961	15 973	15 985	15 997	16 009	16 021	16 033	15 045
1 540	16 057	16 069	16 080	16 092	16 104	16 116	16 128	16 140	16 152	16 164
1 550	16 176	16 189	16 200	16 212	16 224	16 236	16 248	16 260	16 272	16 284
1 560	16 296	16 308	16 319	16 331	16 343	16 355	16 367	16 379	16 391	16 403
1 570	16 415	16 427	16 439	16 451	16 462	16 474	16 486	16 498	16 510	16 522
1 580	16 534	16 546	16 558	16 569	16 581	16 593	16 605	16 617	16 629	16 641
1 590	16 653	16 664	16 676	16 688	16 700	16 712	16 724	16 736	16 747	16 759
1 600	16 771	16 783	16 795	16 807	16 819	16 830	16 842	16 854	16 866	16 878
1 610	16 890	16 901	16 913	16 925	16 937	16 949	16 960	16 972	16 984	16 996
1 620	17 008	17 019	17 031	17 043	17 055	17 067	17 078	17 090	17 102	17 114
1 630	17 125	17 137	17 149	17 161	17 173	17 184	17 196	17 208	17 220	17 231

续附表 2

温度/℃	0	1	2	3	4	5	6	7	8	9
	热电动势/μV									
1 640	17 243	17 255	17 267	17 278	17 290	17 302	17 313	17 325	17 337	17 349
1 650	17 360	17 372	17 384	17 396	17 407	17 419	17 431	17 442	17 454	17 466
1 660	17 477	17 489	17 501	17 512	17 524	17 536	17 548	17 559	17 571	17 583
1 670	17 594	17 606	17 617	17 629	17 641	17 652	17 664	17 676	17 687	17 699
1 680	17 711	17 722	17 734	17 745	17 757	17 769	17 780	17 792	17 803	17 815
1 690	17 826	17 838	17 850	17 861	17 873	17 884	17 896	17 907	17 919	17 930
1 700	17 942	17 953	17 965	17 976	17 988	17 999	18 010	18 022	18 033	18 045
1 710	18 056	18 068	18 079	18 090	18 102	18 113	18 124	18 136	18 147	18 158
1 720	18 170	18 181	18 192	18 204	18 215	18 226	18 237	18 249	18 260	18 271
1 730	18 282	18 293	18 305	18 316	18 327	18 338	18 349	18 360	18 372	18 383
1 740	18 394	18 405	18 416	18 427	18 438	18 449	18 460	18 471	18 482	18 493
1 750	18 504	18 515	18 526	18 536	18 547	18 558	18 569	18 580	18 591	18 602
1 760	18 612	18 623	18 634	18 645	18 655	18 666	18 677	18 687	18 698	18 709

附表 3　镍铬-镍硅热电偶分度表

分度号 K

（参比端温度为 0 ℃）

温度/℃	0	1	2	3	4	5	6	7	8	9
	热电动势/μV									
0	0	39	79	119	158	198	238	277	317	357
10	397	437	477	517	557	597	637	677	718	758
20	798	838	879	919	960	1 000	1 041	1 081	1 122	1 162
30	1 203	1 244	1 285	1 325	1 366	1 407	1 448	1 489	1 529	1 570
40	1 611	1 652	1 693	1 734	1 776	1 817	1 858	1 899	1 940	1 981
50	2 022	2 064	2 105	2 146	2 188	2 229	2 270	2 312	2 353	2 394
60	2 436	2 477	2 519	2 560	2 601	2 643	2 684	2 726	2 767	2 809
70	2 850	2 892	2 933	2 975	3 016	3 058	3 100	3 141	3 183	3 224
80	3 266	3 307	3 349	3 390	3 432	3 473	3 515	3 556	3 598	3 639
90	3 681	3 722	3 764	3 805	3 847	3 888	3 930	3 971	4 012	4 054
100	4 095	4 137	4 178	4 219	4 261	4 302	4 343	4 384	4 426	4 467
110	4 508	4 549	4 590	4 632	4 673	4 714	4 755	4 796	4 837	4 878
120	4 949	4 960	5 001	5 042	5 083	5 124	5 164	5 205	5 246	5 287
130	5 327	5 363	5 409	5 450	5 490	5 531	5 571	5 612	5 652	5 693
140	5 733	5 774	5 814	5 855	5 895	5 936	5 976	6 016	6 057	6 097
150	6 137	6 177	6 218	6 258	6 298	6 338	6 378	6 419	6 459	6 499
160	6 539	6 579	6 619	6 659	6 699	6 739	6 779	6 819	6 859	6 899
170	6 939	6 979	7 019	7 059	7 099	7 139	7 179	7 219	7 259	7 299
180	7 338	7 378	7 418	7 458	7 498	7 538	7 578	7 618	7 658	7 697
190	7 737	7 777	7 817	7 857	7 897	7 937	7 977	8 017	8 057	8 097
200	8 137	8 177	8 216	8 256	8 296	8 336	8 376	8 416	8 456	8 497
210	8 537	8 577	8 617	8 657	8 697	8 737	8 777	8 817	8 857	8 898
220	8 938	8 978	9 018	9 058	9 099	9 139	9 179	9 220	9 260	9 300
230	9 341	9 381	9 421	9 462	9 502	9 543	9 583	9 624	9 664	9 705
240	9 745	9 786	9 826	9 867	9 907	9 948	9 989	10 029	10 070	10 111
250	10 151	10 192	10 233	10 274	10 315	10 355	10 396	10 437	10 478	10 519
260	10 560	10 600	10 641	10 682	10 723	10 764	10 805	10 846	10 887	10 928
270	10 969	11 010	11 051	11 093	11 134	11 175	11 216	11 257	11 298	11 339
280	11 381	11 422	11 463	11 504	11 546	11 587	11 628	11 669	11 711	12 752
290	11 793	11 835	11 876	11 918	11 959	12 000	12 042	12 083	12 125	12 166
300	12 207	12 249	12 290	12 332	12 373	12 415	12 456	12 498	12 539	12 581
310	12 623	12 664	12 706	12 747	12 789	12 831	12 872	12 914	12 955	12 997

续附表 3

温度/℃	0	1	2	3	4	5	6	7	8	9
	热电动势/μV									
320	13 039	13 080	13 122	13 164	13 205	13 247	13 289	13 331	13 372	13 414
330	13 456	13 497	13 539	13 581	13 623	13 665	13 706	13 748	13 790	13 832
340	13 874	13 915	13 957	13 999	14 041	14 083	14 125	14 167	14 208	14 250
350	14 292	14 334	14 376	14 418	14 460	14 502	14 544	14 586	14 628	14 670
360	14 712	14 754	14 796	14 838	14 880	14 922	14 964	15 006	15 048	15 090
370	15 132	15 174	15 216	15 258	15 300	15 342	15 384	15 426	15 468	15 510
380	15 552	15 594	15 636	15 679	15 721	15 763	15 805	15 847	15 889	15 931
390	15 974	16 016	16 058	16 100	16 142	16 184	16 227	16 269	16 311	16 353
400	16 395	16 438	16 480	16 522	16 564	16 607	16 649	16 691	16 733	16 776
410	16 818	16 860	16 902	16 945	16 987	17 029	17 072	17 114	17 156	17 199
420	17 241	17 283	17 326	17 368	17 410	17 453	17 495	17 537	17 580	17 622
430	17 664	17 707	17 749	17 792	17 834	17 876	17 919	17 961	18 004	18 046
440	18 088	18 131	18 173	18 216	18 258	18 301	18 343	18 385	18 428	18 470
450	18 513	18 555	18 598	18 640	18 683	18 725	18 768	18 810	18 853	18 895
460	18 938	18 980	19 023	19 065	19 108	19 150	19 193	19 235	19 278	19 320
470	19 363	19 405	19 448	19 490	19 533	19 576	19 618	19 661	19 703	19 746
480	19 788	19 831	19 873	19 910	19 959	20 001	20 044	20 086	20 129	20 172
490	20 214	20 257	20 299	20 342	20 385	20 427	20 470	20 512	20 555	20 598
500	20 640	20 683	20 725	20 768	20 811	20 853	20 896	20 038	20 981	21 024
510	21 066	21 109	21 152	21 194	21 237	21 280	21 322	21 365	21 407	21 450
520	21 493	21 535	21 578	21 621	21 663	21 706	21 749	21 791	21 834	21 876
530	21 919	21 962	22 004	22 047	22 090	22 132	22 175	22 218	22 260	22 303
540	22 346	22 388	22 431	22 473	22 516	22 559	22 601	22 644	22 687	22 729
550	22 772	22 815	22 857	22 900	22 942	22 985	23 028	23 070	23 113	23 156
560	23 198	23 241	23 284	23 326	23 369	23 411	23 454	23 497	23 539	23 582
570	23 624	23 667	23 710	23 752	23 795	23 837	23 880	23 923	23 965	24 008
580	24 050	24 093	24 136	24 178	24 221	24 263	24 306	24 348	24 391	24 434
590	24 476	24 519	24 561	24 604	24 646	24 689	24 731	24 774	24 817	24 859
600	24 902	24 944	24 987	25 029	25 072	25 114	25 157	25 199	25 242	25 284
610	25 327	25 369	25 412	25 454	25 497	25 539	25 582	25 624	25 666	25 709
620	25 751	25 794	25 836	25 879	25 921	25 964	26 006	26 048	26 091	26 133
630	26 176	26 218	26 260	26 303	26 345	26 387	26 430	26 472	26 515	26 557
640	26 599	26 642	26 684	26 726	26 769	26 811	26 853	26 896	26 938	26 980

续附表 3

温度/℃	0	1	2	3	4	5	6	7	8	9
	热电动势/μV									
650	27 022	27 065	27 107	27 149	27 192	27 234	27 276	27 318	27 361	27 403
660	27 445	27 487	27 529	27 572	27 614	27 656	27 698	27 740	27 783	27 825
670	27 867	27 909	27 951	27 993	28 035	28 078	28120	28 162	28 204	28 246
680	28 288	28 330	28 372	28 414	28 456	28 498	28 540	28 583	28 625	28 667
690	28 709	28 751	28 793	28 835	28 877	28 919	28 961	29 002	29 044	29 086
700	29 128	29 170	29 212	29 254	29 296	29 338	29 380	29 422	29 464	29 505
710	29 547	29 589	29 631	29 673	29 715	29 756	29 798	29 840	29 882	29 924
720	29 965	30 007	30 049	30 091	30 132	30 174	30 216	30 257	30 299	30 341
730	30 383	30 424	30 466	30 508	30 549	30 591	30 632	30 674	30 716	30 757
740	30 799	30 840	30 882	30 924	30 965	31 007	31 048	31 090	31 131	31 173
750	31 214	31 256	31 297	31 339	31 380	31 422	31 463	31 504	31 546	31 587
760	31 629	31 670	31 712	31 753	31 794	31 836	31 877	31 918	31 960	32 001
770	32 042	32 084	32 125	32 166	32 207	32 249	32 290	32 331	32 372	32 414
780	32 455	32 496	32 537	32 578	32 619	32 661	32 702	32 743	32 784	32 825
790	32 866	32 907	32 948	32 990	33 031	33 072	33 113	33 154	33 195	33 236
800	33 277	33 318	33 359	33 400	33 441	33 482	33 523	33 564	33 604	33 645
810	33 686	33 727	33 768	33 809	33 850	33 891	33 931	33 972	34 013	34 054
820	34 095	34 136	34 176	34 217	34 258	34 299	34 339	34 380	34 421	34 461
830	34 502	34 543	34 583	34 624	34 665	34 705	34 746	34 787	34 827	34 868
840	34 909	34 949	34 990	35 030	35 071	35 111	35 152	35 192	35 233	35 273
850	35 314	35 354	35 395	35 435	35 476	35 516	35 557	35 597	35 637	35 678
860	35 718	35 758	35 799	35 839	35 880	35 920	35 960	36 000	36 041	36 081
870	36 121	36 162	36 202	36 242	36 282	36 323	36 363	36 403	36 443	36 483
880	36 524	36 564	36 604	36 644	36 684	36 724	36764	36 804	36 844	36 885
890	36 925	36 965	37 005	37 045	37 085	37 125	37 165	37 205	37 245	37 285
900	37 325	37 365	37 405	37 445	37 484	37 524	37 564	37 604	37 644	37 684
910	37 724	37 764	37 803	37 843	37 883	37 923	37 963	38 002	38 042	38 082
920	38 122	38 162	38 201	38 241	38 281	38 320	38 360	38 400	38 439	38 479
930	38 519	38 558	38 598	38 638	38 677	38 717	38 756	38 796	38 836	38 875
940	38 915	38 954	38 994	39 033	39 073	39 112	39 152	39 191	39 231	39 270
950	39 310	39 349	39 388	39 428	39 467	39 507	39 546	39 585	39 625	39 664
960	39 703	39 743	39 782	39 821	39 861	39 900	39 939	39 979	40 018	40 057
970	40 096	40 136	40 175	40 214	40 253	40 292	40 332	40 371	40 410	40 449

续附表 3

温度/℃	0	1	2	3	4	5	6	7	8	9
	热电动势/μV									
980	40 488	40 527	40 566	40 605	40 645	40 684	40 723	40 762	40 801	40 840
990	40 879	40 918	40 957	40 996	41 035	41 074	41 113	41 152	41 191	41 230
1 000	41 269	41 308	41 347	41 385	41 424	41 463	41 502	41 541	41 580	41 619
1 010	41 657	41 696	41 735	41 774	41 813	41 851	41 890	41 929	41 968	42 006
1 020	42 045	42 084	42 123	42 161	42 200	42 239	42 277	42 316	42 355	42 393
1 030	42 432	42 470	42 509	42 548	42 586	42 625	42 663	42 702	42 740	42 779
1 040	42 817	42 856	42 894	42 933	42 971	43 010	43 048	43 087	43 125	43 164
1 050	43 202	43 240	43 279	43 317	43 356	43 394	43 432	43 471	43 509	43 547
1 060	43 585	43 624	43 662	43 700	43 739	43 777	43 815	43 853	43 891	43 930
1 070	43 968	44 006	44 044	44 082	44 121	44 159	44 197	44 235	44 273	44 311
1 080	44 349	44 387	44 425	44 463	44 501	44 539	44 577	44 615	44 653	44 691
1 090	44 729	44 767	44 805	44 843	44 881	44 919	44 957	44 995	45 033	45 070
1 100	45 108	45 146	45 184	45 222	45 260	45 297	45 335	45 373	45 411	45 448
1 110	45 486	45 524	45 561	45 599	45 637	45 675	45 712	45 750	45 787	45 825
1 120	45 863	45 900	45 938	45 975	46 013	46 051	46 088	46 126	46 163	46 201
1 130	46 238	46 275	46 313	46 350	46 388	46 425	46 463	46 500	46 537	46 575
1 140	46 612	46 649	46 687	46 724	46 761	46 799	46 836	46 873	46 910	46 948
1 150	46 985	47 022	47 059	47 096	47 013	47 171	47 208	47 245	47 282	47 319
1 160	47 356	47 393	47 430	47 468	47 505	47 542	47 579	47 616	47 653	47 689
1 170	47 726	47 763	47 800	47 837	47 874	47 911	47 948	47 985	48 021	48 058
1 180	48 095	48 132	48 169	48 205	48 242	48 279	48 316	48 352	48 389	48 426
1 190	48 462	48 499	48 536	48 572	48 609	48 645	48 682	48 718	48 755	48 792
1 200	48 828	48 865	48 901	48 937	48 974	49 010	49 047	49 083	49 120	49 156
1 210	49 192	49 229	49 265	49 301	49 338	49 374	49 410	49 446	49 483	49 519
1 220	49 555	49 591	49 627	49 663	49 700	49 736	49 772	49 808	49 844	49 880
1 230	49 916	49 952	49 988	50 024	50 060	50 096	50 132	50 168	50 204	50 240
1 240	50 276	50 311	50 347	50 383	50 419	50 455	50 491	50 526	50 562	50 598
1 250	50 633	50 669	50 705	50 741	50 776	50 812	50 847	50 883	50 919	50 954
1 260	50 990	51 025	51 061	51 096	51 132	51 167	51 203	51 238	51 274	51 309
1 270	51 344	51 380	51 415	51 450	51 486	51 521	51 556	51 592	51 627	51 662
1 280	51 697	51 733	51 768	51 803	51 838	51 873	51 908	51 943	51 979	52 014
1 290	52 049	52 084	52 119	52 154	52 189	52 224	52 259	52 294	52 329	52 364
1 300	52 398	52 433	52 468	52 503	52 538	52 573	52 608	52 642	52 677	52 712

附表 4　镍铬-铜镍热电偶分度表

分度号 E　（参比端温度为 0℃）

温度/℃	0	10	20	30	40	50	60	70	80	90
	热电动势/μV									
0	0	591	1 192	1 801	2 419	3 047	3 683	4 329	4 983	5 646
100	6 317	6 996	7 683	8 377	9 078	9 787	10 501	11 222	11 949	12 681
200	13 419	14 161	14 909	15 661	16 417	17 178	17 942	18 710	19 481	20 256
300	21 033	21 814	22 597	23 383	24 171	24 961	25 754	26 549	27 345	28 143
400	28 943	29 744	30 546	31 350	32 155	32 960	33 767	34 574	35 382	36 190
500	36 999	37 808	38 617	39 426	40 236	41 045	41 853	42 662	43 470	44 278
600	45 085	45 891	46 697	47 502	48 306	49 109	49 911	50 713	51 513	52 312
700	53 110	53 907	54 703	55 498	56 291	57 083	57 873	58 663	59 451	60 237
800	61 022	61 806	62 588	63 368	64 147	64 924	65 700	66 473	67 245	68 015
900	68 783	69 549	70 313	71 075	71 835	72 593	73 350	74 104	74 857	75 608
1 000	76 358									

附表5 铂电阻分度表

分度号 Pt_{100}　　　　$R_0=100.00\ \Omega$

温度/℃	0	1	2	3	4	5	6	7	8	9
	热电阻/Ω									
-200	18.49									
-190	22.80	22.37	21.94	21.51	21.08	20.65	20.22	19.79	19.36	18.93
-180	27.08	26.65	26.23	25.80	25.37	24.94	24.52	24.09	23.66	23.23
-170	31.32	30.90	30.47	30.05	29.63	29.20	28.78	28.35	27.93	27.50
-160	35.53	35.11	34.69	34.27	33.85	33.43	33.01	32.59	32.16	31.74
-150	39.71	39.30	38.88	38.46	38.04	37.63	37.21	36.79	36.37	35.95
-140	43.87	43.45	43.04	42.63	42.21	41.79	41.38	40.96	40.55	40.13
-130	48.00	47.59	47.18	46.76	46.35	45.94	45.52	45.11	44.70	44.28
-120	52.11	51.70	51.29	50.88	50.47	50.06	49.64	49.23	48.82	48.42
-110	56.19	55.78	55.38	54.97	54.56	54.15	53.74	53.33	52.92	52.52
-100	60.25	59.85	59.44	59.04	58.63	58.22	57.82	57.41	57.00	56.00
-90	64.30	63.90	63.49	63.09	62.68	62.28	61.87	61.47	61.06	60.66
-80	68.33	67.92	67.52	67.12	66.72	66.31	65.91	65.51	65.11	64.70
-70	72.33	71.93	71.53	71.13	70.73	70.33	69.93	69.53	69.13	68.73
-60	76.33	75.93	75.53	75.13	74.73	74.33	73.93	73.53	73.13	72.73
-50	80.31	79.91	79.51	79.11	78.72	78.32	77.92	77.52	77.13	76.73
-40	84.27	83.88	83.48	83.08	82.69	82.29	81.89	81.50	81.10	80.70
-30	88.22	87.83	87.43	87.04	86.64	86.25	85.85	85.46	85.06	84.67
-20	92.16	91.77	91.37	90.98	90.59	90.19	89.80	89.40	89.01	88.62
-10	96.09	95.69	95.30	94.91	94.52	94.12	93.73	93.34	92.95	92.55
-0	100.00	99.61	99.22	98.83	98.44	98.04	97.65	97.26	96.87	96.48
0	100.00	100.39	100.78	101.17	101.56	101.95	102.34	102.73	103.12	103.51
10	103.90	104.29	104.68	105.07	105.46	105.85	106.24	106.63	107.02	107.40
20	107.79	108.18	108.57	108.96	109.35	109.73	110.12	110.51	110.90	111.28
30	111.67	112.06	112.45	112.83	113.22	113.61	113.99	114.38	114.77	115.15
40	115.54	115.93	116.31	116.70	117.08	117.47	117.85	118.24	118.62	119.01
50	119.40	119.78	120.16	120.55	120.93	121.32	121.70	122.09	122.47	122.86
60	123.24	123.62	124.01	124.39	124.77	125.16	125.54	125.92	126.31	126.69
70	127.07	127.45	127.84	128.22	128.60	128.98	129.37	129.75	130.13	130.51
80	130.89	131.27	131.66	132.04	132.42	132.80	133.18	133.56	133.94	134.32
90	134.70	135.08	135.46	135.84	136.22	136.60	136.98	137.36	137.74	138.12
100	138.50	138.88	139.26	139.64	140.02	140.39	140.77	141.15	141.53	141.91

续附表 5

分度号 Pt_{100} $R_0=100.00\ \Omega$

温度/℃	0	1	2	3	4	5	6	7	8	9
	热电阻/Ω									
110	142.69	142.66	143.04	143.42	143.80	144.17	144.55	144.93	145.31	145.68
120	146.06	146.44	146.81	147.19	147.57	147.94	148.32	148.70	149.07	149.45
130	149.82	150.20	150.57	150.95	151.33	151.70	152.08	152.45	152.83	153.20
140	153.58	153.95	154.32	154.70	155.07	155.45	155.82	156.19	156.57	156.94
150	157.31	157.69	158.06	158.43	158.81	159.18	159.55	159.93	160.30	160.67
160	161.04	161.42	161.79	162.16	162.53	162.90	163.27	163.65	164.02	164.39
170	164.76	165.13	165.50	165.87	166.24	166.61	166.98	167.35	167.72	168.09
180	168.46	168.83	169.20	169.57	169.94	170.31	170.68	171.05	171.42	171.79
190	172.16	172.53	172.90	173.26	173.63	174.00	174.37	174.74	175.10	175.47
200	175.84	176.21	176.57	176.94	177.31	177.68	178.04	178.41	178.78	179.14
210	179.51	179.88	180.24	180.61	180.97	181.34	181.71	182.07	182.44	182.80
220	183.17	183.53	183.90	184.26	184.63	184.99	185.36	185.72	186.09	186.45
230	186.82	187.18	187.54	185.91	188.27	188.63	189.00	189.36	189.72	190.09
240	190.45	190.81	191.18	191.54	191.90	192.26	192.63	192.99	193.35	193.71
250	194.07	194.44	194.80	195.16	195.52	195.88	196.24	196.60	196.96	197.33
260	197.69	198.05	198.41	198.77	199.13	199.49	199.85	200.21	200.57	200.93
270	201.29	201.65	202.01	202.36	202.72	203.08	203.44	203.80	204.16	204.52
280	204.88	205.23	205.59	205.95	206.31	206.67	207.02	207.38	207.74	208.10
290	208.45	208.81	209.17	209.52	209.88	210.24	210.59	210.95	211.31	211.66
300	212.02	212.37	212.73	213.09	213.44	213.80	214.15	214.51	214.86	215.22
310	215.57	215.93	216.28	216.64	216.99	217.35	217.70	218.05	218.41	218.76
320	219.12	219.47	219.82	220.18	220.53	220.88	221.24	221.59	221.94	222.29
330	222.65	223.00	223.35	223.70	224.06	224.41	224.76	225.11	225.46	225.81
340	226.17	226.52	226.87	227.22	227.57	227.92	228.27	228.62	228.97	229.32
350	229.67	230.02	230.37	230.72	231.07	231.42	231.77	232.12	232.47	232.82
360	233.97	233.52	233.87	234.22	234.56	234.91	235.26	235.61	235.96	236.31
370	236.65	237.00	237.35	237.70	238.04	238.39	238.74	239.09	239.43	239.78
380	240.13	240.47	240.82	241.17	241.51	241.86	242.20	242.55	242.90	243.24
390	243.59	243.93	244.28	244.62	244.97	245.31	245.66	246.00	246.35	246.69
400	247.04	247.38	247.73	248.07	248.41	248.76	249.10	249.45	249.79	250.13
410	250.48	250.82	251.16	251.50	251.85	252.19	252.53	252.88	253.22	253.56
420	253.90	254.24	254.59	254.93	255.27	255.61	255.95	256.29	256.64	256.98

续附表 5

分度号 Pt_{100} $R_0 = 100.00\ \Omega$

温度/℃	0	1	2	3	4	5	6	7	8	9
	热电阻/Ω									
430	257.32	257.66	258.00	258.34	258.68	259.02	259.36	259.70	260.04	260.38
440	260.72	261.06	261.40	261.74	262.08	262.42	262.76	263.10	263.43	263.77
450	264.11	264.45	264.79	265.13	265.47	265.80	266.14	266.48	266.82	267.15
460	267.49	267.83	268.17	268.50	268.84	269.18	269.51	269.85	270.19	270.52
470	270.86	271.20	271.53	271.87	272.20	272.54	272.88	273.21	273.55	273.88
480	274.22	247.55	274.89	275.32	275.56	275.89	276.23	276.56	276.89	277.23
490	277.56	277.90	278.23	278.58	278.90	279.23	279.56	279.90	280.23	280.56
500	280.90	281.23	281.56	281.89	282.23	282.56	282.89	283.22	283.55	283.89
510	284.22	284.55	284.88	285.21	285.54	285.87	286.21	286.54	286.87	287.89
520	287.53	287.86	288.19	288.52	288.85	289.18	289.51	289.84	290.17	290.50
530	290.83	291.16	291.49	291.81	292.14	292.47	292.80	293.13	293.46	293.79
540	294.11	294.44	294.77	295.10	295.43	295.75	296.08	296.41	296.74	297.06
550	297.39	297.72	298.04	298.37	298.70	299.02	299.35	299.68	300.00	300.33
560	300.65	300.98	301.31	301.63	301.96	302.28	302.61	302.93	303.26	303.58
570	303.91	304.23	304.56	304.88	305.20	305.53	305.85	306.18	306.50	306.82
580	307.15	307.47	307.79	308.12	308.44	308.76	309.09	309.41	309.73	310.05
590	310.38	310.70	311.02	311.34	311.67	311.99	312.31	312.63	312.95	313.27
600	313.59	313.92	314.24	314.56	314.88	315.20	315.52	315.84	316.16	316.48
610	316.80	317.12	317.44	317.76	318.08	318.40	318.72	319.04	319.36	319.68
620	319.99	320.31	320.63	320.95	321.27	321.59	321.91	322.22	322.54	322.86
630	323.18	323.49	323.81	324.13	324.45	324.76	325.08	325.40	325.72	326.03
640	326.35	326.66	326.98	327.30	327.61	327.93	328.25	328.56	328.88	329.19
650	329.51	329.82	330.14	330.45	330.77	331.08	331.40	331.71	332.03	332.34
660	332.66	332.97	333.28	333.60	333.91	334.23	334.54	334.85	335.17	335.48
670	335.79	336.11	336.42	336.73	337.04	337.36	337.67	337.98	338.29	338.61
680	338.92	339.23	339.54	339.85	340.16	340.48	340.79	341.10	341.41	341.72
690	342.03	342.34	342.65	342.96	343.27	343.58	343.89	344.20	344.51	344.82
700	345.13	345.44	345.75	346.06	346.37	346.68	346.99	347.30	347.60	347.91
710	348.22	348.53	348.84	349.15	349.45	349.76	350.07	350.38	350.69	350.99
720	351.30	351.61	351.91	352.22	352.53	352.83	353.14	353.45	353.75	354.06
730	354.37	354.67	354.98	355.28	355.59	355.90	356.20	356.51	356.81	357.12
740	357.42	357.73	358.03	358.34	358.64	358.95	359.25	359.55	359.86	360.16

续附表 5

分度号 Pt_{100}　　$R_0 = 100.00\ \Omega$

温度/℃	0	1	2	3	4	5	6	7	8	9
	热电阻/Ω									
750	360.47	360.77	361.07	361.38	361.68	361.98	362.29	362.59	362.89	363.19
760	363.50	363.80	364.10	364.40	364.71	365.01	365.31	365.61	365.91	366.22
770	366.52	366.82	367.12	367.42	367.72	368.02	368.32	368.63	368.93	369.23
780	369.53	369.83	370.13	370.43	370.73	371.03	371.33	371.73	371.93	372.22
790	372.52	372.82	373.12	373.42	373.72	374.02	374.32	374.61	374.91	375.21
800	375.50	375.81	376.10	376.40	376.70	377.00	369.29	377.59	377.89	378.19
810	378.48	378.78	379.08	379.37	379.67	379.97	380.26	380.56	380.85	381.15
820	381.45	381.74	382.04	382.33	382.63	382.92	383.22	383.51	383.81	384.10
830	384.40	384.69	384.98	385.28	385.57	385.87	386.16	386.45	386.75	387.04
840	387.34	387.63	387.92	388.21	388.51	388.80	389.09	389.39	389.68	389.97
850	390.26									

附录 6　铜电阻（Cu_{50} 分度表）

分度号 Cu_{50}　　　　R_0 = 50.00 Ω

温度/℃	0	1	2	3	4	5	6	7	8	9
	热电阻/Ω									
-50	39.24									
-40	41.40	41.18	40.97	40.75	40.54	40.32	40.10	39.89	39.67	39.46
-30	43.55	43.34	43.12	42.91	42.69	42.48	42.27	42.05	41.83	41.61
-20	45.70	45.49	45.27	45.06	44.84	44.63	44.41	44.20	43.98	43.77
-10	47.85	47.64	47.42	47.21	46.99	46.78	46.56	46.35	46.13	45.92
-0	50.00	49.78	49.57	49.35	49.14	48.71	48.71	48.50	48.28	48.07
0	50.00	50.21	50.43	50.64	50.86	51.28	51.28	51.50	51.71	51.93
10	52.14	52.36	52.57	52.78	53.00	53.43	53.43	53.64	53.86	54.07
20	54.28	54.50	54.71	54.92	55.14	55.57	55.57	55.78	56.00	56.21
30	56.42	56.64	56.85	57.07	57.28	57.71	57.71	57.92	58.14	58.35
40	58.56	58.78	58.99	59.20	59.42	59.85	59.85	60.06	60.27	60.49
50	60.70	60.92	61.13	61.34	61.56	61.98	61.98	62.20	62.41	62.63
60	62.84	63.05	63.27	63.48	63.70	64.12	64.12	64.34	64.55	64.76
70	64.98	65.19	65.41.	65.62	65.83	66.26	66.26	66.48	66.69	66.90
80	67.12	67.33	67.54	67.76	67.97	68.40	68.40	68.62	68.83	69.04
90	69.26	69.47	69.68	69.90	70.11	70.54	70.54	70.76	70.94	71.18
100	71.40	71.61	71.83	72.04	72.25	72.68	72.68	72.90	73.11	73.33
110	73.54	73.75	73.97	74.18	74.40	74.83	74.83	75.04	75.26	75.47
120	75.68	75.90	76.11	76.33	76.54	76.97	76.97	77.19	77.40	77.62
130	77.83	78.05	78.26	78.48	78.69	79.12	79.12	79.34	79.55	79.77
140	79.98	80.20	80.41	80.63	80.84	81.27	81.27	81.49	81.70	81.92
150	82.13									

附录 7　铜电阻(Cu_{100}分度表)

分度号　Cu_{100}　　　$R_0=100.00\ \Omega$

温度/℃	0	1	2	3	4	5	6	7	8	9
	热电阻/Ω									
-50	78.49									
-40	82.80	82.36	81.94	81.50	81.08	80.64	80.20	79.78	79.34	78.92
-30	87.10	86.68	86.24	85.82	85.38	84.96	84.54	84.10	83.66	83.22
-20	91.40	90.98	90.54	90.12	89.68	89.26	88.82	88.40	87.96	87.54
-10	95.70	95.28	94.84	94.42	93.98	93.56	93.12	92.70	92.26	91.84
-0	100.00	99.56	99.14	98.70	98.28	97.84	97.42	97.00	96.56	96.14
0	100.00	100.42	100.86	101.28	101.72	102.14	102.56	103.00	103.42	103.86
10	104.28	104.72	105.14	105.56	106.00	106.42	106.86	107.28	107.72	108.14
20	108.56	109.00	109.42	109.84	110.28	110.70	111.14	111.56	112.00	112.42
30	112.84	113.28	113.70	114.14	114.56	114.98	115.42	115.84	116.28	116.70
40	117.12	117.56	117.98	118.40	118.84	119.26	119.70	120.12	120.54	120.98
50	121.40	121.84	122.26	122.68	123.12	123.54	123.96	124.40	124.82	125.26
60	125.68	126.10	126.54	126.96	127.40	127.82	128.24	128.68	129.10	129.52
70	129.96	130.38	130.82	131.24	131.66	132.10	132.52	132.96	133.38	133.80
80	134.24	134.66	135.08	135.52	135.94	136.38	136.80	137.24	137.66	138.08
90	138.52	138.94	139.36	139.80	140.22	140.66	141.08	141.52	141.94	142.36
100	142.80	143.22	143.66	144.08	144.50	144.94	145.36	145.80	146.22	146.66
110	147.08	147.50	147.94	148.36	148.80	149.22	149.66	150.08	150.52	150.94
120	151.36	151.80	152.22	152.66	153.08	153.52	153.94	154.38	154.80	155.24
130	155.66	156.10	156.52	156.96	157.38	157.82	158.24	158.68	159.10	159.54
140	159.96	160.40	160.82	161.26	161.68	162.12	162.54	162.98	163.40	163.84
150	164.27									

参考文献

[1] 范玉久. 化工测量及仪表[M]. 北京:化学工业出版社,2002.

[2] 王大勋. 钻采仪表及自动化[M]. 北京:石油工业出版社,2006.

[3] 鄢泰宁,曹鸿国,乌效鸣. 检测技术及钻井仪表[M]. 武汉:中国地质大学出版社,2009.

[4] 蒋君. 钻井及录井仪表(上、中、下册)[M]. 湖北沙市:江汉石油学院,1985.

[5] 李建国,郭东. 钻机操作培训教程[M]. 北京:石油工业出版社,2008.

[6] 葛明新,王克华. 采油仪表[M]. 北京:石油工业出版社,1993.

[7] 黄贤武,郑筱霞. 传感器原理与应用(第二版)[M]. 成都:电子科技大学出版社,2004.